线性代数

（第二版）

Linear Algebra

主　编　邵珠艳　岳　丽
副主编　古鲁峰　邵婷婷
参　编　丁际环　丰　晓　任宪东
刘晨琛　刘建康　张兴秋
魏　乙　范怀玉

北京大学出版社
PEKING UNIVERSITY PRESS

内 容 简 介

本书是根据高等院校非数学专业线性代数课程教学基本要求编写的．编者在总结多年教学经验的基础上，对教材的第一版进行了修订.订正了原教材中的疏漏及排版印刷中的错误；适当调整了部分内容；调整了一些命题的条件或结论，使其阐述更加精确；对全书的文字表达、记号的采用进行了仔细推敲；调整了部分例题，使其与相应内容之间搭配更加合理；进一步丰富了习题；以数学问题为主线，采用通俗易懂的语言叙述教材内容，降低对概念、定理及证明理解的难度，阐明了概念与定理的思想内涵．

本书共 7 章．第 1 章主要介绍行列式的基本概念、行列式的计算方法和行列式的应用——克拉默法则．第 2 章介绍矩阵的概念、矩阵的运算、可逆矩阵、矩阵的分块和矩阵的初等变换．第 3 章介绍矩阵的秩的理论及其线性方程组有解的条件．第 4 章介绍向量空间的有关概念，作为应用，讨论线性方程组解的结构．第 5 章首先介绍方阵的特征值和特征向量及相似矩阵的有关概念，然后讨论矩阵的对角化问题．第 6 章介绍二次型的概念和化二次型为标准型的方法，并讨论了正定二次型的相关性质．第 7 章介绍线性空间与线性变换的概念、运算和性质，以及线性变换的矩阵表示．每章除配有适量的习题及同步测试题外，还配有学习目标和本章小结．书末附有习题及同步测试题参考答案．

本书可作为高等院校理工科各专业学生教材或参考书，也可作为考研学生和其他相关专业人员的参考书．

图书在版编目(CIP)数据

线性代数/邵珠艳，岳丽主编. —2 版. —北京：北京大学出版社，2019.10
ISBN 978-7-301-30737-3

Ⅰ.①线…　Ⅱ.①邵…　②岳…　Ⅲ.①线性代数—高等学校—教材　Ⅳ.①O151.2

中国版本图书馆 CIP 数据核字（2019）第 190828 号

书　　名	线性代数（第二版） XIANXING DAISHU（DI-ER BAN）
著作责任者	邵珠艳　岳　丽　主编
策划编辑	郗泽潇
责任编辑	郗泽潇
标准书号	ISBN 978-7-301-30737-3
出版发行	北京大学出版社
地　　址	北京市海淀区成府路 205 号　100871
网　　址	http://www.pup.cn　　新浪微博：@北京大学出版社
电子信箱	zyjy@pup. cn
电　　话	邮购部 010-62752015　发行部 010-62750672　编辑部 010-62704142
印 刷 者	河北滦县鑫华书刊印刷厂
经 销 者	新华书店 787 毫米×1092 毫米　16 开本　15.25 印张　381 千字 2013 年 2 月第 1 版 2019 年 10 月第 2 版　2020 年 9 月第 2 次印刷
定　　价	39.00 元

第二版前言

《线性代数》一书自 2013 年 2 月由北京大学出版社出版以来，已经过了几年的教学实践. 在此基础上，编者进一步对国内外有影响的同类教材进行比较研究，对第一版内容不断修改，逐步完善，适时地推出了第二版. 与第一版相比，第二版主要做了如下修订.

1. 依据精品教材的要求，从全局上对线性代数课程进行了再审视，反复锤炼，科学定位，综合考虑. 从加强基础入手，注重知识的应用，努力实现能力的培养和素质的提高. 体现以学生为本、以学生为中心的教育理念，注重扩展和培养学生的创造能力.

2. 适当调整了部分内容，以便能更好地突出基本概念和基本方法，侧重对问题的发现与分析，注重数学思想的挖掘，体现本课程的发展历史和数学文化.

3. 对一些命题的条件或结论进行了仔细推敲，使其阐述更加准确.

4. 关于语言文字表达及一些记号的采用，力求用词规范，表达确切，记号的采用更加科学合理.

5. 调整了部分例题，使其与相应内容之间搭配更加合理. 进一步丰富了习题.

6. 以数学问题为主线，采用通俗易懂的语言叙述教材内容，降低对概念、定理及证明理解的难度，阐明了概念与定理的思想内涵.

7. 订正了第一版教材中的疏漏以及排版印刷中的错误.

在修订过程中，我们广泛收集了读者对第一版教材的意见和建议. 希望通过此次修订，使教材内容更加完善. 教材中不足之处在所难免，敬请读者批评和指正.

编者

2019 年 5 月

第一版前言

线性代数是19世纪后期发展起来的数学分支，是讨论代数学中线性关系经典理论的课程，是中学初等代数的继续和提高. 它具有较强的理论性、抽象性与逻辑性，是理工科院校的一门重要基础理论课. 由于线性问题广泛存在于科学技术的各个领域，而某些非线性问题在一定条件下可以转化为线性问题，因此，线性代数的理论与方法广泛应用于各个学科. 随着计算机的日益普及，线性代数的重要性愈显突出. 学习线性代数课程，是为了掌握线性代数的基本理论与方法，培养学生分析问题和解决实际问题的能力，为学习相关课程及进一步拓展数学知识而奠定必要的基础. 尤其对于计算机、经济与管理类本科生来说，学好线性代数更加重要. 作为体现教学内容和教学方法的知识载体，教材是保证和提高教学质量的重要支柱及基础. 本书是根据线性代数教学大纲的要求，结合多年的教学实践和体会，广泛汲取本课程各版本教材改革之所长，同时兼顾研究生入学考试对线性代数的要求编写而成的.

高等院校非数学专业的学生学习本课程的目的，主要在于加强数学基础及便于实际应用. 考虑到教学特点，我们着重讲清基本概念、原理和计算方法，避免烦琐的理论推导、证明，力求简明、准确；同时采用“任务驱动”的方式，以实际问题引入相关原理和概念. 本书在讲述实例的过程中融入知识点，通过分析归纳，介绍解决实际问题的思想和方法，然后进行概括总结，力求将线性代数的抽象理论形象化、具体化，使教材内容层次清晰，脉络分明. 在教学内容的安排上，注重内容的系统性、逻辑性，由浅入深、循序渐进、重点突出、通俗易懂，通过典型的例子，开阔学生思路，帮助其理解所学概念. 本书每章都有教学基本要求和内容总结，对所学知识进行归纳和整理，以帮助学生了解本章的重点、难点，掌握学习内容；同时，每章都配有适量的习题及同步测试题，便于学生复习巩固，提高学习质量；书末附有习题及同步测试题参考答案.

本书共7章. 第1章主要介绍行列式的基本概念、行列式的计算方法和行列式的应用——克拉默法则；第2章介绍矩阵的运算、可逆矩阵、矩阵的分块和矩阵的初等变换；第3章介绍矩阵的秩的理论及线性方程组有解的条件；第4章介绍向量空间的有关概念，作为应用，讨论了线性方程组解的结构；第5章首先介绍方阵的特征值和特征向量及矩阵相似的有关概念，然后讨论了矩阵的对角化问题；第6章介绍二次型的概念和化二次型为标准型的方法，并讨论了正定二次型的相关性质；第7章介绍线性空间与线性变换的概念、运算和性质，以及线性变换的矩阵表示.

鉴于编者水平有限，书中疏漏与不当之处在所难免，敬请读者批评指正.

编者

2012年11月

目　录

第1章

行 列 式

学习目标

1. 会用对角线法则计算二阶、三阶行列式.
2. 理解 n 阶行列式的概念.
3. 熟练掌握行列式的性质及行列式按行(列)展开法则.
4. 掌握行列式的计算方法.
5. 掌握行列式的应用——克拉默法则.

行列式是一个重要的数学工具,它是因解线性方程组的需要而产生的.行列式不仅在数学中有广泛的应用,而且在许多理论和实际应用问题中,也发挥着重要的作用.

本章从解二元、三元线性方程组出发,首先给出二阶、三阶行列式的概念,将其加以推广,引入 n 阶行列式的概念,并讨论 n 阶行列式的基本性质与计算方法,最后给出用 n 阶行列式求解 n 元线性方程组的克拉默法则.

1.1 二阶与三阶行列式

一、二元线性方程组与二阶行列式

引例 用消元法求解二元线性方程组:

$$\begin{cases} a_{11}x_1 + a_{12}x_2 = b_1, \\ a_{21}x_1 + a_{22}x_2 = b_2. \end{cases} \tag{1.1}$$

解 为消去未知数 x_2,以 a_{22} 与 a_{12} 分别乘以上列两个方程的两端,然后两个方程相减,得

$$(a_{11}a_{22} - a_{12}a_{21})x_1 = b_1a_{22} - a_{12}b_2,$$

类似地,消去 x_1,得

$$(a_{11}a_{22} - a_{12}a_{21})x_2 = a_{11}b_2 - b_1a_{21}.$$

当 $a_{11}a_{22} - a_{12}a_{21} \neq 0$ 时,求得线性方程组(1.1)的解为

$$x_1 = \frac{b_1a_{22} - a_{12}b_2}{a_{11}a_{22} - a_{12}a_{21}}, \quad x_2 = \frac{a_{11}b_2 - b_1a_{21}}{a_{11}a_{22} - a_{12}a_{21}}. \tag{1.2}$$

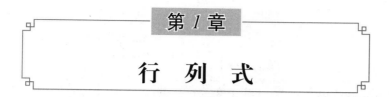

为了便于记忆,我们引入记号 $D=\begin{vmatrix} a_{11} & a_{12} \\ a_{21} & a_{22} \end{vmatrix}$,将其称为**二阶行列式**,它表示 $a_{11}a_{22}-a_{12}a_{21}$,即

$$\begin{vmatrix} a_{11} & a_{12} \\ a_{21} & a_{22} \end{vmatrix} = a_{11}a_{22}-a_{12}a_{21}. \tag{1.3}$$

注意: 行列式表示一个算式,计算出来是一个数.

行列式中横排称为**行**,纵排称为**列**,数 $a_{ij}(i,j=1,2)$ 称为行列式(1.3)的**元素**或**元**.元素 a_{ij} 的第一个下标 i 称为**行标**,表示该元素位于第 i 行;第二个下标 j 称为**列标**,表示该元素位于第 j 列.位于第 i 行第 j 列的元素称为行列式(1.3)的 (i,j) 元.

上述二阶行列式的定义,可用对角线法则来记忆,如图 1.1 所示.

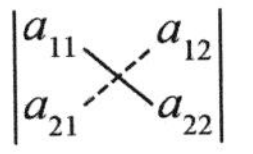

图 1.1

实连线称为**主对角线**,虚连线称为**副对角线**.于是二阶行列式便是主对角线上的两元素之积与副对角线上的两元素之积的差.

这样式(1.2)就有下述便于记忆的形式:

若记

$$D=\begin{vmatrix} a_{11} & a_{12} \\ a_{21} & a_{22} \end{vmatrix},\quad D_1=\begin{vmatrix} b_1 & a_{12} \\ b_2 & a_{22} \end{vmatrix},\quad D_2=\begin{vmatrix} a_{11} & b_1 \\ a_{21} & b_2 \end{vmatrix}.$$

那么式(1.2)可写成

$$x_1=\frac{D_1}{D},\quad x_2=\frac{D_2}{D}(D\neq 0). \tag{1.4}$$

注意: (1) 这里的分母 D 是由方程组(1.1)的系数按其原有的相对位置所确定的二阶行列式(称为**系数行列式**).

(2) x_1 的分子 D_1 是用常数项 b_1,b_2 替换 D 中 x_1 的系数 a_{11},a_{21} 所得的二阶行列式,x_2 的分子 D_2 是用常数项 b_1,b_2 替换 D 中 x_2 的系数 a_{12},a_{22} 所得的二阶行列式.

例 1.1 求解二元线性方程组

$$\begin{cases} 3x_1-2x_2=12, \\ 2x_1+x_2=1. \end{cases}$$

解 由于

$$D=\begin{vmatrix} 3 & -2 \\ 2 & 1 \end{vmatrix}=3-(-4)=7\neq 0,$$

$$D_1=\begin{vmatrix} 12 & -2 \\ 1 & 1 \end{vmatrix}=12-(-2)=14,$$

$$D_2 = \begin{vmatrix} 3 & 12 \\ 2 & 1 \end{vmatrix} = 3 - 24 = -21,$$

因此

$$x_1 = \frac{D_1}{D} = \frac{14}{7} = 2, \quad x_2 = \frac{D_2}{D} = \frac{-21}{7} = -3.$$

二、三阶行列式

对于三元线性方程组

$$\begin{cases} a_{11}x_1 + a_{12}x_2 + a_{13}x_3 = b_1, \\ a_{21}x_1 + a_{22}x_2 + a_{23}x_3 = b_2, \\ a_{31}x_1 + a_{32}x_2 + a_{33}x_3 = b_3. \end{cases} \tag{1.5}$$

如果满足一定条件,则其解也可通过消元法求出,但解的表达式较为复杂,难以看出解与系数、常数项之间的规律性联系.为寻找这种联系,下面引入三阶行列式的概念.

定义 1.1 由 9 个数 $a_{ij}(i,j=1,2,3)$ 排成 3 行 3 列的数表

$$\begin{matrix} a_{11} & a_{12} & a_{13} \\ a_{21} & a_{22} & a_{23} \\ a_{31} & a_{32} & a_{33} \end{matrix} \tag{1.6}$$

记

$$\begin{vmatrix} a_{11} & a_{12} & a_{13} \\ a_{21} & a_{22} & a_{23} \\ a_{31} & a_{32} & a_{33} \end{vmatrix} = a_{11}a_{22}a_{33} + a_{12}a_{23}a_{31} + a_{13}a_{21}a_{32} - a_{12}a_{21}a_{33} - a_{11}a_{23}a_{32} - a_{13}a_{22}a_{31}, \tag{1.7}$$

式(1.7)称为数表(1.6)所确定的**三阶行列式**.

上述定义表明三阶行列式含有 6 项,每项均为不同行、不同列的 3 个元素的乘积,再冠以正负号,其规律遵循对角线法则,如图 1.2 所示.

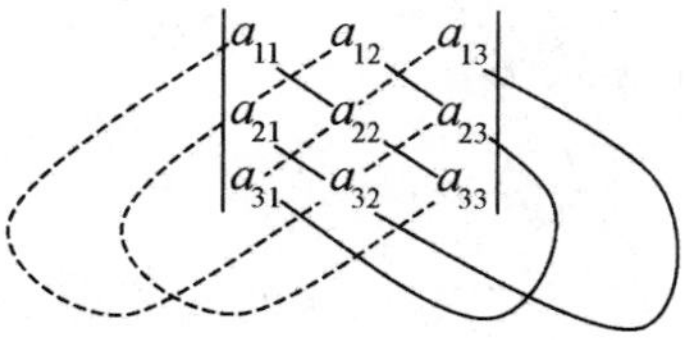

图 1.2

图 1.2 中,三条实线看作是平行于主对角线的连线,三条虚线看作是平行于副对角线的连线.

在实线上的 3 个元素的乘积冠以正号,共 3 项:

$$a_{11}a_{22}a_{33} + a_{12}a_{23}a_{31} + a_{13}a_{21}a_{32};$$

在虚线上的 3 个元素的乘积冠以负号,共 3 项:

$$-a_{12}a_{21}a_{33} - a_{11}a_{23}a_{32} - a_{13}a_{22}a_{31}.$$

这 6 项的代数和就是三阶行列式的值.

例 1.2 计算三阶行列式

$$D=\begin{vmatrix}1 & 2 & -4\\-2 & 2 & 1\\-3 & 4 & -2\end{vmatrix}.$$

解 按对角线法则,有

$$\begin{aligned}D&=1\times 2\times(-2)+2\times 1\times(-3)+(-4)\times(-2)\times 4\\&\quad-(-4)\times 2\times(-3)-1\times 4\times 1-2\times(-2)\times(-2)\\&=-4-6+32-24-4-8=-14.\end{aligned}$$

例 1.3 求解方程

$$\begin{vmatrix}1 & 1 & 1\\2 & 3 & x\\4 & 9 & x^2\end{vmatrix}=0.$$

解 方程左端的三阶行列式为

$$D=3x^2+4x+18-12-9x-2x^2=x^2-5x+6.$$

由 $x^2-5x+6=0$,解得 $x=2$ 或 $x=3$.

注意:对角线法则只适用于二阶与三阶行列式.

若记

$$D=\begin{vmatrix}a_{11} & a_{12} & a_{13}\\a_{21} & a_{22} & a_{23}\\a_{31} & a_{32} & a_{33}\end{vmatrix},\quad D_1=\begin{vmatrix}b_1 & a_{12} & a_{13}\\b_2 & a_{22} & a_{23}\\b_3 & a_{32} & a_{33}\end{vmatrix},$$

$$D_2=\begin{vmatrix}a_{11} & b_1 & a_{13}\\a_{21} & b_2 & a_{23}\\a_{31} & b_3 & a_{33}\end{vmatrix},\quad D_3=\begin{vmatrix}a_{11} & a_{12} & b_1\\a_{21} & a_{22} & b_2\\a_{31} & a_{32} & b_3\end{vmatrix}.$$

则容易验证,方程组(1.5)的解可表示为:

$$x_1=\frac{D_1}{D},\quad x_2=\frac{D_2}{D},\quad x_3=\frac{D_3}{D}.$$

从上述讨论可以看出,引入二(三)阶行列式的概念,可以使二(三)元线性方程组的解公式化,便于记忆和使用.

我们自然想到:把二阶、三阶行列式推广到 n($n\geqslant 4$ 的正整数)阶行列式.为研究四阶及更高阶行列式,下面先介绍有关全排列的知识,再引入 n 阶行列式的概念.

1.2 排列及其逆序数

引例 用 1,2,3 三个数字,可以组成多少个没有重复数字的三位数?

解 这个问题相当于:把三个数字分别放在百位、十位与个位上,有几种不同的放法?

显然,百位上可以从 1,2,3 三个数字中任选一个,所以有 3 种不同放法;

十位上只能从剩余的两个数中选一个,所以有 2 种不同放法;

而个位上只能选最后剩下的一个数字,所以只有 1 种放法.

因此,共有 $3\times2\times1=6$ 种不同放法.

这 6 个不同的三位数是:123,231,312,132,213,321.

在数学中,把考虑的对象,如上例中的数字 1,2,3 称为**元素**.

上述问题就是:把 3 个不同的元素排成一列,共有几种不同的排法?

一、排列的概念

定义 1.2 把 n 个不同的元素排成一列,称为这 n 个元素的**全排列**,简称 **n 阶排列**,记作 $i_1i_2\cdots i_n$.

例如,13452,65(12)798(10)4(11)312,$n(n-1)\cdots21$ 分别为 5 阶排列,12 阶排列,n 阶排列.在上述 12 阶排列中我们把数码 10,11,12 用括号括起来是为了区分.在 n 阶排列中也采用类似的做法.

排列是有序数组,所以组成排列数字的顺序不同就是不同的排列,如 132 和 123 就是不同的 3 阶排列.不同的 n 阶排列有多少个呢?

事实上,n 阶排列的一般形式可表示为 $i_1i_2\cdots i_n$,其中 $i_1,i_2,\cdots,i_n$ 为数 $1,2,\cdots,n$ 中的某一个数,并且互不相同,而 $i_k(1\leqslant k\leqslant n)$ 的下标 k 表示 i_k 排在 n 阶排列的第 k 个位置上.这样,按n 阶排列的定义可知,i_1 可有 n 种选法(n 个数字中任选一个),i_2 可有 $n-1$ 种选法(去掉 i_1,余下 $n-1$ 个数字中任选一个),$\cdots$,i_{n-1} 可有两种选法(去掉 $i_1,i_2,\cdots,i_{n-2}$,余下的两个数字中任选一个),而 i_n 只能取余下的那个数字,故 n 阶排列共有

$$n\times(n-1)\times\cdots\times2\times1=n!(\text{个}).$$

n 个不同元素的所有排列的种数,通常用 A_n 表示,$A_n=n!$.

对于 n 个不同的元素,规定各元素之间有一个标准次序(如 n 个不同的自然数,可规定由小到大为标准次序).

二、逆序与逆序数

定义 1.3 在 n 个不同元素的任一排列 $i_1i_2\cdots i_n$ 中,当某两个元素的先后次序与标准次序不同时,就构成一个**逆序**.一个排列中所有逆序的总数称为这个排列的**逆序数**,记为 $\tau(i_1i_2\cdots i_n)$.

三、排列的奇偶性

定义 1.4 逆序数为奇数的排列称为**奇排列**,逆序数为偶数的排列称为**偶排列**.

下面寻找计算排列逆序数的方法,先看一个例子.

例 1.4 求排列 32514 的逆序数.

解 在排列 32514 中,

3 排在首位,逆序数为 0;

2 的前面比 2 大的数有一个,逆序数为 1;

5 是最大数,逆序数为 0;

1 的前面比 1 大的数有三个,逆序数为 3;

4 的前面比 4 大的数有一个,逆序数为 1.

于是这个排列的逆序数为

$$\tau(32514) = 0+1+0+3+1 = 5.$$

所以 32514 为奇排列.

由此可以得出计算排列逆序数的一种方法.

$$\begin{aligned}\tau(i_1 i_2 \cdots i_n) = & \tau_1(i_1 \text{ 前面比 } i_1 \text{ 大的数的个数}) \\ & + \tau_2(i_2 \text{ 前面比 } i_2 \text{ 大的数的个数}) \\ & + \cdots \\ & + \tau_n(i_n \text{ 前面比 } i_n \text{ 大的数的个数}),\end{aligned}$$

因此

$$\tau(15432) = 0+0+1+2+3 = 6.$$

所以 15432 为偶排列.

$$\tau[n(n-1)\cdots 21] = 1+2+\cdots+(n-1) = \frac{n(n-1)}{2},$$

所以

当 $n=4k, 4k+1$ 时,$n(n-1)\cdots 21$ 为偶排列;

当 $n=4k+2, 4k+3$ 时,$n(n-1)\cdots 21$ 为奇排列.

注意到 $\tau[12\cdots(n-1)n]=0$,故 $12\cdots(n-1)n$ 为偶排列.

四、对换

定义 1.5 在排列中,将任意两个元素对调,其余元素不动,这种作出新排列的方法称为**对换**.将相邻两个元素对调,称为**相邻对换**.

五、对换与排列的奇偶性的关系

定理 1.1 一个排列中的任意两个元素对换,排列改变奇偶性.

证明 先证相邻对换的情形.设排列为

$$a_1 \cdots a_l a b b_1 \cdots b_m, \tag{1.8}$$

对换 a 与 b,变为

$$a_1 \cdots a_l b a b_1 \cdots b_m. \tag{1.9}$$

比较式(1.8)与式(1.9)这两个排列的逆序数.

显然,$a_1, \cdots, a_l, b_1, \cdots, b_m$ 这些元素的逆序数经过对换并不改变,而 a, b 两元素的逆序数改变为

当 $a<b$ 时,经对换后 a 的逆序数增加 1,而 b 的逆序数不变;

当 $a>b$ 时,经对换后 a 的逆序数不变,而 b 的逆序数减少 1.

所以排列 $a_1 \cdots a_l a b b_1 \cdots b_m$ 与排列 $a_1 \cdots a_l b a b_1 \cdots b_m$ 的奇偶性不同.

再证一般对换的情形.设排列为

$$a_1\cdots a_l a b_1\cdots b_m b c_1\cdots c_n, \tag{1.10}$$

把它作 m 次相邻对换,变成

$$a_1\cdots a_l a b b_1\cdots b_m c_1\cdots c_n,$$

再作 $m+1$ 次相邻对换,变成

$$a_1\cdots a_l b b_1\cdots b_m a c_1\cdots c_n. \tag{1.11}$$

总之,经过 $2m+1$ 次相邻对换,排列 $a_1\cdots a_l a b_1\cdots b_m b c_1\cdots c_n$ 变成排列 $a_1\cdots a_l b b_1\cdots b_m a c_1\cdots c_n$,所以排列式(1.10)与式(1.11)的奇偶性不同.

例 1.5 试证:当 $n\geqslant 2$ 时,n 个数的所有排列中,奇排列和偶排列各占一半,即各有 $\frac{n!}{2}$ 个.

证明 设 n 个数的所有排列中,奇排列有 p 个,偶排列有 q 个,则 $p+q=n!$. 对这 p 个奇排列施行同一个对换(如对换数 1 与 2),那么,由定理 1.1,得到 p 个偶排列,且是 p 个不同的偶排列. 但总共只有 q 个偶排列,因此 $p\leqslant q$. 同样可得 $q\leqslant p$. 所以

$$p=q=\frac{n!}{2}.$$

推论 奇排列变成标准排列的对换次数为奇数,偶排列变成标准排列的对换次数为偶数.

证明 由定理 1.1 可知,对换的次数就是排列奇偶性的变化次数,而标准排列是偶排列(逆序数为零),因此推论成立.

1.3 n 阶行列式的定义

为了给出 n 阶行列式的定义,先来研究三阶行列式的结构.

一、概念的引入

三阶行列式

$$\begin{vmatrix} a_{11} & a_{12} & a_{13} \\ a_{21} & a_{22} & a_{23} \\ a_{31} & a_{32} & a_{33} \end{vmatrix} = a_{11}a_{22}a_{33}+a_{12}a_{23}a_{31}+a_{13}a_{21}a_{32}-a_{12}a_{21}a_{33}-a_{11}a_{23}a_{32}-a_{13}a_{22}a_{31}.$$

由三阶行列式的定义可以看出三阶行列式有以下特点:

(1) 每项均为不同行不同列的 3 个元素的乘积;

(2) 三阶行列式含 $3!=6$ 项;

(3) 每一项中各元素的行标是按照自然顺序排列,而列标构成的 3 个数,是 1,2,3 的所有排列 123,231,312,321,213,132. 前 3 个排列是偶排列,与它们对应的三项取正号;后 3 个排列是奇排列,与它们对应的三项取负号.

因此,三阶行列式可以写成

$$\begin{vmatrix} a_{11} & a_{12} & a_{13} \\ a_{21} & a_{22} & a_{23} \\ a_{31} & a_{32} & a_{33} \end{vmatrix} = \sum (-1)^{\tau(p_1p_2p_3)} a_{1p_1}a_{2p_2}a_{3p_3}, \tag{1.12}$$

其中 $\tau(p_1p_2p_3)$ 为排列 $p_1p_2p_3$ 的逆序数，$\sum$ 表示对 1，2，3 三个数的所有排列 $p_1p_2p_3$ 取和.

仿此，可以把行列式推广到一般情形.

二、n 阶行列式的定义

定义 1.6 设有 n^2 个数 a_{ij}，排成 n 行 n 列的数表

$$\begin{matrix} a_{11} & a_{12} & \cdots & a_{1n} \\ a_{21} & a_{22} & \cdots & a_{2n} \\ \vdots & \vdots & & \vdots \\ a_{n1} & a_{n2} & \cdots & a_{nn} \end{matrix} \tag{1.13}$$

用符号

$$\begin{vmatrix} a_{11} & a_{12} & \cdots & a_{1n} \\ a_{21} & a_{22} & \cdots & a_{2n} \\ \vdots & \vdots & & \vdots \\ a_{n1} & a_{n2} & \cdots & a_{nn} \end{vmatrix}$$

表示的 n **阶行列式**是指 $n!$ 项的代数和，这些项是一切可能的所有取自式(1.13)的不同行不同列的 n 个数的乘积

$$a_{1p_1}a_{2p_2}\cdots a_{np_n}\text{（称为\textbf{通项}）},$$

并冠以符号 $(-1)^{\tau(p_1p_2\cdots p_n)}$，得到形如

$$(-1)^{\tau(p_1p_2\cdots p_n)}a_{1p_1}a_{2p_2}\cdots a_{np_n} \tag{1.14}$$

的项，其中 $p_1p_2\cdots p_n$ 为自然数 $1,2,\cdots,n$ 的一个排列，$\tau(p_1p_2\cdots p_n)$ 为排列 $p_1p_2\cdots p_n$ 的逆序数. 记作

$$D=\begin{vmatrix} a_{11} & a_{12} & \cdots & a_{1n} \\ a_{21} & a_{22} & \cdots & a_{2n} \\ \vdots & \vdots & & \vdots \\ a_{n1} & a_{n2} & \cdots & a_{nn} \end{vmatrix}=\sum(-1)^{\tau(p_1p_2\cdots p_n)}a_{1p_1}a_{2p_2}\cdots a_{np_n}.$$

简记作 $\det(a_{ij})$，其中 a_{ij} 为行列式的 (i,j) **元**.

以下是 n 阶行列式的几点说明：

(1) 行列式是一种特定的算式，它是根据求解方程个数和未知量个数相同的线性方程组的需要而定义的；

(2) n 阶行列式是 $n!$ 项的代数和；

(3) n 阶行列式的每项都是位于不同行不同列的 n 个元素的乘积；

(4) $a_{1p_1}a_{2p_2}\cdots a_{np_n}$ 的符号为 $(-1)^{\tau(p_1p_2\cdots p_n)}$；

(5) 一阶行列式 $|a|=a$，不要与绝对值记号相混淆.

例 1.6 计算行列式 $\begin{vmatrix} 0 & 0 & 0 & 1 \\ 0 & 0 & 2 & 0 \\ 0 & 3 & 0 & 0 \\ 4 & 0 & 0 & 0 \end{vmatrix}$.

解 展开式中项的一般形式是：$a_{1p_1}a_{2p_2}a_{3p_3}a_{4p_4}$.

若 $p_1\neq 4$，则 $a_{1p_1}=0$，从而这项为零. 所以 p_1 只能等于 4.

同理可得 $p_2=3$，$p_3=2$，$p_4=1$.

即行列式中不为零的项为：$a_{14}a_{23}a_{32}a_{41}$.

因此

$$\begin{vmatrix} 0 & 0 & 0 & 1 \\ 0 & 0 & 2 & 0 \\ 0 & 3 & 0 & 0 \\ 4 & 0 & 0 & 0 \end{vmatrix} = (-1)^{\tau(4321)} 1\cdot 2\cdot 3\cdot 4 = 24.$$

例 1.7 用行列式定义计算 $D_n=\begin{vmatrix} 0 & 0 & \cdots & 0 & 1 & 0 \\ 0 & 0 & \cdots & 2 & 0 & 0 \\ \vdots & \vdots & & \vdots & \vdots & \vdots \\ n-1 & 0 & \cdots & 0 & 0 & 0 \\ 0 & 0 & \cdots & 0 & 0 & n \end{vmatrix}$.

解
$$\begin{aligned} D_n &=(-1)^{\tau[(n-1)(n-2)\cdots 2\cdot 1\cdot n]}a_{1,n-1}a_{2,n-2}\cdots a_{n-1,1}a_{nn} \\ &=(-1)^{\tau[(n-1)(n-2)\cdots 2\cdot 1\cdot n]}1\cdot 2\cdot 3\cdot\cdots\cdot(n-1)n \\ &=(-1)^{\tau[(n-1)(n-2)\cdots 2\cdot 1\cdot n]}n!. \end{aligned}$$

而

$$\tau[(n-1)(n-2)\cdot\cdots\cdot 2\cdot 1\cdot n] = (n-2)+(n-3)+\cdots+2+1 = \frac{(n-1)(n-2)}{2}.$$

所以

$$D_n = (-1)^{\frac{(n-1)(n-2)}{2}} n!.$$

下面介绍几种特殊的行列式.

三、特殊行列式

1. 三角行列式

(1) 上三角行列式.

主对角线下方元素全为零的行列式称为**上三角行列式**，即

$$D = \begin{vmatrix} a_{11} & a_{12} & \cdots & a_{1n} \\ 0 & a_{22} & \cdots & a_{2n} \\ \vdots & \vdots & & \vdots \\ 0 & 0 & \cdots & a_{nn} \end{vmatrix}.$$

例 1.8 计算上三角行列式 $D=\begin{vmatrix} a_{11} & a_{12} & \cdots & a_{1n} \\ 0 & a_{22} & \cdots & a_{2n} \\ \vdots & \vdots & & \vdots \\ 0 & 0 & \cdots & a_{nn} \end{vmatrix}$.

解 展开式中项的一般形式是 $a_{1p_1}a_{2p_2}\cdots a_{np_n}$，

若 $p_n\neq n$，则 $a_{np_n}=0$，从而这项为零. 所以 p_n 只能等于 n.

同理可得

$$p_{n-1}=n-1,\ p_{n-2}=n-2,\ \cdots,\ p_1=1.$$

即行列式中不为零的项为：$a_{11}a_{22}\cdots a_{nn}$. 所以

$$D=\begin{vmatrix} a_{11} & a_{12} & \cdots & a_{1n} \\ 0 & a_{22} & \cdots & a_{2n} \\ \vdots & \vdots & & \vdots \\ 0 & 0 & \cdots & a_{nn} \end{vmatrix}=(-1)^{\tau(123\cdots n)}a_{11}\cdot a_{22}\cdot\cdots\cdot a_{nn}=a_{11}a_{22}\cdots a_{nn}.$$

利用此结果可以容易得出

$$D=\begin{vmatrix} 1 & 2 & 3 & 4 \\ 0 & 4 & 2 & 1 \\ 0 & 0 & 5 & 6 \\ 0 & 0 & 0 & 8 \end{vmatrix}=a_{11}a_{22}a_{33}a_{44}=1\times 4\times 5\times 8=160.$$

(2) 下三角行列式.

主对角线上方元素全为零的行列式称为**下三角行列式**,即

$$D=\begin{vmatrix} a_{11} & 0 & \cdots & 0 \\ a_{21} & a_{22} & \cdots & 0 \\ \vdots & \vdots & & \vdots \\ a_{n1} & a_{n2} & \cdots & a_{nn} \end{vmatrix}.$$

同样可得

$$D=\begin{vmatrix} a_{11} & 0 & \cdots & 0 \\ a_{21} & a_{22} & \cdots & 0 \\ \vdots & \vdots & & \vdots \\ a_{n1} & a_{n2} & \cdots & a_{nn} \end{vmatrix}=a_{11}a_{22}\cdots a_{nn}.$$

2. 对角行列式

主对角线上方、下方的元素全为零的行列式称为**对角行列式**,即

$$D=\begin{vmatrix} a_{11} & 0 & \cdots & 0 \\ 0 & a_{22} & \cdots & 0 \\ \vdots & \vdots & & \vdots \\ 0 & 0 & \cdots & a_{nn} \end{vmatrix},$$

简记为 $D=\mathrm{diag}(a_{11},a_{22},\cdots,a_{nn})$,也有

$$D=\mathrm{diag}(a_{11},a_{22},\cdots,a_{nn})=a_{11}a_{22}\cdots a_{nn}.$$

结论 上(下)三角行列式及对角行列式均等于主对角线上元素的乘积.

这个结论今后可以直接用于行列式的计算.

例 1.9 证明对角行列式

$$\begin{vmatrix} & & & \lambda_1 \\ & & \lambda_2 & \\ & \iddots & & \\ \lambda_n & & & \end{vmatrix}=(-1)^{\frac{n(n-1)}{2}}\lambda_1\lambda_2\cdots\lambda_n.$$

证明 若记 $\lambda_i = a_{i,n-i+1}$，则依行列式定义，有

$$\begin{vmatrix} & & & \lambda_1 \\ & & \lambda_2 & \\ & \iddots & & \\ \lambda_n & & & \end{vmatrix} = \begin{vmatrix} & & & a_{1n} \\ & & a_{2,n-1} & \\ & \iddots & & \\ a_{n1} & & & \end{vmatrix}$$

$$= (-1)^{\tau[n(n-1)\cdots 2\cdot 1]} a_{1,n}a_{2,n-1}\cdots a_{n1} = (-1)^{\frac{n(n-1)}{2}}\lambda_1\lambda_2\cdots\lambda_n.$$

在行列式定义展开式(1.14)中，每一项相乘的 n 个元素的行标固定取 n 阶标准排列. 事实上，数的乘法是可交换的，这 n 个元素相乘的次序是可以改变的，故 n 阶行列式中通项一般可写成

$$a_{i_1j_1}a_{i_2j_2}\cdots a_{i_nj_n}, \tag{1.15}$$

其中 $i_1i_2\cdots i_n$ 和 $j_1j_2\cdots j_n$ 是两个 n 阶排列. 问题是此时该项的符号如何确定？

由于排列 $i_1i_2\cdots i_n$ 可经若干次对换变为标准排列为 $12\cdots n$，因此适当交换式(1.15)中元素的位置可得到

$$a_{i_1j_1}a_{i_2j_2}\cdots a_{i_nj_n} = a_{1k_1}a_{2k_2}\cdots a_{nk_n}.$$

由于每交换式(1.15)中的两个元素一次，对应的行指标的排列、列指标的排列均作了一次对换，因此它们逆序之和的奇偶性不变，于是有

$$(-1)^{\tau(i_1i_2\cdots i_n)+\tau(j_1j_2\cdots j_n)} = (-1)^{\tau(12\cdots n)+\tau(k_1k_2\cdots k_n)} = (-1)^{\tau(k_1k_2\cdots k_n)}.$$

而 $(-1)^{\tau(k_1k_2\cdots k_n)}$ 正是行列式展开式中项 $a_{1k_1}a_{2k_2}\cdots a_{nk_n}$ 的符号，从而有

$$(-1)^{\tau(k_1k_2\cdots k_n)}a_{1k_1}a_{2k_2}\cdots a_{nk_n} = (-1)^{\tau(i_1i_2\cdots i_n)+\tau(j_1j_2\cdots j_n)}a_{i_1j_1}a_{i_2j_2}\cdots a_{i_nj_n}.$$

这表明行列式中项 $a_{i_1j_1}a_{i_2j_2}\cdots a_{i_nj_n}$ 的符号为

$$(-1)^{\tau(i_1i_2\cdots i_n)+\tau(j_1j_2\cdots j_n)}.$$

因此 n 阶行列式的定义可有下列表达式.

定理 1.2 n 阶行列式一般可定义为

$$D = \sum (-1)^{\tau(i_1i_2\cdots i_n)+\tau(j_1j_2\cdots j_n)}a_{i_1j_1}a_{i_2j_2}\cdots a_{i_nj_n}.$$

其中 $i_1i_2\cdots i_n$ 和 $j_1j_2\cdots j_n$ 均为 $1,2,\cdots,n$ 这 n 个自然数的一个排列.

定理 1.3 n 阶行列式也可定义为

$$D = \sum (-1)^{\tau(i_1i_2\cdots i_n)}a_{i_11}a_{i_22}\cdots a_{i_nn}.$$

其中 $i_1i_2\cdots i_n$ 为 $1,2,\cdots,n$ 这 n 个自然数的一个排列.

这些结论也表明了行列式中，行与列的位置是等同的.

例 1.10 在六阶行列式中，下列两项各应带什么符号？

(1) $a_{23}a_{31}a_{42}a_{56}a_{14}a_{65}$；

(2) $a_{32}a_{43}a_{14}a_{51}a_{66}a_{25}$.

解 (1) 因为 $a_{23}a_{31}a_{42}a_{56}a_{14}a_{65} = a_{14}a_{23}a_{31}a_{42}a_{56}a_{65}$，而

$$\tau(431265) = 0+1+2+2+0+1 = 6.$$

所以 $a_{23}a_{31}a_{42}a_{56}a_{14}a_{65}$ 前面应带正号.

(2) 因为行排列为 341562，而

$$\tau(341562) = 0+0+2+0+0+4 = 6.$$

列排列为 234165,而

$$\tau(234165)=0+0+0+3+0+1=4.$$

$$\tau(341562)+\tau(234165)=6+4=10.$$

所以 $a_{32}a_{43}a_{14}a_{51}a_{66}a_{25}$ 前面应带正号.

1.4 行列式的性质

根据定义直接计算 n 阶行列式往往是比较麻烦的.本节将研究行列式的性质,这些性质不仅能大大简化行列式的计算,而且在理论上也相当重要.

首先引入转置行列式的概念.

一、转置行列式的概念

定义 1.7 如果将 n 阶行列式

$$D=\begin{vmatrix} a_{11} & a_{12} & \cdots & a_{1n} \\ a_{21} & a_{22} & \cdots & a_{2n} \\ \vdots & \vdots & & \vdots \\ a_{n1} & a_{n2} & \cdots & a_{nn} \end{vmatrix}$$

中的行与列互换(顺序不变),得到的新行列式记为

$$D^{\mathrm{T}}=\begin{vmatrix} a_{11} & a_{21} & \cdots & a_{n1} \\ a_{12} & a_{22} & \cdots & a_{n2} \\ \vdots & \vdots & & \vdots \\ a_{1n} & a_{2n} & \cdots & a_{nn} \end{vmatrix},$$

则称行列式 D^{T} 为 D 的**转置行列式**.显然 D 也是 D^{T} 的转置行列式,即$(D^{\mathrm{T}})^{\mathrm{T}}=D$.

二、行列式的性质

性质 1 行列式与其转置行列式相等,即 $D=D^{\mathrm{T}}$.

证明 记 $D=\det(a_{ij})$的转置行列式

$$D^{\mathrm{T}}=\begin{vmatrix} b_{11} & b_{12} & \cdots & b_{1n} \\ b_{21} & b_{22} & \cdots & b_{2n} \\ \vdots & \vdots & & \vdots \\ b_{n1} & b_{n2} & \cdots & b_{nn} \end{vmatrix},$$

即 $b_{ij}=a_{ji}(i,j=1,2,\cdots,n)$,根据定义

$$D^{\mathrm{T}}=\sum(-1)^{\tau(p_1p_2\cdots p_n)}b_{1p_1}b_{2p_2}\cdots b_{np_n}=\sum(-1)^{\tau(p_1p_2\cdots p_n)}a_{p_11}a_{p_22}\cdots a_{p_nn}.$$

由定理 1.3,可知

$$D=\sum(-1)^{\tau(p_1p_2\cdots p_n)}a_{p_11}a_{p_22}\cdots a_{p_nn}.$$

故

$$D=D^{\mathrm{T}}.$$

此性质说明行列式中行与列具有同等的地位，因此行列式的性质凡是对行成立的对列也同样成立，反之亦然.

性质 2 互换行列式中两行(列)的位置，行列式改变符号. 即

$$\begin{vmatrix} a_{11} & a_{12} & \cdots & a_{1n} \\ \vdots & \vdots & & \vdots \\ a_{i1} & a_{i2} & \cdots & a_{in} \\ \vdots & \vdots & & \vdots \\ a_{j1} & a_{j2} & \cdots & a_{jn} \\ \vdots & \vdots & & \vdots \\ a_{n1} & a_{n2} & \cdots & a_{nn} \end{vmatrix} = - \begin{vmatrix} a_{11} & a_{12} & \cdots & a_{1n} \\ \vdots & \vdots & & \vdots \\ a_{j1} & a_{j2} & \cdots & a_{jn} \\ \vdots & \vdots & & \vdots \\ a_{i1} & a_{i2} & \cdots & a_{in} \\ \vdots & \vdots & & \vdots \\ a_{n1} & a_{n2} & \cdots & a_{nn} \end{vmatrix}.$$

证明 设行列式

$$D_1 = \begin{vmatrix} b_{11} & b_{12} & \cdots & b_{1n} \\ b_{21} & b_{22} & \cdots & b_{2n} \\ \vdots & \vdots & & \vdots \\ b_{n1} & b_{n2} & \cdots & b_{nn} \end{vmatrix}$$

是由行列式 $D=\det(a_{ij})$ 交换 i,j 两行得到的，即当 $k\neq i,j$ 时有 $b_{kp_k}=a_{kp_k}$；当 $k=i,j$ 时，$b_{ip_i}=a_{jp_i}$，$b_{jp_j}=a_{ip_j}$. 于是

$$\begin{aligned} D_1 &= \sum (-1)^{\tau(p_1\cdots p_i\cdots p_j\cdots p_n)} b_{1p_1}\cdots b_{ip_i}\cdots b_{jp_j}\cdots b_{np_n} \\ &= \sum (-1)^{\tau(p_1\cdots p_i\cdots p_j\cdots p_n)} a_{1p_1}\cdots a_{jp_i}\cdots a_{ip_j}\cdots a_{np_n} \\ &= \sum (-1)^{\tau(p_1\cdots p_j\cdots p_i\cdots p_n)+1} a_{1p_1}\cdots a_{ip_j}\cdots a_{jp_i}\cdots a_{np_n} \\ &= -\sum (-1)^{\tau(p_1\cdots p_j\cdots p_i\cdots p_n)} a_{1p_1}\cdots a_{ip_j}\cdots a_{jp_i}\cdots a_{np_n} \\ &= -D. \end{aligned}$$

注意：以 r_i 表示行列式的第 i 行，以 c_i 表示第 i 列，交换 i,j 两行，记作 $r_i\leftrightarrow r_j$；交换 i,j 两列，记作 $c_i\leftrightarrow c_j$.

推论 如果行列式的两行(列)对应元素相同，则此行列式的值为零.

证明 互换相同的两行，有

$$D=-D,$$

所以

$$D=0.$$

性质 3 行列式的某一行(列)中的所有元素都乘以同一个数 k，等于用数 k 乘此行列式. 即

$$\begin{vmatrix} a_{11} & a_{12} & \cdots & a_{1n} \\ \vdots & \vdots & & \vdots \\ ka_{i1} & ka_{i2} & \cdots & ka_{in} \\ \vdots & \vdots & & \vdots \\ a_{n1} & a_{n2} & \cdots & a_{nn} \end{vmatrix} = k \begin{vmatrix} a_{11} & a_{12} & \cdots & a_{1n} \\ \vdots & \vdots & & \vdots \\ a_{i1} & a_{i2} & \cdots & a_{in} \\ \vdots & \vdots & & \vdots \\ a_{n1} & a_{n2} & \cdots & a_{nn} \end{vmatrix}.$$

注意:第 i 行(列)乘以 k,记作 $r_i\times k(c_i\times k)$.

推论 1 行列式中某一行(列)的所有元素的公因子可以提到行列式符号的外面.

推论 2 如果行列式中有一行(列)的全部元素都是零,那么这个行列式的值为零.

性质 4 若行列式的某一列(行)的元素都是两个数之和,则此行列式等于两个行列式之和,这两个行列式分别以这两个数所在的列(行)对应位置的元素为元素,其他位置的元素与原行列式相同.即

如果

$$D=\begin{vmatrix} a_{11} & a_{12} & \cdots & (a_{1i}+a'_{1i}) & \cdots & a_{1n} \\ a_{21} & a_{22} & \cdots & (a_{2i}+a'_{2i}) & \cdots & a_{2n} \\ \vdots & \vdots & & \vdots & & \vdots \\ a_{n1} & a_{n2} & \cdots & (a_{ni}+a'_{ni}) & \cdots & a_{nn} \end{vmatrix},$$

则

$$D=\begin{vmatrix} a_{11} & a_{12} & \cdots & a_{1i} & \cdots & a_{1n} \\ a_{21} & a_{22} & \cdots & a_{2i} & \cdots & a_{2n} \\ \vdots & \vdots & & \vdots & & \vdots \\ a_{n1} & a_{n2} & \cdots & a_{ni} & \cdots & a_{nn} \end{vmatrix}+\begin{vmatrix} a_{11} & a_{12} & \cdots & a'_{1i} & \cdots & a_{1n} \\ a_{21} & a_{22} & \cdots & a'_{2i} & \cdots & a_{2n} \\ \vdots & \vdots & & \vdots & & \vdots \\ a_{n1} & a_{n2} & \cdots & a'_{ni} & \cdots & a_{nn} \end{vmatrix}.$$

性质 5 行列式中如果有两行(列)元素成比例,则此行列式的值为零.

证明 $$D=\begin{vmatrix} a_{11} & a_{12} & \cdots & a_{1n} \\ \vdots & \vdots & & \vdots \\ a_{i1} & a_{i2} & \cdots & a_{in} \\ \vdots & \vdots & & \vdots \\ ka_{i1} & ka_{i2} & \cdots & ka_{in} \\ \vdots & \vdots & & \vdots \\ a_{n1} & a_{n2} & \cdots & a_{nn} \end{vmatrix}=k\begin{vmatrix} a_{11} & a_{12} & \cdots & a_{1n} \\ \vdots & \vdots & & \vdots \\ a_{i1} & a_{i2} & \cdots & a_{in} \\ \vdots & \vdots & & \vdots \\ a_{i1} & a_{i2} & \cdots & a_{in} \\ \vdots & \vdots & & \vdots \\ a_{n1} & a_{n2} & \cdots & a_{nn} \end{vmatrix}=0.$$

性质 6 把行列式的某一行(列)的各元素乘以同一个数再加到另一行(列)对应的元素上去,行列式的值不变.

注意:记数 k 乘第 j 行(列)加到第 i 行(列)上为 $r_i+kr_j(c_i+kc_j)$.

证明 设

$$D=\begin{vmatrix} a_{11} & a_{12} & \cdots & a_{1n} \\ \vdots & \vdots & & \vdots \\ a_{i1} & a_{i2} & \cdots & a_{in} \\ \vdots & \vdots & & \vdots \\ a_{j1} & a_{j2} & \cdots & a_{jn} \\ \vdots & \vdots & & \vdots \\ a_{n1} & a_{n2} & \cdots & a_{nn} \end{vmatrix}$$

以数 k 乘以 D 的第 j 行加到第 i 行的对应元素上,得

$$D_1=\begin{vmatrix} a_{11} & a_{12} & \cdots & a_{1n} \\ \vdots & \vdots & & \vdots \\ a_{i1}+ka_{j1} & a_{i2}+ka_{j2} & \cdots & a_{in}+ka_{jn} \\ \vdots & \vdots & & \vdots \\ a_{j1} & a_{j2} & \cdots & a_{jn} \\ \vdots & \vdots & & \vdots \\ a_{n1} & a_{n2} & \cdots & a_{nn} \end{vmatrix},$$

由性质 4 和性质 5 可得

$$D_1=\begin{vmatrix} a_{11} & a_{12} & \cdots & a_{1n} \\ \vdots & \vdots & & \vdots \\ a_{i1} & a_{i2} & \cdots & a_{in} \\ \vdots & \vdots & & \vdots \\ a_{j1} & a_{j2} & \cdots & a_{jn} \\ \vdots & \vdots & & \vdots \\ a_{n1} & a_{n2} & \cdots & a_{nn} \end{vmatrix}+\begin{vmatrix} a_{11} & a_{12} & \cdots & a_{1n} \\ \vdots & \vdots & & \vdots \\ ka_{j1} & ka_{j2} & \cdots & ka_{jn} \\ \vdots & \vdots & & \vdots \\ a_{j1} & a_{j2} & \cdots & a_{jn} \\ \vdots & \vdots & & \vdots \\ a_{n1} & a_{n2} & \cdots & a_{nn} \end{vmatrix}=D.$$

即

$$\begin{vmatrix} a_{11} & a_{12} & \cdots & a_{1n} \\ \vdots & \vdots & & \vdots \\ a_{i1} & a_{i2} & \cdots & a_{in} \\ \vdots & \vdots & & \vdots \\ a_{j1} & a_{j2} & \cdots & a_{jn} \\ \vdots & \vdots & & \vdots \\ a_{n1} & a_{n2} & \cdots & a_{nn} \end{vmatrix}\xlongequal{r_i+kr_j}\begin{vmatrix} a_{11} & a_{12} & \cdots & a_{1n} \\ \vdots & \vdots & & \vdots \\ a_{i1}+ka_{j1} & a_{i2}+ka_{j2} & \cdots & a_{in}+ka_{jn} \\ \vdots & \vdots & & \vdots \\ a_{j1} & a_{j2} & \cdots & a_{jn} \\ \vdots & \vdots & & \vdots \\ a_{n1} & a_{n2} & \cdots & a_{nn} \end{vmatrix}.$$

三、性质的应用

我们知道一个上(下)三角行列式的值等于它对角线上的元素之积，因此在计算行列式时，可利用行列式的性质将所给行列式化为三角行列式.

把行列式化为上三角行列式的一般步骤如下.

(1) 若 $a_{11}\neq 0$，则第一行分别乘 $-\frac{a_{21}}{a_{11}},-\frac{a_{31}}{a_{11}},\cdots,-\frac{a_{n1}}{a_{11}}$ 加到第 $2,3,\cdots,n$ 行对应元素上，把第一列 a_{11} 以下的元素全部化为零. 但应注意尽量避免将元素化为分数，否则会给后面的计算增加困难；若 $a_{11}=0$，则通过行(列)变换使 $a_{11}\neq 0$.

(2) 类似地，把主对角线 $a_{22},a_{33},\cdots,a_{n-1,n-1}$ 以下的元素全部化为零，即可得上三角行列式.

把行列式化为下三角行列式的步骤与此类似.

例 1.11 计算 $D=\begin{vmatrix} 1 & 1 & -1 & 2 \\ -1 & -1 & -4 & 1 \\ 2 & 4 & -6 & 1 \\ 1 & 2 & 4 & 2 \end{vmatrix}$.

解 $$D\xlongequal[\substack{r_3-2r_1\\r_4-r_1}]{r_2+r_1}\begin{vmatrix}1&1&-1&2\\0&0&-5&3\\0&2&-4&-3\\0&1&5&0\end{vmatrix}\xlongequal{r_2\leftrightarrow r_4}-\begin{vmatrix}1&1&-1&2\\0&1&5&0\\0&2&-4&-3\\0&0&-5&3\end{vmatrix}$$

$$\xlongequal{r_3-2r_2}-\begin{vmatrix}1&1&-1&2\\0&1&5&0\\0&0&-14&-3\\0&0&-5&3\end{vmatrix}\xlongequal{r_4-\frac{5}{14}r_3}-\begin{vmatrix}1&1&-1&2\\0&1&5&0\\0&0&-14&-3\\0&0&0&\frac{57}{14}\end{vmatrix}$$

$$=-1\times1\times(-14)\times\frac{57}{14}=57.$$

例 1.12 计算 n 阶行列式 $D=\begin{vmatrix}a&b&b&\cdots&b\\b&a&b&\cdots&b\\b&b&a&\cdots&b\\\vdots&\vdots&\vdots&&\vdots\\b&b&b&\cdots&a\end{vmatrix}$.

解 先观察,再计算.注意到该行列式每行(列)各元素之和相等.

将 D 的第 $2,3,\cdots,n$ 列都加到第一列,得

$$D=\begin{vmatrix}a+(n-1)b&b&b&\cdots&b\\a+(n-1)b&a&b&\cdots&b\\a+(n-1)b&b&a&\cdots&b\\\vdots&\vdots&\vdots&&\vdots\\a+(n-1)b&b&b&\cdots&a\end{vmatrix}=[a+(n-1)b]\begin{vmatrix}1&b&b&\cdots&b\\1&a&b&\cdots&b\\1&b&a&\cdots&b\\\vdots&\vdots&\vdots&&\vdots\\1&b&b&\cdots&a\end{vmatrix}$$

$$\xlongequal[i=2,\cdots,n]{r_i-r_1}[a+(n-1)b]\begin{vmatrix}1&b&b&\cdots&b\\0&a-b&0&\cdots&0\\0&0&a-b&\cdots&0\\\vdots&\vdots&\vdots&&\vdots\\0&0&0&\cdots&a-b\end{vmatrix}$$

$$=[a+(n-1)b](a-b)^{n-1}.$$

例 1.13 计算

$$D=\begin{vmatrix}a&b&c&d\\a&a+b&a+b+c&a+b+c+d\\a&2a+b&3a+2b+c&4a+3b+2c+d\\a&3a+b&6a+3b+c&10a+6b+3c+d\end{vmatrix}.$$

解 从第 4 行开始,后行减前行

$$D\xlongequal[r_2-r_1]{\substack{r_4-r_3\\r_3-r_2}}\begin{vmatrix}a&b&c&d\\0&a&a+b&a+b+c\\0&a&2a+b&3a+2b+c\\0&a&3a+b&6a+3b+c\end{vmatrix}\xlongequal[r_3-r_2]{r_4-r_3}\begin{vmatrix}a&b&c&d\\0&a&a+b&a+b+c\\0&0&a&2a+b\\0&0&a&3a+b\end{vmatrix}$$

$$\xlongequal{r_4-r_3}\begin{vmatrix} a & b & c & d \\ 0 & a & a+b & a+b+c \\ 0 & 0 & a & 2a+b \\ 0 & 0 & 0 & a \end{vmatrix}=a^4.$$

例 1.14　证明 $\begin{vmatrix} a_1+b_1 & b_1+c_1 & c_1+a_1 \\ a_2+b_2 & b_2+c_2 & c_2+a_2 \\ a_3+b_3 & b_3+c_3 & c_3+a_3 \end{vmatrix}=2\begin{vmatrix} a_1 & b_1 & c_1 \\ a_2 & b_2 & c_2 \\ a_3 & b_3 & c_3 \end{vmatrix}$.

证法 1

$$\text{左式}\xlongequal{c_1+c_2+c_3}\begin{vmatrix} 2(a_1+b_1+c_1) & b_1+c_1 & c_1+a_1 \\ 2(a_2+b_2+c_2) & b_2+c_2 & c_2+a_2 \\ 2(a_3+b_3+c_3) & b_3+c_3 & c_3+a_3 \end{vmatrix}=2\begin{vmatrix} a_1+b_1+c_1 & b_1+c_1 & c_1+a_1 \\ a_2+b_2+c_2 & b_2+c_2 & c_2+a_2 \\ a_3+b_3+c_3 & b_3+c_3 & c_3+a_3 \end{vmatrix}$$

$$\xlongequal[c_2-c_1]{c_3-c_1}2\begin{vmatrix} a_1+b_1+c_1 & -a_1 & -b_1 \\ a_2+b_2+c_2 & -a_2 & -b_2 \\ a_3+b_3+c_3 & -a_3 & -b_3 \end{vmatrix}\xlongequal{c_1+c_2+c_3}2\begin{vmatrix} c_1 & -a_1 & -b_1 \\ c_2 & -a_2 & -b_2 \\ c_3 & -a_3 & -b_3 \end{vmatrix}$$

$$\xlongequal[c_1\leftrightarrow c_2]{c_1\leftrightarrow c_3}2\begin{vmatrix} -a_1 & -b_1 & c_1 \\ -a_2 & -b_2 & c_2 \\ -a_3 & -b_3 & c_3 \end{vmatrix}=2\begin{vmatrix} a_1 & b_1 & c_1 \\ a_2 & b_2 & c_2 \\ a_3 & b_3 & c_3 \end{vmatrix}=\text{右式}.$$

证法 2（按列拆开）

$$\text{左式}=\begin{vmatrix} a_1 & b_1+c_1 & c_1+a_1 \\ a_2 & b_2+c_2 & c_2+a_2 \\ a_3 & b_3+c_3 & c_3+a_3 \end{vmatrix}+\begin{vmatrix} b_1 & b_1+c_1 & c_1+a_1 \\ b_2 & b_2+c_2 & c_2+a_2 \\ b_3 & b_3+c_3 & c_3+a_3 \end{vmatrix}$$

$$=\begin{vmatrix} a_1 & b_1 & c_1+a_1 \\ a_2 & b_2 & c_2+a_2 \\ a_3 & b_3 & c_3+a_3 \end{vmatrix}+\begin{vmatrix} a_1 & c_1 & c_1+a_1 \\ a_2 & c_2 & c_2+a_2 \\ a_3 & c_3 & c_3+a_3 \end{vmatrix}+\begin{vmatrix} b_1 & b_1 & c_1+a_1 \\ b_2 & b_2 & c_2+a_2 \\ b_3 & b_3 & c_3+a_3 \end{vmatrix}+\begin{vmatrix} b_1 & c_1 & c_1+a_1 \\ b_2 & c_2 & c_2+a_2 \\ b_3 & c_3 & c_3+a_3 \end{vmatrix}$$

$$=2\begin{vmatrix} a_1 & b_1 & c_1 \\ a_2 & b_2 & c_2 \\ a_3 & b_3 & c_3 \end{vmatrix}=\text{右式}.$$

例 1.15　设 $D=\begin{vmatrix} a_{11} & \cdots & a_{1k} & & & \\ \vdots & & \vdots & & 0 & \\ a_{k1} & \cdots & a_{kk} & & & \\ c_{11} & \cdots & c_{1k} & b_{11} & \cdots & b_{1n} \\ \vdots & & \vdots & \vdots & & \vdots \\ c_{n1} & \cdots & c_{nk} & b_{n1} & \cdots & b_{nn} \end{vmatrix}$,

$$D_1=\det(a_{ij})=\begin{vmatrix} a_{11} & \cdots & a_{1k} \\ \vdots & & \vdots \\ a_{k1} & \cdots & a_{kk} \end{vmatrix},\ D_2=\det(b_{ij})=\begin{vmatrix} b_{11} & \cdots & b_{1n} \\ \vdots & & \vdots \\ b_{n1} & \cdots & b_{nn} \end{vmatrix}.$$

证明 $D=D_1D_2$.

证明 对 D_1 作运算 r_i+kr_j,把 D_1 转化为下三角行列式,设为

$$D_1=\begin{vmatrix} p_{11} & & 0 \\ \vdots & \ddots & \\ p_{k1} & \cdots & p_{kk} \end{vmatrix}=p_{11}p_{22}\cdots p_{kk},$$

对 D_2 作运算 c_i+kc_j,把 D_2 转化为下三角行列式,设为

$$D_2=\begin{vmatrix} q_{11} & & 0 \\ \vdots & \ddots & \\ q_{n1} & \cdots & q_{nn} \end{vmatrix}=q_{11}q_{22}\cdots q_{nn}.$$

于是,对 D 的前 k 行作运算 r_i+kr_j,再对后 n 列作运算 c_i+kc_j,把 D 转化为下三角行列式

$$D=\begin{vmatrix} p_{11} & & & & & \\ \vdots & \ddots & & & 0 & \\ p_{k1} & \cdots & p_{kk} & & & \\ c_{11} & \cdots & c_{1k} & q_{11} & & \\ \vdots & & \vdots & \vdots & \ddots & \\ c_{n1} & \cdots & c_{nk} & q_{n1} & \cdots & q_{nn} \end{vmatrix},$$

故

$$D=p_{11}\cdots p_{kk}\cdot q_{11}\cdots q_{nn}=D_1D_2.$$

1.5 行列式按行(列)展开

一般地,低阶行列式的计算比高阶行列式的计算要简便,于是我们自然地要考虑用低阶行列式来表示高阶行列式的问题.

首先介绍余子式与代数余子式的概念.

一、余子式与代数余子式

定义 1.8 在 n 阶行列式中,把元素 a_{ij} 所在的第 i 行和第 j 列划去后,剩下的 $n-1$ 阶行列式称为元素 a_{ij} 的**余子式**,记作 M_{ij};记 $A_{ij}=(-1)^{i+j}M_{ij}$,称为元素 a_{ij} 的**代数余子式**.

例如,行列式 $D=\begin{vmatrix} a_{11} & a_{12} & a_{13} & a_{14} \\ a_{21} & a_{22} & a_{23} & a_{24} \\ a_{31} & a_{32} & a_{33} & a_{34} \\ a_{41} & a_{42} & a_{43} & a_{44} \end{vmatrix}$ 中元素 a_{23} 的余子式和代数余子式分别为

$$M_{23}=\begin{vmatrix} a_{11} & a_{12} & a_{14} \\ a_{31} & a_{32} & a_{34} \\ a_{41} & a_{42} & a_{44} \end{vmatrix},\ A_{23}=(-1)^{2+3}M_{23}=-M_{23}.$$

行列式中每一元素分别对应着一个余子式和一个代数余子式.

引理 一个 n 阶行列式，如果其中第 i 行所有元素除 a_{ij} 外都为零，那么这个行列式等于 a_{ij} 与它的代数余子式的乘积，即 $D=a_{ij}A_{ij}$.

例如，行列式 $D=\begin{vmatrix} a_{11} & a_{12} & a_{13} & a_{14} \\ a_{21} & a_{22} & a_{23} & a_{24} \\ 0 & 0 & a_{33} & 0 \\ a_{41} & a_{42} & a_{43} & a_{44} \end{vmatrix}=(-1)^{3+3}a_{33}\begin{vmatrix} a_{11} & a_{12} & a_{14} \\ a_{21} & a_{22} & a_{24} \\ a_{41} & a_{42} & a_{44} \end{vmatrix}$.

证明 分两种情形证明.

(1) 设

$$D=\begin{vmatrix} a_{11} & 0 & \cdots & 0 \\ a_{21} & a_{22} & \cdots & a_{2n} \\ \vdots & \vdots & & \vdots \\ a_{n1} & a_{n2} & \cdots & a_{nn} \end{vmatrix}.$$

由于 D 的每一项都含有第一行中的元素，但第一行中仅有 $a_{11}\neq 0$，因此 D 仅含有下列形式的项

$$(-1)^{\tau(p_2\cdots p_n)}a_{11}a_{2p_2}\cdots a_{np_n}=a_{11}[(-1)^{\tau(p_2\cdots p_n)}a_{2p_2}\cdots a_{np_n}].$$

而 $(-1)^{\tau(p_2\cdots p_n)}a_{2p_2}\cdots a_{np_n}$ 正是 M_{11} 的一般项，所以

$$D=a_{11}M_{11}=a_{11}(-1)^{1+1}M_{11}=a_{11}A_{11}.$$

(2) 设

$$D=\begin{vmatrix} a_{11} & \cdots & a_{1,j-1} & a_{1j} & a_{1,j+1} & \cdots & a_{1n} \\ \vdots & & \vdots & \vdots & \vdots & & \vdots \\ a_{i-1,1} & \cdots & a_{i-1,j-1} & a_{i-1,j} & a_{i-1,j+1} & \cdots & a_{i-1,n} \\ 0 & \cdots & 0 & a_{ij} & 0 & \cdots & 0 \\ a_{i+1,1} & \cdots & a_{i+1,j-1} & a_{i+1,j} & a_{i+1,j+1} & \cdots & a_{i+1,n} \\ \vdots & & \vdots & \vdots & \vdots & & \vdots \\ a_{n1} & \cdots & a_{n,j-1} & a_{nj} & a_{n,j+1} & \cdots & a_{nn} \end{vmatrix}$$

将 D 化为(1)的情形. 将 D 的第 i 行依次与第 $i-1,\cdots,2,1$ 各行交换后，再将第 j 列依次与第 $j-1,\cdots,2,1$ 各列交换，得

$$D=(-1)^{i+j-2}\begin{vmatrix} a_{ij} & 0 & \cdots & 0 & 0 & \cdots & 0 \\ a_{1j} & a_{11} & \cdots & a_{1,j-1} & a_{1,j+1} & \cdots & a_{1n} \\ \vdots & \vdots & & \vdots & \vdots & & \vdots \\ a_{i-1,j} & a_{i-1,1} & \cdots & a_{i-1,j-1} & a_{i-1,j+1} & \cdots & a_{i-1,n} \\ a_{i+1,j} & a_{i+1,1} & \cdots & a_{i+1,j-1} & a_{i+1,j+1} & \cdots & a_{i+1,n} \\ \vdots & \vdots & & \vdots & \vdots & & \vdots \\ a_{nj} & a_{n1} & \cdots & a_{n,j-1} & a_{n,j+1} & \cdots & a_{nn} \end{vmatrix}$$

$$=(-1)^{i+j}a_{ij}M_{ij}=a_{ij}A_{ij}.$$

二、行列式按行(列)展开法则

定理 1.4 n 阶行列式 $D=\det(a_{ij})$ 等于它的任一行(列)的各元素与其对应的代数余子式乘积之和. 即

$$D = a_{i1}A_{i1} + a_{i2}A_{i2} + \cdots + a_{in}A_{in} \ (i = 1,2,\cdots,n), \tag{1.16}$$

或

$$D = a_{1j}A_{1j} + a_{2j}A_{2j} + \cdots + a_{nj}A_{nj} \ (j = 1,2,\cdots,n). \tag{1.17}$$

证明

$$D=\begin{vmatrix} a_{11} & a_{12} & \cdots & a_{1n} \\ \vdots & \vdots & & \vdots \\ a_{i1} & a_{i2} & \cdots & a_{in} \\ \vdots & \vdots & & \vdots \\ a_{n1} & a_{n2} & \cdots & a_{nn} \end{vmatrix} = \begin{vmatrix} a_{11} & a_{12} & \cdots & a_{1n} \\ \vdots & \vdots & & \vdots \\ a_{i1}+0+\cdots+0 & 0+a_{i2}+\cdots+0 & \cdots & 0+\cdots+0+a_{in} \\ \vdots & \vdots & & \vdots \\ a_{n1} & a_{n2} & \cdots & a_{nn} \end{vmatrix},$$

根据性质 4 和引理可得

$$D=\begin{vmatrix} a_{11} & a_{12} & \cdots & a_{1n} \\ \vdots & \vdots & & \vdots \\ a_{i1} & 0 & \cdots & 0 \\ \vdots & \vdots & & \vdots \\ a_{n1} & a_{n2} & \cdots & a_{nn} \end{vmatrix} + \begin{vmatrix} a_{11} & a_{12} & \cdots & a_{1n} \\ \vdots & \vdots & & \vdots \\ 0 & a_{i2} & \cdots & 0 \\ \vdots & \vdots & & \vdots \\ a_{n1} & a_{n2} & \cdots & a_{nn} \end{vmatrix} + \cdots + \begin{vmatrix} a_{11} & a_{12} & \cdots & a_{1n} \\ \vdots & \vdots & & \vdots \\ 0 & 0 & \cdots & a_{in} \\ \vdots & \vdots & & \vdots \\ a_{n1} & a_{n2} & \cdots & a_{nn} \end{vmatrix}$$

$$= a_{i1}A_{i1} + a_{i2}A_{i2} + \cdots + a_{in}A_{in} \ (i = 1,2,\cdots,n).$$

同理可得

$$D = a_{1j}A_{1j} + a_{2j}A_{2j} + \cdots + a_{nj}A_{nj} \ (j = 1,2,\cdots,n).$$

利用这一法则并结合行列式的性质,可以简化行列式的计算.

三、行列式的计算

例 1.16 计算 $D=\begin{vmatrix} 3 & 1 & -1 & 2 \\ -5 & 1 & 3 & -4 \\ 2 & 0 & 1 & -1 \\ 1 & -5 & 3 & -3 \end{vmatrix}$.

解 $D \xlongequal[c_4+c_3]{c_1+(-2)c_3} \begin{vmatrix} 5 & 1 & -1 & 1 \\ -11 & 1 & 3 & -1 \\ 0 & 0 & 1 & 0 \\ -5 & -5 & 3 & 0 \end{vmatrix} = (-1)^{3+3}\begin{vmatrix} 5 & 1 & 1 \\ -11 & 1 & -1 \\ -5 & -5 & 0 \end{vmatrix}$

$\xlongequal{r_2+r_1} \begin{vmatrix} 5 & 1 & 1 \\ -6 & 2 & 0 \\ -5 & -5 & 0 \end{vmatrix} = (-1)^{1+3}\begin{vmatrix} -6 & 2 \\ -5 & -5 \end{vmatrix} = 40.$

例 1.17　计算行列式

$$D_{2n}=\begin{vmatrix} a & 0 & \cdots & 0 & 0 & \cdots & 0 & b \\ 0 & a & \cdots & 0 & 0 & \cdots & b & 0 \\ \vdots & \vdots & & \vdots & \vdots & & \vdots & \vdots \\ 0 & 0 & \cdots & a & b & \cdots & 0 & 0 \\ 0 & 0 & \cdots & c & d & \cdots & 0 & 0 \\ \vdots & \vdots & & \vdots & \vdots & & \vdots & \vdots \\ 0 & c & \cdots & 0 & 0 & \cdots & d & 0 \\ c & 0 & \cdots & 0 & 0 & \cdots & 0 & d \end{vmatrix}.$$

解　将 D_{2n} 按第一行展开

$$D_{2n}=a\begin{vmatrix} a & \cdots & 0 & 0 & \cdots & b & 0 \\ \vdots & & \vdots & \vdots & & \vdots & \vdots \\ 0 & \cdots & a & b & \cdots & 0 & 0 \\ 0 & \cdots & c & d & \cdots & 0 & 0 \\ \vdots & & \vdots & \vdots & & \vdots & \vdots \\ c & \cdots & 0 & 0 & \cdots & d & 0 \\ 0 & \cdots & 0 & 0 & \cdots & 0 & d \end{vmatrix}+(-1)^{2n+1}b\begin{vmatrix} 0 & a & \cdots & 0 & 0 & \cdots & b \\ \vdots & \vdots & & \vdots & \vdots & & \vdots \\ 0 & 0 & \cdots & a & b & \cdots & 0 \\ 0 & 0 & \cdots & c & d & \cdots & 0 \\ \vdots & \vdots & & \vdots & \vdots & & \vdots \\ 0 & c & \cdots & 0 & 0 & \cdots & d \\ c & 0 & \cdots & 0 & 0 & \cdots & 0 \end{vmatrix}$$

$$=(-1)^{2n-1+2n-1}adD_{2n-2}+(-1)^{2n+1}(-1)^{1+2n-1}bcD_{2n-2}=(ad-bc)D_{2n-2},$$

即

$$D_{2n}=(ad-bc)D_{2(n-1)}.$$

所以

$$\begin{aligned} D_{2n}&=(ad-bc)D_{2(n-1)}=(ad-bc)^2D_{2(n-2)}=\cdots=(ad-bc)^{n-1}D_2 \\ &=(ad-bc)^{n-1}\begin{vmatrix} a & b \\ c & d \end{vmatrix}=(ad-bc)^n. \end{aligned}$$

上述方法是将阶数较高的行列式的计算归结为“形式相同”阶数较低的行列式的计算，常称为计算行列式的**“递推法”**.

例 1.18　证明范德蒙(Vander-monde)行列式

$$D_n=\begin{vmatrix} 1 & 1 & \cdots & 1 \\ x_1 & x_2 & \cdots & x_n \\ x_1^2 & x_2^2 & \cdots & x_n^2 \\ \vdots & \vdots & & \vdots \\ x_1^{n-1} & x_2^{n-1} & \cdots & x_n^{n-1} \end{vmatrix}=\prod_{n\geqslant i>j\geqslant 1}(x_i-x_j).$$

证明　用数学归纳法. 因为

$$D_2=\begin{vmatrix} 1 & 1 \\ x_1 & x_2 \end{vmatrix}=x_2-x_1=\prod_{2\geqslant i>j\geqslant 1}(x_i-x_j),$$

所以，当 $n=2$ 时等式成立.

假设对于 $n-1$ 阶范德蒙行列式成立，下面证明对 n 阶范德蒙行列式也成立. 为此，设法把 D_n 降阶：从第 n 行开始，后行减去前行的 x_1 倍，得

$$D_n=\begin{vmatrix}1 & 1 & \cdots & 1\\ 0 & x_2-x_1 & \cdots & x_n-x_1\\ \vdots & \vdots & & \vdots\\ 0 & x_2^{n-2}(x_2-x_1) & \cdots & x_n^{n-2}(x_n-x_1)\end{vmatrix}.$$

按第一列展开,并提出每列的公因子(x_i-x_1),有

$$D_n=(x_2-x_1)\cdots(x_n-x_1)\begin{vmatrix}1 & 1 & \cdots & 1\\ x_2 & x_3 & \cdots & x_n\\ \vdots & \vdots & & \vdots\\ x_2^{n-2} & x_3^{n-2} & \cdots & x_n^{n-2}\end{vmatrix}.$$

上式右端的行列式是$n-1$阶范德蒙行列式,由假设,它等于所有(x_i-x_j)因子的乘积,其中$n\geqslant i>j\geqslant 2$,即

$$D_n=(x_2-x_1)\cdots(x_n-x_1)\prod_{n\geqslant i>j\geqslant 2}(x_i-x_j)=\prod_{n\geqslant i>j\geqslant 1}(x_i-x_j).$$

推论 行列式任一行(列)的元素与另一行(列)的对应元素的代数余子式乘积之和等于零.即

$$a_{i1}A_{j1}+a_{i2}A_{j2}+\cdots+a_{in}A_{jn}=0\ (i\neq j),$$

或

$$a_{1i}A_{1j}+a_{2i}A_{2j}+\cdots+a_{ni}A_{nj}=0\ (i\neq j).$$

证明

$$a_{i1}A_{j1}+a_{i2}A_{j2}+\cdots+a_{in}A_{jn}=\begin{vmatrix}a_{11} & \cdots & a_{1n}\\ \vdots & & \vdots\\ a_{i1} & \cdots & a_{in}\\ \vdots & & \vdots\\ a_{i1} & \cdots & a_{in}\\ \vdots & & \vdots\\ a_{n1} & \cdots & a_{nn}\end{vmatrix}\begin{matrix}\\ \\ \leftarrow\text{第 } i \text{ 行}\\ \\ \leftarrow\text{第 } j \text{ 行}\\ \\ \\ \end{matrix}$$

所以当$i\neq j$时,右端行列式中有两行对应元素相同,故行列式等于零,即

$$a_{i1}A_{j1}+a_{i2}A_{j2}+\cdots+a_{in}A_{jn}=0\ (i\neq j).$$

同理可证

$$a_{1i}A_{1j}+a_{2i}A_{2j}+\cdots+a_{ni}A_{nj}=0\ (i\neq j).$$

综合定理1.4及推论,代数余子式具有下列重要性质:

$$\sum_{k=1}^{n}a_{ki}A_{kj}=D\delta_{ij}=\begin{cases}D, & \text{当 } i=j \text{ 时},\\ 0, & \text{当 } i\neq j \text{ 时}.\end{cases}$$

或

$$\sum_{k=1}^{n}a_{ik}A_{jk}=D\delta_{ij}=\begin{cases}D, & \text{当 } i=j \text{ 时},\\ 0, & \text{当 } i\neq j \text{ 时}.\end{cases}$$

其中

$$\delta_{ij}=\begin{cases}1, & \text{当 } i=j \text{ 时},\\ 0, & \text{当 } i\neq j \text{ 时}.\end{cases}$$

例 1.19　设

$$D=\begin{vmatrix}1&2&3&4\\1&2&0&0\\1&0&3&0\\1&0&0&4\end{vmatrix},$$

求 $A_{11}+A_{12}+A_{13}+A_{14}$，其中 $A_{1i}(i=1,2,3,4)$是 D 的第 1 行 i 列元素的代数余子式.

解　因为行列式某行元素的代数余子式与该行元素无关，所以

$$A_{11}+A_{12}+A_{13}+A_{14}=\begin{vmatrix}1&1&1&1\\1&2&0&0\\1&0&3&0\\1&0&0&4\end{vmatrix}\xlongequal{c_1-\sum\limits_{k=2}^{4}\frac{1}{k}c_k}\begin{vmatrix}1-\sum\limits_{k=2}^{4}\frac{1}{k}&1&1&1\\0&2&0&0\\0&0&3&0\\0&0&0&4\end{vmatrix}$$

$$=24\left(1-\sum_{k=2}^{4}\frac{1}{k}\right).$$

四、行列式按 k 行(列)展开

定理 1.4 是将行列式按一行(列)展开，还可以推广到按 $k(2\leqslant k\leqslant n-1)$行(列)展开. 为此，先将元素的余子式和代数余子式概念加以推广.

定义 1.9　在 n 阶行列式 D 中，任取 k 行与 k 列$(1\leqslant k\leqslant n)$，位于这些行列交叉处的 k^2 个元素，不改变它们在 D 中所处的位置次序而得到的 k 阶行列式 M 称为行列式 D 的 k 阶子式. 行列式 D 中划去 M 所在的行与列，余下的元素按原来的位置构成一个 $n-k$ 阶行列式 N，称为 M 的余子式，在其前面冠以符号 $(-1)^{i_1+i_2+\cdots+i_k+j_1+j_2+\cdots+j_k}$，称为 M 的代数余子式，记为 A，即 $A=(-1)^{i_1+i_2+\cdots+i_k+j_1+j_2+\cdots+j_k}N$. 其中 $i_1,i_2,\cdots,i_k$ 为 k 阶子式 M 在 D 中的行标，$j_1,j_2,\cdots,j_k$ 为 k 阶子式 M 在 D 中的列标.

例如，在行列式 $D=\begin{vmatrix}1&3&1&4\\3&1&4&4\\0&0&2&1\\1&1&1&4\end{vmatrix}$ 中取第 1,4 行，第 2,3 列得到一个二阶子式 $M=\begin{vmatrix}3&1\\1&1\end{vmatrix}$，则 M 的余子式为 $N=\begin{vmatrix}3&4\\0&1\end{vmatrix}$，代数余子式为 $A=(-1)^{1+4+2+3}N=\begin{vmatrix}3&4\\0&1\end{vmatrix}$.

定理 1.5(拉普拉斯定理)　在 n 阶行列式 D 中，任取 k 行(列)$(1\leqslant k\leqslant n)$，则 D 等于由这 k 行(列)元素所组成的所有 k 阶子式 $M_i(i=1,2,\cdots,C_n^k)$与其对应的代数余子式 $A_i(i=1,2,\cdots,C_n^k)$的乘积之和. 即

$$D=M_1A_1+M_2A_2+\cdots+M_mA_m=\sum_{i=1}^{m}M_iA_i\ (m=C_n^k).$$

此定理是行列式按行(列)展开定理的推广，证明从略.

例 1.20 计算行列式

$$D=\begin{vmatrix}2&1&0&0&0\\1&2&1&0&0\\0&1&2&1&0\\0&0&1&2&1\\0&0&0&1&2\end{vmatrix}.$$

解 按第 1,2 行展开,这两行共组成 C_{10}^2 个二阶子式,其中不为零的只有 3 个,即

$$M_1=\begin{vmatrix}2&1\\1&2\end{vmatrix}=3,\ M_2=\begin{vmatrix}2&0\\1&1\end{vmatrix}=2,\ M_3=\begin{vmatrix}1&0\\2&1\end{vmatrix}=1.$$

它们对应的代数余子式分别为

$$A_1=(-1)^{1+2+1+2}\begin{vmatrix}2&1&0\\1&2&1\\0&1&2\end{vmatrix}=4,$$

$$A_2=(-1)^{1+2+1+3}\begin{vmatrix}1&1&0\\0&2&1\\0&1&2\end{vmatrix}=-3,$$

$$A_3=(-1)^{1+2+2+3}\begin{vmatrix}0&1&0\\0&2&1\\0&1&2\end{vmatrix}=0,$$

所以

$$D=M_1A_1+M_2A_2+M_3A_3=3\times4+2\times(-3)+1\times0=6.$$

1.6 克拉默法则

一、非齐次与齐次线性方程组的概念

设线性方程组

$$\begin{cases}a_{11}x_1+a_{12}x_2+\cdots+a_{1n}x_n=b_1,\\a_{21}x_1+a_{22}x_2+\cdots+a_{2n}x_n=b_2,\\\cdots\cdots\cdots\cdots\\a_{m1}x_1+a_{m2}x_2+\cdots+a_{mn}x_n=b_m.\end{cases}$$

若常数项 $b_1,b_2,\cdots,b_m$ 不全为零,则称此方程组为**非齐次线性方程组**;若常数项 $b_1,b_2,\cdots,b_m$ 全为零,此时称方程组为**齐次线性方程组**.

现在我们来讨论含有 n 个方程的 n 元线性方程组

$$\begin{cases}a_{11}x_1+a_{12}x_2+\cdots+a_{1n}x_n=b_1,\\a_{21}x_1+a_{22}x_2+\cdots+a_{2n}x_n=b_2,\\\cdots\cdots\cdots\cdots\\a_{n1}x_1+a_{n2}x_2+\cdots+a_{nn}x_n=b_n\end{cases}\tag{1.18}$$

的求解公式.

二、克拉默法则

定理 1.6(克拉默法则) 若线性方程组(1.18)的系数行列式

$$D=\begin{vmatrix} a_{11} & a_{12} & \cdots & a_{1n} \\ a_{21} & a_{22} & \cdots & a_{2n} \\ \vdots & \vdots & & \vdots \\ a_{n1} & a_{n2} & \cdots & a_{nn} \end{vmatrix} \neq 0,$$

则方程组(1.18)有唯一解

$$x_j=\frac{D_j}{D},$$

其中

$$D_j=\begin{vmatrix} a_{11} & a_{12} & \cdots & a_{1,j-1} & b_1 & a_{1,j+1} & \cdots & a_{1n} \\ a_{21} & a_{22} & \cdots & a_{2,j-1} & b_2 & a_{2,j+1} & \cdots & a_{2n} \\ \vdots & \vdots & & \vdots & \vdots & \vdots & & \vdots \\ a_{n1} & a_{n2} & \cdots & a_{n,j-1} & b_n & a_{n,j+1} & \cdots & a_{nn} \end{vmatrix}.$$

证明 首先证明 $x_j=\frac{D_j}{D}$是方程组(1.18)的解.

用 D 中第 j 列元素的代数余子式 $A_{1j},A_{2j},\cdots,A_{nj}$ 依次乘方程组(1.18)的 n 个方程,再把它们相加,得

$$\left(\sum_{k=1}^{n}a_{k1}A_{kj}\right)x_1+\cdots+\left(\sum_{k=1}^{n}a_{kj}A_{kj}\right)x_j+\cdots+\left(\sum_{k=1}^{n}a_{kn}A_{kj}\right)x_n=\sum_{k=1}^{n}b_kA_{kj}.$$

根据代数余子式的重要性质可知,上面等式中左边 x_j 的系数等于 D,而其余 $x_i(i\neq j)$的系数均为零;而等式右边即为 D_j,于是

$$D\cdot x_j=D_j(j=1,2,\cdots,n).$$

当 $D\neq 0$ 时,方程组(1.18)有一个解

$$x_j=\frac{D_j}{D}\ (j=1,2,\cdots,n). \tag{1.19}$$

再证唯一性.若有一组数 $c_1,c_2,\cdots,c_n$ 满足方程组(1.18),则

$$Dc_1=\begin{vmatrix} a_{11}c_1 & a_{12} & \cdots & a_{1n} \\ a_{21}c_1 & a_{22} & \cdots & a_{2n} \\ \vdots & \vdots & & \vdots \\ a_{n1}c_1 & a_{n2} & \cdots & a_{nn} \end{vmatrix}=\begin{vmatrix} a_{11}c_1+a_{12}c_2+\cdots+a_{1n}c_n & a_{12} & \cdots & a_{1n} \\ a_{21}c_1+a_{22}c_2+\cdots+a_{2n}c_n & a_{22} & \cdots & a_{2n} \\ \vdots & \vdots & & \vdots \\ a_{n1}c_1+a_{n2}c_2+\cdots+a_{nn}c_n & a_{n2} & \cdots & a_{nn} \end{vmatrix}$$

$$=\begin{vmatrix} b_1 & a_{12} & \cdots & a_{1n} \\ b_2 & a_{22} & \cdots & a_{2n} \\ \vdots & \vdots & & \vdots \\ b_n & a_{n2} & \cdots & a_{nn} \end{vmatrix}=D_1,$$

故

$$c_1=\frac{D_1}{D}(D\neq 0).$$

同理

$$Dc_j = D_j, c_j = \frac{D_j}{D} \ (j = 1,2,\cdots,n).$$

例 1.21 解线性方程组

$$\begin{cases} 2x_1 + x_2 - 5x_3 + x_4 = 8, \\ x_1 - 3x_2 - 6x_4 = 9, \\ 2x_2 - x_3 + 2x_4 = -5, \\ x_1 + 4x_2 - 7x_3 + 6x_4 = 0. \end{cases}$$

解 因为 $D = \begin{vmatrix} 2 & 1 & -5 & 1 \\ 1 & -3 & 0 & -6 \\ 0 & 2 & -1 & 2 \\ 1 & 4 & -7 & 6 \end{vmatrix} \xlongequal[r_4 - r_2]{r_1 - 2r_2} \begin{vmatrix} 0 & 7 & -5 & 13 \\ 1 & -3 & 0 & -6 \\ 0 & 2 & -1 & 2 \\ 0 & 7 & -7 & 12 \end{vmatrix} = -\begin{vmatrix} 7 & -5 & 13 \\ 2 & -1 & 2 \\ 7 & -7 & 12 \end{vmatrix}$

$$\xlongequal[c_3 + 2c_2]{c_1 + 2c_2} -\begin{vmatrix} -3 & -5 & 3 \\ 0 & -1 & 0 \\ -7 & -7 & -2 \end{vmatrix} = \begin{vmatrix} -3 & 3 \\ -7 & -2 \end{vmatrix} = 27 \neq 0.$$

而

$$D_1 = \begin{vmatrix} 8 & 1 & -5 & 1 \\ 9 & -3 & 0 & -6 \\ -5 & 2 & -1 & 2 \\ 0 & 4 & -7 & 6 \end{vmatrix} = 81, \quad D_2 = \begin{vmatrix} 2 & 8 & -5 & 1 \\ 1 & 9 & 0 & -6 \\ 0 & -5 & -1 & 2 \\ 1 & 0 & -7 & 6 \end{vmatrix} = -108,$$

$$D_3 = \begin{vmatrix} 2 & 1 & 8 & 1 \\ 1 & -3 & 9 & -6 \\ 0 & 2 & -5 & 2 \\ 1 & 4 & 0 & 6 \end{vmatrix} = -27, \quad D_4 = \begin{vmatrix} 2 & 1 & -5 & 8 \\ 1 & -3 & 0 & 9 \\ 0 & 2 & -1 & -5 \\ 1 & 4 & -7 & 0 \end{vmatrix} = 27.$$

由克拉默法则,得

$$x_1 = \frac{D_1}{D} = \frac{81}{27} = 3, \quad x_2 = \frac{D_2}{D} = \frac{-108}{27} = -4,$$

$$x_3 = \frac{D_3}{D} = \frac{-27}{27} = -1, \quad x_4 = \frac{D_4}{D} = \frac{27}{27} = 1.$$

此例用克拉默法则求解未必比消元法求解方便(在第三章中将介绍较为简单的方法),而下例则可表明克拉默法则确有方便之处.

例 1.22 设 $a_i \neq a_j (i \neq j, i, j = 1,2,\cdots,n)$,求解线性方程组

$$\begin{cases} x_1 + a_1 x_2 + a_1^2 x_3 + \cdots + a_1^{n-1} x_n = 1, \\ x_1 + a_2 x_2 + a_2^2 x_3 + \cdots + a_2^{n-1} x_n = 1, \\ x_1 + a_3 x_2 + a_3^2 x_3 + \cdots + a_3^{n-1} x_n = 1, \\ \cdots\cdots\cdots\cdots \\ x_1 + a_n x_2 + a_n^2 x_3 + \cdots + a_n^{n-1} x_n = 1. \end{cases}$$

解　该方程组的系数行列式

$$D=\begin{vmatrix} 1 & a_1 & a_1^2 & \cdots & a_1^{n-1} \\ 1 & a_2 & a_2^2 & \cdots & a_2^{n-1} \\ 1 & a_3 & a_3^2 & \cdots & a_3^{n-1} \\ \vdots & \vdots & \vdots & & \vdots \\ 1 & a_n & a_n^2 & \cdots & a_n^{n-1} \end{vmatrix}$$

为 n 阶范德蒙行列式的转置，故

$$D=\prod_{n\geqslant i>j\geqslant 1}(a_i-a_j)\neq 0.$$

由克拉默法则可知，方程组有唯一解，且 $D_1=D$，当 $i\geqslant 2$ 时，

$$D_i=\begin{vmatrix} 1 & \cdots & 1 & \cdots & a_1^{n-1} \\ 1 & \cdots & 1 & \cdots & a_2^{n-1} \\ 1 & \cdots & 1 & \cdots & a_3^{n-1} \\ \vdots & & \vdots & & \vdots \\ 1 & \cdots & 1 & \cdots & a_n^{n-1} \end{vmatrix}=0.$$

故方程组的唯一解为

$$x_1=1,\ x_2=x_3=\cdots=x_n=0.$$

克拉默法则的重要性在于理论研究，撇开求解式(1.19)，克拉默法则可叙述为下面的定理.

三、重要定理

定理 1.7　如果线性方程组的系数行列式 $D\neq 0$，则方程组一定有解，且解是唯一的.

定理 1.7 的逆否命题为

定理 1.8　如果线性方程组无解或有两个不同的解，则它的系数行列式 D 必为零.

若线性方程组(1.18)的常数项全为零，即

$$\begin{cases} a_{11}x_1+a_{12}x_2+\cdots+a_{1n}x_n=0, \\ a_{21}x_1+a_{22}x_2+\cdots+a_{2n}x_n=0, \\ \cdots\cdots\cdots\cdots \\ a_{n1}x_1+a_{n2}x_2+\cdots+a_{nn}x_n=0. \end{cases} \tag{1.20}$$

这时行列式 D_j 的第 j 列元素全为零，有 $D_j=0\ (j=1,2,\cdots,n)$. 所以当方程组(1.20)的系数行列式 $D\neq 0$ 时，由克拉默法则可知它有唯一解

$$x_j=0\ (j=1,2,\cdots,n).$$

我们称全部由零构成的解为**零解**，而称 $x_j(j=1,2,\cdots,n)$ 不全为零的解为**非零解**.

由克拉默法则，容易得到下面的结论：

推论 1　若齐次线性方程组的系数行列式 $D\neq 0$，则方程组只有零解.

推论 2　若齐次线性方程组有非零解，则其系数行列式 $D=0$.

推论 2 说明系数行列式 $D=0$ 是齐次线性方程组有非零解的必要条件. 在第 3 章中还将证明这个条件也是充分条件.

例 1.23 问 λ 取何值时, 齐次线性方程组

$$\begin{cases}(1-\lambda)x_1-2x_2+4x_3=0,\\ 2x_1+(3-\lambda)x_2+x_3=0,\\ x_1+x_2+(1-\lambda)x_3=0\end{cases}$$

有非零解?

解 由推论 2 可知, 若齐次线性方程组有非零解, 则它的系数行列式 $D=0$.

由于

$$D=\begin{vmatrix}1-\lambda & -2 & 4\\ 2 & 3-\lambda & 1\\ 1 & 1 & 1-\lambda\end{vmatrix}=\begin{vmatrix}1-\lambda & -3+\lambda & 4\\ 2 & 1-\lambda & 1\\ 1 & 0 & 1-\lambda\end{vmatrix}$$

$$=(1-\lambda)^3+(\lambda-3)-4(1-\lambda)-2(1-\lambda)(-3+\lambda)$$

$$=-\lambda(\lambda-2)(\lambda-3).$$

因此 $\lambda=0$ 或 $\lambda=2$ 或 $\lambda=3$ 时, 该齐次线性方程组有非零解.

本章小结

本章给出了 n 阶行列式的定义, 讨论了行列式的性质及按行(列)展开法则, 得出了行列式的计算方法, 最后得到了行列式在解线性方程组中的应用——克拉默法则.

一、n 阶行列式的概念

1. 三种定义形式

$$D=\sum_{j_1j_2\cdots j_n}(-1)^{\tau(j_1j_2\cdots j_n)}a_{1j_1}a_{2j_2}\cdots a_{nj_n};$$

$$D=\sum_{i_1i_2\cdots i_n}(-1)^{\tau(i_1i_2\cdots i_n)}a_{i_11}a_{i_22}\cdots a_{i_nn};$$

$$D=\sum(-1)^{\tau(i_1i_2\cdots i_n)+\tau(j_1j_2\cdots j_n)}a_{i_1j_1}a_{i_2j_2}\cdots a_{i_nj_n}.$$

2. 特殊行列式的计算结果

(1) 上三角行列式.

$$\begin{vmatrix}a_{11} & a_{12} & \cdots & a_{1n}\\ 0 & a_{22} & \cdots & a_{2n}\\ \vdots & \vdots & & \vdots\\ 0 & 0 & \cdots & a_{nn}\end{vmatrix}=a_{11}a_{22}\cdots a_{nn}.$$

(2) 下三角行列式.

$$\begin{vmatrix}a_{11} & 0 & \cdots & 0\\ a_{21} & a_{22} & \cdots & 0\\ \vdots & \vdots & & \vdots\\ a_{n1} & a_{n2} & \cdots & a_{nn}\end{vmatrix}=a_{11}a_{22}\cdots a_{nn}.$$

(3) 对角行列式.

$$\begin{vmatrix} a_{11} & 0 & \cdots & 0 \\ 0 & a_{22} & \cdots & 0 \\ \vdots & \vdots & & \vdots \\ 0 & 0 & \cdots & a_{nn} \end{vmatrix} = a_{11}a_{22}\cdots a_{nn}.$$

(4) $\begin{vmatrix} a_{11} & \cdots & a_{1,n-1} & a_{1n} \\ a_{21} & \cdots & a_{2,n-1} & 0 \\ \vdots & & \vdots & \vdots \\ a_{n1} & \cdots & 0 & 0 \end{vmatrix} = (-1)^{\frac{n(n-1)}{2}} a_{1n}a_{2,n-1}\cdots a_{n1}.$

(5) $\begin{vmatrix} 0 & \cdots & 0 & a_{1n} \\ 0 & \cdots & a_{2,n-1} & a_{2n} \\ \vdots & & \vdots & \vdots \\ a_{n1} & \cdots & a_{n,n-1} & a_{nn} \end{vmatrix} = (-1)^{\frac{n(n-1)}{2}} a_{1n}a_{2,n-1}\cdots a_{n1}.$

(6) $\begin{vmatrix} 0 & \cdots & 0 & a_{1n} \\ 0 & \cdots & a_{2,n-1} & 0 \\ \vdots & & \vdots & \vdots \\ a_{n1} & \cdots & 0 & 0 \end{vmatrix} = (-1)^{\frac{n(n-1)}{2}} a_{1n}a_{2,n-1}\cdots a_{n1}.$

(7) 范德蒙行列式.

$$D_n = \begin{vmatrix} 1 & 1 & \cdots & 1 \\ x_1 & x_2 & \cdots & x_n \\ x_1^2 & x_2^2 & \cdots & x_n^2 \\ \vdots & \vdots & & \vdots \\ x_1^{n-1} & x_2^{n-1} & \cdots & x_n^{n-1} \end{vmatrix} = \prod_{n \geqslant i > j \geqslant 1} (x_i - x_j).$$

(8) $D = \begin{vmatrix} a_{11} & \cdots & a_{1k} & & & \\ \vdots & & \vdots & & 0 & \\ a_{k1} & \cdots & a_{kk} & & & \\ c_{11} & \cdots & c_{1k} & b_{11} & \cdots & b_{1n} \\ \vdots & & \vdots & \vdots & & \vdots \\ c_{n1} & \cdots & c_{nk} & b_{n1} & \cdots & b_{nn} \end{vmatrix} = D_1D_2$. 其中

$$D_1 = \det(a_{ij}) = \begin{vmatrix} a_{11} & \cdots & a_{1k} \\ \vdots & & \vdots \\ a_{k1} & \cdots & a_{kk} \end{vmatrix}, \quad D_2 = \det(b_{ij}) = \begin{vmatrix} b_{11} & \cdots & b_{1n} \\ \vdots & & \vdots \\ b_{n1} & \cdots & b_{nn} \end{vmatrix}.$$

二、行列式的性质

性质 1 行列式与其转置行列式相等,即 $D=D^{\mathrm{T}}$.

性质 2 互换行列式中两行(列)的位置,行列式改变符号.

推论 如果行列式的两行(列)对应元素相同,则行列式的值为零.

性质 3 行列式的某一行(列)中的所有元素都乘以同一个数 k,等于用数 k 乘此行列式.

推论 行列式中某一行(列)的所有元素的公因子可以提到行列式记号的外面.

性质 4 若行列式的某一行(列)的元素都是两个数之和,则此行列式等于两个行列式之和.

性质 5 行列式中如果有两行(列)元素成比例,则此行列式的值为零.

性质 6 把行列式的某一行(列)的各元素乘以同一数再加到另一行(列)对应的元素上去,行列式的值不变.

注意: 行列式的性质是将行列式化简变形的保证.熟练掌握这些性质可以使行列式的计算更简便、快捷、准确.

三、行列式的按行(列)展开

行列式按行(列)展开的法则起到使行列式降阶的作用,从而把高阶行列式转化为低阶行列式进行计算.

在行列式按一行(列)展开中,请记住下面的重要性质:

$$\sum_{k=1}^{n} a_{ik}A_{jk} = \begin{cases} D, & i = j, \\ 0, & i \neq j. \end{cases}$$

$$\sum_{k=1}^{n} a_{ki}A_{kj} = \begin{cases} D, & i = j, \\ 0, & i \neq j. \end{cases}$$

四、行列式的计算与证明

行列式的计算是本章的重点和难点,常用的方法有:

(1) 利用行列式的定义计算.

(2) 利用行列式的性质直接计算.

(3) 利用行列式的性质化为三角行列式计算.

(4) 利用递推法计算.

(5) 利用数学归纳法证明.

(6) 利用范德蒙行列式计算.

注意: 计算行列式一般是利用行列式的性质,化原行列式为特殊行列式计算或由递推公式计算.

行列式计算的方法很多,也很灵活,所以需要熟练掌握其基本内容及性质,才能正确计算行列式.

五、克拉默法则

n 阶行列式的应用之一是用克拉默法则解线性方程组.含有 n 个变量 n 个方程的线性方程组

$$\begin{cases} a_{11}x_1 + a_{12}x_2 + \cdots + a_{1n}x_n = b_1, \\ a_{21}x_1 + a_{22}x_2 + \cdots + a_{2n}x_n = b_2, \\ \cdots\cdots\cdots\cdots \\ a_{n1}x_1 + a_{n2}x_2 + \cdots + a_{nn}x_n = b_n. \end{cases}$$

当系数行列式 $D\neq 0$ 时，方程组有唯一解

$$x_j=\frac{D_j}{D}\ (j=1,2,\cdots,n),$$

其中 D_j 是 D 中第 j 列元素用常数 $b_1,b_2,\cdots,b_n$ 替换所得的 n 阶行列式.

特别地，当 $D\neq 0$ 时，$A_{n\times n}x=0$ 只有零解；要使 $A_{n\times n}x=0$ 有非零解，必须 $D=0$.

应该看到，用克拉默法则解线性方程组存在以下局限性：

其一，方程的个数与未知量的个数必须相同；

其二，系数行列式 $D\neq 0$.

习题一

1. 利用对角线法则计算下列行列式.

(1) $\begin{vmatrix} \sin\alpha & \cos\alpha \\ \sin\beta & \cos\beta \end{vmatrix}$；　(2) $\begin{vmatrix} a^2 & a^3 \\ b^2 & ab^2 \end{vmatrix}$；

(3) $\begin{vmatrix} 1 & 1 & 1 \\ a & b & c \\ a^2 & b^2 & c^2 \end{vmatrix}$；　(4) $\begin{vmatrix} x & y & x+y \\ y & x+y & x \\ x+y & x & y \end{vmatrix}$.

2. 计算下列排列的逆序数，并判断其奇偶性.

(1) 436251；

(2) 3712456；

(3) $13\cdots(2n-1)24\cdots(2n)$；

(4) $(2k)1(2k-1)2(2k-2)3\cdots(k+1)k$.

3. 试确定 i 与 j，使

(1) $1245i6j97$ 为奇排列；

(2) $3972i15j4$ 为偶排列.

4. 设 n 阶排列 $i_1i_2\cdots i_{n-1}i_n$ 的逆序数为 k，试求排列 $i_ni_{n-1}\cdots i_2i_1$ 的逆序数.

5. 计算下列行列式.

(1) $\begin{vmatrix} 3 & 1 & 301 \\ 1 & 2 & 102 \\ 2 & 4 & 199 \end{vmatrix}$；　(2) $\begin{vmatrix} 1 & a & b & c+d \\ 1 & b & c & d+a \\ 1 & c & d & a+b \\ 1 & d & a & b+c \end{vmatrix}$；

(3) $\begin{vmatrix} 3 & 1 & 1 & 1 \\ 1 & 3 & 1 & 1 \\ 1 & 1 & 3 & 1 \\ 1 & 1 & 1 & 3 \end{vmatrix}$；　(4) $\begin{vmatrix} 3 & 1 & 0 & 2 \\ -2 & 0 & 1 & 1 \\ 0 & -1 & 2 & -2 \\ 1 & 2 & 0 & 3 \end{vmatrix}$；

(5) $\begin{vmatrix} a-b-c & 2a & 2a \\ 2b & b-c-a & 2b \\ 2c & 2c & c-a-b \end{vmatrix}$；　(6) $\begin{vmatrix} -ab & bd & bf \\ ac & -cd & cf \\ ae & de & -ef \end{vmatrix}$；

(7) $\begin{vmatrix} 1 & 1 & 1 & 1 \\ -1 & 1 & 1 & 1 \\ -1 & -1 & 1 & 1 \\ -1 & -1 & -1 & 1 \end{vmatrix}$；　　(8) $\begin{vmatrix} 1+x & 1 & 1 & 1 \\ 1 & 1-x & 1 & 1 \\ 1 & 1 & 1+y & 1 \\ 1 & 1 & 1 & 1-y \end{vmatrix}$；

(9) $\begin{vmatrix} a & 0 & a & 0 & a \\ b & 0 & c & 0 & d \\ b^2 & 0 & c^2 & 0 & d^2 \\ 0 & ab & 0 & bc & 0 \\ 0 & cd & 0 & da & 0 \end{vmatrix}$；　　(10) $\begin{vmatrix} 1-a & a & 0 & 0 & 0 \\ -1 & 1-a & a & 0 & 0 \\ 0 & -1 & 1-a & a & 0 \\ 0 & 0 & -1 & 1-a & a \\ 0 & 0 & 0 & -1 & 1-a \end{vmatrix}$.

6. 计算下列行列式.

(1) $D_n=\begin{vmatrix} 1 & 2 & 2 & \cdots & 2 \\ 2 & 2 & 2 & \cdots & 2 \\ 2 & 2 & 3 & \cdots & 2 \\ \vdots & \vdots & \vdots & & \vdots \\ 2 & 2 & 2 & \cdots & n \end{vmatrix}$；　　(2) $D_n=\begin{vmatrix} x & y & & & \\ & x & y & & \\ & & \ddots & \ddots & \\ & & & \ddots & y \\ y & 0 & \cdots & 0 & x \end{vmatrix}$；

(3) $D_n=\begin{vmatrix} a_1+b & a_2 & a_3 & \cdots & a_n \\ a_1 & a_2+b & a_3 & \cdots & a_n \\ \vdots & \vdots & \vdots & & \vdots \\ a_1 & a_2 & a_3 & \cdots & a_n \\ a_1 & a_2 & a_3 & \cdots & a_n+b \end{vmatrix}$；

(4) $D_n=\begin{vmatrix} 1+a_1 & 1 & 1 & \cdots & 1 & 1 \\ 1 & 1+a_2 & 1 & \cdots & 1 & 1 \\ 1 & 1 & 1+a_3 & \cdots & 1 & 1 \\ \vdots & \vdots & \vdots & & \vdots & \vdots \\ 1 & 1 & 1 & \cdots & 1 & 1+a_n \end{vmatrix}$ （其中 $a_1a_2\cdots a_n\neq 0$）；

(5) $D_n=\begin{vmatrix} x & -1 & 0 & \cdots & 0 & 0 \\ 0 & x & -1 & \cdots & 0 & 0 \\ 0 & 0 & x & \cdots & 0 & 0 \\ \vdots & \vdots & \vdots & & \vdots & \vdots \\ a_n & a_{n-1} & a_{n-2} & \cdots & a_2 & x+a_1 \end{vmatrix}$；

(6) $D_n=\begin{vmatrix} 7 & 5 & 0 & \cdots & 0 & 0 \\ 2 & 7 & 5 & \cdots & 0 & 0 \\ 0 & 2 & 7 & \cdots & 0 & 0 \\ \vdots & \vdots & \vdots & & \vdots & \vdots \\ 0 & 0 & 0 & \cdots & 2 & 7 \end{vmatrix}$；

(7) $D_n=\begin{vmatrix} 1 & 2 & 3 & 4 & \cdots & n \\ 1 & 1 & 2 & 3 & \cdots & n-1 \\ 1 & x & 1 & 2 & \cdots & n-2 \\ \vdots & \vdots & \vdots & \vdots & & \vdots \\ 1 & x & x & x & \cdots & 1 \end{vmatrix}$;

(8) $D_n=\begin{vmatrix} 0 & 1 & 1 & \cdots & 1 & 1 \\ 1 & 0 & 1 & \cdots & 1 & 1 \\ 1 & 1 & 0 & \cdots & 1 & 1 \\ \vdots & \vdots & \vdots & & \vdots & \vdots \\ 1 & 1 & 1 & \cdots & 1 & 0 \end{vmatrix}$.

7. 证明下列行列式.

(1) 若

$$D_1=\begin{vmatrix} a_{11} & a_{12} & \cdots & a_{1n} \\ a_{21} & a_{22} & \cdots & a_{2n} \\ \vdots & \vdots & & \vdots \\ a_{n1} & a_{n2} & \cdots & a_{nn} \end{vmatrix},\ D_2=\begin{vmatrix} a_{11} & a_{12}b^{-1} & \cdots & a_{1n}b^{1-n} \\ a_{21}b & a_{22} & \cdots & a_{2n}b^{2-n} \\ \vdots & \vdots & & \vdots \\ a_{n1}b^{n-1} & a_{n2}b^{n-2} & \cdots & a_{nn} \end{vmatrix},$$

则 $D_1=D_2$;

(2) $\begin{vmatrix} bcd & a & a^2 & a^3 \\ acd & b & b^2 & b^3 \\ abd & c & c^2 & c^3 \\ abc & d & d^2 & d^3 \end{vmatrix}=\begin{vmatrix} 1 & 1 & 1 & 1 \\ a^2 & b^2 & c^2 & d^2 \\ a^3 & b^3 & c^3 & d^3 \\ a^4 & b^4 & c^4 & d^4 \end{vmatrix}$;

(3) $D_n=\begin{vmatrix} \cos\theta & 1 & 0 & \cdots & 0 & 0 & 0 \\ 1 & 2\cos\theta & 1 & \cdots & 0 & 0 & 0 \\ 0 & 1 & 2\cos\theta & \cdots & 0 & 0 & 0 \\ \vdots & \vdots & \vdots & & \vdots & \vdots & \vdots \\ 0 & 0 & 0 & \cdots & 1 & 2\cos\theta & 1 \\ 0 & 0 & 0 & \cdots & 0 & 1 & 2\cos\theta \end{vmatrix}=\cos n\theta$;

(4) $D_n=\begin{vmatrix} \alpha+\beta & \alpha\beta & 0 & \cdots & 0 & 0 & 0 \\ 1 & \alpha+\beta & \alpha\beta & \cdots & 0 & 0 & 0 \\ 0 & 1 & \alpha+\beta & \cdots & 0 & 0 & 0 \\ \vdots & \vdots & \vdots & & \vdots & \vdots & \vdots \\ 0 & 0 & 0 & \cdots & 1 & \alpha+\beta & \alpha\beta \\ 0 & 0 & 0 & \cdots & 0 & 1 & \alpha+\beta \end{vmatrix}=\dfrac{\alpha^{n+1}-\beta^{n+1}}{\alpha-\beta}$,

其中 $\alpha\neq\beta$.

8. 用范德蒙行列式计算下列行列式.

(1) $D=\begin{vmatrix} 1 & 1 & 1 & 1 \\ 4 & 3 & 7 & -5 \\ 16 & 9 & 49 & 25 \\ 64 & 27 & 343 & -125 \end{vmatrix}$;

(2) $D=\begin{vmatrix} a & b & c \\ a^2 & b^2 & c^2 \\ b+c & c+a & a+b \end{vmatrix}$;

(3) $D_n=\begin{vmatrix} 1 & 2 & 3 & \cdots & n \\ 1 & 2^2 & 3^2 & \cdots & n^2 \\ 1 & 2^3 & 3^3 & \cdots & n^3 \\ \vdots & \vdots & \vdots & & \vdots \\ 1 & 2^n & 3^n & \cdots & n^n \end{vmatrix}$;

(4) $D_{n+1}=\begin{vmatrix} a^n & (a+1)^n & (a+2)^n & \cdots & (a+n)^n \\ a^{n-1} & (a+1)^{n-1} & (a+2)^{n-1} & \cdots & (a+n)^{n-1} \\ \vdots & \vdots & \vdots & & \vdots \\ a & a+1 & a+2 & \cdots & a+n \\ 1 & 1 & 1 & \cdots & 1 \end{vmatrix}$.

9. 解方程

$$\begin{vmatrix} 1 & x & x^2 & \cdots & x^{n-1} \\ 1 & a_1 & a_1^2 & \cdots & a_1^{n-1} \\ \vdots & \vdots & \vdots & & \vdots \\ 1 & a_{n-1} & a_{n-1}^2 & \cdots & a_{n-1}^{n-1} \end{vmatrix} = 0.$$

其中 $a_1,a_2,\cdots,a_{n-1}$ 是互不相等的数.

10. 已知 4 阶行列式 D 中第二行上的元素分别为 $-1,0,2,4$,第四行上的元素的余子式分别为 $5,10,a,4$,求 a 的值.

11. 已知

$$D=\begin{vmatrix} 1 & 2 & 3 & 4 & 5 \\ 2 & 2 & 2 & 1 & 1 \\ 3 & 1 & 2 & 4 & 5 \\ 1 & 1 & 1 & 2 & 2 \\ 4 & 3 & 1 & 5 & 0 \end{vmatrix} = 27,$$

求:(1) $A_{41}+A_{42}+A_{43}$;(2) $A_{44}+A_{45}$(A_{ij} 为 a_{ij} 的代数余子式).

12. 用克拉默法则解下列方程组.

(1) $\begin{cases} 5x_1+2x_2+3x_3=-2, \\ 2x_1-2x_2+5x_3=0, \\ 3x_1+4x_2+2x_3=-10; \end{cases}$

(2) $\begin{cases} 5x_1+4x_2+2x_4=3, \\ x_1-x_2+2x_3+x_4=1, \\ 4x_1+x_2+2x_3=1, \\ x_1+x_2+x_3+x_4=0. \end{cases}$

13. 求二次多项式 $f(x)$,使 $f(1)=1, f(-1)=9, f(2)=3$.

14. 解方程 $D_n=\begin{vmatrix} 1 & 1 & 1 & \cdots & 1 \\ 1 & 1-x & 1 & \cdots & 1 \\ 1 & 1 & 2-x & \cdots & 1 \\ \vdots & \vdots & \vdots & & \vdots \\ 1 & 1 & 1 & \cdots & (n-1)-x \end{vmatrix}=0.$

15. 当 λ 为何值时,齐次线性方程组

$$\begin{cases} \lambda x_1+x_2+x_3=0, \\ x_1+\lambda x_2+x_3=0, \\ 3x_1-x_2+x_3=0 \end{cases}$$

有非零解?

16. 当 λ,μ 为何值时,齐次线性方程组

$$\begin{cases} \lambda x_1+x_2+x_3=0, \\ x_1+\mu x_2+x_3=0, \\ x_1+2\mu x_2+x_3=0 \end{cases}$$

有非零解?

同步测试题一

一、选择题

1. 设 $D=|a_{ij}|$ 为 n 阶行列式,则副对角线上元素的乘积 $a_{1n}a_{2,n-1}\cdots a_{n1}$ 在行列式中的符号为(　　).

A. 正　　B. 负　　C. $(-1)^n$　　D. $(-1)^{\frac{n(n-1)}{2}}$

2. 四阶行列式中含有因子 a_{32} 的项的个数为(　　).

A. 4　　B. 2　　C. 6　　D. 8

3. 设 a,b 为实数,$\begin{vmatrix} a & b & 0 \\ -b & a & 0 \\ -1 & 0 & -1 \end{vmatrix}=0$,则(　　).

A. $a=0,b=-1$　　B. $a=0,b=0$

C. $a=1,b=0$　　D. $a=1,b=-1$

4. 齐次线性方程组 $\begin{cases} x_1+2x_2-2x_3=0, \\ 2x_1-x_2+\lambda x_3=0, \\ 3x_1+x_2-x_3=0 \end{cases}$ 只有零解,则 λ 应满足的条件是(　　).

A. $\lambda=0$　　B. $\lambda=2$　　C. $\lambda=1$　　D. $\lambda\neq1$

5. 四阶行列式 $\begin{vmatrix} a_1 & 0 & 0 & b_1 \\ 0 & a_2 & b_2 & 0 \\ 0 & b_3 & a_3 & 0 \\ b_4 & 0 & 0 & a_4 \end{vmatrix}=$(　　).

A. $a_1a_2a_3a_4-b_1b_2b_3b_4$　　B. $a_1a_2a_3a_4+b_1b_2b_3b_4$

C. $(a_1a_2-b_1b_2)(a_3a_4-b_3b_4)$　　D. $(a_2a_3-b_2b_3)(a_1a_4-b_1b_4)$

二、填空题

1. 排列 $i_1i_2\cdots i_{n-1}i_n$ 可经__________次对换后变为排列 $i_ni_{n-1}\cdots i_2i_1$.

2. 设 $\begin{vmatrix} a & 3 & 1 \\ b & 0 & 1 \\ c & 2 & 1 \end{vmatrix}=1$,则 $\begin{vmatrix} a-3 & b-3 & c-3 \\ 5 & 2 & 4 \\ 1 & 1 & 1 \end{vmatrix}=$__________.

3. 多项式 $\begin{vmatrix} x & 1 & 2 & 3 \\ x & x & 1 & 2 \\ 1 & 2 & x & 1 \\ x & 1 & 2 & x \end{vmatrix}$ 中 x^3 项的系数为__________.

4. 设 n 阶行列式 $D=a$,且 D 的每行元素之和为 $b(b\neq 0)$,则行列式 D 的第 1 列元素的代数余子式之和等于__________.

5. 行列式 $D=\begin{vmatrix} 1 & 1 & 1 & 0 \\ 1 & 1 & 0 & 1 \\ 1 & 0 & 1 & 1 \\ 0 & 1 & 1 & 1 \end{vmatrix}=$__________.

三、计算题

1. 计算 $D=\begin{vmatrix} 2 & 1 & 1 & 1 & 1 \\ 1 & 3 & 1 & 1 & 1 \\ 1 & 1 & 4 & 1 & 1 \\ 1 & 1 & 1 & 5 & 1 \\ 1 & 1 & 1 & 1 & 6 \end{vmatrix}$.

2. 计算 $D_n=\begin{vmatrix} 1 & 3 & 3 & \cdots & 3 \\ 3 & 2 & 3 & \cdots & 3 \\ 3 & 3 & 3 & \cdots & 3 \\ \vdots & \vdots & \vdots & & \vdots \\ 3 & 3 & 3 & \cdots & n \end{vmatrix}$.

3. 已知 $D=\begin{vmatrix} 1 & 2 & 3 & \cdots & n \\ 1 & 2 & 0 & \cdots & 0 \\ 1 & 0 & 3 & \cdots & 0 \\ \vdots & \vdots & \vdots & & \vdots \\ 1 & 0 & 0 & \cdots & n \end{vmatrix}$,求 $A_{11}+A_{12}+\cdots+A_{1n}$,其中 A_{ij} 为 D 中元素 $a_{ij}(i,j=1,2,\cdots,n)$ 的代数余子式.

4. 求 λ 取何值时,线性方程组

$$\begin{cases} x_1+x_2+\lambda x_3=4, \\ -x_1+\lambda x_2+x_3=\lambda^2, \\ x_1-x_2+2x_3=-4 \end{cases}$$

有唯一解?

5. 用克拉默法则解线性方程组 $\begin{cases} x_1 + \quad\quad\quad x_2 + \cdots + \ x_{n-1} + x_n = 2, \\ x_1 + \quad\quad\quad x_2 + \cdots + 2x_{n-1} + x_n = 2, \\ \cdots\cdots\cdots\cdots \\ x_1 + (n-1)x_2 + \cdots + \ x_{n-1} + x_n = 2, \\ nx_1 + \quad\quad\quad x_2 + \cdots + \ x_{n-1} + x_n = 2. \end{cases}$

四、证明题

1. 设 $f(x)=a_0+a_1x+\cdots+a_nx^n$,试证:如果 $f(x)$ 有 $n+1$ 个不同的根,则 $f(x)$ 为零多项式,即 $f(x)=0$.

2. 证明四阶行列式 $D=\begin{vmatrix} a^2+\frac{1}{a^2} & a & \frac{1}{a} & 1 \\ b^2+\frac{1}{b^2} & b & \frac{1}{b} & 1 \\ c^2+\frac{1}{c^2} & c & \frac{1}{c} & 1 \\ d^2+\frac{1}{d^2} & d & \frac{1}{d} & 1 \end{vmatrix}=0$,其中 $abcd=1$.

第 2 章

矩阵及其运算

学习目标

1. 理解矩阵的概念，了解特殊矩阵及其性质.
2. 掌握矩阵的线性运算、乘法运算、转置运算及其运算法则.
3. 理解逆矩阵的概念，掌握逆矩阵的性质及逆矩阵的求法.
4. 了解分块矩阵的概念及其运算法则.
5. 掌握矩阵的初等变换，了解初等矩阵的概念及性质，掌握矩阵的初等变换与初等矩阵的关系. 会利用初等变换求逆矩阵.

矩阵是数学研究的一个重要工具，也是线性代数研究的主要内容之一. 本章首先引入矩阵概念，然后介绍矩阵的基本运算、逆矩阵的概念和简化矩阵运算的技巧——矩阵的分块法，最后讨论用途极广的矩阵的初等变换和初等矩阵.

2.1 矩阵的概念

矩阵和行列式一样，是从研究线性方程组的问题中产生的. 行列式是从特殊的线性方程组（未知量的个数与方程个数相同）中产生的，而矩阵则是从一般线性方程组产生的，所以矩阵的应用更加广泛.

一、矩阵概念的引入

引例 设线性方程组

$$\begin{cases} a_{11}x_1+a_{12}x_2+\cdots+a_{1n}x_n=b_1, \\ a_{21}x_1+a_{22}x_2+\cdots+a_{2n}x_n=b_2, \\ \cdots\cdots\cdots\cdots \\ a_{n1}x_1+a_{n2}x_2+\cdots+a_{nn}x_n=b_n. \end{cases} \tag{2.1}$$

线性方程组(2.1)的解取决于系数 $a_{ij}(i,j=1,2,\cdots,n)$ 和常数项 $b_i(i=1,2,\cdots,n)$. 线性方程组的系数与常数项按原位置可排为

$$\begin{pmatrix} a_{11} & a_{12} & \cdots & a_{1n} & b_1 \\ a_{21} & a_{22} & \cdots & a_{2n} & b_2 \\ \vdots & \vdots & & \vdots & \vdots \\ a_{n1} & a_{n2} & \cdots & a_{nn} & b_n \end{pmatrix}.$$

对线性方程组的研究可转化为对这一数表的研究.

二、矩阵的定义

定义 2.1　由 $m\times n$ 个数 $a_{ij}(i=1,2,\cdots,m;j=1,2,\cdots,n)$ 排成的 m 行 n 列的数表

$$\begin{matrix} a_{11} & a_{12} & \cdots & a_{1n} \\ a_{21} & a_{22} & \cdots & a_{2n} \\ \vdots & \vdots & & \vdots \\ a_{m1} & a_{m2} & \cdots & a_{mn} \end{matrix}$$

称为 m 行 n 列**矩阵**，简称为 $m\times n$ 矩阵. 为表示它是一个整体，总是加一个括号，并用大写字母表示它，记作

$$\boldsymbol{A}=\begin{pmatrix} a_{11} & a_{12} & \cdots & a_{1n} \\ a_{21} & a_{22} & \cdots & a_{2n} \\ \vdots & \vdots & & \vdots \\ a_{m1} & a_{m2} & \cdots & a_{mn} \end{pmatrix}. \tag{2.2}$$

这 $m\times n$ 个数称为矩阵 $\boldsymbol{A}$ 的**元素**，简称为**元**. 数 a_{ij} 位于矩阵 $\boldsymbol{A}$ 的第 i 行，第 j 列，称为矩阵 $\boldsymbol{A}$ 的 (i,j) 元. 矩阵 $\boldsymbol{A}$ 可简记作 $(a_{ij})_{m\times n}$ 或 $\boldsymbol{A}=(a_{ij})$，$m\times n$ 矩阵 $\boldsymbol{A}$ 有时也记作 $\boldsymbol{A}_{m\times n}$.

元素是实数的矩阵称为**实矩阵**，元素是复数的矩阵称为**复矩阵**. 本书中的矩阵，除特别说明外均指实矩阵.

例如，$\begin{pmatrix} 1 & 0 & 3 & 5 \\ -9 & 6 & 4 & 3 \end{pmatrix}$ 是 2×4 实矩阵；

$\begin{pmatrix} 13 & 6 & 2\mathrm{i} \\ 2 & 2 & 2 \\ 2 & 2 & 2 \end{pmatrix}$ 是 3×3 复矩阵；

$\begin{pmatrix} 1 \\ 2 \\ 4 \end{pmatrix}$ 是 3×1 矩阵；

$(2\quad 3\quad 5\quad 9)$ 是 1×4 矩阵；

(3) 是 1×1 矩阵.

注意： 矩阵与行列式是两个不同的概念，有着本质的区别.
(1) 矩阵是一个数表；而行列式是一个算式，一个数字行列式通过计算可求得其值.
(2) 矩阵的行数与列数可以相等，也可以不相等；而行列式的行数与列数必须相等.

三、同型矩阵与矩阵相等的概念

当两个矩阵的行数相等、列数也相等，则称为**同型矩阵**.

例如

$$\begin{pmatrix}1&2\\5&6\\3&7\end{pmatrix}\text{与}\begin{pmatrix}14&3\\8&4\\3&9\end{pmatrix}$$

为同型矩阵.

若两个矩阵 $\boldsymbol{A}=(a_{ij})$ 与 $\boldsymbol{B}=(b_{ij})$ 为同型矩阵，并且对应元素相等，即

$$a_{ij}=b_{ij}(i=1,2,\cdots,m;j=1,2,\cdots,n),$$

则称矩阵 $\boldsymbol{A}$ 与 $\boldsymbol{B}$ **相等**，记作 $\boldsymbol{A}=\boldsymbol{B}$.

四、几种特殊矩阵

(1) 只有一行的矩阵 $\boldsymbol{A}=(a_1\quad a_2\quad\cdots\quad a_n)$ 称为**行矩阵**，也称为**行向量**.

(2) 只有一列的矩阵 $\boldsymbol{B}=\begin{pmatrix}a_1\\a_2\\\vdots\\a_n\end{pmatrix}$ 称为**列矩阵**，也称为**列向量**.

(3) 行数与列数都等于 n 的矩阵 $\boldsymbol{A}$，称为 n 阶**方阵**，也可记作 $\boldsymbol{A}_n$. 即

$$\boldsymbol{A}_n=\begin{pmatrix}a_{11}&a_{12}&\cdots&a_{1n}\\a_{21}&a_{22}&\cdots&a_{2n}\\\vdots&\vdots&&\vdots\\a_{n1}&a_{n2}&\cdots&a_{nn}\end{pmatrix}.$$

我们称 $a_{11},a_{22},\cdots,a_{nn}$ 为方阵 $\boldsymbol{A}$ 的**主对角元**，它们所在的对角线为**主对角线**.

(4) 形如

$$\begin{pmatrix}a_{11}&a_{12}&\cdots&a_{1n}\\0&a_{22}&\cdots&a_{2n}\\\vdots&\vdots&&\vdots\\0&0&\cdots&a_{nn}\end{pmatrix}$$

的方阵，称为**上三角矩阵**.

(5) 形如

$$\begin{pmatrix}a_{11}&0&\cdots&0\\a_{21}&a_{22}&\cdots&0\\\vdots&\vdots&&\vdots\\a_{n1}&a_{n2}&\cdots&a_{nn}\end{pmatrix}$$

的方阵，称为**下三角矩阵**.

(6) 形如

$$\begin{pmatrix}\lambda_1&&&\\&\lambda_2&&\\&&\ddots&\\&&&\lambda_n\end{pmatrix}$$

的方阵，称为**对角矩阵**，简称**对角阵**.

对角矩阵是非零元素只能在对角线上出现的方阵. 显然，由主对角线的元素就足以确定对角矩阵，因此常将对角矩阵记作 $\boldsymbol{\Lambda}=\mathrm{diag}(\lambda_1,\lambda_2,\cdots,\lambda_n)$.

(7) 形如

$$\begin{pmatrix} a & & & \\ & a & & \\ & & \ddots & \\ & & & a \end{pmatrix}$$

的矩阵，称为**数量矩阵**，简称**数量阵**. 特别地，当 $a=1$ 时，称为**单位矩阵**，简称**单位阵**，记作

$$\boldsymbol{E}=\boldsymbol{E}_n=\begin{pmatrix} 1 & & & \\ & 1 & & \\ & & \ddots & \\ & & & 1 \end{pmatrix}.$$

(8) 元素全为零的矩阵称为**零矩阵**，$m\times n$ 零矩阵，记作 $\boldsymbol{O}_{m\times n}$ 或 $\boldsymbol{O}$.

注意： 不同阶数的零矩阵是不相等的. 例如

$$\begin{pmatrix} 0 & 0 & 0 & 0 \\ 0 & 0 & 0 & 0 \\ 0 & 0 & 0 & 0 \\ 0 & 0 & 0 & 0 \end{pmatrix} \neq (0\quad 0\quad 0\quad 0).$$

五、矩阵的应用举例

(1) n 个变量 $x_1,x_2,\cdots,x_n$ 与 m 个变量 $y_1,y_2,\cdots,y_m$ 之间的关系式为

$$\begin{cases} y_1 = a_{11}x_1 + a_{12}x_2 + \cdots + a_{1n}x_n, \\ y_2 = a_{21}x_1 + a_{22}x_2 + \cdots + a_{2n}x_n, \\ \cdots\cdots\cdots\cdots \\ y_m = a_{m1}x_1 + a_{m2}x_2 + \cdots + a_{mn}x_n. \end{cases} \tag{2.3}$$

表示一个从变量 $x_1,x_2,\cdots,x_n$ 到变量 $y_1,y_2,\cdots,y_m$ 的线性变换，其中 a_{ij} 为常数. 线性变换式(2.3)的系数 a_{ij} 构成矩阵

$$\boldsymbol{A}=\begin{pmatrix} a_{11} & a_{12} & \cdots & a_{1n} \\ a_{21} & a_{22} & \cdots & a_{2n} \\ \vdots & \vdots & & \vdots \\ a_{m1} & a_{m2} & \cdots & a_{mn} \end{pmatrix},$$

矩阵 $\boldsymbol{A}$ 称为该线性变换的**系数矩阵**.

给定了线性变换式(2.3)，它的系数矩阵也就确定了. 反之，如果给出一个矩阵作为线性变换的系数矩阵，则线性变换也就确定了. 因此，线性变换与矩阵之间存在着一一对应关系.

(2) 线性方程组

$$\begin{cases} a_{11}x_1+a_{12}x_2+\cdots+a_{1n}x_n=b_1, \\ a_{21}x_1+a_{22}x_2+\cdots+a_{2n}x_n=b_2, \\ \cdots\cdots\cdots\cdots \\ a_{m1}x_1+a_{m2}x_2+\cdots+a_{mn}x_n=b_m. \end{cases}$$

的系数可以表示成一个 $m\times n$ 矩阵

$$\boldsymbol{A}=\begin{pmatrix} a_{11} & a_{12} & \cdots & a_{1n} \\ a_{21} & a_{22} & \cdots & a_{2n} \\ \vdots & \vdots & & \vdots \\ a_{m1} & a_{m2} & \cdots & a_{mn} \end{pmatrix},$$

矩阵 $\boldsymbol{A}$ 称为线性方程组的**系数矩阵**.

线性方程组的系数与常数项合并在一起,可以表示成一个 $m\times(n+1)$矩阵

$$\overline{\boldsymbol{A}}=\left(\begin{array}{cccc:c} a_{11} & a_{12} & \cdots & a_{1n} & b_1 \\ a_{21} & a_{22} & \cdots & a_{2n} & b_2 \\ \vdots & \vdots & & \vdots & \vdots \\ a_{m1} & a_{m2} & \cdots & a_{mn} & b_m \end{array}\right),$$

矩阵 $\overline{A}$ 称为线性方程组的**增广矩阵**. 方程组中未知量及常数项,可以表示成

$$\boldsymbol{x}=\begin{pmatrix} x_1 \\ x_2 \\ \vdots \\ x_n \end{pmatrix},\ \boldsymbol{b}=\begin{pmatrix} b_1 \\ b_2 \\ \vdots \\ b_m \end{pmatrix}.$$

矩阵的重要性在于:它可以把一个实际问题变成一个数表. 这样,我们就可以通过研究数表,从而解决实际问题.

2.2 矩阵的运算

一、矩阵的加法

定义 2.2 设有两个矩阵 $\boldsymbol{A}=(a_{ij})_{m\times n}$和 $\boldsymbol{B}=(b_{ij})_{m\times n}$,那么矩阵 $\boldsymbol{A}$ 与 $\boldsymbol{B}$ 的和记作$\boldsymbol{A}+\boldsymbol{B}$,规定为

$$\boldsymbol{A}+\boldsymbol{B}=(a_{ij}+b_{ij})=\begin{pmatrix} a_{11}+b_{11} & a_{12}+b_{12} & \cdots & a_{1n}+b_{1n} \\ a_{21}+b_{21} & a_{22}+b_{22} & \cdots & a_{2n}+b_{2n} \\ \vdots & \vdots & & \vdots \\ a_{m1}+b_{m1} & a_{m2}+b_{m2} & \cdots & a_{mn}+b_{mn} \end{pmatrix}.$$

注意: 定义中蕴含了同型矩阵是矩阵相加的必要条件,故只有当两个矩阵是同型矩阵时,才能进行加法运算. 例如

$$\begin{bmatrix}12&3&-5\\1&-9&0\\3&6&8\end{bmatrix}+\begin{bmatrix}1&8&9\\6&5&4\\3&2&1\end{bmatrix}=\begin{bmatrix}12+1&3+8&-5+9\\1+6&-9+5&0+4\\3+3&6+2&8+1\end{bmatrix}=\begin{bmatrix}13&11&4\\7&-4&4\\6&8&9\end{bmatrix}.$$

容易验证,矩阵加法满足下列运算规律(设 $\boldsymbol{A},\boldsymbol{B},\boldsymbol{C}$ 都是 $m\times n$ 矩阵,$\boldsymbol{O}$ 是同型的零矩阵)

(1) **交换律** $\boldsymbol{A}+\boldsymbol{B}=\boldsymbol{B}+\boldsymbol{A}$;

(2) **结合律** $(\boldsymbol{A}+\boldsymbol{B})+\boldsymbol{C}=\boldsymbol{A}+(\boldsymbol{B}+\boldsymbol{C})$;

(3) 对任一矩阵 $\boldsymbol{A}$,有

$$\boldsymbol{A}+\boldsymbol{O}=\boldsymbol{O}+\boldsymbol{A}=\boldsymbol{A}.$$

设矩阵 $\boldsymbol{A}=(a_{ij})_{m\times n}$,记

$$-\boldsymbol{A}=\begin{bmatrix}-a_{11}&-a_{12}&\cdots&-a_{1n}\\-a_{21}&-a_{22}&\cdots&-a_{2n}\\\vdots&\vdots&&\vdots\\-a_{m1}&-a_{m2}&\cdots&-a_{mn}\end{bmatrix}=(-a_{ij})_{m\times n},$$

$-\boldsymbol{A}$ 称为矩阵 $\boldsymbol{A}$ 的**负矩阵**.

易得

$$(-\boldsymbol{A})+\boldsymbol{A}=\boldsymbol{A}+(-\boldsymbol{A})=\boldsymbol{O}.$$

由此,可以定义矩阵的减法为

$$\boldsymbol{A}-\boldsymbol{B}=\boldsymbol{A}+(-\boldsymbol{B}).$$

二、数与矩阵相乘

定义 2.3 数 λ 与矩阵 $\boldsymbol{A}=(a_{ij})_{m\times n}$ 的乘积记作 $\lambda\boldsymbol{A}$ 或 $\boldsymbol{A}\lambda$,规定为

$$\lambda\boldsymbol{A}=\boldsymbol{A}\lambda=\begin{bmatrix}\lambda a_{11}&\lambda a_{12}&\cdots&\lambda a_{1n}\\\lambda a_{21}&\lambda a_{22}&\cdots&\lambda a_{2n}\\\vdots&\vdots&&\vdots\\\lambda a_{m1}&\lambda a_{m2}&\cdots&\lambda a_{mn}\end{bmatrix}.$$

注意: 数与矩阵相乘是用数去乘矩阵中所有元素.

容易验证,数与矩阵相乘满足下列运算规律(设 $\boldsymbol{A},\boldsymbol{B}$ 都是 $m\times n$ 矩阵,λ,μ 为数):

(1) **数与矩阵的结合律** $(\lambda\mu)\boldsymbol{A}=\lambda(\mu\boldsymbol{A})$;

(2) **矩阵对数的分配律** $(\lambda+\mu)\boldsymbol{A}=\lambda\boldsymbol{A}+\mu\boldsymbol{A}$;

(3) **数对矩阵的分配律** $\lambda(\boldsymbol{A}+\boldsymbol{B})=\lambda\boldsymbol{A}+\lambda\boldsymbol{B}$.

矩阵的加法与数乘运算结合起来,统称为矩阵的**线性运算**. 即

$$\lambda\boldsymbol{A}+\mu\boldsymbol{B}=(\lambda a_{ij}+\mu b_{ij})_{m\times n}.$$

例 2.1 设 $\boldsymbol{A}=\begin{pmatrix}1&2&3\\4&5&6\end{pmatrix}$,$\boldsymbol{B}=\begin{pmatrix}2&0&-1\\3&1&2\end{pmatrix}$,求 $2\boldsymbol{A}-3\boldsymbol{B}$.

解 $2\boldsymbol{A}=\begin{pmatrix}2\times1&2\times2&2\times3\\2\times4&2\times5&2\times6\end{pmatrix}=\begin{pmatrix}2&4&6\\8&10&12\end{pmatrix}$,

$3\boldsymbol{B}=\begin{pmatrix}3\times2&3\times0&3\times(-1)\\3\times3&3\times1&3\times2\end{pmatrix}=\begin{pmatrix}6&0&-3\\9&3&6\end{pmatrix}$,

$$2\boldsymbol{A}-3\boldsymbol{B}=\begin{pmatrix}2-6 & 4-0 & 6-(-3)\\ 8-9 & 10-3 & 12-6\end{pmatrix}=\begin{pmatrix}-4 & 4 & 9\\ -1 & 7 & 6\end{pmatrix}.$$

例 2.2 求解矩阵方程 $2\boldsymbol{X}-\boldsymbol{A}=\boldsymbol{B}$,其中 $\boldsymbol{A}=\begin{pmatrix}1 & 0\\ -2 & 4\\ 0 & 3\end{pmatrix}$,$\boldsymbol{B}=\begin{pmatrix}1 & -2\\ 5 & -4\\ 6 & 5\end{pmatrix}$.

解 由 $2\boldsymbol{X}-\boldsymbol{A}=\boldsymbol{B}$ 化简,得

$$\boldsymbol{X}=\frac{1}{2}(\boldsymbol{A}+\boldsymbol{B})=\frac{1}{2}\begin{pmatrix}1+1 & 0+(-2)\\ -2+5 & 4+(-4)\\ 0+6 & 3+5\end{pmatrix}=\begin{pmatrix}1 & -1\\ \frac{3}{2} & 0\\ 3 & 4\end{pmatrix}.$$

三、矩阵与矩阵相乘

在给出矩阵与矩阵相乘的定义之前,先看一个引例.

引例 设 x_1,x_2,x_3 和 y_1,y_2 是两组变量,它们之间的关系为

$$\begin{cases}y_1=a_{11}x_1+a_{12}x_2+a_{13}x_3,\\ y_2=a_{21}x_1+a_{22}x_2+a_{23}x_3.\end{cases}$$

又设 t_1,t_2 是第三组变量,它们与 x_1,x_2,x_3 的关系为

$$\begin{cases}x_1=b_{11}t_1+b_{12}t_2,\\ x_2=b_{21}t_1+b_{22}t_2,\\ x_3=b_{31}t_1+b_{32}t_2.\end{cases}$$

不难看出,t_1,t_2 与 y_1,y_2 的关系为

$$\begin{cases}y_1=(a_{11}b_{11}+a_{12}b_{21}+a_{13}b_{31})t_1+(a_{11}b_{12}+a_{12}b_{22}+a_{13}b_{32})t_2,\\ y_2=(a_{21}b_{11}+a_{22}b_{21}+a_{23}b_{31})t_1+(a_{21}b_{12}+a_{22}b_{22}+a_{23}b_{32})t_2.\end{cases}$$

若用矩阵描述以上关系,记

$$\boldsymbol{A}=\begin{pmatrix}a_{11} & a_{12} & a_{13}\\ a_{21} & a_{22} & a_{23}\end{pmatrix},\ \boldsymbol{B}=\begin{pmatrix}b_{11} & b_{12}\\ b_{21} & b_{22}\\ b_{31} & b_{32}\end{pmatrix},$$

$$\boldsymbol{C}=\begin{pmatrix}a_{11}b_{11}+a_{12}b_{21}+a_{13}b_{31} & a_{11}b_{12}+a_{12}b_{22}+a_{13}b_{32}\\ a_{21}b_{11}+a_{22}b_{21}+a_{23}b_{31} & a_{21}b_{12}+a_{22}b_{22}+a_{23}b_{32}\end{pmatrix},$$

则矩阵 $\boldsymbol{C}$ 是矩阵 $\boldsymbol{A}$ 与 $\boldsymbol{B}$ 的一个运算,定义为矩阵 $\boldsymbol{A}$ 与 $\boldsymbol{B}$ 的乘积.

定义 2.4 设 $\boldsymbol{A}$ 是一个 $m\times s$ 矩阵,$\boldsymbol{B}$ 是一个 $s\times n$ 矩阵,$\boldsymbol{C}$ 是一个 $m\times n$ 矩阵,

$$\boldsymbol{A}=\begin{pmatrix}a_{11} & a_{12} & \cdots & a_{1s}\\ a_{21} & a_{22} & \cdots & a_{2s}\\ \vdots & \vdots & & \vdots\\ a_{m1} & a_{m2} & \cdots & a_{ms}\end{pmatrix},\ \boldsymbol{B}=\begin{pmatrix}b_{11} & b_{12} & \cdots & b_{1n}\\ b_{21} & b_{22} & \cdots & b_{2n}\\ \vdots & \vdots & & \vdots\\ b_{s1} & b_{s2} & \cdots & b_{sn}\end{pmatrix},\ \boldsymbol{C}=\begin{pmatrix}c_{11} & c_{12} & \cdots & c_{1n}\\ c_{21} & c_{22} & \cdots & c_{2n}\\ \vdots & \vdots & & \vdots\\ c_{m1} & c_{m2} & \cdots & c_{mn}\end{pmatrix},$$

其中 $c_{ij}=a_{i1}b_{1j}+a_{i2}b_{2j}+\cdots+a_{is}b_{sj}=\sum_{k=1}^{s}a_{ik}b_{kj}\,(i=1,2,\cdots,m;j=1,2,\cdots,n)$,则矩阵 $\boldsymbol{C}$ 称为矩阵 $\boldsymbol{A}$ 与 $\boldsymbol{B}$ 的**乘积**,记作 $\boldsymbol{AB}=\boldsymbol{C}$.

注意：只有当第一个矩阵的列数等于第二个矩阵的行数时，两个矩阵才能相乘.

乘积矩阵 $\boldsymbol{C}=\boldsymbol{AB}$ 中的第 i 行第 j 列的元素等于 $\boldsymbol{A}$ 的第 i 行元素与 $\boldsymbol{B}$ 的第 j 列对应元素的乘积之和，简称为**行乘列法则**.

例 2.3 设

$$\boldsymbol{A}=\begin{pmatrix}3&4\\1&2\end{pmatrix}_{2\times 2},\ \boldsymbol{B}=\begin{pmatrix}1&2\\4&5\\3&6\end{pmatrix}_{3\times 2},$$

求 $\boldsymbol{AB}$ 与 $\boldsymbol{BA}$.

解 因为矩阵 $\boldsymbol{A}$ 的列数与 $\boldsymbol{B}$ 的行数不等，所以乘积 $\boldsymbol{AB}$ 没有意义.

$$\boldsymbol{BA}=\begin{pmatrix}1&2\\4&5\\3&6\end{pmatrix}_{3\times 2}\begin{pmatrix}3&4\\1&2\end{pmatrix}_{2\times 2}=\begin{pmatrix}5&8\\17&26\\15&24\end{pmatrix}_{3\times 2}.$$

例 2.4 设矩阵

$$\boldsymbol{A}=\begin{pmatrix}2&0\\1&0\\0&1\end{pmatrix},\ \boldsymbol{B}=\begin{pmatrix}0&1&0\\1&0&0\end{pmatrix},$$

求 $\boldsymbol{AB}$ 和 $\boldsymbol{BA}$.

解 由乘法定义可知

$$\boldsymbol{AB}=\begin{pmatrix}2&0\\1&0\\0&1\end{pmatrix}\begin{pmatrix}0&1&0\\1&0&0\end{pmatrix}=\begin{pmatrix}0&2&0\\0&1&0\\1&0&0\end{pmatrix},$$

$$\boldsymbol{BA}=\begin{pmatrix}0&1&0\\1&0&0\end{pmatrix}\begin{pmatrix}2&0\\1&0\\0&1\end{pmatrix}=\begin{pmatrix}1&0\\2&0\end{pmatrix}.$$

例 2.5 设矩阵 $\boldsymbol{A}=\begin{pmatrix}1&1\\-1&-1\end{pmatrix}$，$\boldsymbol{B}=\begin{pmatrix}1&-1\\-1&1\end{pmatrix}$，求 $\boldsymbol{AB}$ 和 $\boldsymbol{BA}$.

解 由乘法定义可知

$$\boldsymbol{AB}=\begin{pmatrix}1&1\\-1&-1\end{pmatrix}\begin{pmatrix}1&-1\\-1&1\end{pmatrix}=\begin{pmatrix}0&0\\0&0\end{pmatrix},$$

$$\boldsymbol{BA}=\begin{pmatrix}1&-1\\-1&1\end{pmatrix}\begin{pmatrix}1&1\\-1&-1\end{pmatrix}=\begin{pmatrix}2&2\\-2&-2\end{pmatrix}.$$

注意：(1) 由上述各例可知，矩阵乘法一般不满足交换律，这是矩阵乘法与数的乘法的重要区别之一.

(2) 两个非零矩阵的乘积可能是零矩阵(如例 2.5)，这在数的乘法中是绝对不可能出现的.

(3) 矩阵的乘法一般不满足消去律. 即由 $\boldsymbol{AB}=\boldsymbol{AC}$，$\boldsymbol{A}\neq\boldsymbol{O}$，不能得出 $\boldsymbol{B}=\boldsymbol{C}$ 的结论. 例如

$$\boldsymbol{A}=\begin{pmatrix}1&2\\2&4\end{pmatrix},\ \boldsymbol{B}=\begin{pmatrix}-1&3\\-2&1\end{pmatrix},\ \boldsymbol{C}=\begin{pmatrix}-7&1\\1&2\end{pmatrix},$$

而

$$AB=AC=\begin{pmatrix} -5 & 5 \\ -10 & 10 \end{pmatrix}.$$

显然，$A\neq O$，但 $B\neq C$.

矩阵乘法不满足交换律和消去律，是矩阵乘法区别于数的乘法的两个重要特点，但矩阵乘法与数的乘法也有相同或相似的运算规律.

矩阵乘法满足下列的运算规律(假设运算都是可行的)：

(1) **乘法结合律** $(AB)C=A(BC)$；

(2) **数乘结合律** $\lambda(AB)=(\lambda A)B=A(\lambda B)$；

(3) **左乘分配律** $A(B+C)=AB+AC$；

右乘分配律 $(A+B)C=AC+BC$；

(4) $E_m A_{m\times n}=A_{m\times n}E_n=A_{m\times n}$.

规律(4)说明单位矩阵在矩阵乘法中的作用与数“1”在数的乘法中的作用类似.

设对角矩阵

$$A=\begin{pmatrix} a_1 & & & \\ & a_2 & & \\ & & \ddots & \\ & & & a_n \end{pmatrix},\ B=\begin{pmatrix} b_1 & & & \\ & b_2 & & \\ & & \ddots & \\ & & & b_n \end{pmatrix},$$

则其乘积仍为对角矩阵，且

$$AB=BA=\begin{pmatrix} a_1b_1 & & & \\ & a_2b_2 & & \\ & & \ddots & \\ & & & a_nb_n \end{pmatrix}.$$

例 2.6 试证两个上(下)三角矩阵的乘积仍为上(下)三角矩阵.

证明 设两个上三角矩阵分别为

$$A=\begin{pmatrix} a_{11} & a_{12} & \cdots & a_{1n} \\ & a_{22} & \cdots & a_{2n} \\ & & \ddots & \vdots \\ & & & a_{nn} \end{pmatrix},\ B=\begin{pmatrix} b_{11} & b_{12} & \cdots & b_{1n} \\ & b_{22} & \cdots & b_{2n} \\ & & \ddots & \vdots \\ & & & b_{nn} \end{pmatrix}.$$

又设 $C=AB=(c_{ij})$，则

$$c_{ij}=\sum_{k=1}^{n}a_{ik}b_{kj}=\sum_{k=1}^{i-1}a_{ik}b_{kj}+\sum_{k=i}^{n}a_{ik}b_{kj}.$$

当 $i>j$ 时，右端第一个和式中的 $a_{ik}=0$，第二个和式中的 $b_{kj}=0$，从而 $c_{ij}=0$，由此得证 $C=AB$ 为上三角形矩阵.

请读者自行证明关于下三角矩阵的结论.

有了矩阵的乘法定义，我们就可以定义**方阵的幂**.

设 A 是 n 阶方阵，k 为正整数，k 个 A 连乘称为 A 的 k **次幂**，记作 A^k，即

$$A^k = \underbrace{AA\cdots A}_{k个}.$$

矩阵的幂运算满足以下运算规律(设 A 为方阵,k,l 为正整数):

(1) $A^kA^l=A^{k+l}$;

(2) $(A^k)^l=A^{kl}$.

注意: 由于矩阵乘法不满足交换律,故对于两个 n 阶矩阵 A 与 B,一般地

$$(AB)^k \neq A^kB^k.$$

设 $\varphi(x)=a_0+a_1x+\cdots+a_mx^m$ 为 x 的多项式,A 为 n 阶矩阵,记

$$\varphi(A) = a_0E + a_1A + \cdots + a_mA^m,$$

$\varphi(A)$称为矩阵 A 的 m 次多项式.

例 2.7 设 $f(x)=2+3x-x^2$,$A=\begin{pmatrix}-1&-1&2\\1&2&0\\0&1&1\end{pmatrix}$,计算 $f(A)$.

解 $f(A)=2E+3A-A^2$

$$=2\begin{pmatrix}1&0&0\\0&1&0\\0&0&1\end{pmatrix}+3\begin{pmatrix}-1&-1&2\\1&2&0\\0&1&1\end{pmatrix}-\begin{pmatrix}-1&-1&2\\1&2&0\\0&1&1\end{pmatrix}^2$$

$$=\begin{pmatrix}2&0&0\\0&2&0\\0&0&2\end{pmatrix}+\begin{pmatrix}-3&-3&6\\3&6&0\\0&3&3\end{pmatrix}-\begin{pmatrix}0&1&0\\1&3&2\\1&3&1\end{pmatrix}$$

$$=\begin{pmatrix}-1&-4&6\\2&5&-2\\-1&0&4\end{pmatrix}.$$

矩阵 A 的多项式可以像 x 的多项式一样相乘或因式分解. 例如

$$2E + A - A^2 = (E+A)(2E-A),$$

$$(E-A)^3 = E - 3A + 3A^2 - A^3.$$

四、矩阵的转置

定义 2.5 把矩阵 A 的行换成同序数的列得到的新矩阵,称为矩阵 A 的**转置矩阵**,记作 A^{T},即

$$A=\begin{pmatrix}a_{11}&a_{12}&\cdots&a_{1n}\\a_{21}&a_{22}&\cdots&a_{2n}\\\vdots&\vdots&&\vdots\\a_{m1}&a_{m2}&\cdots&a_{mn}\end{pmatrix},\quad A^{\mathrm{T}}=\begin{pmatrix}a_{11}&a_{21}&\cdots&a_{m1}\\a_{12}&a_{22}&\cdots&a_{m2}\\\vdots&\vdots&&\vdots\\a_{1n}&a_{2n}&\cdots&a_{mn}\end{pmatrix}.$$

矩阵的转置与行列式相类似. 例如

$$A=\begin{pmatrix}1&2&0\\3&-1&1\end{pmatrix},\quad A^{\mathrm{T}}=\begin{pmatrix}1&3\\2&-1\\0&1\end{pmatrix}.$$

矩阵的转置满足下列运算规律(假设运算都是可行的):

(1) $(\boldsymbol{A}^{\mathrm{T}})^{\mathrm{T}}=\boldsymbol{A}$;

(2) $(\boldsymbol{A}+\boldsymbol{B})^{\mathrm{T}}=\boldsymbol{A}^{\mathrm{T}}+\boldsymbol{B}^{\mathrm{T}}$;

(3) $(\lambda\boldsymbol{A})^{\mathrm{T}}=\lambda\boldsymbol{A}^{\mathrm{T}}$;

(4) $(\boldsymbol{A}\boldsymbol{B})^{\mathrm{T}}=\boldsymbol{B}^{\mathrm{T}}\boldsymbol{A}^{\mathrm{T}}$.

这里仅证明(4).

证明 设 $\boldsymbol{A}=(a_{ij})_{m\times s}$,$\boldsymbol{B}=(b_{ij})_{s\times n}$,记 $\boldsymbol{A}\boldsymbol{B}=\boldsymbol{C}=(c_{ij})_{m\times n}$,$\boldsymbol{B}^{\mathrm{T}}\boldsymbol{A}^{\mathrm{T}}=\boldsymbol{D}=(d_{ij})_{n\times m}$. 于是,由乘法公式,得

$$c_{ji}=\sum_{k=1}^{s}a_{jk}b_{ki},$$

而 $\boldsymbol{B}^{\mathrm{T}}$ 的第 i 行为 $(b_{1i},b_{2i},\cdots,b_{si})$,$\boldsymbol{A}^{\mathrm{T}}$ 的第 j 列为 $(a_{j1},a_{j2},\cdots,a_{js})^{\mathrm{T}}$,因此

$$d_{ij}=\sum_{k=1}^{s}b_{ki}a_{jk}=\sum_{k=1}^{s}a_{jk}b_{ki},$$

所以

$$d_{ij}=c_{ji}(i=1,2,\cdots,n;j=1,2,\cdots,m).$$

即 $\boldsymbol{D}=\boldsymbol{C}^{\mathrm{T}}$,也即

$$\boldsymbol{B}^{\mathrm{T}}\boldsymbol{A}^{\mathrm{T}}=(\boldsymbol{A}\boldsymbol{B})^{\mathrm{T}}.$$

例 2.8 已知 $\boldsymbol{A}=\begin{pmatrix}2&0&-1\\1&3&2\end{pmatrix}$, $\boldsymbol{B}=\begin{pmatrix}1&7&-1\\4&2&3\\2&0&1\end{pmatrix}$,求 $(\boldsymbol{A}\boldsymbol{B})^{\mathrm{T}}$.

解法 1 (利用定义)因为

$$\boldsymbol{A}\boldsymbol{B}=\begin{pmatrix}2&0&-1\\1&3&2\end{pmatrix}\begin{pmatrix}1&7&-1\\4&2&3\\2&0&1\end{pmatrix}=\begin{pmatrix}0&14&-3\\17&13&10\end{pmatrix},$$

所以

$$(\boldsymbol{A}\boldsymbol{B})^{\mathrm{T}}=\begin{pmatrix}0&17\\14&13\\-3&10\end{pmatrix}.$$

解法 2 (利用性质)

$$(\boldsymbol{A}\boldsymbol{B})^{\mathrm{T}}=\boldsymbol{B}^{\mathrm{T}}\boldsymbol{A}^{\mathrm{T}}=\begin{pmatrix}1&4&2\\7&2&0\\-1&3&1\end{pmatrix}\begin{pmatrix}2&1\\0&3\\-1&2\end{pmatrix}=\begin{pmatrix}0&17\\14&13\\-3&10\end{pmatrix}.$$

注意:矩阵的转置运算规则(4)可以推广到多个矩阵的情形,即

$$(\boldsymbol{A}_1\boldsymbol{A}_2\cdots\boldsymbol{A}_m)^{\mathrm{T}}=\boldsymbol{A}_m^{\mathrm{T}}\cdots\boldsymbol{A}_2^{\mathrm{T}}\boldsymbol{A}_1^{\mathrm{T}}.$$

由转置矩阵的概念可以得到以下两个特殊矩阵.

定义 2.6 若方阵 $\boldsymbol{A}=(a_{ij})$ 满足 $\boldsymbol{A}^{\mathrm{T}}=\boldsymbol{A}$,则称 $\boldsymbol{A}$ 是**对称矩阵**;若方阵 $\boldsymbol{A}=(a_{ij})$ 满足 $\boldsymbol{A}^{\mathrm{T}}=$

$-\boldsymbol{A}$，则称 $\boldsymbol{A}$ 是**反对称矩阵**.

由定义可知，对称矩阵的元素满足

$$a_{ij}=a_{ji}\ (i,j=1,2,\cdots,n).$$

例如

$$\boldsymbol{A}=\begin{pmatrix}1&0&-1\\0&2&5\\-1&5&3\end{pmatrix}$$

是对称矩阵.

注意： 对称矩阵的元素以主对角线为对称轴对应相等.

反对称矩阵的元素满足

$$\begin{cases}a_{ij}=-a_{ji}, & i\neq j\\ a_{ij}=0, & i=j\ (i,j=1,2,\cdots,n).\end{cases}$$

例如

$$\boldsymbol{B}=\begin{pmatrix}0&1&-\frac{1}{2}\\-1&0&-7\\\frac{1}{2}&7&0\end{pmatrix}$$

是反对称矩阵.

注意： 反对称矩阵的主对角线上的元素均为零.

例 2.9　设 $\boldsymbol{A}$ 是一个 $m\times n$ 矩阵，则 $\boldsymbol{A}^{\mathrm{T}}\boldsymbol{A}$ 和 $\boldsymbol{A}\boldsymbol{A}^{\mathrm{T}}$ 都是对称矩阵.

证明　$\boldsymbol{A}^{\mathrm{T}}\boldsymbol{A}$ 是 n 阶方阵，且

$$(\boldsymbol{A}^{\mathrm{T}}\boldsymbol{A})^{\mathrm{T}}=\boldsymbol{A}^{\mathrm{T}}(\boldsymbol{A}^{\mathrm{T}})^{\mathrm{T}}=\boldsymbol{A}^{\mathrm{T}}\boldsymbol{A}.$$

故 $\boldsymbol{A}^{\mathrm{T}}\boldsymbol{A}$ 是 n 阶对称矩阵.

同理，$\boldsymbol{A}\boldsymbol{A}^{\mathrm{T}}$ 是 m 阶对称矩阵.

例 2.10　试证任一方阵均可以表示成一个对称矩阵与一个反对称矩阵和的形式.

证明　任一方阵 $\boldsymbol{A}$ 可表示成两个矩阵之和

$$\boldsymbol{A}=\frac{\boldsymbol{A}+\boldsymbol{A}^{\mathrm{T}}}{2}+\frac{\boldsymbol{A}-\boldsymbol{A}^{\mathrm{T}}}{2},$$

而

$$\left(\frac{\boldsymbol{A}+\boldsymbol{A}^{\mathrm{T}}}{2}\right)^{\mathrm{T}}=\frac{1}{2}(\boldsymbol{A}+\boldsymbol{A}^{\mathrm{T}})^{\mathrm{T}}=\frac{1}{2}(\boldsymbol{A}+\boldsymbol{A}^{\mathrm{T}}),$$

故 $\dfrac{\boldsymbol{A}+\boldsymbol{A}^{\mathrm{T}}}{2}$ 为对称矩阵.

$$\left(\frac{\boldsymbol{A}-\boldsymbol{A}^{\mathrm{T}}}{2}\right)^{\mathrm{T}}=\frac{1}{2}(\boldsymbol{A}-\boldsymbol{A}^{\mathrm{T}})^{\mathrm{T}}=\frac{1}{2}(\boldsymbol{A}^{\mathrm{T}}-\boldsymbol{A})=-\frac{1}{2}(\boldsymbol{A}-\boldsymbol{A}^{\mathrm{T}}),$$

故 $\dfrac{\boldsymbol{A}-\boldsymbol{A}^{\mathrm{T}}}{2}$ 为反对称矩阵，命题得证.

2.3 方阵的行列式

一、方阵的行列式的概念

定义 2.7 由 n 阶方阵 $\boldsymbol{A}$ 的元素所构成的行列式，称为**方阵 $\boldsymbol{A}$ 的行列式**，记作 $|\boldsymbol{A}|$ 或 $\det\boldsymbol{A}$.

例如，$\boldsymbol{A}=\begin{pmatrix}2&3\\6&8\end{pmatrix}$，则

$$|\boldsymbol{A}|=\begin{vmatrix}2&3\\6&8\end{vmatrix}=-2.$$

由方阵 $\boldsymbol{A}$ 所确定的 $|\boldsymbol{A}|$ 有下列性质(设 $\boldsymbol{A},\boldsymbol{B}$ 为 n 阶方阵，λ 是数)：

(1) $|\boldsymbol{A}^{\mathrm{T}}|=|\boldsymbol{A}|$ ；

(2) $|\lambda\boldsymbol{A}|=\lambda^n|\boldsymbol{A}|$；

(3) $|\boldsymbol{AB}|=|\boldsymbol{A}||\boldsymbol{B}|=|\boldsymbol{B}||\boldsymbol{A}|$.

这里仅证明(3).

证明 性质(3)设 $\boldsymbol{A}=(a_{ij})_{n\times n},\boldsymbol{B}=(b_{ij})_{n\times n}$，记 $2n$ 阶行列式

$$D=\begin{vmatrix}a_{11}&\cdots&a_{1n}&&&\\ \vdots&&\vdots&&0&\\ a_{n1}&\cdots&a_{nn}&&&\\ -1&&&b_{11}&\cdots&b_{1n}\\ &\ddots&&\vdots&&\vdots\\ &&-1&b_{n1}&\cdots&b_{nn}\end{vmatrix}=\begin{vmatrix}\boldsymbol{A}&\boldsymbol{O}\\-\boldsymbol{E}&\boldsymbol{B}\end{vmatrix}.$$

由例 1.15，可知

$$D=|\boldsymbol{A}||\boldsymbol{B}|.$$

在 D 中以 a_{i1} 乘第 $n+1$ 行，a_{i2} 乘第 $n+2$ 行，…，a_{in} 乘第 $2n$ 行，都加到第 i 行上去，其中 $i=1,2,\cdots,n$，有

$$D_{2n}=\begin{vmatrix}\boldsymbol{O}&\boldsymbol{C}\\-\boldsymbol{E}&\boldsymbol{B}\end{vmatrix}=(-1)^n\begin{vmatrix}\boldsymbol{C}&\boldsymbol{O}\\\boldsymbol{B}&-\boldsymbol{E}\end{vmatrix}=(-1)^n|\boldsymbol{C}||-\boldsymbol{E}|=|\boldsymbol{C}|=|\boldsymbol{AB}|,$$

其中 $\boldsymbol{C}=\boldsymbol{AB}$，于是

$$|\boldsymbol{AB}|=|\boldsymbol{A}||\boldsymbol{B}|.$$

由性质(3)可知，对于 n 阶矩阵 $\boldsymbol{A},\boldsymbol{B}$，一般来说 $\boldsymbol{AB}\neq\boldsymbol{BA}$，但总有

$$|\boldsymbol{AB}|=|\boldsymbol{BA}|.$$

二、伴随矩阵

定义 2.8 行列式 $|\boldsymbol{A}|$ 的各个元素的代数余子式 $\boldsymbol{A}_{ij}$ 所构成的矩阵

$$A^* = \begin{pmatrix} A_{11} & A_{21} & \cdots & A_{n1} \\ A_{12} & A_{22} & \cdots & A_{n2} \\ \vdots & \vdots & & \vdots \\ A_{1n} & A_{2n} & \cdots & A_{nn} \end{pmatrix}$$

称为矩阵 A 的**伴随矩阵**,简称**伴随阵**.

定理 2.1　设 A 为 n 阶方阵,则 $AA^* = A^*A = |A|E$.

证明　设

$$A = \begin{pmatrix} a_{11} & a_{12} & \cdots & a_{1n} \\ a_{21} & a_{22} & \cdots & a_{2n} \\ \vdots & \vdots & & \vdots \\ a_{n1} & a_{n2} & \cdots & a_{nn} \end{pmatrix}, \quad A^* = \begin{pmatrix} A_{11} & A_{21} & \cdots & A_{n1} \\ A_{12} & A_{22} & \cdots & A_{n2} \\ \vdots & \vdots & & \vdots \\ A_{1n} & A_{2n} & \cdots & A_{nn} \end{pmatrix},$$

所以

$$AA^* = \begin{pmatrix} a_{11} & a_{12} & \cdots & a_{1n} \\ a_{21} & a_{22} & \cdots & a_{2n} \\ \vdots & \vdots & & \vdots \\ a_{n1} & a_{n2} & \cdots & a_{nn} \end{pmatrix} \begin{pmatrix} A_{11} & A_{21} & \cdots & A_{n1} \\ A_{12} & A_{22} & \cdots & A_{n2} \\ \vdots & \vdots & & \vdots \\ A_{1n} & A_{2n} & \cdots & A_{nn} \end{pmatrix}$$

$$= \begin{pmatrix} \sum_{k=1}^{n} a_{1k}A_{1k} & \sum_{k=1}^{n} a_{1k}A_{2k} & \cdots & \sum_{k=1}^{n} a_{1k}A_{nk} \\ \sum_{k=1}^{n} a_{2k}A_{1k} & \sum_{k=1}^{n} a_{2k}A_{2k} & \cdots & \sum_{k=1}^{n} a_{2k}A_{nk} \\ \vdots & \vdots & & \vdots \\ \sum_{k=1}^{n} a_{nk}A_{1k} & \sum_{k=1}^{n} a_{nk}A_{2k} & \cdots & \sum_{k=1}^{n} a_{nk}A_{nk} \end{pmatrix}$$

$$= \begin{pmatrix} |A| & & & \\ & |A| & & \\ & & \ddots & \\ & & & |A| \end{pmatrix} = |A|E.$$

同理可得

$$A^*A = |A|E.$$

故

$$AA^* = A^*A = |A|E.$$

注意: 证明中用到行列式的代数余子式的重要性质

$$\sum_{k=1}^{n} a_{ik}A_{jk} = |A|\delta_{ij} = \begin{cases} |A|, & i=j, \\ 0, & i \neq j. \end{cases}$$

2.4 逆矩阵

一、逆矩阵的概念

在数集中有加法、减法、乘法、除法等运算，对于矩阵，我们定义了加法、减法、数乘、乘法等运算. 现在的问题是：矩阵是否有类似除法的运算？若有，它是什么含义呢？

在数的运算中，当数 $a\neq 0$ 时，有

$$aa^{-1}=a^{-1}a=1.$$

其中 $a^{-1}=\frac{1}{a}$ 为 a 的倒数(或称 a 的逆).

在矩阵运算中，单位阵 $\boldsymbol{E}$ 相当于数的乘法运算中的 1，那么，人们自然会问，对于矩阵 $\boldsymbol{A}$，是否能找到一个与 a^{-1} 地位类似的矩阵，记作 $\boldsymbol{A}^{-1}$，使得 $\boldsymbol{A}\boldsymbol{A}^{-1}=\boldsymbol{A}^{-1}\boldsymbol{A}=\boldsymbol{E}$ 成立呢？如果能找到 $\boldsymbol{A}^{-1}$，则称 $\boldsymbol{A}$ 是可逆矩阵，并称 $\boldsymbol{A}^{-1}$ 为矩阵 $\boldsymbol{A}$ 的逆矩阵.

下面我们给出一般定义.

定义 2.9 对于 n 阶矩阵 $\boldsymbol{A}$，如果存在一个 n 阶矩阵 $\boldsymbol{B}$，使得

$$\boldsymbol{AB}=\boldsymbol{BA}=\boldsymbol{E}, \tag{2.4}$$

则称矩阵 $\boldsymbol{A}$ 是**可逆矩阵**，简称 $\boldsymbol{A}$ **可逆**，$\boldsymbol{B}$ 为 $\boldsymbol{A}$ 的**逆矩阵**，记为 $\boldsymbol{A}^{-1}$，即 $\boldsymbol{A}^{-1}=\boldsymbol{B}$.

注意：(1) 由定义可知，可逆矩阵及其逆矩阵是同阶的方阵.

(2) 由于在逆矩阵的定义中，矩阵 $\boldsymbol{A}$ 与 $\boldsymbol{B}$ 的地位是平等的，因此也可以称 $\boldsymbol{B}$ 为可逆矩阵，$\boldsymbol{A}$ 为 $\boldsymbol{B}$ 的逆矩阵，即 $\boldsymbol{B}^{-1}=\boldsymbol{A}$，也就是说 $\boldsymbol{A}$ 与 $\boldsymbol{B}$ 互为逆矩阵.

二、逆矩阵的性质

性质 1 如果矩阵 $\boldsymbol{A}$ 可逆，则 $\boldsymbol{A}$ 的逆矩阵是唯一的.

证明 设 $\boldsymbol{B},\boldsymbol{C}$ 都是 $\boldsymbol{A}$ 的逆阵，即有

$$\boldsymbol{AB}=\boldsymbol{BA}=\boldsymbol{E},\boldsymbol{AC}=\boldsymbol{CA}=\boldsymbol{E}.$$

则有

$$\boldsymbol{B}=\boldsymbol{BE}=\boldsymbol{B}(\boldsymbol{AC})=(\boldsymbol{BA})\boldsymbol{C}=\boldsymbol{EC}=\boldsymbol{C}.$$

所以 $\boldsymbol{A}$ 的逆矩阵是唯一的.

注意：在表达式中适当地引入单位矩阵 $\boldsymbol{E}$，并将单位矩阵 $\boldsymbol{E}$ 表示为某可逆矩阵与其逆矩阵的乘积，这种技巧称为**单位阵技巧**.

性质 2 若矩阵 $\boldsymbol{A}$ 可逆，则 $\boldsymbol{A}^{-1}$ 也可逆，且 $(\boldsymbol{A}^{-1})^{-1}=\boldsymbol{A}$.

性质 3 若矩阵 $\boldsymbol{A}$ 可逆，数 $\lambda\neq 0$，则 $\lambda\boldsymbol{A}$ 也可逆，且 $(\lambda\boldsymbol{A})^{-1}=\frac{1}{\lambda}\boldsymbol{A}^{-1}$.

证明 由于

$$(\lambda\boldsymbol{A})\left(\frac{1}{\lambda}\boldsymbol{A}^{-1}\right)=\lambda\cdot\frac{1}{\lambda}\boldsymbol{A}\boldsymbol{A}^{-1}=\boldsymbol{E},$$

$$\left(\frac{1}{\lambda}\boldsymbol{A}^{-1}\right)(\lambda\boldsymbol{A})=\frac{1}{\lambda}\lambda\boldsymbol{A}^{-1}\boldsymbol{A}=\boldsymbol{E},$$

因此 $\lambda\boldsymbol{A}$ 可逆，且

$$(\lambda\boldsymbol{A})^{-1}=\frac{1}{\lambda}\boldsymbol{A}^{-1}.$$

性质 4　若 n 阶矩阵 $\boldsymbol{A}$ 和 $\boldsymbol{B}$ 都可逆，则 $\boldsymbol{AB}$ 也可逆，且 $(\boldsymbol{AB})^{-1}=\boldsymbol{B}^{-1}\boldsymbol{A}^{-1}$.

证明　由于

$$(\boldsymbol{AB})(\boldsymbol{B}^{-1}\boldsymbol{A}^{-1})=\boldsymbol{A}(\boldsymbol{BB}^{-1})\boldsymbol{A}^{-1}=\boldsymbol{AEA}^{-1}=\boldsymbol{AA}^{-1}=\boldsymbol{E},$$
$$(\boldsymbol{B}^{-1}\boldsymbol{A}^{-1})(\boldsymbol{AB})=\boldsymbol{B}^{-1}(\boldsymbol{A}^{-1}\boldsymbol{A})\boldsymbol{B}=\boldsymbol{B}^{-1}\boldsymbol{EB}=\boldsymbol{B}^{-1}\boldsymbol{B}=\boldsymbol{E},$$

因此 $\boldsymbol{AB}$ 可逆，且

$$(\boldsymbol{AB})^{-1}=\boldsymbol{B}^{-1}\boldsymbol{A}^{-1}.$$

注意： 性质 4 可推广，若同阶矩阵 $\boldsymbol{A}_1,\boldsymbol{A}_2,\cdots,\boldsymbol{A}_m$ 都可逆，则乘积矩阵 $\boldsymbol{A}_1\boldsymbol{A}_2\cdots\boldsymbol{A}_m$ 也可逆，且

$$(\boldsymbol{A}_1\boldsymbol{A}_2\cdots\boldsymbol{A}_m)^{-1}=\boldsymbol{A}_m^{-1}\cdots\boldsymbol{A}_2^{-1}\boldsymbol{A}_1^{-1}.$$

另外，当 $|\boldsymbol{A}|\neq 0$ 时，还可定义

$$\boldsymbol{A}^0=\boldsymbol{E},\ \boldsymbol{A}^{-k}=(\boldsymbol{A}^{-1})^k,$$

其中 k 为正整数. 这样，当 $|\boldsymbol{A}|\neq 0$，λ,μ 为负整数时，有

$$\boldsymbol{A}^{\lambda}\boldsymbol{A}^{\mu}=\boldsymbol{A}^{\lambda+\mu},\ (\boldsymbol{A}^{\lambda})^{\mu}=\boldsymbol{A}^{\lambda\mu}.$$

性质 5　若矩阵 $\boldsymbol{A}$ 可逆，则 $\boldsymbol{A}^{\mathrm{T}}$ 也可逆，且 $(\boldsymbol{A}^{\mathrm{T}})^{-1}=(\boldsymbol{A}^{-1})^{\mathrm{T}}$.

证明　由于

$$\boldsymbol{A}^{\mathrm{T}}(\boldsymbol{A}^{-1})^{\mathrm{T}}=(\boldsymbol{A}^{-1}\boldsymbol{A})^{\mathrm{T}}=\boldsymbol{E}^{\mathrm{T}}=\boldsymbol{E},$$
$$(\boldsymbol{A}^{-1})^{\mathrm{T}}\boldsymbol{A}^{\mathrm{T}}=(\boldsymbol{AA}^{-1})^{\mathrm{T}}=\boldsymbol{E}^{\mathrm{T}}=\boldsymbol{E},$$

因此

$$(\boldsymbol{A}^{\mathrm{T}})^{-1}=(\boldsymbol{A}^{-1})^{\mathrm{T}}.$$

性质 6　若矩阵 $\boldsymbol{A}$ 可逆，则 $|\boldsymbol{A}^{-1}|=|\boldsymbol{A}|^{-1}$.

证明　由 $\boldsymbol{AA}^{-1}=\boldsymbol{E}$，得

$$|\boldsymbol{A}|\,|\boldsymbol{A}^{-1}|=1,$$

故

$$|\boldsymbol{A}^{-1}|=|\boldsymbol{A}|^{-1}.$$

注意：(1) 逆矩阵相当于矩阵的“倒数”，但是，因为矩阵的乘法有左乘、右乘之分，所以不能用分数线表示逆矩阵.

(2) 若三个矩阵 $\boldsymbol{A},\boldsymbol{B},\boldsymbol{C}$ 满足 $\boldsymbol{AB}=\boldsymbol{AC}$，且 $\boldsymbol{A}$ 可逆，则在等式两边左乘 $\boldsymbol{A}$ 的逆矩阵 $\boldsymbol{A}^{-1}$，可得 $\boldsymbol{A}^{-1}\boldsymbol{AB}=\boldsymbol{A}^{-1}\boldsymbol{AC}$，即 $\boldsymbol{EB}=\boldsymbol{EC}$，从而 $\boldsymbol{B}=\boldsymbol{C}$. 这说明利用逆矩阵可以实现“约简”；换言之，矩阵的乘法并非没有消去律，但消去律必须通过逆矩阵的乘法来实现，**可逆才有消去律**. 当然，在等式两边乘逆矩阵时应当注意分清左乘还是右乘.

任意给定的 n 阶方阵 $\boldsymbol{A}$，在什么条件下可逆？如果 $\boldsymbol{A}$ 可逆，如何求它的逆矩阵？下面就来解决这两个问题.

三、矩阵可逆的判定与逆矩阵的计算

定理 2.2　矩阵 $\boldsymbol{A}$ 可逆的充分必要条件是 $|\boldsymbol{A}|\neq 0$，且

$$A^{-1}=\frac{1}{|A|}A^*.$$

证明 必要性 因为 A 可逆,即存在 A^{-1},使得 $AA^{-1}=E$,故

$$|A||A^{-1}|=|E|=1,$$

所以

$$|A|\neq 0.$$

充分性 由定理 2.1,可知

$$AA^*=A^*A=|A|E.$$

因为 $|A|\neq 0$,所以

$$A\cdot\frac{A^*}{|A|}=\frac{A^*}{|A|}\cdot A=E.$$

由逆矩阵定义,则

$$A^{-1}=\frac{1}{|A|}A^*.$$

当 $|A|=0$ 时,A 称为**奇异矩阵**或**退化矩阵**;

当 $|A|\neq 0$ 时,A 称为**非奇异矩阵**或**非退化矩阵**.

注意: A 是可逆矩阵的充分必要条件是 $|A|\neq 0$,即可逆矩阵就是非奇异矩阵. 定理不但给出了判别一个矩阵 A 是否可逆的一种方法,并且给出了求逆矩阵 A^{-1} 的一种方法——伴随矩阵法.

推论 若 A,B 都是 n 阶矩阵,且 $AB=E(BA=E)$,则 $B=A^{-1}$.

证明 由 $|AB|=|E|$,得

$$|A||B|=1,$$

故

$$|A|\neq 0,$$

所以 A 是可逆矩阵. 于是

$$B=EB=(A^{-1}A)B=A^{-1}(AB)=A^{-1}E=A^{-1}.$$

注意: 由推论可知,判断矩阵 B 是否是 A 的逆矩阵,只需验证 $AB=E$ 和 $BA=E$ 中的一个等式成立即可.

例 2.11 求方阵 $A=\begin{pmatrix}1&2&3\\2&1&2\\1&3&3\end{pmatrix}$ 的逆矩阵.

解 因为 $|A|=\begin{vmatrix}1&2&3\\2&1&2\\1&3&3\end{vmatrix}=4\neq 0$,故 A 可逆.

$|A|$ 中各元素的代数余子式为

$$A_{11}=-3,\ A_{12}=-4,\ A_{13}=5,$$
$$A_{21}=3,\ A_{22}=0,\ A_{23}=-1,$$
$$A_{31}=1,\ A_{32}=4,\ A_{33}=-3.$$

所以

$$A^{-1}=\frac{1}{|A|}A^*=\frac{1}{4}\begin{pmatrix}-3&3&1\\-4&0&4\\5&-1&-3\end{pmatrix}=\begin{pmatrix}-\frac{3}{4}&\frac{3}{4}&\frac{1}{4}\\-1&\frac{1}{4}&1\\\frac{5}{4}&-\frac{1}{4}&-\frac{3}{4}\end{pmatrix}.$$

例 2.12　设 $A=\begin{pmatrix}1&2&3\\2&2&1\\3&4&3\end{pmatrix}$，$B=\begin{pmatrix}2&1\\5&3\end{pmatrix}$，$C=\begin{pmatrix}1&3\\2&0\\3&1\end{pmatrix}$满足 $AXB=C$，求矩阵 X.

解　由于$|A|=\begin{vmatrix}1&2&3\\2&2&1\\3&4&3\end{vmatrix}=2\neq0$，$|B|=\begin{vmatrix}2&1\\5&3\end{vmatrix}=1\neq0$，故 A^{-1}，B^{-1}都存在. 且

$$A^{-1}=\begin{pmatrix}1&3&-2\\-\frac{3}{2}&-3&\frac{5}{2}\\1&1&-1\end{pmatrix},B^{-1}=\begin{pmatrix}3&-1\\-5&2\end{pmatrix}.$$

又 $AXB=C$，两边左乘 A^{-1}，右乘 B^{-1}，得

$$A^{-1}AXBB^{-1}=A^{-1}CB^{-1},$$

即

$$X=A^{-1}CB^{-1},$$

故

$$X=\begin{pmatrix}1&3&-2\\-\frac{3}{2}&-3&\frac{5}{2}\\1&1&-1\end{pmatrix}\begin{pmatrix}1&3\\2&0\\3&1\end{pmatrix}\begin{pmatrix}3&-1\\-5&2\end{pmatrix}=\begin{pmatrix}1&1\\0&-2\\0&2\end{pmatrix}\begin{pmatrix}3&-1\\-5&2\end{pmatrix}=\begin{pmatrix}-2&1\\10&-4\\-10&4\end{pmatrix}.$$

例 2.13　设方阵 A 满足方程 $A^2-A-2E=O$，证明 A 及 $A+2E$ 都可逆，并求它们的逆矩阵.

证明　由 $A^2-A-2E=O$，得

$$A(A-E)=2E,$$

即

$$A\cdot\frac{A-E}{2}=E,$$

由推论可知 A 可逆，且

$$A^{-1}=\frac{A-E}{2}.$$

又由 $A^2-A-2E=O$，得

$$(A+2E)(A-3E)+4E=O,$$

即

$$(A+2E)\cdot\left[-\frac{1}{4}(A-3E)\right]=E,$$

故 $A+2E$ 可逆，且

$$(\boldsymbol{A}+2\boldsymbol{E})^{-1}=-\frac{1}{4}(\boldsymbol{A}-3\boldsymbol{E})=\frac{3\boldsymbol{E}-\boldsymbol{A}}{4}.$$

例 2.14 已知 $\boldsymbol{A}=\begin{pmatrix}1&0&0&0&0\\0&2&0&0&0\\0&0&3&0&0\\0&0&0&4&0\\0&0&0&0&5\end{pmatrix}$,求 $\boldsymbol{A}^{-1}$.

解 由于 $|\boldsymbol{A}|=5!\neq 0$,故 $\boldsymbol{A}^{-1}$ 存在. 由伴随矩阵法,得

$$\boldsymbol{A}^{-1}=\frac{\boldsymbol{A}^*}{|\boldsymbol{A}|}=\frac{1}{5!}\begin{pmatrix}2\times3\times4\times5&&&&\\&1\times3\times4\times5&&&\\&&1\times2\times4\times5&&\\&&&1\times2\times3\times5&\\&&&&1\times2\times3\times4\end{pmatrix}$$

$$=\begin{pmatrix}1&&&&\\&\frac{1}{2}&&&\\&&\frac{1}{3}&&\\&&&\frac{1}{4}&\\&&&&\frac{1}{5}\end{pmatrix}.$$

注意: 该结论可推广,对于对角阵 $\boldsymbol{\Lambda}=\mathrm{diag}(\lambda_1,\lambda_2,\cdots,\lambda_n)$,如果 $\lambda_1\lambda_2\cdots\lambda_n\neq 0$,则矩阵 $\boldsymbol{\Lambda}$ 可逆,且

$$\begin{pmatrix}\lambda_1&&&\\&\lambda_2&&\\&&\ddots&\\&&&\lambda_n\end{pmatrix}^{-1}=\begin{pmatrix}\lambda_1^{-1}&&&\\&\lambda_2^{-1}&&\\&&\ddots&\\&&&\lambda_n^{-1}\end{pmatrix}.$$

例 2.15 设三阶矩阵 $\boldsymbol{A},\boldsymbol{B}$ 满足关系 $\boldsymbol{A}^{-1}\boldsymbol{B}\boldsymbol{A}=6\boldsymbol{A}+\boldsymbol{B}\boldsymbol{A}$,且 $\boldsymbol{A}=\begin{pmatrix}\frac{1}{2}&&\\&\frac{1}{4}&\\&&\frac{1}{7}\end{pmatrix}$,求 $\boldsymbol{B}$.

解 由 $\boldsymbol{A}^{-1}\boldsymbol{B}\boldsymbol{A}=6\boldsymbol{A}+\boldsymbol{B}\boldsymbol{A}$,得

$$(\boldsymbol{A}^{-1}-\boldsymbol{E})\boldsymbol{B}\boldsymbol{A}=6\boldsymbol{A},$$

即

$$(\boldsymbol{A}^{-1}-\boldsymbol{E})\boldsymbol{B}=6\boldsymbol{E},$$

故

$$\boldsymbol{B}=6(\boldsymbol{A}^{-1}-\boldsymbol{E})^{-1}=6\left[\begin{pmatrix}2&0&0\\0&4&0\\0&0&7\end{pmatrix}-\begin{pmatrix}1&0&0\\0&1&0\\0&0&1\end{pmatrix}\right]^{-1}=6\begin{pmatrix}1&0&0\\0&3&0\\0&0&6\end{pmatrix}^{-1}$$

$$=6\begin{pmatrix}1&0&0\\0&\frac{1}{3}&0\\0&0&\frac{1}{6}\end{pmatrix}=\begin{pmatrix}6&0&0\\0&2&0\\0&0&1\end{pmatrix}.$$

例 2.16　设 $\boldsymbol{P}=\begin{pmatrix}1&2\\1&4\end{pmatrix}$，$\boldsymbol{\Lambda}=\begin{pmatrix}1&0\\0&2\end{pmatrix}$，$\boldsymbol{AP}=\boldsymbol{P\Lambda}$，求 $\boldsymbol{A}^n$.

解　由 $|\boldsymbol{P}|=2\neq0$，得 $\boldsymbol{P}$ 可逆，且

$$\boldsymbol{P}^{-1}=\frac{1}{2}\begin{pmatrix}4&-2\\-1&1\end{pmatrix},$$

$$\boldsymbol{A}=\boldsymbol{P\Lambda P}^{-1},\boldsymbol{A}^2=\boldsymbol{P\Lambda P}^{-1}\boldsymbol{P\Lambda P}^{-1}=\boldsymbol{P\Lambda}^2\boldsymbol{P}^{-1},\cdots,\boldsymbol{A}^n=\boldsymbol{P\Lambda}^n\boldsymbol{P}^{-1}.$$

而

$$\boldsymbol{\Lambda}=\begin{pmatrix}1&0\\0&2\end{pmatrix},\ \boldsymbol{\Lambda}^2=\begin{pmatrix}1&0\\0&2\end{pmatrix}\begin{pmatrix}1&0\\0&2\end{pmatrix}=\begin{pmatrix}1&0\\0&2^2\end{pmatrix},\cdots,\ \boldsymbol{\Lambda}^n=\begin{pmatrix}1&0\\0&2^n\end{pmatrix},$$

故

$$\boldsymbol{A}^n=\begin{pmatrix}1&2\\1&4\end{pmatrix}\begin{pmatrix}1&0\\0&2^n\end{pmatrix}\frac{1}{2}\begin{pmatrix}4&-2\\-1&1\end{pmatrix}=\frac{1}{2}\begin{pmatrix}1&2^{n+1}\\1&2^{n+2}\end{pmatrix}\begin{pmatrix}4&-2\\-1&1\end{pmatrix}$$

$$=\frac{1}{2}\begin{pmatrix}4-2^{n+1}&2^{n+1}-2\\4-2^{n+2}&2^{n+2}-2\end{pmatrix}=\begin{pmatrix}2-2^n&2^n-1\\2-2^{n+1}&2^{n+1}-1\end{pmatrix}.$$

设 $\varphi(\boldsymbol{A})=\boldsymbol{a}_0\boldsymbol{E}+\boldsymbol{a}_1\boldsymbol{A}+\cdots+\boldsymbol{a}_m\boldsymbol{A}^m$，我们常用例 2.16 中计算 $\boldsymbol{A}^n$ 的方法来计算 $\boldsymbol{A}$ 的多项式 $\varphi(\boldsymbol{A})$，即

(1) 如果 $\boldsymbol{A}=\boldsymbol{P\Lambda P}^{-1}$，则 $\boldsymbol{A}^k=\boldsymbol{P\Lambda}^k\boldsymbol{P}^{-1}$，从而

$$\begin{aligned}\varphi(\boldsymbol{A})&=a_0\boldsymbol{E}+a_1\boldsymbol{A}+\cdots+a_m\boldsymbol{A}^m\\&=\boldsymbol{P}a_0\boldsymbol{EP}^{-1}+\boldsymbol{P}a_1\boldsymbol{\Lambda P}^{-1}+\cdots+\boldsymbol{P}a_m\boldsymbol{\Lambda}^m\boldsymbol{P}^{-1}\\&=\boldsymbol{P}\varphi(\boldsymbol{\Lambda})\boldsymbol{P}^{-1}.\end{aligned}$$

(2) 如果 $\boldsymbol{\Lambda}=\mathrm{diag}(\lambda_1,\lambda_2,\cdots,\lambda_n)$ 为对角阵，则 $\boldsymbol{\Lambda}^k=\mathrm{diag}(\lambda_1^k,\lambda_2^k,\cdots,\lambda_n^k)$，从而

$$\varphi(\boldsymbol{\Lambda})=a_0\boldsymbol{E}+a_1\boldsymbol{\Lambda}+\cdots+a_m\boldsymbol{\Lambda}^m$$

$$=a_0\begin{pmatrix}1&&&\\&1&&\\&&\ddots&\\&&&1\end{pmatrix}+a_1\begin{pmatrix}\lambda_1&&&\\&\lambda_2&&\\&&\ddots&\\&&&\lambda_n\end{pmatrix}+\cdots+a_m\begin{pmatrix}\lambda_1^m&&&\\&\lambda_2^m&&\\&&\ddots&\\&&&\lambda_n^m\end{pmatrix}$$

$$=\begin{pmatrix}\varphi(\lambda_1)&&&\\&\varphi(\lambda_2)&&\\&&\ddots&\\&&&\varphi(\lambda_n)\end{pmatrix}.$$

由(2)得出结论：对角矩阵的多项式仍为对角矩阵.

在许多实际问题中,经常涉及逆矩阵的应用,如信息编码.密码法是信息编码与解码的技巧,其中一种方法就是利用可逆矩阵来实现的.首先在26个英文字母与数字之间建立一一对应关系,例如

$$\begin{matrix} A & B & C & \cdots & X & Y & Z \\ \updownarrow & \updownarrow & \updownarrow & & \updownarrow & \updownarrow & \updownarrow \\ 1 & 2 & 3 & \cdots & 24 & 25 & 26 \end{matrix}$$

若要发出信息"ACTION",由上述代码可知,信息的编码是:1、3、20、9、15、14,可将其写成一个矩阵 $\boldsymbol{B}=\begin{pmatrix} 1 & 9 \\ 3 & 15 \\ 20 & 14 \end{pmatrix}$.

如果直接发送矩阵 $\boldsymbol{B}$,由于是不加密的,很容易被人破译,从而造成巨大损失,无论是军事上还是商业上都不可行.因此,考虑利用矩阵乘法来对发出的"信息"进行加密,让其变成"密文"后再进行传递,以增加非法用户破译的难度,而让合法用户轻松解密.

首先,信息发送方任选一个三阶可逆矩阵,如 $\boldsymbol{A}=\begin{pmatrix} 1 & 2 & 3 \\ 1 & 1 & 2 \\ 0 & 1 & 2 \end{pmatrix}$,将要发出的信息矩阵经乘 $\boldsymbol{A}$ 变成"密码"

$$\boldsymbol{AB}=\begin{pmatrix} 1 & 2 & 3 \\ 1 & 1 & 2 \\ 0 & 1 & 2 \end{pmatrix}\begin{pmatrix} 1 & 9 \\ 3 & 15 \\ 20 & 14 \end{pmatrix}=\begin{pmatrix} 67 & 81 \\ 44 & 52 \\ 43 & 43 \end{pmatrix}$$

后发出.

其次,信息接收方收到信息 $\begin{pmatrix} 67 & 81 \\ 44 & 52 \\ 43 & 43 \end{pmatrix}$ 后利用逆矩阵解码(这里选定的矩阵 $\boldsymbol{A}$ 是双方约定的,$\boldsymbol{A}$ 称为解密的"钥匙",或者称为"密匙"),即用 $\boldsymbol{A}$ 的逆矩阵 $\boldsymbol{A}^{-1}=\begin{pmatrix} 0 & 1 & -1 \\ 2 & -2 & -1 \\ -1 & 1 & 1 \end{pmatrix}$ 从密码中恢复明码

$$\boldsymbol{A}^{-1}\begin{pmatrix} 67 & 81 \\ 44 & 52 \\ 43 & 43 \end{pmatrix}=\begin{pmatrix} 1 & 9 \\ 3 & 15 \\ 20 & 14 \end{pmatrix}.$$

最后,反过来查字母与数字的对应表,即可得到信息"ACTION".

2.5 矩阵分块法

本节将介绍一种在处理行数和列数较高的矩阵的运算(特别是乘法)时常用的技巧——矩阵的分块.

一、分块矩阵的概念

将矩阵 $\boldsymbol{A}$ 用若干条纵线和横线分成许多个小矩阵,每一个小矩阵称为矩阵 $\boldsymbol{A}$ 的**子块**或

称**子矩阵**,以子块为元素的形式上的矩阵称为**分块矩阵**.

分块的方式有许多.例如,给定矩阵

$$\boldsymbol{A}=\begin{pmatrix}1&0&0&3\\0&1&0&-1\\0&0&1&0\\0&0&0&1\end{pmatrix}$$

可列举出以下三种不同的分块方式

$$(\text{i})\left(\begin{array}{cc:cc}1&0&0&3\\0&1&0&-1\\\hdashline 0&0&1&0\\0&0&0&1\end{array}\right),\ (\text{ii})\left(\begin{array}{ccc:c}1&0&0&3\\0&1&0&-1\\0&0&1&0\\\hdashline 0&0&0&1\end{array}\right),\ (\text{iii})\left(\begin{array}{c:c:c:c}1&0&0&3\\0&1&0&-1\\0&0&1&0\\0&0&0&1\end{array}\right).$$

分法(i)可记为

$$\boldsymbol{A}=\begin{pmatrix}\boldsymbol{E}&\boldsymbol{A}_1\\\boldsymbol{O}&\boldsymbol{E}\end{pmatrix}.$$

其中

$$\boldsymbol{E}=\begin{pmatrix}1&0\\0&1\end{pmatrix},\ \boldsymbol{O}=\begin{pmatrix}0&0\\0&0\end{pmatrix},\ \boldsymbol{A}_1=\begin{pmatrix}0&3\\0&-1\end{pmatrix}.$$

给定一个矩阵有多种分块方法,矩阵按哪种方法分块有以下两个原则.

(1) 要求适当分块后,在矩阵运算时,可把子矩阵当作“数”,像普通的数为元素的矩阵一样运算.

(2) 尽量使运算简单方便.

因此,矩阵分块时必须注意到矩阵的运算规则,对于不同的运算,矩阵分块的原则也不同.

分块矩阵的运算规则与普通矩阵的运算规则类似,分别说明如下.

二、分块矩阵的运算规则

(1) 设 $\boldsymbol{A},\boldsymbol{B}$ 是两个 $m\times n$ 矩阵,对 $\boldsymbol{A},\boldsymbol{B}$ 采用相同的分块法得到分块矩阵

$$\boldsymbol{A}=\begin{pmatrix}\boldsymbol{A}_{11}&\boldsymbol{A}_{12}&\cdots&\boldsymbol{A}_{1t}\\\boldsymbol{A}_{21}&\boldsymbol{A}_{22}&\cdots&\boldsymbol{A}_{2t}\\\vdots&\vdots&&\vdots\\\boldsymbol{A}_{s1}&\boldsymbol{A}_{s2}&\cdots&\boldsymbol{A}_{st}\end{pmatrix},\ \boldsymbol{B}=\begin{pmatrix}\boldsymbol{B}_{11}&\boldsymbol{B}_{12}&\cdots&\boldsymbol{B}_{1t}\\\boldsymbol{B}_{21}&\boldsymbol{B}_{22}&\cdots&\boldsymbol{B}_{2t}\\\vdots&\vdots&&\vdots\\\boldsymbol{B}_{s1}&\boldsymbol{B}_{s2}&\cdots&\boldsymbol{B}_{st}\end{pmatrix},$$

则

$$\boldsymbol{A}+\boldsymbol{B}=\begin{pmatrix}\boldsymbol{A}_{11}+\boldsymbol{B}_{11}&\boldsymbol{A}_{12}+\boldsymbol{B}_{12}&\cdots&\boldsymbol{A}_{1t}+\boldsymbol{B}_{1t}\\\boldsymbol{A}_{21}+\boldsymbol{B}_{21}&\boldsymbol{A}_{22}+\boldsymbol{B}_{22}&\cdots&\boldsymbol{A}_{2t}+\boldsymbol{B}_{2t}\\\vdots&\vdots&&\vdots\\\boldsymbol{A}_{s1}+\boldsymbol{B}_{s1}&\boldsymbol{A}_{s2}+\boldsymbol{B}_{s2}&\cdots&\boldsymbol{A}_{st}+\boldsymbol{B}_{st}\end{pmatrix}.$$

(2) 设 $\boldsymbol{A}=\begin{pmatrix}\boldsymbol{A}_{11} & \cdots & \boldsymbol{A}_{1r}\\ \vdots & & \vdots \\ \boldsymbol{A}_{s1} & \cdots & \boldsymbol{A}_{sr}\end{pmatrix}$,$\lambda$ 为数,则

$$\lambda\boldsymbol{A}=\begin{pmatrix}\lambda\boldsymbol{A}_{11} & \cdots & \lambda\boldsymbol{A}_{1r}\\ \vdots & & \vdots \\ \lambda\boldsymbol{A}_{s1} & \cdots & \lambda\boldsymbol{A}_{sr}\end{pmatrix}.$$

(3) 设 $\boldsymbol{A}$ 为 $m\times l$ 矩阵,$\boldsymbol{B}$ 为 $l\times n$ 矩阵,分块为

$$\boldsymbol{A}=\begin{pmatrix}\boldsymbol{A}_{11} & \cdots & \boldsymbol{A}_{1t}\\ \vdots & & \vdots \\ \boldsymbol{A}_{s1} & \cdots & \boldsymbol{A}_{st}\end{pmatrix},\ \boldsymbol{B}=\begin{pmatrix}\boldsymbol{B}_{11} & \cdots & \boldsymbol{B}_{1r}\\ \vdots & & \vdots \\ \boldsymbol{B}_{t1} & \cdots & \boldsymbol{B}_{tr}\end{pmatrix},$$

其中 $\boldsymbol{A}_{i1},\boldsymbol{A}_{i2},\cdots,\boldsymbol{A}_{it}$ 的列数分别等于 $\boldsymbol{B}_{1j},\boldsymbol{B}_{2j},\cdots,\boldsymbol{B}_{tj}$ 的行数,则

$$\boldsymbol{AB}=\begin{pmatrix}\boldsymbol{C}_{11} & \cdots & \boldsymbol{C}_{1r}\\ \vdots & & \vdots \\ \boldsymbol{C}_{s1} & \cdots & \boldsymbol{C}_{sr}\end{pmatrix},$$

其中

$$\boldsymbol{C}_{ij}=\sum_{k=1}^{t}\boldsymbol{A}_{ik}\boldsymbol{B}_{kj}\ (i=1,2,\cdots,s;j=1,2,\cdots,r).$$

矩阵的分块常用于矩阵的乘法.

例 2.17 设

$$\boldsymbol{A}=\begin{pmatrix}1 & 0 & 0 & 0\\ 0 & 1 & 0 & 0\\ 2 & -1 & 1 & 0\\ 3 & 4 & 0 & 1\end{pmatrix},\ \boldsymbol{B}=\begin{pmatrix}1 & 0 & 1 & 0\\ -1 & 2 & 0 & 1\\ 1 & 0 & 4 & 1\\ -1 & -1 & 2 & 0\end{pmatrix},$$

求 $\boldsymbol{AB}$.

解 将 $\boldsymbol{A},\boldsymbol{B}$ 如下分块:

$$\boldsymbol{A}=\left(\begin{array}{cc:cc}1 & 0 & 0 & 0\\ 0 & 1 & 0 & 0\\ \hdashline 2 & -1 & 1 & 0\\ 3 & 4 & 0 & 1\end{array}\right)=\begin{pmatrix}\boldsymbol{E} & \boldsymbol{O}\\ \boldsymbol{A}_1 & \boldsymbol{E}\end{pmatrix},\ \boldsymbol{B}=\left(\begin{array}{cc:cc}1 & 0 & 1 & 0\\ -1 & 2 & 0 & 1\\ \hdashline 1 & 0 & 4 & 1\\ -1 & -1 & 2 & 0\end{array}\right)=\begin{pmatrix}\boldsymbol{B}_{11} & \boldsymbol{E}\\ \boldsymbol{B}_{21} & \boldsymbol{B}_{22}\end{pmatrix},$$

则

$$\boldsymbol{AB}=\begin{pmatrix}\boldsymbol{E} & \boldsymbol{O}\\ \boldsymbol{A}_1 & \boldsymbol{E}\end{pmatrix}\begin{pmatrix}\boldsymbol{B}_{11} & \boldsymbol{E}\\ \boldsymbol{B}_{21} & \boldsymbol{B}_{22}\end{pmatrix}=\begin{pmatrix}\boldsymbol{B}_{11} & \boldsymbol{E}\\ \boldsymbol{A}_1\boldsymbol{B}_{11}+\boldsymbol{B}_{21} & \boldsymbol{A}_1+\boldsymbol{B}_{22}\end{pmatrix},$$

而

$$\boldsymbol{A}_1\boldsymbol{B}_{11}+\boldsymbol{B}_{21}=\begin{pmatrix}2 & -1\\ 3 & 4\end{pmatrix}\begin{pmatrix}1 & 0\\ -1 & 2\end{pmatrix}+\begin{pmatrix}1 & 0\\ -1 & -1\end{pmatrix}=\begin{pmatrix}4 & -2\\ -2 & 7\end{pmatrix},$$

$$\boldsymbol{A}_1+\boldsymbol{B}_{22}=\begin{pmatrix}2 & -1\\ 3 & 4\end{pmatrix}+\begin{pmatrix}4 & 1\\ 2 & 0\end{pmatrix}=\begin{pmatrix}6 & 0\\ 5 & 4\end{pmatrix},$$

于是

$$\boldsymbol{AB}=\left(\begin{array}{cc:cc}1&0&1&0\\-1&2&0&1\\ \hdashline 4&-2&6&0\\-2&7&5&4\end{array}\right).$$

(4) 设 $\boldsymbol{A}=\begin{pmatrix}\boldsymbol{A}_{11}&\cdots&\boldsymbol{A}_{1r}\\ \vdots&&\vdots\\ \boldsymbol{A}_{s1}&\cdots&\boldsymbol{A}_{sr}\end{pmatrix}$，则 $\boldsymbol{A}^{\mathrm{T}}=\begin{pmatrix}\boldsymbol{A}_{11}^{\mathrm{T}}&\cdots&\boldsymbol{A}_{s1}^{\mathrm{T}}\\ \vdots&&\vdots\\ \boldsymbol{A}_{1r}^{\mathrm{T}}&\cdots&\boldsymbol{A}_{sr}^{\mathrm{T}}\end{pmatrix}$.

(5) 设 $\boldsymbol{A}$ 为 n 阶矩阵，若 $\boldsymbol{A}$ 的分块矩阵只有在主对角线上有非零子块，其余子块都为零矩阵，且非零子块均为方阵，即

$$\boldsymbol{A}=\begin{pmatrix}\boldsymbol{A}_1&&&\boldsymbol{O}\\&\boldsymbol{A}_2&&\\&&\ddots&\\ \boldsymbol{O}&&&\boldsymbol{A}_s\end{pmatrix},$$

其中 $\boldsymbol{A}_i(i=1,2,\cdots,s)$ 都是方阵，则称 $\boldsymbol{A}$ 为**分块对角阵**.

三、分块对角阵的常用性质

设

$$\boldsymbol{A}=\begin{pmatrix}\boldsymbol{A}_1&&&\\&\boldsymbol{A}_2&&\\&&\ddots&\\&&&\boldsymbol{A}_s\end{pmatrix},\ \boldsymbol{B}=\begin{pmatrix}\boldsymbol{B}_1&&&\\&\boldsymbol{B}_2&&\\&&\ddots&\\&&&\boldsymbol{B}_s\end{pmatrix}$$

是两个同阶的分块对角阵，并且 $\boldsymbol{A}_i$ 与 $\boldsymbol{B}_i(i=1,2,\cdots,s)$ 都是同阶方阵，λ 是一个常数，则由分块矩阵的运算有

(1) $\boldsymbol{A}+\boldsymbol{B}=\begin{pmatrix}\boldsymbol{A}_1+\boldsymbol{B}_1&&&\\&\boldsymbol{A}_2+\boldsymbol{B}_2&&\\&&\ddots&\\&&&\boldsymbol{A}_s+\boldsymbol{B}_s\end{pmatrix}$.

(2) $\lambda\boldsymbol{A}=\begin{pmatrix}\lambda\boldsymbol{A}_1&&&\\&\lambda\boldsymbol{A}_2&&\\&&\ddots&\\&&&\lambda\boldsymbol{A}_s\end{pmatrix}$.

(3) $\boldsymbol{AB}=\begin{pmatrix}\boldsymbol{A}_1\boldsymbol{B}_1&&&\\&\boldsymbol{A}_2\boldsymbol{B}_2&&\\&&\ddots&\\&&&\boldsymbol{A}_s\boldsymbol{B}_s\end{pmatrix}$.

(4) $|\boldsymbol{A}|=|\boldsymbol{A}_1|\cdot|\boldsymbol{A}_2|\cdots|\boldsymbol{A}_s|$.

(5) 若 $|\boldsymbol{A}_i|\neq0(i=1,2,\cdots,s)$，则 $|\boldsymbol{A}|\neq0$，并有

$$A^{-1}=\begin{pmatrix} A_1^{-1} & & & \\ & A_2^{-1} & & \\ & & \ddots & \\ & & & A_s^{-1} \end{pmatrix}.$$

例 2.18 设

$$A=\begin{pmatrix} -2 & 0 & 0 & 0 \\ 0 & 6 & 1 & 0 \\ 0 & -10 & -2 & 0 \\ 0 & 0 & 0 & 3 \end{pmatrix},$$

证明 A 是可逆矩阵,并求出 A^{-1}.

证明 将 A 分块为 $A=\begin{pmatrix} A_1 & & \\ & A_2 & \\ & & A_3 \end{pmatrix}$,

其中

$$A_1=(-2),\ A_2=\begin{pmatrix} 6 & 1 \\ -10 & -2 \end{pmatrix},\ A_3=(3).$$

由 $|A|=|A_1||A_2||A_3|=(-2)\times(-2)\times 3=12\neq 0$ 得,A 可逆,且

$$A^{-1}=\begin{pmatrix} A_1^{-1} & & \\ & A_2^{-1} & \\ & & A_3^{-1} \end{pmatrix}.$$

而

$$A_1^{-1}=\left(-\frac{1}{2}\right),\ A_2^{-1}=-\frac{1}{2}\begin{pmatrix} -2 & -1 \\ 10 & 6 \end{pmatrix}=\begin{pmatrix} 1 & \frac{1}{2} \\ -5 & -3 \end{pmatrix},\ A_3^{-1}=\left(\frac{1}{3}\right).$$

故

$$A^{-1}=\begin{pmatrix} -\frac{1}{2} & 0 & 0 & 0 \\ 0 & 1 & \frac{1}{2} & 0 \\ 0 & -5 & -3 & 0 \\ 0 & 0 & 0 & \frac{1}{3} \end{pmatrix}.$$

注意:(1) 矩阵的分块方式要与运算相配套.具体而言:两个矩阵相加时,它们的行、列划分方式应完全相同,以保证相加的子块有同样的行数、列数;两个矩阵相乘时,左矩阵列的划分与右矩阵行的划分方式应一致,以保证相乘子块的行数、列数相匹配.

(2) 对子块的乘积要分清左、右顺序,不能随意交换.例如例 2.17 中的 A_1B_{11} 不能写作 $B_{11}A_1$.

(3) 分块矩阵转置时，除子块的位置转置外，子块本身也要转置. 例如

$$(\boldsymbol{A}_1 \quad \boldsymbol{A}_2)^{\mathrm{T}} = \begin{pmatrix} \boldsymbol{A}_1^{\mathrm{T}} \\ \boldsymbol{A}_2^{\mathrm{T}} \end{pmatrix}.$$

综上所述，矩阵分块法是矩阵运算中的一个很有效的方法，它不仅能使运算简明，而且在理论推导中也起着重要作用. 在下面有关章节中会经常采用矩阵分块这一方法.

2.6　矩阵的初等变换与初等矩阵

矩阵的初等变换是矩阵十分重要的运算，它在解线性方程组、求逆矩阵及矩阵理论的研究中都起着重要的作用. 我们知道矩阵概念的产生源于线性方程组的研究，不仅如此，处理矩阵问题常用的一种方法——矩阵的初等变换，也来源于解线性方程组的加减消元法. 为引进矩阵的初等变换，先来分析用消元法解线性方程组的过程.

引例　求解线性方程组

$$\begin{cases} 3x_1 + 4x_2 - 6x_3 = 4, \\ x_1 - x_2 + 4x_3 = 1, \\ -x_1 + 2x_2 - 7x_3 = 0. \end{cases} \tag{2.5}$$

解　把方程组(2.5)的第一个方程与第二个方程交换，得同解方程组

$$\begin{cases} x_1 - x_2 + 4x_3 = 1, \\ 3x_1 + 4x_2 - 6x_3 = 4, \\ -x_1 + 2x_2 - 7x_3 = 0. \end{cases} \tag{2.6}$$

将方程组(2.6)的第一个方程乘以(−3)加到第二个方程，将第一个方程加到第三个方程，得同解方程组

$$\begin{cases} x_1 - x_2 + 4x_3 = 1, \\ 7x_2 - 18x_3 = 1, \\ x_2 - 3x_3 = 1. \end{cases} \tag{2.7}$$

将方程组(2.7)的第二个和第三个方程交换，得同解方程组

$$\begin{cases} x_1 - x_2 + 4x_3 = 1, \\ x_2 - 3x_3 = 1, \\ 7x_2 - 18x_3 = 1. \end{cases} \tag{2.8}$$

将方程组(2.8)的第二个方程乘以(−7)加到第三个方程上，得同解方程组

$$\begin{cases} x_1 - x_2 + 4x_3 = 1, \\ x_2 - 3x_3 = 1, \\ 3x_3 = -6. \end{cases} \tag{2.9}$$

将方程组(2.9)的第三个方程乘以$\frac{1}{3}$，得同解方程组

$$\begin{cases} x_1 - x_2 + 4x_3 = 1, \\ x_2 - 3x_3 = 1, \\ x_3 = -2. \end{cases}$$

解得

$$x_1=4,\ x_2=-5,\ x_3=-2.$$

上例的求解过程中施行的变换有如下三类：

(1) 交换某两个方程的位置.

(2) 用一个非零的数乘以某个方程.

(3) 把某个方程乘以非零的数加到另一个方程上去.

我们把以上三种变换称为**线性方程组的初等变换**. 显然，这三类变换都是可逆的，因此，变换前的方程组与变换后的方程组是同解的，称这三类变换为方程组的**同解变换**.

在线性方程组的求解过程中，实际上只是对方程组的系数和常数项进行运算，未知量并未参与运算. 因此，若记

$$\bar{\boldsymbol{A}}=\left(\begin{array}{ccc:c}3 & 4 & -6 & 4\\ 1 & -1 & 4 & 1\\ -1 & 2 & -7 & 0\end{array}\right),$$

那么对方程组的变换完全可以转换为对矩阵 $\bar{\boldsymbol{A}}$(方程组的增广矩阵)的变换. 把方程组的上述三种同解变换移植到矩阵上，就得到了矩阵的三种初等变换.

一、矩阵初等变换的概念

定义 2.10 下列三种变换称为矩阵的**初等行变换**：

(1) 对调两行(对调 i,j 两行，记作 $r_i\leftrightarrow r_j$).

(2) 以非零数 k 乘以某一行的所有元素(第 i 行乘以数 k，记作 $r_i\times k$).

(3) 把某一行所有元素的 k 倍加到另一行对应元素上去(第 j 行的 k 倍加到第 i 行上去，记作 r_i+kr_j).

把定义中的“行”换成“列”，即得到矩阵的**初等列变换**的定义(所用记号由“r”换成“c”). 矩阵的初等行变换与初等列变换，统称为矩阵的**初等变换**.

通常称(1)为**互换变换**，称(2)为**倍乘变换**，称(3)为**倍加变换**.

显然，三种初等变换都是可逆的，且其逆变换是同一类型的初等变换. 即

$$r_i\leftrightarrow r_j，逆变换\ r_i\leftrightarrow r_j；$$

$$r_i\times k，逆变换\ r_i\times\left(\frac{1}{k}\right)；$$

$$r_i+kr_j，逆变换\ r_i+(-k)r_j.$$

如果矩阵 $\boldsymbol{A}$ 经有限次初等行变换变成矩阵 $\boldsymbol{B}$，就称矩阵 $\boldsymbol{A}$ 与矩阵 $\boldsymbol{B}$ **行等价**，记作 $\boldsymbol{A}\overset{r}{\sim}\boldsymbol{B}$；

如果矩阵 $\boldsymbol{A}$ 经有限次初等列变换变成矩阵 $\boldsymbol{B}$，就称矩阵 $\boldsymbol{A}$ 与矩阵 $\boldsymbol{B}$ **列等价**，记作 $\boldsymbol{A}\overset{c}{\sim}\boldsymbol{B}$；

如果矩阵 $\boldsymbol{A}$ 经有限次初等变换变成矩阵 $\boldsymbol{B}$，就称矩阵 $\boldsymbol{A}$ 与矩阵 $\boldsymbol{B}$ **等价**，记作 $\boldsymbol{A}\sim\boldsymbol{B}$.

矩阵之间的等价关系具有下列性质.

(1) **反身性**：$\boldsymbol{A}\sim\boldsymbol{A}$.

(2) **对称性**：若 $\boldsymbol{A}\sim\boldsymbol{B}$，则 $\boldsymbol{B}\sim\boldsymbol{A}$；

(3) **传递性**：若 $\boldsymbol{A}\sim\boldsymbol{B}$，$\boldsymbol{B}\sim\boldsymbol{C}$，则 $\boldsymbol{A}\sim\boldsymbol{C}$.

数学上把具有上述三条性质的关系称为**等价关系**.

注意:(1) 由于矩阵的初等变换改变了矩阵的元素,因此初等变换前后的矩阵是不相等的,应该用"～"连接而不可用"="连接.

(2) 矩阵的初等变换可以链锁式地反复进行,以便达到简化矩阵的目的.

下面将上述消元法解线性方程组的过程用矩阵的初等行变换来实现.

$$\bar{\boldsymbol{A}}=\left(\begin{array}{ccc:c}3&4&-6&4\\1&-1&4&1\\-1&2&-7&0\end{array}\right)\overset{r_1\leftrightarrow r_2}{\sim}\left(\begin{array}{ccc:c}1&-1&4&1\\3&4&-6&4\\-1&2&-7&0\end{array}\right)\underset{r_3+r_1}{\overset{r_2-3r_1}{\sim}}\left(\begin{array}{ccc:c}1&-1&4&1\\0&7&-18&1\\0&1&-3&1\end{array}\right)$$

$$\overset{r_2\leftrightarrow r_3}{\sim}\left(\begin{array}{ccc:c}1&-1&4&1\\0&1&-3&1\\0&7&-18&1\end{array}\right)\overset{r_3-7r_2}{\sim}\left(\begin{array}{ccc:c}1&-1&4&1\\0&1&-3&1\\0&0&3&-6\end{array}\right)\overset{r_3\times\frac{1}{3}}{\sim}\left(\begin{array}{ccc:c}1&-1&4&1\\0&1&-3&1\\0&0&1&-2\end{array}\right)=\boldsymbol{B},$$

矩阵 $\boldsymbol{B}$ 对应的方程组为

$$\begin{cases}x_1-x_2+4x_3=1,\\ \qquad x_2-3x_3=1,\\ \qquad\qquad x_3=-2.\end{cases}$$

解得

$$x_1=4,\ x_2=-5,\ x_3=-2.$$

对矩阵施行初等变换,简化了矩阵,为此,引入几种矩阵形式.

(1) 行阶梯形矩阵.

$$\begin{pmatrix}c_{11}&c_{12}&\cdots&c_{1r}&c_{1,r+1}&\cdots&c_{1n}\\0&c_{22}&\cdots&c_{2r}&c_{2,r+1}&\cdots&c_{2n}\\\vdots&\vdots&&\vdots&\vdots&&\vdots\\0&0&\cdots&c_{rr}&c_{r,r+1}&\cdots&c_{rn}\\0&0&\cdots&0&0&\cdots&0\\\vdots&\vdots&&\vdots&\vdots&&\vdots\\0&0&\cdots&0&0&\cdots&0\end{pmatrix}$$

矩阵称为**行阶梯形矩阵**.

其特点是:可画出一条阶梯形的线,线下方元素全为0;每个台阶仅有一行,台阶数即为非零行的行数.阶梯线的竖线后面的第一个元素为**非零首元**,也就是非零行的第一个非零元.例如

$$\begin{pmatrix}1&0&-1\\0&2&1\\0&0&3\end{pmatrix},\begin{pmatrix}1&2&4&7\\0&0&2&5\\0&0&0&0\end{pmatrix},\begin{pmatrix}0&1&2&-1\\0&0&0&3\\0&0&0&0\end{pmatrix}$$

都是行阶梯形矩阵.

定理 2.3 任一矩阵可经有限次初等行变换化成行阶梯形矩阵.

证明 设矩阵 $\boldsymbol{A}=(a_{ij})_{m\times n}$.

若 $\boldsymbol{A}$ 中元素全为零,那么 $\boldsymbol{A}$ 已是行阶梯形矩阵了.

若 $\boldsymbol{A}$ 中至少有一个元素 a_{ij} 不为零,不失一般性,不妨设 $a_{11}\neq 0$,用 $-\dfrac{a_{i1}}{a_{11}}$ 乘以第一行各元素加到第 i 行($i=2,3,\cdots,m$)的对应元素上,得矩阵 $\boldsymbol{A}_1$,即有

$$\boldsymbol{A}\sim\boldsymbol{A}_1=\begin{pmatrix} a_{11} & a_{12} & a_{13} & \cdots & a_{1n} \\ 0 & a'_{22} & a'_{23} & \cdots & a'_{2n} \\ \vdots & \vdots & \vdots & & \vdots \\ 0 & a'_{m2} & a'_{m3} & \cdots & a'_{mn} \end{pmatrix}.$$

若 $\boldsymbol{A}_1$ 中除第一行外其余各行元素全为零,那么 $\boldsymbol{A}_1$ 即为行阶梯形矩阵. 如若不然,按上述规律及方法继续变换,最后可将 $\boldsymbol{A}$ 化为行阶梯形矩阵.

(2) 行最简形矩阵.

在行阶梯形矩阵中,如果非零行的第一个非零元素全为 1,且这些非零元所在列的其他元素全为零,则称该矩阵为**行最简形矩阵**.

例如

$$\begin{pmatrix} 1 & 0 & 0 & 1 \\ 0 & 1 & 0 & 3 \\ 0 & 0 & 1 & 5 \end{pmatrix},\begin{pmatrix} 1 & 0 \\ 0 & 1 \\ 0 & 0 \end{pmatrix}$$

都是行最简形矩阵.

推论 任一矩阵可经有限次初等行变换化成行最简形矩阵.

例 2.19 用初等行变换化矩阵

$$\boldsymbol{A}=\begin{pmatrix} 1 & 1 & 2 & 2 & 1 \\ 0 & 2 & 1 & 5 & -1 \\ 2 & 0 & 3 & -1 & 3 \\ 1 & 1 & 2 & 4 & -1 \end{pmatrix}$$

为行阶梯形矩阵及行最简形矩阵.

解

$$\boldsymbol{A}\overset{r_3-2r_1}{\underset{r_4-r_1}{\sim}}\begin{pmatrix} 1 & 1 & 2 & 2 & 1 \\ 0 & 2 & 1 & 5 & -1 \\ 0 & -2 & -1 & -5 & 1 \\ 0 & 0 & 0 & 2 & -2 \end{pmatrix}\overset{r_3+r_2}{\sim}\begin{pmatrix} 1 & 1 & 2 & 2 & 1 \\ 0 & 2 & 1 & 5 & -1 \\ 0 & 0 & 0 & 0 & 0 \\ 0 & 0 & 0 & 2 & -2 \end{pmatrix}\overset{r_3\leftrightarrow r_4}{\sim}\begin{pmatrix} 1 & 1 & 2 & 2 & 1 \\ 0 & 2 & 1 & 5 & -1 \\ 0 & 0 & 0 & 2 & -2 \\ 0 & 0 & 0 & 0 & 0 \end{pmatrix},$$

继续进行初等行变换,得

$$\boldsymbol{A}\overset{r_3\times\frac{1}{2}}{\sim}\begin{pmatrix} 1 & 1 & 2 & 2 & 1 \\ 0 & 2 & 1 & 5 & -1 \\ 0 & 0 & 0 & 1 & -1 \\ 0 & 0 & 0 & 0 & 0 \end{pmatrix}\overset{r_1-2r_3}{\underset{r_2-5r_3}{\sim}}\begin{pmatrix} 1 & 1 & 2 & 0 & 3 \\ 0 & 2 & 1 & 0 & 4 \\ 0 & 0 & 0 & 1 & -1 \\ 0 & 0 & 0 & 0 & 0 \end{pmatrix}\overset{r_2\times\frac{1}{2}}{\underset{r_1-r_2}{\sim}}\begin{pmatrix} 1 & 0 & \frac{3}{2} & 0 & 1 \\ 0 & 1 & \frac{1}{2} & 0 & 2 \\ 0 & 0 & 0 & 1 & -1 \\ 0 & 0 & 0 & 0 & 0 \end{pmatrix}.$$

(3) 标准型矩阵.

例 2.19 中的矩阵若再经过列变换,还可化为以下的最简形式

$$
\begin{pmatrix}
1 & 0 & 0 & 0 & 0 \\
0 & 1 & 0 & 0 & 0 \\
0 & 0 & 1 & 0 & 0 \\
0 & 0 & 0 & 0 & 0
\end{pmatrix}.
$$

$$
\boldsymbol{F}=\begin{pmatrix}
1 & 0 & \cdots & 0 & 0 & \cdots & 0 \\
0 & 1 & \cdots & 0 & 0 & \cdots & 0 \\
\vdots & \vdots & & \vdots & \vdots & & \vdots \\
0 & 0 & \cdots & 1 & 0 & \cdots & 0 \\
0 & 0 & \cdots & 0 & 0 & \cdots & 0 \\
\vdots & \vdots & & \vdots & \vdots & & \vdots \\
0 & 0 & \cdots & 0 & 0 & \cdots & 0
\end{pmatrix}
$$

称为矩阵 $\boldsymbol{A}$ 的**标准型**，其特点是：左上角为一个单位矩阵，其余元素全为零.

定理 2.4　任一矩阵可经过有限次初等变换化为标准型矩阵.

感兴趣的读者可自行证明.

二、初等矩阵

定义 2.11　由单位矩阵 $\boldsymbol{E}$ 经过一次初等变换得到的矩阵称为**初等矩阵**.

三种初等变换对应着三种初等矩阵.

(1) **初等互换矩阵**. 互换矩阵 $\boldsymbol{E}$ 的第 i 行与第 j 行的位置 $(r_i \leftrightarrow r_j)$，得到初等矩阵 $\boldsymbol{E}(i,j)$.

$$
\boldsymbol{E}(i,j)=\begin{pmatrix}
1 &&&&&&&&& \\
& \ddots &&&&&&&& \\
&& 1 &&&&&&& \\
&&& 0 & \cdots && 1 &&& \\
&&&& 1 &&&&& \\
&&& \vdots && \ddots & \vdots &&& \\
&&&&&1&&&& \\
&&& 1 & \cdots && 0 &&& \\
&&&&&&& 1 && \\
&&&&&&&& \ddots & \\
&&&&&&&&& 1
\end{pmatrix}
\begin{matrix} \\ \\ \\ \leftarrow 第\ i\ 行 \\ \\ \\ \\ \leftarrow 第\ j\ 行 \\ \\ \\ \\ \end{matrix}
$$

(2) **初等倍乘矩阵**. 以数 $k \neq 0$ 乘 $\boldsymbol{E}$ 的第 i 行 $(k \times r_i)$，得到初等矩阵 $\boldsymbol{E}(i(k))$.

$$
\boldsymbol{E}(i(k))=\begin{pmatrix}
1 &&&&&& \\
& \ddots &&&&& \\
&& 1 &&&& \\
&&& k &&& \\
&&&& 1 && \\
&&&&& \ddots & \\
&&&&&& 1
\end{pmatrix}
\begin{matrix} \\ \\ \\ \leftarrow 第\ i\ 行 \\ \\ \\ \\ \end{matrix}
$$

(3) **初等倍加矩阵**. 以数 k 乘第 j 行加到第 i 行(r_i+kr_j),得到初等矩阵 $\boldsymbol{E}(ij(k))$.

$$\boldsymbol{E}(ij(k))=\begin{pmatrix}1 & & & & & & \\ & \ddots & & & & & \\ & & 1 & \cdots & k & & \\ & & & \ddots & \vdots & & \\ & & & & 1 & & \\ & & & & & \ddots & \\ & & & & & & 1\end{pmatrix}\begin{matrix} \\ \\ \leftarrow 第 i 行 \\ \\ \leftarrow 第 j 行 \\ \\ \\ \end{matrix}$$

初等矩阵具有下列性质:

(1) 初等矩阵都是可逆的. 这是因为

$$|\boldsymbol{E}(i,j)|=-1\neq 0;$$
$$|\boldsymbol{E}(i(k))|=k\neq 0;$$
$$|\boldsymbol{E}(ij(k))|=1\neq 0.$$

(2) 初等矩阵的逆矩阵仍是同类型的初等矩阵,且有

$$\boldsymbol{E}(i,j)^{-1}=\boldsymbol{E}(i,j);$$
$$\boldsymbol{E}(i(k))^{-1}=\boldsymbol{E}\left(i\left(\frac{1}{k}\right)\right);$$
$$\boldsymbol{E}(ij(k))^{-1}=\boldsymbol{E}(ij(-k)).$$

(3) 初等矩阵的转置矩阵仍是同类型的初等矩阵,且有

$$\boldsymbol{E}^{\mathrm{T}}(i,j)=\boldsymbol{E}(i,j);$$
$$\boldsymbol{E}^{\mathrm{T}}(i(k))=\boldsymbol{E}(i(k));$$
$$\boldsymbol{E}^{\mathrm{T}}(ij(k))=\boldsymbol{E}(ji(k)).$$

初等矩阵还有以下的作用.

例 2.20 计算矩阵 $\begin{pmatrix}a_{11} & a_{12} & a_{13}\\ a_{21} & a_{22} & a_{23}\\ a_{31} & a_{32} & a_{33}\end{pmatrix}$ 与初等矩阵的乘积.

解

$$\begin{pmatrix}1 & 0 & 0\\ 0 & k & 0\\ 0 & 0 & 1\end{pmatrix}\begin{pmatrix}a_{11} & a_{12} & a_{13}\\ a_{21} & a_{22} & a_{23}\\ a_{31} & a_{32} & a_{33}\end{pmatrix}=\begin{pmatrix}a_{11} & a_{12} & a_{13}\\ ka_{21} & ka_{22} & ka_{23}\\ a_{31} & a_{32} & a_{33}\end{pmatrix},$$

$$\begin{pmatrix}1 & 0 & k\\ 0 & 1 & 0\\ 0 & 0 & 1\end{pmatrix}\begin{pmatrix}a_{11} & a_{12} & a_{13}\\ a_{21} & a_{22} & a_{23}\\ a_{31} & a_{32} & a_{33}\end{pmatrix}=\begin{pmatrix}a_{11}+ka_{31} & a_{12}+ka_{32} & a_{13}+ka_{33}\\ a_{21} & a_{22} & a_{23}\\ a_{31} & a_{32} & a_{33}\end{pmatrix},$$

$$\begin{pmatrix}1 & 0 & 0\\ 0 & 0 & 1\\ 0 & 1 & 0\end{pmatrix}\begin{pmatrix}a_{11} & a_{12} & a_{13}\\ a_{21} & a_{22} & a_{23}\\ a_{31} & a_{32} & a_{33}\end{pmatrix}=\begin{pmatrix}a_{11} & a_{12} & a_{13}\\ a_{31} & a_{32} & a_{33}\\ a_{21} & a_{22} & a_{23}\end{pmatrix}.$$

由此例可以看出,初等矩阵左(右)乘一个矩阵的结果是对这个矩阵施行相应的初等行(列)变换.

一般地，有如下结论：

定理 2.5 设 $\boldsymbol{A}$ 是一个 $m\times n$ 矩阵，对 $\boldsymbol{A}$ 施行一次初等行变换，相当于在 $\boldsymbol{A}$ 的左边乘以相应的 m 阶初等矩阵；对 $\boldsymbol{A}$ 施行一次初等列变换，相当于在 $\boldsymbol{A}$ 的右边乘以相应的 n 阶初等矩阵.

定理 2.6 方阵 $\boldsymbol{A}$ 可逆的充分必要条件是存在有限个初等矩阵 $\boldsymbol{P}_1,\boldsymbol{P}_2,\cdots,\boldsymbol{P}_l$，使 $\boldsymbol{A}=\boldsymbol{P}_1\boldsymbol{P}_2\cdots\boldsymbol{P}_l$.

证明 *充分性* 设 $\boldsymbol{A}=\boldsymbol{P}_1\boldsymbol{P}_2\cdots\boldsymbol{P}_l$，因为初等矩阵可逆，有限个可逆矩阵的乘积仍然可逆. 所以 $\boldsymbol{A}$ 可逆.

必要性 设 n 阶方阵 $\boldsymbol{A}$ 可逆，且 $\boldsymbol{A}$ 的标准型为 $\boldsymbol{F}$，由 $\boldsymbol{F}\sim\boldsymbol{A}$，知 $\boldsymbol{F}$ 经有限次初等变换可化为 $\boldsymbol{A}$，即有初等矩阵 $\boldsymbol{P}_1,\boldsymbol{P}_2,\cdots,\boldsymbol{P}_l$，使

$$\boldsymbol{A}=\boldsymbol{P}_1\boldsymbol{P}_2\cdots\boldsymbol{P}_s\boldsymbol{F}\boldsymbol{P}_{s+1}\cdots\boldsymbol{P}_l.$$

因为 $\boldsymbol{A}$ 可逆，$\boldsymbol{P}_1,\boldsymbol{P}_2,\cdots,\boldsymbol{P}_l$ 也都可逆，所以标准型 $\boldsymbol{F}$ 可逆. 假设

$$\boldsymbol{F}=\begin{pmatrix}\boldsymbol{E}_r & \boldsymbol{O}\\ \boldsymbol{O} & \boldsymbol{O}\end{pmatrix}_{n\times n}$$

中的 $r<n$，则 $|\boldsymbol{F}|=0$，与 $\boldsymbol{F}$ 可逆矛盾，因此必有 $r=n$，即 $\boldsymbol{F}=\boldsymbol{E}$，从而

$$\boldsymbol{A}=\boldsymbol{P}_1\boldsymbol{P}_2\cdots\boldsymbol{P}_s\boldsymbol{P}_{s+1}\cdots\boldsymbol{P}_l.$$

推论 1 方阵 $\boldsymbol{A}$ 可逆的充分必要条件是 $\boldsymbol{A}\sim\boldsymbol{E}$.

推论 2 $m\times n$ 矩阵 $\boldsymbol{A}$ 与 $\boldsymbol{B}$ 等价的充分必要条件是存在 m 阶可逆矩阵 $\boldsymbol{P}$ 及 n 阶可逆矩阵 $\boldsymbol{Q}$，使

$$\boldsymbol{PAQ}=\boldsymbol{B}.$$

用伴随矩阵法求 n 阶可逆矩阵的逆矩阵是一种常用的方法，但它只适用于求阶数 n 较低的方阵，因为这种方法需要计算 n^2 个 $n-1$ 阶行列式，当阶数 n 较大时，它的计算量是很大的. 下面介绍求逆矩阵的另一种方法——初等行变换法.

三、利用初等变换求逆矩阵

当 $\boldsymbol{A}$ 可逆时，由定理 2.6 可知，必存在一系列初等矩阵 $\boldsymbol{P}_1,\boldsymbol{P}_2,\cdots,\boldsymbol{P}_l$，使得

$$\boldsymbol{A}=\boldsymbol{P}_1\boldsymbol{P}_2\cdots\boldsymbol{P}_l,$$

即有

$$\boldsymbol{P}_l^{-1}\boldsymbol{P}_{l-1}^{-1}\cdots\boldsymbol{P}_1^{-1}\boldsymbol{A}=\boldsymbol{E}, \tag{2.10}$$

$$\boldsymbol{P}_l^{-1}\boldsymbol{P}_{l-1}^{-1}\cdots\boldsymbol{P}_1^{-1}\boldsymbol{E}=\boldsymbol{A}^{-1}. \tag{2.11}$$

式(2.10)和式(2.11)说明，如果一系列初等行变换把可逆矩阵 $\boldsymbol{A}$ 变成单位矩阵 $\boldsymbol{E}$，那么同样地用这些初等行变换就把单位矩阵 $\boldsymbol{E}$ 变成 $\boldsymbol{A}^{-1}$.

按矩阵的分块乘法，式(2.10)和式(2.11)合并为

$$\boldsymbol{P}_l^{-1}\boldsymbol{P}_{l-1}^{-1}\cdots\boldsymbol{P}_1^{-1}(\boldsymbol{A}\,\vdots\,\boldsymbol{E})=(\boldsymbol{P}_l^{-1}\boldsymbol{P}_{l-1}^{-1}\cdots\boldsymbol{P}_1^{-1}\boldsymbol{A}\,\vdots\,\boldsymbol{P}_l^{-1}\boldsymbol{P}_{l-1}^{-1}\cdots\boldsymbol{P}_1^{-1}\boldsymbol{E})=(\boldsymbol{E}\,\vdots\,\boldsymbol{A}^{-1}). \tag{2.12}$$

式(2.12)提供了一个具体求逆矩阵的方法. 即对 $n\times 2n$ 矩阵 $(\boldsymbol{A}\,\vdots\,\boldsymbol{E})$ 施行初等行变换，当把 $\boldsymbol{A}$ 变成 $\boldsymbol{E}$ 时，原来的 $\boldsymbol{E}$ 就变成 $\boldsymbol{A}^{-1}$，即

$$(\boldsymbol{A}\,\vdots\,\boldsymbol{E})\overset{r}{\sim}(\boldsymbol{E}\,\vdots\,\boldsymbol{A}^{-1}).$$

例 2.21 设 $A=\begin{pmatrix}0&-2&1\\3&0&-2\\-2&3&0\end{pmatrix}$,求 A^{-1}.

解 由于

$$(A\ \vdots\ E)=\left(\begin{array}{ccc:ccc}0&-2&1&1&0&0\\3&0&-2&0&1&0\\-2&3&0&0&0&1\end{array}\right)\overset{r_3\times 3}{\underset{r_1\leftrightarrow r_2}{\overset{r_3+2r_2}{\sim}}}\left(\begin{array}{ccc:ccc}3&0&-2&0&1&0\\0&-2&1&1&0&0\\0&9&-4&0&2&3\end{array}\right)$$

$$\overset{r_3\times 2}{\underset{r_3+9r_2}{\sim}}\left(\begin{array}{ccc:ccc}3&0&-2&0&1&0\\0&-2&1&1&0&0\\0&0&1&9&4&6\end{array}\right)\overset{r_1+2r_3}{\underset{r_2-r_3}{\sim}}\left(\begin{array}{ccc:ccc}3&0&0&18&9&12\\0&-2&0&-8&-4&-6\\0&0&1&9&4&6\end{array}\right)$$

$$\overset{r_1\div 3}{\underset{r_2\div(-2)}{\sim}}\left(\begin{array}{ccc:ccc}1&0&0&6&3&4\\0&1&0&4&2&3\\0&0&1&9&4&6\end{array}\right).$$

故

$$A^{-1}=\begin{pmatrix}6&3&4\\4&2&3\\9&4&6\end{pmatrix}.$$

例 2.22 解矩阵方程 $AX=B$,其中

$$A=\begin{pmatrix}1&1&4\\0&1&2\\2&-1&0\end{pmatrix},\ B=\begin{pmatrix}0&-1\\-2&6\\4&-4\end{pmatrix}.$$

解 当 A 可逆时,方程 $AX=B$ 的两边左乘 A^{-1},得

$$A^{-1}(AX)=A^{-1}B,$$

即

$$X=A^{-1}B.$$

由于

$$(A\ \vdots\ E)=\left(\begin{array}{ccc:ccc}1&1&4&1&0&0\\0&1&2&0&1&0\\2&-1&0&0&0&1\end{array}\right)\overset{r}{\sim}\cdots\overset{r}{\sim}\left(\begin{array}{ccc:ccc}1&0&0&-1&2&1\\0&1&0&-2&4&1\\0&0&1&1&-\frac{3}{2}&-\frac{1}{2}\end{array}\right),$$

因此

$$A^{-1}=\begin{pmatrix}-1&2&1\\-2&4&1\\1&-\frac{3}{2}&-\frac{1}{2}\end{pmatrix}.$$

于是

$$X=A^{-1}B=\begin{pmatrix}-1&2&1\\-2&4&1\\1&-\frac{3}{2}&-\frac{1}{2}\end{pmatrix}\begin{pmatrix}0&-1\\-2&6\\4&-4\end{pmatrix}=\begin{pmatrix}0&9\\-4&22\\1&-8\end{pmatrix}.$$

实际上，可以利用初等行变换直接求出 $\boldsymbol{A}^{-1}\boldsymbol{B}$. 由

$$\boldsymbol{A}^{-1}(\boldsymbol{A} \mid \boldsymbol{B})=(\boldsymbol{E} \mid \boldsymbol{A}^{-1}\boldsymbol{B})$$

可知，若对矩阵 $(\boldsymbol{A} \mid \boldsymbol{B})$ 施行初等行变换，当把 $\boldsymbol{A}$ 变为 $\boldsymbol{E}$ 时，$\boldsymbol{B}$ 就变为 $\boldsymbol{A}^{-1}\boldsymbol{B}$.

例 2.23 解矩阵方程 $\boldsymbol{AX}=\boldsymbol{A}+\boldsymbol{X}$，其中

$$\boldsymbol{A}=\begin{pmatrix}2&2&0\\2&1&3\\0&1&0\end{pmatrix}.$$

解 将方程 $\boldsymbol{AX}=\boldsymbol{A}+\boldsymbol{X}$ 化简为

$$(\boldsymbol{A}-\boldsymbol{E})\boldsymbol{X}=\boldsymbol{A}.$$

$$(\boldsymbol{A}-\boldsymbol{E} \mid \boldsymbol{A})=\left(\begin{array}{ccc:ccc}1&2&0&2&2&0\\2&0&3&2&1&3\\0&1&-1&0&1&0\end{array}\right)\underset{r_2\leftrightarrow r_3}{\overset{r_2-2r_1}{\sim}}\left(\begin{array}{ccc:ccc}1&2&0&2&2&0\\0&1&-1&0&1&0\\0&-4&3&-2&-3&3\end{array}\right)$$

$$\underset{r_3\div(-1)}{\overset{r_3+4r_2}{\sim}}\left(\begin{array}{ccc:ccc}1&2&0&2&2&0\\0&1&-1&0&1&0\\0&0&1&2&-1&-3\end{array}\right)\underset{r_1-2r_2}{\overset{r_2+r_3}{\sim}}\left(\begin{array}{ccc:ccc}1&0&0&-2&2&6\\0&1&0&2&0&-3\\0&0&1&2&-1&-3\end{array}\right),$$

可见 $\boldsymbol{A}-\boldsymbol{E}\overset{r}{\sim}\boldsymbol{E}$，因此 $\boldsymbol{A}-\boldsymbol{E}$ 可逆，且

$$\boldsymbol{X}=(\boldsymbol{A}-\boldsymbol{E})^{-1}\boldsymbol{A}=\begin{pmatrix}-2&2&6\\2&0&-3\\2&-1&-3\end{pmatrix}.$$

上面介绍了用初等行变换的方法求得 $\boldsymbol{X}=\boldsymbol{A}^{-1}\boldsymbol{B}$，如果要求 $\boldsymbol{Y}=\boldsymbol{BA}^{-1}$，则可对矩阵 $\begin{pmatrix}\boldsymbol{A}\\\boldsymbol{B}\end{pmatrix}$ 施行初等列变换，使

$$\begin{pmatrix}\boldsymbol{A}\\\boldsymbol{B}\end{pmatrix}\overset{c}{\sim}\begin{pmatrix}\boldsymbol{E}\\\boldsymbol{BA}^{-1}\end{pmatrix},$$

即可得 $\boldsymbol{Y}=\boldsymbol{BA}^{-1}$.

不过通常都习惯施行初等行变换，请读者思考，如何利用初等行变换求出 $\boldsymbol{Y}=\boldsymbol{BA}^{-1}$？

本章小结

本章以矩阵为主要内容，介绍了矩阵的概念、矩阵的运算、逆矩阵及其性质、伴随矩阵的性质、分块矩阵及矩阵的初等变换.

一、矩阵的概念

矩阵是一个由 $m\times n$ 个元素构成的数表，常用括号记为

$$\boldsymbol{A}=\begin{pmatrix}a_{11}&a_{12}&\cdots&a_{1n}\\a_{21}&a_{22}&\cdots&a_{2n}\\\vdots&\vdots&&\vdots\\a_{m1}&a_{m2}&\cdots&a_{mn}\end{pmatrix}.$$

本书中的矩阵一般指实矩阵.

熟记几种特殊矩阵：零矩阵、行矩阵、列矩阵、方阵及方阵中的上三角矩阵、下三角矩阵、对角矩阵、数量矩阵、单位矩阵、对称矩阵和反对称矩阵等.

二、矩阵的运算

(1) **加法**：设 $\boldsymbol{A}=(a_{ij})_{m\times n}$，$\boldsymbol{B}=(b_{ij})_{m\times n}$，则 $\boldsymbol{A}+\boldsymbol{B}=(a_{ij}+b_{ij})_{m\times n}$.

(2) **数乘**：设 $\boldsymbol{A}=(a_{ij})_{m\times n}$，$k$ 为数，则 $k\boldsymbol{A}=(ka_{ij})_{m\times n}$.

(3) **乘法**：设 $\boldsymbol{A}=(a_{ij})_{m\times s}$，$\boldsymbol{B}=(b_{ij})_{s\times n}$，则 $\boldsymbol{AB}=(c_{ij})_{m\times n}$，其中

$$c_{ij}=\sum_{k=1}^{s}a_{ik}b_{kj}=a_{i1}b_{1j}+a_{i2}b_{2j}+\cdots+a_{is}b_{sj}\ (i=1,2,\cdots,m;j=1,2,\cdots,n).$$

注意：两矩阵可乘的条件为左边矩阵的列数等于右边矩阵的行数.

(4) **转置**：设 $\boldsymbol{A}=\begin{pmatrix}a_{11}&a_{12}&\cdots&a_{1n}\\a_{21}&a_{22}&\cdots&a_{2n}\\\vdots&\vdots&&\vdots\\a_{m1}&a_{m2}&\cdots&a_{mn}\end{pmatrix}$，则 $\begin{pmatrix}a_{11}&a_{21}&\cdots&a_{m1}\\a_{12}&a_{22}&\cdots&a_{m2}\\\vdots&\vdots&&\vdots\\a_{1n}&a_{2n}&\cdots&a_{mn}\end{pmatrix}$ 称为矩阵 $\boldsymbol{A}$ 的转置矩阵，记为 $\boldsymbol{A}^{\mathrm{T}}$.

(5) 运算规律.

$\boldsymbol{A}+\boldsymbol{B}=\boldsymbol{B}+\boldsymbol{A}$；	$(\boldsymbol{A}+\boldsymbol{B})+\boldsymbol{C}=\boldsymbol{A}+(\boldsymbol{B}+\boldsymbol{C})$；
$(\lambda\mu)\boldsymbol{A}=\lambda(\mu\boldsymbol{A})$；	$(\lambda+\mu)\boldsymbol{A}=\lambda\boldsymbol{A}+\mu\boldsymbol{A}$；
$\lambda(\boldsymbol{A}+\boldsymbol{B})=\lambda\boldsymbol{A}+\lambda\boldsymbol{B}$；	$\lambda(\boldsymbol{AB})=(\lambda\boldsymbol{A})\boldsymbol{B}=\boldsymbol{A}(\lambda\boldsymbol{B})$；
$(\boldsymbol{AB})\boldsymbol{C}=\boldsymbol{A}(\boldsymbol{BC})$；	$\boldsymbol{A}(\boldsymbol{B}+\boldsymbol{C})=\boldsymbol{AB}+\boldsymbol{AC}$；
$(\boldsymbol{B}+\boldsymbol{C})\boldsymbol{A}=\boldsymbol{BA}+\boldsymbol{CA}$；	$\boldsymbol{E}_m\boldsymbol{A}_{m\times n}=\boldsymbol{A}_{m\times n}\boldsymbol{E}_n=\boldsymbol{A}_{m\times n}$；
$(\boldsymbol{A}^{\mathrm{T}})^{\mathrm{T}}=\boldsymbol{A}$；	$(\boldsymbol{A}+\boldsymbol{B})^{\mathrm{T}}=\boldsymbol{A}^{\mathrm{T}}+\boldsymbol{B}^{\mathrm{T}}$；
$(\lambda\boldsymbol{A})^{\mathrm{T}}=\lambda\boldsymbol{A}^{\mathrm{T}}$；	$(\boldsymbol{AB})^{\mathrm{T}}=\boldsymbol{B}^{\mathrm{T}}\boldsymbol{A}^{\mathrm{T}}$.

注意：(1) 矩阵的乘法不满足交换律，即一般情况下 $\boldsymbol{AB}\neq\boldsymbol{BA}$.

(2) 矩阵乘法不满足消去律，即一般情况下，若 $\boldsymbol{AB}=\boldsymbol{AC}$，不能得到 $\boldsymbol{B}=\boldsymbol{C}$. 由此可知，若 $\boldsymbol{A}^2=\boldsymbol{A}$，不能得到 $\boldsymbol{A}=\boldsymbol{O}$ 或 $\boldsymbol{A}=\boldsymbol{E}$；若 $\boldsymbol{A}^2=\boldsymbol{O}$，不能得到 $\boldsymbol{A}=\boldsymbol{O}$.

三、逆矩阵及其性质

1. 逆矩阵的概念

设矩阵 $\boldsymbol{A},\boldsymbol{B}$ 满足 $\boldsymbol{AB}=\boldsymbol{BA}=\boldsymbol{E}$，则称 $\boldsymbol{A}$ 为可逆矩阵，称 $\boldsymbol{B}$ 为 $\boldsymbol{A}$ 的逆矩阵，记为 $\boldsymbol{A}^{-1}=\boldsymbol{B}$.

注意：(1) 可逆矩阵必为方阵.

(2) 若 $\boldsymbol{A}$ 可逆，其逆矩阵必唯一.

2. 逆矩阵的性质

(1) 若 $\boldsymbol{A}$ 可逆，则 $\boldsymbol{A}^{-1}$，$\boldsymbol{A}^{\mathrm{T}}$ 均可逆，且 $(\boldsymbol{A}^{-1})^{-1}=\boldsymbol{A}$，$(\boldsymbol{A}^{\mathrm{T}})^{-1}=(\boldsymbol{A}^{-1})^{\mathrm{T}}$.

(2) 若 $\boldsymbol{A}$ 可逆，数 $\lambda\neq0$，则 $\lambda\boldsymbol{A}$ 可逆，且 $(\lambda\boldsymbol{A})^{-1}=\dfrac{1}{\lambda}\boldsymbol{A}^{-1}$.

(3) 若 $\boldsymbol{A},\boldsymbol{B}$ 是同阶的可逆矩阵，则 $\boldsymbol{AB}$ 可逆，且 $(\boldsymbol{AB})^{-1}=\boldsymbol{B}^{-1}\boldsymbol{A}^{-1}$.

3. 逆矩阵的判别方法

(1) 利用定义：$\boldsymbol{AB}=\boldsymbol{E}$.

(2) $|\boldsymbol{A}| \neq 0$.

(3) $\boldsymbol{A}$ 可以表示为有限个初等矩阵的乘积.

(4) $\boldsymbol{A} \sim \boldsymbol{E}$.

4. 逆矩阵的求法

(1) 伴随矩阵法,即

$$\boldsymbol{A}^{-1} = \frac{1}{|\boldsymbol{A}|}\boldsymbol{A}^* = \frac{1}{|\boldsymbol{A}|}\begin{pmatrix} A_{11} & A_{21} & \cdots & A_{n1} \\ A_{12} & A_{22} & \cdots & A_{n2} \\ \vdots & \vdots & & \vdots \\ A_{1n} & A_{2n} & \cdots & A_{nn} \end{pmatrix}.$$

(2) 利用初等变换

$$(\boldsymbol{A} \mid \boldsymbol{E}) \overset{r}{\sim} (\boldsymbol{E} \mid \boldsymbol{A}^{-1}) \text{或} \begin{pmatrix} \boldsymbol{A} \\ \boldsymbol{E} \end{pmatrix} \overset{c}{\sim} \begin{pmatrix} \boldsymbol{E} \\ \boldsymbol{A}^{-1} \end{pmatrix}.$$

(3) 凑法:当条件中有矩阵方程时,通过矩阵的运算规律从矩阵方程中凑出 $\boldsymbol{AB}=\boldsymbol{E}$ 的形式,从而可得 $\boldsymbol{A}^{-1}=\boldsymbol{B}$,这一方法适合于抽象矩阵求逆.

(4) 利用分块矩阵.

四、n 阶方阵 $\boldsymbol{A}$ 的伴随矩阵 $\boldsymbol{A}^*$ 的性质

1. $\boldsymbol{AA}^* = \boldsymbol{A}^*\boldsymbol{A} = |\boldsymbol{A}|\boldsymbol{E}$.

2. 当 $\boldsymbol{A}$ 可逆时,$\boldsymbol{A}^* = |\boldsymbol{A}|\boldsymbol{A}^{-1}$.

3. 当 $\boldsymbol{A}$ 可逆时,$(\boldsymbol{A}^*)^{-1} = (\boldsymbol{A}^{-1})^* = \dfrac{\boldsymbol{A}}{|\boldsymbol{A}|}$.

五、分块矩阵

1. 分块矩阵的概念

对矩阵 $\boldsymbol{A}$ 用若干条横线和若干条纵线分割成的矩阵称为分块矩阵,其中每个元素是以小矩阵构成的块.

2. 分块对角阵及其作用

$$\boldsymbol{A} = \begin{pmatrix} \boldsymbol{A}_1 & & \\ & \ddots & \\ & & \boldsymbol{A}_s \end{pmatrix}, \text{则 } \boldsymbol{A}^{-1} = \begin{pmatrix} \boldsymbol{A}_1^{-1} & & \\ & \ddots & \\ & & \boldsymbol{A}_s^{-1} \end{pmatrix}.$$

对矩阵分块的目的是为了简化运算.在处理高阶矩阵时常采用分块的方法.要掌握对矩阵分块的原则和方法,会利用分块的方法进行矩阵运算及求出某些特殊的可逆矩阵的逆矩阵.

六、初等变换与初等矩阵

1. 矩阵 $\boldsymbol{A}$ 的三种初等变换

$$r_i \leftrightarrow r_j;\ r_i \times k;\ r_i + kr_j\ (c_i \leftrightarrow c_j;\ c_i \times k;\ c_i + kc_j).$$

2. 初等矩阵的概念

三种初等变换对应三种初等矩阵;初等矩阵均可逆,且初等矩阵与其逆矩阵同型.即

$$\boldsymbol{E}(i,j)^{-1} = \boldsymbol{E}(i,j);\ \boldsymbol{E}(i(k))^{-1} = \boldsymbol{E}\left(i\left(\frac{1}{k}\right)\right);\ \boldsymbol{E}(ij(k))^{-1} = \boldsymbol{E}(ij(-k)).$$

3. 初等矩阵与初等变换的关系

初等矩阵左(右)乘 $\boldsymbol{A}$,相当于对 $\boldsymbol{A}$ 施行一次相应的初等行(列)变换.

习题二

1. 设矩阵 $\boldsymbol{A}=\begin{pmatrix}3 & -2\\ 2 & 0\\ -1 & 1\end{pmatrix}$, $\boldsymbol{B}=\begin{pmatrix}-1 & 0\\ 4 & 5\\ 2 & 7\end{pmatrix}$,求 $2\boldsymbol{A}-3\boldsymbol{B}$.

2. 设矩阵 $\boldsymbol{A}=\begin{pmatrix}1 & 0 & 2\\ 1 & -2 & 0\end{pmatrix}$, $\boldsymbol{B}=\begin{pmatrix}2 & 1 & 2\\ 0 & 1 & 0\\ 0 & 0 & 2\end{pmatrix}$, $\boldsymbol{C}=\begin{pmatrix}-6 & 1\\ 2 & 2\\ -4 & 2\end{pmatrix}$,计算 $\boldsymbol{BA}^{\mathrm{T}}+\boldsymbol{C}$.

3. 已知 $\boldsymbol{A}=\begin{pmatrix}2 & 1 & 4 & 0\\ 1 & -1 & 3 & 4\end{pmatrix}$, $\boldsymbol{B}=\begin{pmatrix}1 & 3 & 1\\ 0 & -1 & 2\\ 1 & -3 & 1\\ 4 & 0 & -2\end{pmatrix}$,求 $(\boldsymbol{AB})^{\mathrm{T}}$.

4. 设 $\boldsymbol{A}=\begin{pmatrix}1 & 0 & 2\\ -1 & 2 & 4\\ 3 & 1 & 1\end{pmatrix}$, $\boldsymbol{B}=\begin{pmatrix}2 & 1\\ -1 & 3\\ 0 & 3\end{pmatrix}$,求 $(2\boldsymbol{E}-\boldsymbol{A}^{\mathrm{T}})\boldsymbol{B}$.

5. 求下列矩阵的乘积.

(1) $(a_1\quad a_2\quad a_3)\begin{pmatrix}b_1\\ b_2\\ b_3\end{pmatrix}$;

(2) $\begin{pmatrix}a_1\\ a_2\\ a_3\end{pmatrix}(b_1\quad b_2\quad b_3)$;

(3) $(x_1\quad x_2\quad x_3)\begin{pmatrix}a_{11} & a_{12} & a_{13}\\ a_{21} & a_{22} & a_{23}\\ a_{31} & a_{32} & a_{33}\end{pmatrix}\begin{pmatrix}y_1\\ y_2\\ y_3\end{pmatrix}$;

(4) $\begin{pmatrix} & & a_1\\ & a_2 & \\ a_3 & & \end{pmatrix}\begin{pmatrix} & & b_1\\ & b_2 & \\ b_3 & & \end{pmatrix}$.

6. 求下列方阵的幂.

(1) $\begin{pmatrix}1 & 1\\ 0 & 1\end{pmatrix}^n$;

(2) $\begin{pmatrix}\cos\theta & -\sin\theta\\ \sin\theta & \cos\theta\end{pmatrix}^n$;

(3) $\begin{pmatrix}1 & -1 & -1 & -1\\ -1 & 1 & -1 & -1\\ -1 & -1 & 1 & -1\\ -1 & -1 & -1 & 1\end{pmatrix}^n$;

(4) $\begin{pmatrix}\lambda & 1 & 0\\ 0 & \lambda & 1\\ 0 & 0 & \lambda\end{pmatrix}^n$.

7. 设 $\boldsymbol{A},\boldsymbol{B}$ 为 n 阶方阵,且 $\boldsymbol{A}=\dfrac{1}{2}(\boldsymbol{B}+\boldsymbol{E})$. 证明 $\boldsymbol{A}^2=\boldsymbol{A}$ 的充分必要条件是 $\boldsymbol{B}^2=\boldsymbol{E}$.

8. 设 $\boldsymbol{A}=\begin{pmatrix}a & 2\\ -1 & 1\end{pmatrix}$, $\boldsymbol{B}=\begin{pmatrix}1 & 2\\ -1 & b\end{pmatrix}$.

(1) 若 $(\boldsymbol{A}+\boldsymbol{B})(\boldsymbol{A}-\boldsymbol{B})=\boldsymbol{O}$,求 a,b 的值;

(2) 若 $(\boldsymbol{A}+\boldsymbol{B})^2=\boldsymbol{O}$,求 a,b 的值.

9. 设 $\boldsymbol{A}$ 为 n 阶实对称矩阵,且 $\boldsymbol{A}^2=\boldsymbol{O}$. 证明 $\boldsymbol{A}=\boldsymbol{O}$.

10. 设 $\boldsymbol{A},\boldsymbol{B}$ 为 n 阶矩阵,且 $\boldsymbol{A}$ 为对称矩阵,证明 $\boldsymbol{B}^{\mathrm{T}}\boldsymbol{AB}$ 也是对称矩阵.

11. 设 $\boldsymbol{A},\boldsymbol{B}$ 都是 n 阶对称矩阵,证明 $\boldsymbol{AB}$ 是对称矩阵的充分必要条件是 $\boldsymbol{AB}=\boldsymbol{BA}$.

12. 求下列矩阵的逆矩阵.

(1) $\boldsymbol{A}=\begin{pmatrix} a & b \\ c & d \end{pmatrix}\ (ad-bc=1)$;　　(2) $\boldsymbol{A}=\begin{pmatrix} 0 & 2 & -1 \\ 1 & 1 & 2 \\ -1 & -1 & -1 \end{pmatrix}$;

(3) $\boldsymbol{A}=\begin{pmatrix} 1 & 1 & 1 & 1 \\ 0 & 1 & 1 & 1 \\ 0 & 0 & 1 & 1 \\ 0 & 0 & 0 & 1 \end{pmatrix}$;　　(4) $\boldsymbol{A}=\begin{pmatrix} 0 & 1 & 0 & 0 \\ 0 & 0 & 1 & 0 \\ 0 & 0 & 0 & 1 \\ 1 & 0 & 0 & 0 \end{pmatrix}$.

13. 设 $\boldsymbol{A}=\begin{pmatrix} 1 & 0 & -2 \\ 1 & -2 & 0 \end{pmatrix}$,$\boldsymbol{B}=\begin{pmatrix} 6 & 3 \\ 1 & 2 \\ 4 & 1 \end{pmatrix}$,求$(\boldsymbol{AB})^{-1}$.

14. 设 $\boldsymbol{A}=\begin{pmatrix} 1 & 0 & 0 \\ 2 & 2 & 0 \\ 3 & 4 & 5 \end{pmatrix}$,求$(\boldsymbol{A}^*)^{-1}$.

15. 设 $\boldsymbol{A}$ 为 5 阶方阵,且 $|\boldsymbol{A}|=3$,$\boldsymbol{A}^*$ 为 $\boldsymbol{A}$ 的伴随矩阵,求

(1) $|\boldsymbol{A}^{-1}|$;　　(2) $|\boldsymbol{A}\boldsymbol{A}^{\mathrm{T}}|$;

(3) $|\boldsymbol{A}^*|$;　　(4) $|2\boldsymbol{A}^{-1}-\boldsymbol{A}^*|$;

(5) $|(\boldsymbol{A}^*)^*|$.

16. 设 $\boldsymbol{A}$,$\boldsymbol{B}$ 均为 n 阶方阵,$|\boldsymbol{A}|=2$,$|\boldsymbol{B}|=-3$,$\boldsymbol{A}^*$,$\boldsymbol{B}^*$ 分别为 $\boldsymbol{A}$,$\boldsymbol{B}$ 的伴随矩阵,求

(1) $|\boldsymbol{A}^{-1}\boldsymbol{B}^*-\boldsymbol{A}^*\boldsymbol{B}^{-1}|$;　　(2) $|2\boldsymbol{A}^*\boldsymbol{B}|$.

17. 已知 n 阶矩阵 $\boldsymbol{A}=\begin{pmatrix} 3 & 3 & 3 & \cdots & 3 \\ 0 & 1 & 1 & \cdots & 1 \\ 0 & 0 & 1 & \cdots & 1 \\ \vdots & \vdots & \vdots & & \vdots \\ 0 & 0 & 0 & \cdots & 1 \end{pmatrix}$,求矩阵 $\boldsymbol{A}$ 中所有元素的代数余子式之和 $\sum\limits_{i=1}^{n}\sum\limits_{j=1}^{n}A_{ij}$.

18. 设 $\boldsymbol{A}=(a_{ij})_{n\times n}$,$A_{ij}$ 为 $\boldsymbol{A}$ 中元素 a_{ij} 的代数余子式,$A_{ij}=-a_{ij}\,(i,j=1,2,\cdots,n)$,且 $a_{ii}\,(i=1,2,\cdots,n)$ 不全为零,求 $|\boldsymbol{A}|$.

19. 已知 $\boldsymbol{A}=\begin{pmatrix} \frac{1}{2} & -\frac{\sqrt{3}}{2} \\ \frac{\sqrt{3}}{2} & \frac{1}{2} \end{pmatrix}$,且 $\boldsymbol{A}^6=\boldsymbol{E}$,求 $\boldsymbol{A}^{11}$.

20. 解下列矩阵方程.

(1) 设 $\boldsymbol{A}=\begin{pmatrix} 0 & 1 & 0 \\ -1 & 1 & 0 \\ -1 & 0 & -1 \end{pmatrix}$,$\boldsymbol{B}=\begin{pmatrix} 1 & -1 \\ 2 & 0 \\ 1 & 1 \end{pmatrix}$,解矩阵方程$(\boldsymbol{E}-\boldsymbol{A})\boldsymbol{X}=\boldsymbol{B}$.

(2) 解矩阵方程 $\boldsymbol{X}\begin{pmatrix} 1 & 1 & -1 \\ 0 & 2 & 2 \\ 1 & -1 & 0 \end{pmatrix}=\begin{pmatrix} 1 & -1 & 1 \\ 1 & 1 & 0 \\ 2 & 1 & 1 \end{pmatrix}$.

(3) 设 3 阶方阵 $\boldsymbol{A},\boldsymbol{B}$ 满足 $\boldsymbol{A}-\boldsymbol{A}\boldsymbol{B}=\boldsymbol{E}$,且 $\boldsymbol{A}\boldsymbol{B}-2\boldsymbol{E}=\begin{pmatrix}-1&0&0\\0&-1&0\\0&0&-1\end{pmatrix}$,求 $\boldsymbol{A},\boldsymbol{B}$.

(4) 设 $\boldsymbol{A},\boldsymbol{B}$ 满足 $\boldsymbol{A}^*\boldsymbol{B}\boldsymbol{A}=2\boldsymbol{B}\boldsymbol{A}-8\boldsymbol{E}$,其中 $\boldsymbol{A}=\begin{pmatrix}1&&\\&-2&\\&&1\end{pmatrix}$,求矩阵 $\boldsymbol{B}$.

21. 已知 $\boldsymbol{A},\boldsymbol{E}+\boldsymbol{A}\boldsymbol{B}$ 均为 n 阶可逆矩阵,试证明 $\boldsymbol{E}+\boldsymbol{B}\boldsymbol{A}$ 也可逆.

22. 已知矩阵 $\boldsymbol{A},\boldsymbol{B},\boldsymbol{A}+\boldsymbol{B}$ 均可逆,证明 $\boldsymbol{A}^{-1}+\boldsymbol{B}^{-1}$ 也可逆,并求其逆矩阵.

23. 已知矩阵 $\boldsymbol{H}=\left(\frac{1}{2},0,\cdots,0,\frac{1}{2}\right)$,矩阵 $\boldsymbol{A}=\boldsymbol{E}-\boldsymbol{H}^{\mathrm{T}}\boldsymbol{H},\boldsymbol{B}=\boldsymbol{E}+2\boldsymbol{H}^{\mathrm{T}}\boldsymbol{H}$,其中 $\boldsymbol{E}$ 是 n 阶单位矩阵,证明 $\boldsymbol{A}^{-1}=\boldsymbol{B}$.

24. 设 $\boldsymbol{A}$ 是方阵,且 $\boldsymbol{A}^k=\boldsymbol{O}$($k$ 为正整数),证明

$$(\boldsymbol{E}-\boldsymbol{A})^{-1}=\boldsymbol{E}+\boldsymbol{A}+\boldsymbol{A}^2+\cdots+\boldsymbol{A}^{k-1}.$$

25. 设 n 阶方阵 $\boldsymbol{A}$ 满足关系式 $\boldsymbol{A}^3+\boldsymbol{A}^2-\boldsymbol{A}-\boldsymbol{E}=\boldsymbol{O}$,且 $|\boldsymbol{A}-\boldsymbol{E}|\neq0$,证明 $\boldsymbol{A}$ 可逆,并求 $\boldsymbol{A}^{-1}$.

26. 设 n 阶方阵 $\boldsymbol{A}$ 的伴随矩阵为 $\boldsymbol{A}^*$,证明:$|\boldsymbol{A}^*|=|\boldsymbol{A}|^{n-1}(n\geqslant2)$.

27. 设 $\boldsymbol{A}$ 是 n 阶方阵,$\boldsymbol{A}+\boldsymbol{E}$ 可逆,且 $f(\boldsymbol{A})=(\boldsymbol{E}-\boldsymbol{A})(\boldsymbol{E}+\boldsymbol{A})^{-1}$,证明

(1) $[\boldsymbol{E}+f(\boldsymbol{A})]^{-1}=\frac{1}{2}(\boldsymbol{E}+\boldsymbol{A})$; (2) $f[f(\boldsymbol{A})]=\boldsymbol{A}$.

28. 设 $\boldsymbol{A}\boldsymbol{P}=\boldsymbol{P}\boldsymbol{\Lambda},\boldsymbol{P}=\begin{pmatrix}1&1&1\\1&0&-2\\1&-1&1\end{pmatrix}$, $\boldsymbol{\Lambda}=\begin{pmatrix}-1&&\\&1&\\&&5\end{pmatrix}$,求 $\varphi(\boldsymbol{A})=\boldsymbol{A}^8(5\boldsymbol{E}-6\boldsymbol{A}+\boldsymbol{A}^2)$.

29. 已知 $\boldsymbol{A}=\begin{pmatrix}1&0&0&0\\0&1&0&0\\-1&2&1&0\\1&1&0&1\end{pmatrix}$, $\boldsymbol{B}=\begin{pmatrix}1&0&3&2\\-1&2&0&1\\1&0&4&1\\1&1&0&1\end{pmatrix}$,求 $\boldsymbol{A}\boldsymbol{B}$.

30. 求下列矩阵的逆矩阵.

(1) $\boldsymbol{A}=\begin{pmatrix}1&1&0&0\\0&-2&0&0\\0&0&3&5\\0&0&2&4\end{pmatrix}$;

(2) $\boldsymbol{A}=\begin{pmatrix}0&1&0&\cdots&0&0&0\\0&0&2&\cdots&0&0&0\\\vdots&\vdots&\vdots&&\vdots&\vdots&\vdots\\0&0&0&\cdots&n-1&0&0\\n&0&0&\cdots&0&0&0\\0&0&0&\cdots&0&2&1\\0&0&0&\cdots&0&5&3\end{pmatrix}$.

31. 设矩阵 $\boldsymbol{A}$ 与 $\boldsymbol{B}$ 都可逆，证明$\begin{pmatrix}\boldsymbol{A}&\boldsymbol{O}\\\boldsymbol{O}&\boldsymbol{B}\end{pmatrix}$及$\begin{pmatrix}\boldsymbol{O}&\boldsymbol{A}\\\boldsymbol{B}&\boldsymbol{O}\end{pmatrix}$都可逆，且

$$\begin{pmatrix}\boldsymbol{A}&\boldsymbol{O}\\\boldsymbol{O}&\boldsymbol{B}\end{pmatrix}^{-1}=\begin{pmatrix}\boldsymbol{A}^{-1}&\boldsymbol{O}\\\boldsymbol{O}&\boldsymbol{B}^{-1}\end{pmatrix},\quad\begin{pmatrix}\boldsymbol{O}&\boldsymbol{A}\\\boldsymbol{B}&\boldsymbol{O}\end{pmatrix}^{-1}=\begin{pmatrix}\boldsymbol{O}&\boldsymbol{B}^{-1}\\\boldsymbol{A}^{-1}&\boldsymbol{O}\end{pmatrix}.$$

32. 求下列分块矩阵的逆矩阵，其中 $\boldsymbol{A},\boldsymbol{B}$ 分别为 m 阶、n 阶可逆矩阵.

(1) $\boldsymbol{P}_1=\begin{pmatrix}\boldsymbol{A}&\boldsymbol{C}\\\boldsymbol{O}&\boldsymbol{B}\end{pmatrix}$； (2) $\boldsymbol{P}_2=\begin{pmatrix}\boldsymbol{A}&\boldsymbol{O}\\\boldsymbol{C}&\boldsymbol{B}\end{pmatrix}$；

(3) $\boldsymbol{P}_3=\begin{pmatrix}\boldsymbol{C}&\boldsymbol{A}\\\boldsymbol{B}&\boldsymbol{O}\end{pmatrix}$； (4) $\boldsymbol{P}_4=\begin{pmatrix}\boldsymbol{O}&\boldsymbol{A}\\\boldsymbol{B}&\boldsymbol{C}\end{pmatrix}$.

33. 把下列矩阵化为行最简形矩阵.

(1) $\begin{pmatrix}1&0&2&-1\\2&0&3&1\\3&0&4&3\end{pmatrix}$； (2) $\begin{pmatrix}1&1&-1\\3&1&0\\2&4&-5\\4&0&2\end{pmatrix}$；

(3) $\begin{pmatrix}2&3&4&4\\1&-1&2&-3\\3&2&6&0\\-1&0&-2&1\end{pmatrix}$； (4) $\begin{pmatrix}1&0&0&1\\1&1&0&0\\0&1&1&0\\0&0&0&1\end{pmatrix}$.

34. 利用矩阵的初等变换，求下列方阵的逆矩阵.

(1) $\begin{pmatrix}2&1&-3\\1&2&-2\\-1&3&2\end{pmatrix}$； (2) $\begin{pmatrix}3&-2&0&-1\\0&2&2&1\\1&-2&-3&-2\\0&1&2&1\end{pmatrix}$.

35. 设 $\boldsymbol{A}=\begin{pmatrix}1&-1&0\\0&1&-1\\-1&0&1\end{pmatrix}$，$\boldsymbol{AX}=2\boldsymbol{X}+\boldsymbol{A}$，求 $\boldsymbol{X}$.

36. 已知 $\boldsymbol{A}=\begin{pmatrix}1&0&1\\0&2&0\\0&0&1\end{pmatrix}$，求$(\boldsymbol{A}+3\boldsymbol{E})^{-1}(\boldsymbol{A}^2-9\boldsymbol{E})$.

37. 设初等矩阵 $\boldsymbol{P}_1=\begin{pmatrix}0&0&1&0\\0&1&0&0\\1&0&0&0\\0&0&0&1\end{pmatrix}$，$\boldsymbol{P}_2=\begin{pmatrix}1&0&0&0\\0&1&0&0\\0&0&1&0\\c&0&0&1\end{pmatrix}$，$\boldsymbol{P}_3=\begin{pmatrix}1&0&0&0\\0&2&0&0\\0&0&1&0\\0&0&0&1\end{pmatrix}$，试求 $(\boldsymbol{P}_1\boldsymbol{P}_2\boldsymbol{P}_3)^{-1}$.

38. 将矩阵 $\boldsymbol{A}=\begin{pmatrix}1&0&0\\2&0&-1\\0&-1&0\end{pmatrix}$表示成有限个初等矩阵的乘积.

同步测试题二

一、选择题

1. 设 $\boldsymbol{A},\boldsymbol{B}$ 是 n 阶方阵，则下列运算中正确的是(　　).

A. $|-\boldsymbol{A}|=\boldsymbol{A}$　　B. $|\boldsymbol{AB}|=|\boldsymbol{A}|\cdot|\boldsymbol{B}|$

C. $|k\boldsymbol{A}|=k|\boldsymbol{A}|$　　D. $|\boldsymbol{A}+\boldsymbol{B}|=|\boldsymbol{A}|+|\boldsymbol{B}|$

2. 设 $\boldsymbol{A},\boldsymbol{B}$ 为 n 阶方阵，下列结论正确的是(　　).

A. $\boldsymbol{A}^2=\boldsymbol{O}\Leftrightarrow\boldsymbol{A}=\boldsymbol{O}$　　B. $\boldsymbol{A}^2=\boldsymbol{A}\Leftrightarrow\boldsymbol{A}=\boldsymbol{O}$ 或 $\boldsymbol{A}=\boldsymbol{E}$

C. $(\boldsymbol{A}-\boldsymbol{B})(\boldsymbol{A}+\boldsymbol{B})=\boldsymbol{A}^2-\boldsymbol{B}^2$　　D. $(\boldsymbol{A}-\boldsymbol{B})^2=\boldsymbol{A}^2-\boldsymbol{AB}-\boldsymbol{BA}+\boldsymbol{B}^2$

3. 设 n 阶方阵 $\boldsymbol{A}$ 的伴随矩阵为 $\boldsymbol{A}^*$，且 $|\boldsymbol{A}^*|=a\neq0$，则 $|\boldsymbol{A}|=$(　　).

A. a　　B. $\dfrac{1}{a}$　　C. $a^{\frac{1}{n-1}}$　　D. $a^{\frac{1}{n}}$

4. 设 $\boldsymbol{A}=\begin{pmatrix}a_{11}&a_{12}&a_{13}\\a_{21}&a_{22}&a_{23}\\a_{31}&a_{32}&a_{33}\end{pmatrix}$，$\boldsymbol{B}=\begin{pmatrix}a_{21}&a_{22}&a_{23}\\a_{11}&a_{12}&a_{13}\\a_{31}+a_{11}&a_{32}+a_{12}&a_{33}+a_{13}\end{pmatrix}$，$\boldsymbol{P}_1=\begin{pmatrix}0&1&0\\1&0&0\\0&0&1\end{pmatrix}$，$\boldsymbol{P}_2=\begin{pmatrix}1&0&0\\0&1&0\\1&0&1\end{pmatrix}$，则必有(　　).

A. $\boldsymbol{AP}_1\boldsymbol{P}_2=\boldsymbol{B}$　　B. $\boldsymbol{AP}_2\boldsymbol{P}_1=\boldsymbol{B}$

C. $\boldsymbol{P}_1\boldsymbol{P}_2\boldsymbol{A}=\boldsymbol{B}$　　D. $\boldsymbol{P}_2\boldsymbol{P}_1\boldsymbol{A}=\boldsymbol{B}$

5. 设 n 阶方阵 $\boldsymbol{A},\boldsymbol{B}$ 等价，则(　　).

A. $|\boldsymbol{A}|=|\boldsymbol{B}|$　　B. $|\boldsymbol{A}|\neq|\boldsymbol{B}|$

C. $|\boldsymbol{A}|=-|\boldsymbol{B}|$　　D. 若 $|\boldsymbol{A}|\neq0$，则必有 $|\boldsymbol{B}|\neq0$

二、填空题

1. 若矩阵 $\boldsymbol{A}=\begin{pmatrix}1&-1&3\\-1&2&\lambda\\0&5&0\end{pmatrix}$ 为奇异矩阵，则 $\lambda=$__________.

2. 设 $\boldsymbol{A}^{-1}=\dfrac{1}{6}\begin{pmatrix}1&0&0\\0&2&0\\0&0&3\end{pmatrix}$，则 $\boldsymbol{A}=$__________.

3. 设 $\boldsymbol{A}$ 为 n 阶方阵，且 $|\boldsymbol{A}|=a\neq0$，则 $|2\boldsymbol{A}^{-1}|=$__________.

4. 已知方阵 $\boldsymbol{A},\boldsymbol{B}$ 可逆，且 $\boldsymbol{AXB}=\boldsymbol{C}$，则 $\boldsymbol{X}=$__________.

5. 设 $\boldsymbol{A}$ 为三阶矩阵，$|\boldsymbol{A}|=\dfrac{1}{3}$，则 $\left|\left(\dfrac{1}{2}\boldsymbol{A}\right)^{-1}+3\boldsymbol{A}^*\right|=$__________.

三、计算题

1. 已知 $\boldsymbol{AX}+\boldsymbol{E}=\boldsymbol{A}^2+\boldsymbol{X}$，求 $\boldsymbol{X}$，其中 $\boldsymbol{A}=\begin{pmatrix}1&0&1\\0&2&0\\-1&0&1\end{pmatrix}$.

2. 设矩阵 $\boldsymbol{A}=\begin{pmatrix}3&8&0&0&0\\2&5&0&0&0\\0&0&1&2&3\\0&0&4&5&8\\0&0&3&4&6\end{pmatrix}$，求 $|\boldsymbol{A}|$ 及 $\boldsymbol{A}^{-1}$.

3. 设三阶方阵 $\boldsymbol{A}$ 满足：$\boldsymbol{A}^2=\begin{pmatrix}-1&0&2\\0&0&3\\-2&3&4\end{pmatrix}$，$\boldsymbol{A}^3=\begin{pmatrix}-3&3&3\\-3&3&6\\-3&6&9\end{pmatrix}$，求矩阵 $\boldsymbol{A}$.

4. 已知三阶矩阵 $\boldsymbol{A}$ 的逆矩阵为 $\boldsymbol{A}^{-1}=\begin{pmatrix}1&1&1\\1&2&1\\1&1&3\end{pmatrix}$，求 $(\boldsymbol{A}^*)^{-1}$.

5. 设 $\boldsymbol{AP}=\boldsymbol{P\Lambda}$，$\boldsymbol{P}=\begin{pmatrix}1&2\\1&4\end{pmatrix}$，$\boldsymbol{\Lambda}=\begin{pmatrix}1&0\\0&2\end{pmatrix}$，求 $\varphi(\boldsymbol{A})=\boldsymbol{A}^8(\boldsymbol{A}-\boldsymbol{A}^2)$.

四、证明题

1. 设 $\boldsymbol{A}$ 为 n 阶可逆矩阵，并且每行的元素之和均为常数 C，试证 $\boldsymbol{A}^{-1}$ 的每行元素之和均为 $\frac{1}{C}$.

2. 证明：$(\boldsymbol{A}+\boldsymbol{B})^{-1}=\boldsymbol{A}^{-1}-\boldsymbol{A}^{-1}(\boldsymbol{A}^{-1}+\boldsymbol{B}^{-1})^{-1}\boldsymbol{A}^{-1}$.

第 3 章

矩阵的秩与线性方程组

学习目标

1. 理解矩阵秩的概念,掌握矩阵秩的计算方法及矩阵秩的性质.
2. 理解齐次线性方程组有非零解的充分必要条件.
3. 理解非齐次线性方程组有解的充分必要条件.
4. 掌握用初等行变换求线性方程组通解的方法.

本章首先给出矩阵秩的概念,然后利用矩阵秩的理论讨论齐次线性方程组有非零解的充分必要条件和非齐次线性方程组有解的充分必要条件,最后介绍用初等行变换解线性方程组的方法.

3.1 矩阵的秩

矩阵的秩是矩阵的一个重要数字特征,它不仅与讨论逆矩阵的问题密切相关,而且在讨论线性方程组解的问题时也有重要的应用.

一、矩阵秩的概念

定义 3.1 在 $m\times n$ 矩阵 $\boldsymbol{A}$ 中任取 k 行 k 列($k\leqslant m,k\leqslant n$),位于这些行列交叉处的 k^2 个元素,不改变它们在 $\boldsymbol{A}$ 中的位置次序而得到的 k 阶行列式,称为**矩阵 $\boldsymbol{A}$ 的k阶子式**.

$m\times n$ 矩阵 $\boldsymbol{A}$ 的 k 阶子式共有 $C_m^k\cdot C_n^k$ 个.

定义 3.2 设在矩阵 $\boldsymbol{A}$ 中有一个不等于零的 r 阶子式 $\boldsymbol{D}$,且所有 $r+1$ 阶子式(如果存在)全等于零,那么 $\boldsymbol{D}$ 称为矩阵 $\boldsymbol{A}$ 的**最高阶非零子式**,数 r 称为**矩阵 $\boldsymbol{A}$ 的秩**,记作$R(\boldsymbol{A})$,并规定零矩阵的秩为零.

由定义可知:

(1) 若矩阵 $\boldsymbol{A}$ 中有一个 r 阶子式不为零,则 $R(\boldsymbol{A})\geqslant r$;若矩阵 $\boldsymbol{A}$ 的所有 $r+1$ 阶子式(如果存在)全等于零,则 $R(\boldsymbol{A})\leqslant r$.

(2) 对于任何 $m\times n$ 矩阵 $\boldsymbol{A}$,有 $0\leqslant R(\boldsymbol{A})\leqslant\min\{m,n\}$.

(3) 矩阵 $\boldsymbol{A}$ 的秩等于其转置矩阵 $\boldsymbol{A}^{\mathrm{T}}$ 的秩,即 $R(\boldsymbol{A})=R(\boldsymbol{A}^{\mathrm{T}})$.

(4) 对于 n 阶方阵 $\boldsymbol{A}$，若 $\boldsymbol{A}$ 可逆，则 $|\boldsymbol{A}|\neq 0$，那么 $R(\boldsymbol{A})=n$；反之，若 $\boldsymbol{A}$ 为奇异矩阵，则 $|\boldsymbol{A}|=0$，那么 $R(\boldsymbol{A})<n$. 可见，可逆矩阵的秩等于矩阵的阶数，因此可逆矩阵又称为**满秩矩阵**，奇异矩阵又称为**降秩矩阵**.

(5) 对于 $m\times n$ 矩阵 $\boldsymbol{A}$，当 $R(\boldsymbol{A})=m$ 时，称为**行满秩矩阵**；当 $R(\boldsymbol{A})=n$ 时，称为**列满秩矩阵**.

例 3.1 求矩阵 $\boldsymbol{A}=\begin{pmatrix}1 & 2 & 3\\ 2 & 3 & -5\\ 4 & 7 & 1\end{pmatrix}$ 的秩.

解 $\boldsymbol{A}$ 是非零矩阵，显然有不为零的一阶子式，且二阶子式

$$\begin{vmatrix}1 & 2\\ 2 & 3\end{vmatrix}=-1\neq 0,$$

又因为 $\boldsymbol{A}$ 的三阶子式只有一个 $|\boldsymbol{A}|$，且 $|\boldsymbol{A}|=0$，所以

$$R(\boldsymbol{A})=2.$$

显然，若按定义求 $m\times n$ 矩阵 $\boldsymbol{A}$ 的秩，在 m,n 较大时，会很不方便. 为此，有必要给出简单的求矩阵秩的方法.

二、矩阵秩的计算

下面先看一个例子.

例 3.2 求矩阵 $\boldsymbol{A}=\begin{pmatrix}1 & 3 & 0 & 4 & 5\\ 0 & 2 & 1 & -2 & 5\\ 0 & 0 & 0 & 4 & -3\\ 0 & 0 & 0 & 0 & 0\end{pmatrix}$ 的秩.

解 $\boldsymbol{A}$ 是一个行阶梯形矩阵，其非零行有 3 行，所以 $\boldsymbol{A}$ 所有的 4 阶子式全为零. 而 $\boldsymbol{A}$ 中有 3 阶子式

$$\begin{vmatrix}1 & 3 & 4\\ 0 & 2 & -2\\ 0 & 0 & 4\end{vmatrix}=8\neq 0,$$

所以

$$R(\boldsymbol{A})=3.$$

即行阶梯形矩阵的秩等于它的非零行的行数.

由例 3.2 的结果，我们自然想到：求矩阵的秩时，可先用初等变换把矩阵化为行阶梯形矩阵，但两个等价矩阵的秩是否相等呢？下面的定理对此做出了肯定的回答.

定理 3.1 初等变换不改变矩阵的秩. 即若 $\boldsymbol{A}\sim\boldsymbol{B}$，则 $R(\boldsymbol{A})=R(\boldsymbol{B})$.

证明 先证明若 $\boldsymbol{A}$ 经一次初等行变换变成 $\boldsymbol{B}$，则 $R(\boldsymbol{A})\leqslant R(\boldsymbol{B})$.

设 $R(\boldsymbol{A})=r$，且 $\boldsymbol{A}$ 的某个 r 阶子式 $\boldsymbol{D}_r\neq 0$.

(1) 当 $\boldsymbol{A}\overset{r_i\leftrightarrow r_j}{\sim}\boldsymbol{B}$ 时，在 $\boldsymbol{B}$ 中总能找到与 $\boldsymbol{D}_r$ 相对应的 r 阶子式 $\widetilde{\boldsymbol{D}}_r$，由行列式的性质可知，

$\widetilde{\boldsymbol{D}}_r=\boldsymbol{D}_r$ 或 $\widetilde{\boldsymbol{D}}_r=-\boldsymbol{D}_r$，因此 $\widetilde{\boldsymbol{D}}_r\neq0$，从而 $R(\boldsymbol{B})\geqslant r$.

(2) 当 $\boldsymbol{A}\overset{r_i\times k}{\sim}\boldsymbol{B}$ 时，在 $\boldsymbol{B}$ 中总能找到与 $\boldsymbol{D}_r$ 相对应的 r 阶子式 $\widetilde{\boldsymbol{D}}_r$，由行列式的性质可知，$\widetilde{\boldsymbol{D}}_r=\boldsymbol{D}_r$ 或 $\widetilde{\boldsymbol{D}}_r=k\boldsymbol{D}_r$，因此 $\widetilde{\boldsymbol{D}}_r\neq0$，从而 $R(\boldsymbol{B})\geqslant r$.

(3) 当 $\boldsymbol{A}\overset{r_i+kr_j}{\sim}\boldsymbol{B}$ 时，分三种情况讨论：① $\boldsymbol{D}_r$ 中不含第 i 行；② $\boldsymbol{D}_r$ 中同时含第 i 行和第 j 行；③ $\boldsymbol{D}_r$ 中含第 i 行但不含第 j 行. 对①②两种情况，显然 $\boldsymbol{B}$ 中与 $\boldsymbol{D}_r$ 对应的子式 $\widetilde{\boldsymbol{D}}_r=\boldsymbol{D}_r\neq0$，故 $R(\boldsymbol{B})\geqslant r$；对情形③，有

$$\widetilde{\boldsymbol{D}}_r=\begin{vmatrix}\vdots\\ r_i+kr_j\\ \vdots\end{vmatrix}=\begin{vmatrix}\vdots\\ r_i\\ \vdots\end{vmatrix}+k\begin{vmatrix}\vdots\\ r_j\\ \vdots\end{vmatrix}=\boldsymbol{D}_r+k\hat{\boldsymbol{D}}_r.$$

若 $\hat{\boldsymbol{D}}_r\neq0$，则因 $\hat{\boldsymbol{D}}_r$ 中不含第 i 行，知 $\boldsymbol{A}$ 中有不含第 i 行的 r 阶非零子式，从而根据情况①知 $R(\boldsymbol{B})\geqslant r$；若 $\hat{\boldsymbol{D}}_r=0$，则 $\widetilde{\boldsymbol{D}}_r=\boldsymbol{D}_r\neq0$，也有 $R(\boldsymbol{B})\geqslant r$.

以上证明了若 $\boldsymbol{A}$ 经一次初等行变换变成 $\boldsymbol{B}$，则 $R(\boldsymbol{A})\leqslant R(\boldsymbol{B})$. 由于 $\boldsymbol{B}$ 经一次初等行变换也可变成 $\boldsymbol{A}$，则 $R(\boldsymbol{B})\leqslant R(\boldsymbol{A})$. 因此，$R(\boldsymbol{A})=R(\boldsymbol{B})$.

经过一次行变换矩阵的秩不变，即可知经过有限次初等行变换矩阵的秩仍不变.

若 $\boldsymbol{A}$ 经一次初等列变换变成 $\boldsymbol{B}$，也就是 $\boldsymbol{A}^{\mathrm{T}}$ 经一次初等行变换变成 $\boldsymbol{B}^{\mathrm{T}}$，这样由上述证明可知 $R(\boldsymbol{A}^{\mathrm{T}})=R(\boldsymbol{B}^{\mathrm{T}})$. 又 $R(\boldsymbol{A})=R(\boldsymbol{A}^{\mathrm{T}})$，$R(\boldsymbol{B})=R(\boldsymbol{B}^{\mathrm{T}})$，因此

$$R(\boldsymbol{A})=R(\boldsymbol{B}).$$

总之，若 $\boldsymbol{A}\sim\boldsymbol{B}$，则 $R(\boldsymbol{A})=R(\boldsymbol{B})$.

推论 1 非零的 $m\times n$ 矩阵 $\boldsymbol{A}$ 与它的标准型具有相同的秩. 即

$$R(\boldsymbol{A})=R\begin{pmatrix}\boldsymbol{E}_r & \boldsymbol{O}\\ \boldsymbol{O} & \boldsymbol{O}\end{pmatrix}=r.$$

推论 2 设 $\boldsymbol{A}$ 是 $m\times n$ 矩阵，$\boldsymbol{P}$ 是 m 阶可逆矩阵，$\boldsymbol{Q}$ 是 n 阶可逆矩阵，则有

$$R(\boldsymbol{PAQ})=R(\boldsymbol{PA})=R(\boldsymbol{AQ})=R(\boldsymbol{A}).$$

证明 因为 $\boldsymbol{P},\boldsymbol{Q}$ 都是可逆矩阵，所以均可表示成若干个初等矩阵的乘积，即有 m 阶初等矩阵 $\boldsymbol{P}_1,\boldsymbol{P}_2,\cdots,\boldsymbol{P}_s$ 及 n 阶矩阵 $\boldsymbol{Q}_1,\boldsymbol{Q}_2,\cdots,\boldsymbol{Q}_t$，使

$$\boldsymbol{P}=\boldsymbol{P}_1\boldsymbol{P}_2\cdots\boldsymbol{P}_s,\qquad \boldsymbol{Q}=\boldsymbol{Q}_1\boldsymbol{Q}_2\cdots\boldsymbol{Q}_t,$$

从而有

$$\begin{aligned}\boldsymbol{PAQ}&=\boldsymbol{P}_1\boldsymbol{P}_2\cdots\boldsymbol{P}_s\boldsymbol{A}\boldsymbol{Q}_1\boldsymbol{Q}_2\cdots\boldsymbol{Q}_t,\\ \boldsymbol{PA}&=\boldsymbol{P}_1\boldsymbol{P}_2\cdots\boldsymbol{P}_s\boldsymbol{A},\\ \boldsymbol{AQ}&=\boldsymbol{A}\boldsymbol{Q}_1\boldsymbol{Q}_2\cdots\boldsymbol{Q}_t,\end{aligned}$$

以上三个式子均表明，对 $\boldsymbol{A}$ 施行初等变换，由定理 3.1，可知

$$R(\boldsymbol{PAQ})=R(\boldsymbol{PA})=R(\boldsymbol{AQ})=R(\boldsymbol{A}).$$

可以用一句话概括这个推论：“用满秩矩阵去乘一个矩阵不改变矩阵的秩”.

定理 3.1 给出了矩阵求秩的方法：只需把矩阵用初等行变换变成行阶梯形矩阵，行阶梯形矩阵中非零行的行数就是矩阵的秩.

例 3.3 设 $\boldsymbol{A}=\begin{pmatrix}1&2&1&3\\-1&-1&2&0\\2&4&3&5\\4&8&9&7\end{pmatrix}$,求矩阵 $\boldsymbol{A}$ 的秩.

解 对 $\boldsymbol{A}$ 施行初等行变换,化为行阶梯形矩阵.

$$\boldsymbol{A}=\begin{pmatrix}1&2&1&3\\-1&-1&2&0\\2&4&3&5\\4&8&9&7\end{pmatrix}\overset{\substack{r_2+r_1\\ r_3-2r_1\\ r_4-4r_1}}{\sim}\begin{pmatrix}1&2&1&3\\0&1&3&3\\0&0&1&-1\\0&0&5&-5\end{pmatrix}\overset{r_4-5r_3}{\sim}\begin{pmatrix}1&2&1&3\\0&1&3&3\\0&0&1&-1\\0&0&0&0\end{pmatrix}.$$

所以

$$R(\boldsymbol{A})=3.$$

例 3.4 设 $\boldsymbol{A}=\begin{pmatrix}3&2&0&5&0\\3&-2&3&6&-1\\2&0&1&5&-3\\1&6&-4&-1&4\end{pmatrix}$,求矩阵 $\boldsymbol{A}$ 的秩及一个最高阶非零子式.

解 对 $\boldsymbol{A}$ 施行初等行变换,化为行阶梯形矩阵.

$$\boldsymbol{A}=\begin{pmatrix}3&2&0&5&0\\3&-2&3&6&-1\\2&0&1&5&-3\\1&6&-4&-1&4\end{pmatrix}\overset{\substack{r_1\leftrightarrow r_4\\ r_2-r_4\\ r_3-2r_1\\ r_4-3r_1}}{\sim}\begin{pmatrix}1&6&-4&-1&4\\0&-4&3&1&-1\\0&-12&9&7&-11\\0&-16&12&8&-12\end{pmatrix}$$

$$\overset{\substack{r_3-3r_2\\ r_4-4r_2}}{\sim}\begin{pmatrix}1&6&-4&-1&4\\0&-4&3&1&-1\\0&0&0&4&-8\\0&0&0&4&-8\end{pmatrix}\overset{r_4-r_3}{\sim}\begin{pmatrix}1&6&-4&-1&4\\0&-4&3&1&-1\\0&0&0&4&-8\\0&0&0&0&0\end{pmatrix}=\boldsymbol{B}.$$

所以

$$R(\boldsymbol{A})=3.$$

由此知矩阵 $\boldsymbol{A}$ 的最高阶非零子式为 3 阶,$\boldsymbol{A}$ 的 3 阶子式共有 $C_4^3\cdot C_5^3=40$ 个,要从 40 个子式中找出一个非零子式相当麻烦.行阶梯形矩阵 $\boldsymbol{B}$ 的非零首元位于第 1,2,4 列,又因为没有对 $\boldsymbol{A}$ 施行初等列变换,所以可以考察 $\boldsymbol{A}$ 的第 1,2,4 列构成的子矩阵

$$\boldsymbol{C}=\begin{pmatrix}3&2&5\\3&-2&6\\2&0&5\\1&6&-1\end{pmatrix},$$

其行阶梯形矩阵为

$$\begin{pmatrix}1&6&-1\\0&-4&1\\0&0&4\\0&0&0\end{pmatrix},$$

可知矩阵 $\boldsymbol{C}$ 的秩为 3,故 $\boldsymbol{C}$ 中必有 3 阶非零子式. $\boldsymbol{C}$ 的 3 阶子式共有 4 个,从中找一个非零子式比在 $\boldsymbol{A}$ 中寻找容易得多. 计算 $\boldsymbol{C}$ 中前三行构成的子式

$$\begin{vmatrix} 3 & 2 & 5 \\ 3 & -2 & 6 \\ 2 & 0 & 5 \end{vmatrix} = \begin{vmatrix} 3 & 2 & 5 \\ 6 & 0 & 11 \\ 2 & 0 & 5 \end{vmatrix} = -2\begin{vmatrix} 6 & 11 \\ 2 & 5 \end{vmatrix} = -16 \neq 0,$$

因此这个子式即为 $\boldsymbol{A}$ 的一个最高阶非零子式.

例 3.5 设矩阵 $\boldsymbol{A}=\begin{pmatrix} 1 & 1 & 2 & a & 3 \\ 2 & 2 & 3 & 1 & 4 \\ 1 & 0 & 1 & 1 & 5 \\ 2 & 3 & 5 & 5 & 4 \end{pmatrix}$,若 $R(\boldsymbol{A})=3$,求 a 的值.

解 因为

$$\boldsymbol{A}=\begin{pmatrix} 1 & 1 & 2 & a & 3 \\ 2 & 2 & 3 & 1 & 4 \\ 1 & 0 & 1 & 1 & 5 \\ 2 & 3 & 5 & 5 & 4 \end{pmatrix} \overset{\substack{r_2-2r_1 \\ r_3-r_1 \\ r_4-2r_1}}{\sim} \begin{pmatrix} 1 & 1 & 2 & a & 3 \\ 0 & 0 & -1 & 1-2a & -2 \\ 0 & -1 & -1 & 1-a & 2 \\ 0 & 1 & 1 & 5-2a & -2 \end{pmatrix}$$

$$\overset{r_2 \leftrightarrow r_4}{\sim} \begin{pmatrix} 1 & 1 & 2 & a & 3 \\ 0 & 1 & 1 & 5-2a & -2 \\ 0 & -1 & -1 & 1-a & 2 \\ 0 & 0 & -1 & 1-2a & -2 \end{pmatrix} \overset{r_3+r_2}{\sim} \begin{pmatrix} 1 & 1 & 2 & a & 3 \\ 0 & 1 & 1 & 5-2a & -2 \\ 0 & 0 & 0 & 6-3a & 0 \\ 0 & 0 & -1 & 1-2a & -2 \end{pmatrix}$$

$$\overset{r_3 \leftrightarrow r_4}{\sim} \begin{pmatrix} 1 & 1 & 2 & a & 3 \\ 0 & 1 & 1 & 5-2a & -2 \\ 0 & 0 & -1 & 1-2a & -2 \\ 0 & 0 & 0 & 6-3a & 0 \end{pmatrix}.$$

而 $R(\boldsymbol{A})=3$,所以

$$6-3a=0,$$

即

$$a=2.$$

三、矩阵秩的性质

前面已经提到了矩阵秩的一些基本性质,归纳起来包括如下内容:

(1) $0 \leqslant R(\boldsymbol{A}_{m\times n}) \leqslant \min\{m,n\}$;

(2) $R(\boldsymbol{A}^{\mathrm{T}})=R(\boldsymbol{A})$;

(3) 若 $\boldsymbol{A}\sim\boldsymbol{B}$,则 $R(\boldsymbol{A})=R(\boldsymbol{B})$;

(4) 若 $\boldsymbol{P},\boldsymbol{Q}$ 可逆;则 $R(\boldsymbol{PAQ})=R(\boldsymbol{PA})=R(\boldsymbol{AQ})=R(\boldsymbol{A})$.

下面再介绍几个矩阵秩的性质.

(5) $\max\{R(\boldsymbol{A}),R(\boldsymbol{B})\} \leqslant R(\boldsymbol{A},\boldsymbol{B}) \leqslant R(\boldsymbol{A})+R(\boldsymbol{B})$.

证明 因为 $\boldsymbol{A}$ 的最高阶非零子式总是 $(\boldsymbol{A},\boldsymbol{B})$ 的非零子式,所以

$$R(\boldsymbol{A}) \leqslant R(\boldsymbol{A},\boldsymbol{B}),$$

同理可得

$$R(\boldsymbol{B}) \leqslant R(\boldsymbol{A},\boldsymbol{B}).$$

两式合并起来，即有

$$\max\{R(\boldsymbol{A}),R(\boldsymbol{B})\} \leqslant R(\boldsymbol{A},\boldsymbol{B}),$$

设 $R(\boldsymbol{A})=r,R(\boldsymbol{B})=t$，把 $\boldsymbol{A}$ 和 $\boldsymbol{B}$ 分别施行初等列变换化为列阶梯形 $\widetilde{\boldsymbol{A}}$ 和 $\widetilde{\boldsymbol{B}}$，则 $\widetilde{\boldsymbol{A}}$ 和 $\widetilde{\boldsymbol{B}}$ 中分别含 r 个和 t 个非零列，故可设

$$\boldsymbol{A} \overset{c}{\sim} \widetilde{\boldsymbol{A}} = (\tilde{a}_1,\cdots,\tilde{a}_r,0,\cdots,0),\boldsymbol{B} \overset{c}{\sim} \widetilde{\boldsymbol{B}} = (\tilde{b}_1,\cdots,\tilde{b}_t,0,\cdots,0),$$

从而

$$(\boldsymbol{A},\boldsymbol{B}) \overset{c}{\sim} (\widetilde{\boldsymbol{A}},\widetilde{\boldsymbol{B}}),$$

由于$(\widetilde{\boldsymbol{A}},\widetilde{\boldsymbol{B}})$中只含 $r+t$ 个非零列，因此 $R(\widetilde{\boldsymbol{A}},\widetilde{\boldsymbol{B}})\leqslant r+t$，而 $R(\boldsymbol{A},\boldsymbol{B})=R(\widetilde{\boldsymbol{A}},\widetilde{\boldsymbol{B}})$，故

$$R(\boldsymbol{A},\boldsymbol{B}) \leqslant r+t = R(\boldsymbol{A})+R(\boldsymbol{B}).$$

所以

$$\max\{R(\boldsymbol{A}),R(\boldsymbol{B})\} \leqslant R(\boldsymbol{A},\boldsymbol{B}) \leqslant R(\boldsymbol{A})+R(\boldsymbol{B}).$$

(6) $R(\boldsymbol{A}+\boldsymbol{B})\leqslant R(\boldsymbol{A})+R(\boldsymbol{B})$.

证明 设 $\boldsymbol{A},\boldsymbol{B}$ 为 $m\times n$ 矩阵，对矩阵$(\boldsymbol{A}+\boldsymbol{B},\boldsymbol{B})$施行初等列变换，则

$$(\boldsymbol{A}+\boldsymbol{B},\boldsymbol{B}) \overset{c_i-c_{n+i}(i=1,\cdots,n)}{\sim} (\boldsymbol{A},\boldsymbol{B}),$$

于是

$$R(\boldsymbol{A}+\boldsymbol{B}) \leqslant R(\boldsymbol{A}+\boldsymbol{B},\boldsymbol{B}) = R(\boldsymbol{A},\boldsymbol{B}) \leqslant R(\boldsymbol{A})+R(\boldsymbol{B}).$$

(7) $R(\boldsymbol{AB})\leqslant\min\{R(\boldsymbol{A}),R(\boldsymbol{B})\}$.

(8) 若 $\boldsymbol{A}_{m\times n}\boldsymbol{B}_{n\times l}=\boldsymbol{O}$，则 $R(\boldsymbol{A})+R(\boldsymbol{B})\leqslant n$.

最后两个性质将在下节内容中给出证明.

有了矩阵秩的理论，下面我们利用矩阵的秩来讨论线性方程组解的判定及求解方法.

3.2 线性方程组的解

在第 1 章中，我们利用克拉默法则讨论了关于 n 个未知数 n 个线性方程所组成的线性方程组解的情形，即线性方程组

$$\begin{cases} a_{11}x_1+a_{12}x_2+\cdots+a_{1n}x_n=b_1, \\ a_{21}x_1+a_{22}x_2+\cdots+a_{2n}x_n=b_2, \\ \cdots\cdots\cdots\cdots \\ a_{n1}x_1+a_{n2}x_2+\cdots+a_{nn}x_n=b_n. \end{cases}$$

当系数行列式 $D\neq0$ 时，该方程组有唯一解. 但在实际问题中，当系数行列式 $D=0$ 时，方程组的解是什么情形？当方程的个数与未知数的个数不相等时，方程组的解又是什么情形？这些问题克拉默法则是无法解决的. 本节就将讨论一般形式的线性方程组解的情形.

设线性方程组的一般形式为

$$\begin{cases} a_{11}x_1+a_{12}x_2+\cdots+a_{1n}x_n=b_1, \\ a_{21}x_1+a_{22}x_2+\cdots+a_{2n}x_n=b_2, \\ \cdots\cdots\cdots\cdots \\ a_{m1}x_1+a_{m2}x_2+\cdots+a_{mn}x_n=b_m. \end{cases} \tag{3.1}$$

下面主要讨论三个问题:

(1) 如何判定方程组(3.1)是否有解(解的存在性);

(2) 若方程组(3.1)有解,则有多少个解?又该如何求得?

(3) 若方程组(3.1)的解不唯一,不同解之间的关系如何(解的结构)?这个问题会在第4章研究讨论.

一、线性方程组解的判定

对于线性方程组(3.1),利用矩阵乘法,可以表示为

$$\boldsymbol{Ax}=\boldsymbol{b}. \tag{3.2}$$

其中

$$\boldsymbol{A}=\begin{pmatrix} a_{11} & a_{12} & \cdots & a_{1n} \\ a_{21} & a_{22} & \cdots & a_{2n} \\ \vdots & \vdots & & \vdots \\ a_{m1} & a_{m2} & \cdots & a_{mn} \end{pmatrix}, \boldsymbol{x}=\begin{pmatrix} x_1 \\ x_2 \\ \vdots \\ x_n \end{pmatrix}, \boldsymbol{b}=\begin{pmatrix} b_1 \\ b_2 \\ \vdots \\ b_m \end{pmatrix}.$$

与线性方程组(3.1)对应的增广矩阵

$$\overline{\boldsymbol{A}}=\left(\begin{array}{cccc:c} a_{11} & a_{12} & \cdots & a_{1n} & b_1 \\ a_{21} & a_{22} & \cdots & a_{2n} & b_2 \\ \vdots & \vdots & & \vdots & \vdots \\ a_{m1} & a_{m2} & \cdots & a_{mn} & b_m \end{array}\right).$$

若上述方程组有解,就称它是**相容的**,如果无解就称它是**不相容**的.

问题:如何利用系数矩阵的秩和增广矩阵的秩讨论线性方程组的解?

定理 3.2 n 元线性方程组 $\boldsymbol{Ax}=\boldsymbol{b}$ 有解的充分必要条件是 $R(\boldsymbol{A})=R(\overline{\boldsymbol{A}})$.

证明 设 $R(\boldsymbol{A})=r$,为叙述方便,不妨设 $\overline{\boldsymbol{A}}=(\boldsymbol{A}\ \vdots\ \boldsymbol{b})$ 的行最简形为

$$\overline{\boldsymbol{A}}\sim\left(\begin{array}{ccccccc:c} 1 & 0 & \cdots & 0 & b_{11} & \cdots & b_{1,n-r} & d_1 \\ 0 & 1 & \cdots & 0 & b_{21} & \cdots & b_{2,n-r} & d_2 \\ \vdots & \vdots & & \vdots & \vdots & & \vdots & \vdots \\ 0 & 0 & \cdots & 1 & b_{r1} & \cdots & b_{r,n-r} & d_r \\ 0 & 0 & \cdots & 0 & 0 & \cdots & 0 & d_{r+1} \\ 0 & 0 & \cdots & 0 & 0 & \cdots & 0 & 0 \\ \vdots & \vdots & & \vdots & \vdots & & \vdots & \vdots \\ 0 & 0 & \cdots & 0 & 0 & \cdots & 0 & 0 \end{array}\right).$$

必要性 若线性方程组 $\boldsymbol{Ax}=\boldsymbol{b}$ 有解,要证 $R(\boldsymbol{A})=R(\overline{\boldsymbol{A}})$. 用反证法,设 $R(\boldsymbol{A})<R(\overline{\boldsymbol{A}})$,则 $\overline{\boldsymbol{A}}$ 的行最简形矩阵中最后一行对应矛盾方程 $0=1$,这与方程组有解矛盾,因此 $R(\boldsymbol{A})=R(\overline{\boldsymbol{A}})$.

充分性 若 $R(\boldsymbol{A})=R(\overline{\boldsymbol{A}})=r(r\leqslant n)$，则 $\overline{\boldsymbol{A}}$ 的行阶梯形矩阵中含有 r 个非零行，把这 r 行的第一个非零元所对应的未知量作为非自由未知量，而其余 $n-r$ 个作为自由未知量，若令 $n-r$ 个自由未知量全取零，即可得方程组的一个解，因此方程组有解.

由证明可知，如果 $R(\boldsymbol{A})=R(\overline{\boldsymbol{A}})=n$，方程组没有自由未知量，只有唯一解；如果 $R(\boldsymbol{A})=R(\overline{\boldsymbol{A}})<n$，方程组有 $n-r$ 个自由未知量，若令这 $n-r$ 个自由未知量分别等于 $c_1,c_2,\cdots,c_{n-r}$，可得含 $n-r$ 个参数的解，即为线性方程组的通解，这些参数可任意取值，因此，这时方程组有无穷多个解.

由定理得出结论：对 n 元线性方程组 $\boldsymbol{Ax}=\boldsymbol{b}$，

(1) 当 $R(\boldsymbol{A})=R(\overline{\boldsymbol{A}})$ 时，方程组有解. 此时

① 若 $R(\boldsymbol{A})=R(\overline{\boldsymbol{A}})=n$，则方程组有唯一解.

② 若 $R(\boldsymbol{A})=R(\overline{\boldsymbol{A}})<n$，则方程组有无穷多个解，且其通解中含有 $n-R(\boldsymbol{A})$ 个任意参数.

(2) 当 $R(\boldsymbol{A})<R(\overline{\boldsymbol{A}})$ 时，方程组无解.

推论 齐次线性方程组 $\boldsymbol{Ax}=\boldsymbol{0}$ 有非零解的充分必要条件是 $R(\boldsymbol{A})<n$.

二、线性方程组的求解方法

线性方程组 $\boldsymbol{Ax}=\boldsymbol{b}$ 的求解步骤如下.

(1) 将增广矩阵 $\overline{\boldsymbol{A}}$ 化成行阶梯形矩阵，若 $R(\boldsymbol{A})<R(\overline{\boldsymbol{A}})$，则方程组无解.

(2) 若 $R(\boldsymbol{A})=R(\overline{\boldsymbol{A}})$，则进一步将 $\overline{\boldsymbol{A}}$ 化成行最简形矩阵. 而对于齐次线性方程组，则把系数矩阵化为行最简形矩阵.

(3) 设 $R(\boldsymbol{A})=R(\overline{\boldsymbol{A}})=r$，把行最简形矩阵中 r 个非零行的非零首元所对应的未知量取作非自由未知量，而其余 $n-r$ 个未知量取作自由未知量，并令自由未知量分别等于 $c_1,c_2,\cdots,c_{n-r}$，即可得方程组的通解.

例 3.6 解线性方程组

$$\begin{cases} x_1+x_2+2x_3=1, \\ 2x_1-x_2+2x_3=4, \\ x_1-2x_2=3, \\ 4x_1+x_2+4x_3=2. \end{cases}$$

解 对增广矩阵 $\overline{\boldsymbol{A}}$ 施行初等行变换

$$\overline{\boldsymbol{A}}=\left(\begin{array}{ccc:c} 1 & 1 & 2 & 1 \\ 2 & -1 & 2 & 4 \\ 1 & -2 & 0 & 3 \\ 4 & 1 & 4 & 2 \end{array}\right) \underset{\substack{r_3-r_1 \\ r_4-4r_1}}{\overset{r_2-2r_1}{\sim}} \left(\begin{array}{ccc:c} 1 & 1 & 2 & 1 \\ 0 & -3 & -2 & 2 \\ 0 & -3 & -2 & 2 \\ 0 & -3 & -4 & -2 \end{array}\right) \underset{r_4-r_2}{\overset{r_3-r_2}{\sim}} \left(\begin{array}{ccc:c} 1 & 1 & 2 & 1 \\ 0 & -3 & -2 & 2 \\ 0 & 0 & 0 & 0 \\ 0 & 0 & -2 & -4 \end{array}\right)$$

$$\underset{\substack{r_3\leftrightarrow r_4 \\ r_3\div(-2)}}{\overset{r_2\div(-3)}{\sim}} \left(\begin{array}{ccc:c} 1 & 1 & 2 & 1 \\ 0 & 1 & \dfrac{2}{3} & -\dfrac{2}{3} \\ 0 & 0 & 1 & 2 \\ 0 & 0 & 0 & 0 \end{array}\right) \underset{\substack{r_2-\frac{2}{3}r_3 \\ r_1-\frac{4}{3}r_3}}{\overset{r_1-r_2}{\sim}} \left(\begin{array}{ccc:c} 1 & 0 & 0 & -1 \\ 0 & 1 & 0 & -2 \\ 0 & 0 & 1 & 2 \\ 0 & 0 & 0 & 0 \end{array}\right).$$

显然，这个方程组有唯一解 $x_1=-1,x_2=-2,x_3=2$.

例 3.7 解线性方程组

$$\begin{cases} x_1-2x_2+3x_3-4x_4=4, \\ x_2-x_3+x_4=-3, \\ x_1+3x_2-3x_4=1, \\ -7x_2+3x_3+x_4=-3. \end{cases}$$

解 对增广矩阵 $\overline{\mathbf{A}}$ 施行初等行变换

$$\overline{\mathbf{A}}=\left(\begin{array}{cccc:c} 1 & -2 & 3 & -4 & 4 \\ 0 & 1 & -1 & 1 & -3 \\ 1 & 3 & 0 & -3 & 1 \\ 0 & -7 & 3 & 1 & -3 \end{array}\right) \overset{r_3-r_1}{\sim} \left(\begin{array}{cccc:c} 1 & -2 & 3 & -4 & 4 \\ 0 & 1 & -1 & 1 & -3 \\ 0 & 5 & -3 & 1 & -3 \\ 0 & -7 & 3 & 1 & -3 \end{array}\right)$$

$$\underset{r_4+7r_2}{\overset{r_3-5r_2}{\sim}} \left(\begin{array}{cccc:c} 1 & -2 & 3 & -4 & 4 \\ 0 & 1 & -1 & 1 & -3 \\ 0 & 0 & 2 & -4 & 12 \\ 0 & 0 & -4 & 8 & -24 \end{array}\right) \underset{r_3\div 2}{\overset{r_4+2r_3}{\sim}} \left(\begin{array}{cccc:c} 1 & -2 & 3 & -4 & 4 \\ 0 & 1 & -1 & 1 & -3 \\ 0 & 0 & 1 & -2 & 6 \\ 0 & 0 & 0 & 0 & 0 \end{array}\right)$$

$$\overset{r_1+2r_2}{\sim} \left(\begin{array}{cccc:c} 1 & 0 & 1 & -2 & -2 \\ 0 & 1 & -1 & 1 & -3 \\ 0 & 0 & 1 & -2 & 6 \\ 0 & 0 & 0 & 0 & 0 \end{array}\right) \underset{r_2+r_3}{\overset{r_1-r_3}{\sim}} \left(\begin{array}{cccc:c} 1 & 0 & 0 & 0 & -8 \\ 0 & 1 & 0 & -1 & 3 \\ 0 & 0 & 1 & -2 & 6 \\ 0 & 0 & 0 & 0 & 0 \end{array}\right),$$

即得同解方程组

$$\begin{cases} x_1=-8, \\ x_2=x_4+3, \\ x_3=2x_4+6. \end{cases}$$

令 $x_4=c(c\in\mathbf{R})$,则原方程组的解为

$$\begin{cases} x_1=-8, \\ x_2=c+3, \\ x_3=2c+6, \\ x_4=c. \end{cases}$$

即

$$\boldsymbol{x}=\begin{pmatrix} x_1 \\ x_2 \\ x_3 \\ x_4 \end{pmatrix}=c\begin{pmatrix} 0 \\ 1 \\ 2 \\ 1 \end{pmatrix}+\begin{pmatrix} -8 \\ 3 \\ 6 \\ 0 \end{pmatrix} \quad (c\in\mathbf{R}).$$

例 3.8 设线性方程组

$$\begin{cases} \lambda x_1+x_2+x_3=1, \\ x_1+\lambda x_2+x_3=\lambda, \\ x_1+x_2+\lambda x_3=\lambda^2. \end{cases}$$

问 λ 取何值时,方程组有唯一解?无解?有无穷多解?并在有无穷多解时求其通解.

解法 1　对增广矩阵 $\overline{\boldsymbol{A}}=(\boldsymbol{A} \mid \boldsymbol{b})$ 施行初等行变换

$$\overline{\boldsymbol{A}}=\left(\begin{array}{ccc:c}\lambda & 1 & 1 & 1\\ 1 & \lambda & 1 & \lambda\\ 1 & 1 & \lambda & \lambda^2\end{array}\right)\overset{r_1\leftrightarrow r_3}{\sim}\left(\begin{array}{ccc:c}1 & 1 & \lambda & \lambda^2\\ 1 & \lambda & 1 & \lambda\\ \lambda & 1 & 1 & 1\end{array}\right)\underset{r_3-\lambda r_1}{\overset{r_2-r_1}{\sim}}\left(\begin{array}{ccc:c}1 & 1 & \lambda & \lambda^2\\ 0 & \lambda-1 & 1-\lambda & \lambda-\lambda^2\\ 0 & 1-\lambda & 1-\lambda^2 & 1-\lambda^3\end{array}\right)$$

$$\overset{r_3+r_2}{\sim}\left(\begin{array}{ccc:c}1 & 1 & \lambda & \lambda^2\\ 0 & \lambda-1 & 1-\lambda & \lambda(1-\lambda)\\ 0 & 0 & (1-\lambda)(\lambda+2) & (1-\lambda)(1+\lambda)^2\end{array}\right).$$

(1) 当 $\lambda=1$ 时，$\overline{\boldsymbol{A}}\sim\begin{pmatrix}1&1&1&1\\0&0&0&0\\0&0&0&0\end{pmatrix}$，因为 $R(\boldsymbol{A})=R(\overline{\boldsymbol{A}})=1<3$，所以方程组有无穷多解.

其通解为

$$\begin{cases}x_1=1-c_1-c_2,\\ x_2=c_1, \qquad\qquad (c_1,c_2\in\mathbf{R}),\\ x_3=c_2\end{cases}$$

即

$$\boldsymbol{x}=\begin{pmatrix}x_1\\x_2\\x_3\end{pmatrix}=c_1\begin{pmatrix}-1\\1\\0\end{pmatrix}+c_2\begin{pmatrix}-1\\0\\1\end{pmatrix}+\begin{pmatrix}1\\0\\0\end{pmatrix}\ (c_1,c_2\in\mathbf{R}).$$

(2) 当 $\lambda\neq1$ 时，$\overline{\boldsymbol{A}}\sim\begin{pmatrix}1&1&\lambda&\lambda^2\\0&1&-1&-\lambda\\0&0&2+\lambda&(1+\lambda)^2\end{pmatrix}$.

① 当 $\lambda\neq-2$ 时，$R(\boldsymbol{A})=R(\overline{\boldsymbol{A}})=3$，方程组有唯一解.

② 当 $\lambda=-2$ 时，$\overline{\boldsymbol{A}}\sim\begin{pmatrix}1&1&-2&4\\0&1&-1&2\\0&0&0&1\end{pmatrix}$，因为 $R(\boldsymbol{A})\neq R(\overline{\boldsymbol{A}})$，故方程组无解.

解法 2　因系数矩阵为方阵，故由克拉默法则，方程组有唯一解的充要条件是系数行列式 $|\boldsymbol{A}|\neq0$，而

$$|\boldsymbol{A}|=\begin{vmatrix}\lambda&1&1\\1&\lambda&1\\1&1&\lambda\end{vmatrix}=(\lambda+2)(\lambda-1)^2,$$

因此，当 $\lambda\neq1$ 且 $\lambda\neq-2$ 时方程组有唯一解.

当 $\lambda=1$ 时，

$$\overline{\boldsymbol{A}}\sim\begin{pmatrix}1&1&1&1\\0&0&0&0\\0&0&0&0\end{pmatrix},$$

因为 $R(\boldsymbol{A})=R(\overline{\boldsymbol{A}})=1<3$，所以方程组有无穷多解. 其通解为

$$\begin{cases}x_1=1-c_1-c_2,\\ x_2=c_1, & (c_1,c_2\in\mathbf{R}),\\ x_3=c_2\end{cases}$$

即

$$\boldsymbol{x}=\begin{pmatrix}x_1\\x_2\\x_3\end{pmatrix}=c_1\begin{pmatrix}-1\\1\\0\end{pmatrix}+c_2\begin{pmatrix}-1\\0\\1\end{pmatrix}+\begin{pmatrix}1\\0\\0\end{pmatrix}\ (c_1,c_2\in\mathbf{R}).$$

当 $\lambda=-2$ 时，

$$\overline{\mathbf{A}}\sim\begin{pmatrix}1&1&-2&4\\0&1&-1&2\\0&0&0&1\end{pmatrix}.$$

因为 $R(\mathbf{A})\neq R(\overline{\mathbf{A}})$，故方程组无解.

注意： 解法 2 只适用于系数矩阵为方阵的情形.

例 3.9 求解齐次线性方程组

$$\begin{cases}x_1+x_2+2x_3-x_4=0,\\ 2x_1+x_2+x_3-x_4=0,\\ 2x_1+2x_2+x_3+2x_4=0.\end{cases}$$

解 对系数矩阵 $\mathbf{A}$ 施行初等行变换化为行最简形矩阵

$$\mathbf{A}=\begin{pmatrix}1&1&2&-1\\2&1&1&-1\\2&2&1&2\end{pmatrix}\overset{r_2-2r_1}{\underset{r_3-2r_1}{\sim}}\begin{pmatrix}1&1&2&-1\\0&-1&-3&1\\0&0&-3&4\end{pmatrix}\overset{r_1+r_2}{\underset{r_3\times(-\frac{1}{3})}{\sim}}\begin{pmatrix}1&0&-1&0\\0&-1&-3&1\\0&0&1&-\frac{4}{3}\end{pmatrix}$$

$$\overset{r_1+r_3}{\underset{r_2+3r_3}{\sim}}\begin{pmatrix}1&0&0&-\frac{4}{3}\\0&-1&0&-3\\0&0&1&-\frac{4}{3}\end{pmatrix}\overset{r_2\times(-1)}{\sim}\begin{pmatrix}1&0&0&-\frac{4}{3}\\0&1&0&3\\0&0&1&-\frac{4}{3}\end{pmatrix},$$

即得同解方程组

$$\begin{cases}x_1=\dfrac{4}{3}x_4,\\ x_2=-3x_4,\\ x_3=\dfrac{4}{3}x_4.\end{cases}$$

令 $x_4=c(c\in\mathbf{R})$，得通解为

$$\boldsymbol{x}=\begin{pmatrix}x_1\\x_2\\x_3\\x_4\end{pmatrix}=c\begin{pmatrix}\frac{4}{3}\\-3\\\frac{4}{3}\\1\end{pmatrix}\ (c\in\mathbf{R}).$$

对于定理 3.2 也可推广到矩阵方程，即

定理 3.3　矩阵方程 $\boldsymbol{AX}=\boldsymbol{B}$ 有解的充分必要条件是

$$R(\boldsymbol{A})=R(\boldsymbol{A}\,\vdots\,\boldsymbol{B}).$$

证明　设 $\boldsymbol{A}$ 为 $m\times n$ 矩阵，$\boldsymbol{B}$ 为 $m\times l$ 矩阵，则 $\boldsymbol{X}$ 为 $n\times l$ 矩阵. 把 $\boldsymbol{X}$ 和 $\boldsymbol{B}$ 按列分块，记为

$$\boldsymbol{X}=(\boldsymbol{x}_1,\boldsymbol{x}_2,\cdots,\boldsymbol{x}_l),\ \boldsymbol{B}=(\boldsymbol{b}_1,\boldsymbol{b}_2,\cdots,\boldsymbol{b}_l),$$

则矩阵方程 $\boldsymbol{AX}=\boldsymbol{B}$ 等价于 l 个向量方程

$$\boldsymbol{Ax}_i=\boldsymbol{b}_i(i=1,2,\cdots,l).$$

充分性　设 $R(\boldsymbol{A})=R(\boldsymbol{A},\boldsymbol{B})$，由于

$$R(\boldsymbol{A})\leqslant R(\boldsymbol{A},\boldsymbol{b}_i)\leqslant R(\boldsymbol{A},\boldsymbol{B}),$$

故有 $R(\boldsymbol{A})=R(\boldsymbol{A},\boldsymbol{b}_i)$，根据定理 3.2 知，这 l 个向量方程 $\boldsymbol{Ax}_i=\boldsymbol{b}_i(i=1,2,\cdots,l)$ 有解，因此矩阵方程 $\boldsymbol{AX}=\boldsymbol{B}$ 有解.

必要性　设矩阵方程 $\boldsymbol{AX}=\boldsymbol{B}$ 有解，从而 l 个向量方程 $\boldsymbol{Ax}_i=\boldsymbol{b}_i(i=1,2,\cdots,l)$ 都有解，并设为

$$\boldsymbol{x}_i=\begin{pmatrix}\lambda_{1i}\\\lambda_{2i}\\\vdots\\\lambda_{ni}\end{pmatrix}(i=1,2,\cdots,l).$$

记 $\boldsymbol{A}=(\boldsymbol{a}_1,\boldsymbol{a}_2,\cdots,\boldsymbol{a}_n)$，即有

$$\lambda_{1i}\boldsymbol{a}_1+\lambda_{2i}\boldsymbol{a}_2+\cdots+\lambda_{ni}\boldsymbol{a}_n=\boldsymbol{b}_i.$$

对矩阵 $(\boldsymbol{A},\boldsymbol{B})=(\boldsymbol{a}_1,\boldsymbol{a}_2,\cdots,\boldsymbol{a}_n,\boldsymbol{b}_1,\boldsymbol{b}_2,\cdots,\boldsymbol{b}_l)$ 施行列变换

$$\boldsymbol{c}_{n+i}-\lambda_{1i}\boldsymbol{c}_1-\cdots-\lambda_{ni}\boldsymbol{c}_n(i=1,2,\cdots,l),$$

便把 $(\boldsymbol{A},\boldsymbol{B})$ 的第 $n+1$ 列、…、第 $n+l$ 列变为 0，即

$$(\boldsymbol{A},\boldsymbol{B})\overset{c}{\sim}(\boldsymbol{A},\boldsymbol{O}).$$

因此

$$R(\boldsymbol{A},\boldsymbol{B})=R(\boldsymbol{A}).$$

定理 3.4　设 $\boldsymbol{AB}=\boldsymbol{C}$，则 $R(\boldsymbol{C})\leqslant\min\{R(\boldsymbol{A}),R(\boldsymbol{B})\}$.

证明　因为 $\boldsymbol{AB}=\boldsymbol{C}$，知矩阵方程 $\boldsymbol{AX}=\boldsymbol{C}$ 有解 $\boldsymbol{X}=\boldsymbol{B}$，根据定理 3.3，有

$$R(\boldsymbol{A})=R(\boldsymbol{A},\boldsymbol{C}),$$

而 $R(\boldsymbol{C})\leqslant R(\boldsymbol{A},\boldsymbol{C})$，因此

$$R(\boldsymbol{C})\leqslant R(\boldsymbol{A}).$$

又 $\boldsymbol{B}^{\mathrm{T}}\boldsymbol{A}^{\mathrm{T}}=\boldsymbol{C}^{\mathrm{T}}$，由上面证明有 $R(\boldsymbol{C}^{\mathrm{T}})\leqslant R(\boldsymbol{B}^{\mathrm{T}})$，即 $R(\boldsymbol{C})\leqslant R(\boldsymbol{B})$. 综合便得

$$R(\boldsymbol{C})\leqslant\min\{R(\boldsymbol{A}),R(\boldsymbol{B})\}.$$

定理 3.5　矩阵方程 $\boldsymbol{A}_{m\times n}\boldsymbol{X}_{n\times l}=\boldsymbol{O}$ 只有零解的充要条件是 $R(\boldsymbol{A})=n$.

这个定理的证明请读者自行完成.

本章小结

一、矩阵秩的定义

设矩阵 $\boldsymbol{A}$ 中有一个不等于零的 r 阶子式,且所有的 $r+1$ 阶子式(如果存在)全等于零,称 r 为矩阵 $\boldsymbol{A}$ 的秩,记作 $R(\boldsymbol{A})$.

注意: 若 $\boldsymbol{A}$ 有 r 阶子式非零,则 $R(\boldsymbol{A})\geqslant r$;若 $\boldsymbol{A}$ 的所有 $r+1$ 阶子式全为零,$R(\boldsymbol{A})\leqslant r$.

二、矩阵秩的性质

(1) $0\leqslant R(\boldsymbol{A}_{m\times n})\leqslant \min\{m,n\}$.

(2) $R(\boldsymbol{A})=R(\boldsymbol{A}^{\mathrm{T}})$.

(3) 初等变换不改变矩阵的秩,即若 $\boldsymbol{A}\sim\boldsymbol{B}$,则 $R(\boldsymbol{A})=R(\boldsymbol{B})$.

(4) 矩阵乘上一个可逆矩阵不改变原矩阵的秩,即若 $\boldsymbol{P},\boldsymbol{Q}$ 可逆,则

$$R(\boldsymbol{PAQ}) = R(\boldsymbol{PA}) = R(\boldsymbol{AQ}) = R(\boldsymbol{A}).$$

(5) $\max\{R(\boldsymbol{A}),R(\boldsymbol{B})\}\leqslant R(\boldsymbol{A},\boldsymbol{B})\leqslant R(\boldsymbol{A})+R(\boldsymbol{B})$.

(6) $R(\boldsymbol{A}+\boldsymbol{B})\leqslant R(\boldsymbol{A})+R(\boldsymbol{B})$.

(7) $R(\boldsymbol{AB})\leqslant \min\{R(\boldsymbol{A}),R(\boldsymbol{B})\}$.

(8) 若 $\boldsymbol{A}_{m\times n}\boldsymbol{B}_{n\times l}=\boldsymbol{O}$,则 $R(\boldsymbol{A})+R(\boldsymbol{B})\leqslant n$.

三、矩阵秩的求法

(1) 利用秩的定义.

(2) 利用初等变换将矩阵化为行阶梯形矩阵.

(3) 利用秩的性质.

四、线性方程组的解

1. 解的判别方法

(1) 非齐次线性方程组 $\boldsymbol{A}_{m\times n}\boldsymbol{x}=\boldsymbol{b}$ 有解的充分必要条件:$R(\boldsymbol{A})=R(\boldsymbol{A},\boldsymbol{b})$.

当 $R(\boldsymbol{A})=R(\boldsymbol{A},\boldsymbol{b})=n$ 时,方程组有唯一解;

当 $R(\boldsymbol{A})=R(\boldsymbol{A},\boldsymbol{b})<n$ 时,方程组有无穷多个解.

(2) 齐次线性方程组 $\boldsymbol{A}_{m\times n}\boldsymbol{x}=\boldsymbol{0}$ 有非零解的充分必要条件:$R(\boldsymbol{A})<n$.

2. 解的求法

初等行变换法——将系数(增广矩阵)化为行最简形矩阵求解.

五、矩阵方程解的判定

(1) 矩阵方程 $\boldsymbol{AX}=\boldsymbol{B}$ 有解的充分必要条件:$R(\boldsymbol{A})=R(\boldsymbol{A},\boldsymbol{B})$.

(2) 矩阵方程 $\boldsymbol{A}_{m\times n}\boldsymbol{X}_{n\times l}=\boldsymbol{O}$ 只有零解的充分必要条件:$R(\boldsymbol{A})=n$.

注意 1: 求解非齐次方程组 $\boldsymbol{A}_{n\times n}\boldsymbol{x}=\boldsymbol{b}$,在 $|\boldsymbol{A}|\neq 0$ 时,可用:

① 克拉默法则.

② 逆矩阵法 $\boldsymbol{x}=\boldsymbol{A}^{-1}\boldsymbol{b}$.

③ 初等行变换法 $(\boldsymbol{A}\,\vdots\,\boldsymbol{b})\overset{r}{\sim}(\boldsymbol{E}\,\vdots\,\boldsymbol{A}^{-1}\boldsymbol{b})$.

注意 2: 带参数的线性方程组解的讨论尤为重要,施行初等行变换时应尽可能用数字去消参数,避免参数出现在分母上,因为参数的取值可能导致分母为零.

习题三

1. 求下列矩阵的秩.

(1) $A=\begin{pmatrix}2&3&4&4\\1&-1&2&-3\\3&2&6&1\\-1&0&-2&1\end{pmatrix}$；　(2) $A=\begin{pmatrix}1&1&0\\-2&-1&-2\\-1&-2&2\end{pmatrix}$；

(3) $A=\begin{pmatrix}1&-1&0&1&1\\1&1&1&0&0\\2&-2&0&2&2\\2&0&1&1&1\end{pmatrix}$；　(4) $A=\begin{pmatrix}a&b&\cdots&b\\b&a&\cdots&b\\\vdots&\vdots&&\vdots\\b&b&\cdots&a\end{pmatrix}$.

2. 已知矩阵

$$A=\begin{pmatrix}1&3&0&2&1\\-1&0&3&1&-1\\2&7&1&5&2\\4&4&2&6&0\end{pmatrix},$$

求 $R(A)$及 A 的一个最高阶非零子式.

3. 已知矩阵$\begin{pmatrix}1&1&-6&10\\1&4&k+6&-11\\2&3&-7&k+10\end{pmatrix}$的秩为 2,求 k.

4. 确定 λ 的值,使矩阵$\begin{pmatrix}1&\lambda&-1&2\\2&-1&\lambda&5\\1&10&-6&1\end{pmatrix}$的秩最小.

5. 设矩阵

$$A=\begin{pmatrix}-2&2k&-2&4k\\1&-1&k&-2\\k&-1&1&-2\end{pmatrix},$$

试问 k 为何值时(1) $R(A)=1$;(2) $R(A)=2$;(3) $R(A)=3$.

6. 设矩阵 $A=\begin{pmatrix}3&4&1\\0&2&0\\5&1&3\end{pmatrix}$,$B=\begin{pmatrix}2&-1&3\\0&3&1\\0&0&0\end{pmatrix}$,求 $R(AB)$.

7. 设 A 是 n 阶矩阵,证明 $R(A+E)+R(A-E)\geqslant n$.

8. 设 A 是 n 阶矩阵,又 $f(x)=a_0+a_1x+\cdots+a_nx^n$,$f(0)=0$,试证

$$R(f(A))\leqslant R(A).$$

9. 设 A 是 $m\times n$ 矩阵,B 是 $n\times m$ 矩阵,证明:当 $m>n$ 时,$|AB|=0$.

10. 设 A,B 分别是 $n\times n$ 及 $n\times m$ 矩阵($n\leqslant m$),已知 $AB=B$,$R(B)=n$,试证 $A=E$.

11. 求解下列齐次线性方程组.

(1) $\begin{cases} x_1 + x_3 - x_4 - 3x_5 = 0, \\ x_1 + 2x_2 - x_3 - x_5 = 0, \\ 4x_1 + 6x_2 - 2x_3 - 4x_4 + 3x_5 = 0, \\ 2x_1 - 2x_2 + 4x_3 - 7x_4 + 4x_5 = 0. \end{cases}$ (2) $\begin{cases} 2x_1 - 4x_2 + 5x_3 + 3x_4 = 0, \\ 3x_1 - 6x_2 + 4x_3 + 2x_4 = 0, \\ 4x_1 - 8x_2 + 17x_3 + 11x_4 = 0. \end{cases}$

(3) $\begin{cases} x_1 - x_2 + 2x_3 = 0, \\ x_2 - 3x_3 = 0, \\ x_1 - 2x_2 + 5x_3 = 0, \\ -2x_1 + x_3 = 0. \end{cases}$ (4) $\begin{cases} x_1 + 2x_2 + 2x_3 + x_4 = 0, \\ 2x_1 + x_2 - 2x_3 - 2x_4 = 0, \\ x_1 - x_2 - 4x_3 - 3x_4 = 0. \end{cases}$

12. 求解下列非齐次线性方程组.

(1) $\begin{cases} 2x_1 + x_2 - x_3 + x_4 = 1, \\ 4x_1 + 2x_2 - 2x_3 + x_4 = 2, \\ 2x_1 + x_2 - x_3 - x_4 = 1. \end{cases}$ (2) $\begin{cases} 2x_1 + x_2 + 2x_3 - 2x_4 = 3, \\ x_1 - 2x_2 + 3x_3 - x_4 = 1, \\ 3x_1 - x_2 + 5x_3 - 3x_4 = 2. \end{cases}$

13. 试证线性方程组

$$\begin{cases} x_1 - x_2 = a_1, \\ x_2 - x_3 = a_2, \\ x_3 - x_4 = a_3, \\ x_4 - x_5 = a_4, \\ x_5 - x_1 = a_5 \end{cases}$$

有解的充分必要条件是 $a_1 + a_2 + a_3 + a_4 + a_5 = 0$,并在有解的情况下,求出其通解.

14. 设齐次线性方程组

$$\begin{cases} (3-\lambda)x_1 - x_2 + x_3 = 0, \\ x_1 + (1-\lambda)x_2 + x_3 = 0, \\ -3x_1 + 3x_2 - (1+\lambda)x_3 = 0. \end{cases}$$

问 λ 取何值时,此齐次方程组有非零解?并在有非零解时求其通解.

15. 设非齐次线性方程组

$$\begin{cases} -2x_1 + x_2 + x_3 = -2, \\ x_1 - 2x_2 + x_3 = \lambda, \\ x_1 + x_2 - 2x_3 = \lambda^2. \end{cases}$$

问 λ 取何值时方程组有唯一解?有无穷多个解?无解?并在有无穷多个解时求其通解.

16. 构造一个秩为 3 的方阵 $\boldsymbol{A}$,使它的两个行向量分别为 $(1,-1,0,0)$,$(0,2,-3,0)$.

17. 设 $\boldsymbol{A}$ 为 $m \times n$ 矩阵,证明:若 $\boldsymbol{AX}=\boldsymbol{AY}$,且 $R(\boldsymbol{A})=n$,则 $\boldsymbol{X}=\boldsymbol{Y}$.

18. 证明 $R(\boldsymbol{AA}^{\mathrm{T}})=R(\boldsymbol{A})$.

同步测试题三

一、选择题

1. 设 $\boldsymbol{A}$ 为 $m \times n$ 矩阵,$R(\boldsymbol{A}) = r < \min\{m,n\}$,则 $\boldsymbol{A}$ 中(　　).

A. 至少有一个 r 阶子式不为 0,没有等于 0 的 $r-1$ 阶子式

B. 有不等于 0 的 r 阶子式,没有不等于 0 的 $r+1$ 阶子式

C. 有等于 0 的 r 阶子式,没有不等于 0 的 $r+1$ 阶子式

D. 任何 r 阶子式不等于 0,任何 $r+1$ 阶子式都等于 0

2. 矩阵 $\begin{pmatrix} 1 & a & a^2 \\ 1 & b & b^2 \\ 1 & c & c^2 \end{pmatrix}$ 的秩为 3,则(　　).

A. a,b,c 都不等于 1　　B. a,b,c 都不等于 0

C. a,b,c 互不相等　　D. $a=b=c$

3. 设 $\boldsymbol{A}$ 为 3 阶方阵,$R(\boldsymbol{A})=1$,则(　　).

A. $R(\boldsymbol{A}^*)=3$　　B. $R(\boldsymbol{A}^*)=2$

C. $R(\boldsymbol{A}^*)=1$　　D. $R(\boldsymbol{A}^*)=0$

4. 设 $\boldsymbol{A},\boldsymbol{B}$ 分别为 $m\times n$,$n\times m$ 矩阵,则齐次方程 $\boldsymbol{ABx}=\boldsymbol{0}$(　　).

A. 当 $n>m$ 时仅有零解　　B. 当 $m>n$ 时必有非零解

C. 当 $m>n$ 时仅有零解　　D. 当 $n>m$ 时必有非零解

5. 如果线性方程组 $\boldsymbol{Ax}=\boldsymbol{b}$ 中方程的个数少于未知数的个数,则(　　).

A. $\boldsymbol{Ax}=\boldsymbol{0}$ 必有非零解　　B. $\boldsymbol{Ax}=\boldsymbol{b}$ 必有无穷多解

C. $\boldsymbol{Ax}=\boldsymbol{0}$ 一定无解　　D. $\boldsymbol{Ax}=\boldsymbol{b}$ 一定无解

二、填空题

1. 若 $\boldsymbol{AB}=\boldsymbol{O}$,且 $\boldsymbol{A}=\begin{pmatrix} 1 & 0 & 0 \\ 1 & 2 & -1 \\ 0 & 4 & t \end{pmatrix}$,$\boldsymbol{B}\neq\boldsymbol{O}$,则 $t=$__________.

2. 已知 $\boldsymbol{A}=(a_{ij})_{n\times n}$ 为非零实矩阵,且 a_{ij} 的代数余子式 $\boldsymbol{A}_{ij}$ 和 $a_{ij}\,(i,j=1,2,\cdots,n)$ 相等,则 $R(\boldsymbol{A})=$__________.

3. 设 $\boldsymbol{A}$ 为 4×3 矩阵,且 $R(\boldsymbol{A})=2$,而 $\boldsymbol{B}=\begin{pmatrix} 1 & 0 & 2 \\ 0 & 1 & 0 \\ -1 & 0 & -3 \end{pmatrix}$,则 $R(\boldsymbol{AB})=$__________.

4. 设线性方程组 $\begin{cases} x_1-2x_2+2x_3=0, \\ 2x_1-x_2+\lambda x_3=0, \\ x_1+2x_2-x_3=0 \end{cases}$ 的系数矩阵为 $\boldsymbol{A}$,且存在三阶非零矩阵 $\boldsymbol{B}$,使得 $\boldsymbol{AB}=\boldsymbol{O}$,则 $\lambda=$__________.

5. 设方程组 $\begin{pmatrix} a & 1 & 1 \\ 1 & a & 1 \\ 1 & 1 & a \end{pmatrix}\begin{pmatrix} x_1 \\ x_2 \\ x_3 \end{pmatrix}=\begin{pmatrix} 1 \\ 1 \\ -2 \end{pmatrix}$ 有无穷多解,则 $a=$__________.

三、计算题

1. 已知矩阵 $\boldsymbol{A}=\begin{pmatrix} 1 & 1 & 2 & -2 \\ 1 & 3 & -x & -2x \\ 1 & -1 & 6 & 0 \end{pmatrix}$ 的秩为 2,求 x.

2. 已知矩阵

$$A=\begin{pmatrix}1&1&2&2&1\\0&2&1&5&-1\\1&1&0&4&-1\\2&0&3&-1&3\end{pmatrix},$$

求 $R(\boldsymbol{A})$ 及 $\boldsymbol{A}$ 的一个最高阶非零子式.

3. 已知矩阵 $\boldsymbol{A}=\begin{pmatrix}k&1&1&1\\1&k&1&1\\1&1&k&1\\1&1&1&k\end{pmatrix}$ 的伴随矩阵 $\boldsymbol{A}^*$ 的秩为 1,求 k 的值.

4. 求解齐次线性方程组 $\begin{cases}x_1+2x_2+x_3-x_4=0,\\3x_1+6x_2-x_3-3x_4=0,\\5x_1+10x_2+x_3-5x_4=0.\end{cases}$

5. 问 a,b 为何值时,线性方程组

$$\begin{cases}x_1+x_2+x_3+x_4=0,\\x_2+2x_3+2x_4=1,\\-x_2+(a-3)x_3-2x_4=b,\\3x_1+2x_2+x_3+ax_4=-1.\end{cases}$$

有唯一解?无解?有无穷多解?并求出其无穷多解.

四、证明题

设 $\boldsymbol{A}$ 是 n 阶方阵,证明:

(1) 若 $\boldsymbol{A}^2=\boldsymbol{E}$,则 $R(\boldsymbol{A}+\boldsymbol{E})+R(\boldsymbol{A}-\boldsymbol{E})=n$;

(2) 若 $\boldsymbol{A}^2=\boldsymbol{A}$,则 $R(\boldsymbol{A})+R(\boldsymbol{A}-\boldsymbol{E})=n$.

第 4 章

向量空间

学习目标

1. 理解 n 维向量、向量组的线性组合及线性表示的概念，了解向量组等价的概念，掌握向量的基本运算.
2. 理解向量组的线性相关性概念，了解向量组线性相关、线性无关的有关性质，会判断向量组的线性相关性.
3. 理解向量组的最大无关组与向量组的秩的概念，会求向量组的最大无关组及向量组的秩.
4. 理解向量空间及向量空间的基和维数的概念，会求向量空间的基和维数.
5. 理解齐次线性方程组的基础解系的概念，知道线性方程组解的结构.
6. 了解正交向量与标准正交基的概念，会用施密特正交化方法.
7. 了解正交矩阵的概念与性质.

第 3 章介绍了一种解线性方程组的基本方法——初等行变换法.我们已经知道，采用不同的行变换步骤得到的行阶梯形矩阵其非零行的行数，即所剩方程的个数是唯一的.但当方程组的解不唯一时，自由未知量可以有不同的选择，由此所得的解的集合是否相同？方程组的一般解又具有怎样的结构？

本章将拓展向量的概念，讨论 n 维向量的运算及其线性关系，并利用矩阵的秩研究向量组的秩和最大无关组，在此基础上建立向量空间的概念，并讨论向量空间中的基变换和坐标变换，利用向量组与向量空间的理论，研究线性方程组解的结构.最后，介绍向量的内积与正交向量组.

4.1 向量组及其线性组合

一、n 维向量的概念

n 维向量的概念是通常的平面与空间中的二维、三维向量概念的自然推广.在几何中，我们把既有大小又有方向的量称为向量，向量可以用有向线段来表示，这在直观上很清楚，却很难直接推广到更加复杂的空间中.在解析几何中我们知道,给定一个坐标系,平面上每一个向量都可以用两个有序的实数组(x,y)来描述;同样在几何空间中,每一个向量可用三个有序实数组(x,y,z)来描述.这样就可以比较容易地推广到更加复杂的情形.在许多实际问题中需要用n个数构成的有序数组来描述所研究的对象.因此,有必要将几何向量推广到n维向量.

定义 4.1 n个有次序的数$a_1,a_2,\cdots,a_n$所组成的数组称为n **维向量**,数a_i称为向量的第i个**分量**.

分量全为实数的向量称为**实向量**;分量为复数的向量称为**复向量**.

n维向量写成一行,称为**行向量**,也就是行矩阵,通常用小写希腊字母$\boldsymbol{\alpha}^{\mathrm{T}},\boldsymbol{\beta}^{\mathrm{T}},\boldsymbol{\gamma}^{\mathrm{T}},\cdots$表示,如

$$\boldsymbol{\alpha}^{\mathrm{T}}=(a_1,a_2,\cdots,a_n).$$

n维向量写成一列,称为**列向量**,也就是列矩阵,通常用小写希腊字母$\boldsymbol{\alpha},\boldsymbol{\beta},\boldsymbol{\gamma},\cdots$表示,如

$$\boldsymbol{\alpha}=\begin{pmatrix}a_1\\a_2\\\vdots\\a_n\end{pmatrix}.$$

注意:(1) 行向量和列向量总被看作是两个不同的向量;
(2) 行向量和列向量都按照矩阵的运算法则进行运算;
(3) 当没有明确说明是行向量还是列向量时,都当作是列向量.

例如,$m\times n$矩阵

$$\boldsymbol{A}=\begin{pmatrix}a_{11}&a_{12}&\cdots&a_{1n}\\a_{21}&a_{22}&\cdots&a_{2n}\\\vdots&\vdots&&\vdots\\a_{m1}&a_{m2}&\cdots&a_{mn}\end{pmatrix}$$

的每一行$(a_{i1},a_{i2},\cdots,a_{in})(i=1,2,\cdots,m)$都是$n$维行向量,每一列$\begin{pmatrix}a_{1j}\\a_{2j}\\\vdots\\a_{mj}\end{pmatrix}$ $(j=1,2,\cdots,n)$都是m维列向量.

定义 4.2 由若干个同维数的列向量(或同维数的行向量)所组成的集合称为**向量组**.

向量组中所包含的向量个数可以为有限个,也可以为无限个.由有限个向量组成的向量组称为**有限向量组**;由无限个向量组成的向量组称为**无限向量组**.

下面首先讨论只含有限个向量的向量组,以后再推广到含无限个向量的向量组.

矩阵的列向量组和行向量组都是只含有限个向量的向量组;反之,一个含有限个向量的向量组也可以构成一个矩阵.例如

m个n维列向量所组成的向量组$\boldsymbol{A}$:$\boldsymbol{\alpha}_1,\boldsymbol{\alpha}_2,\cdots,\boldsymbol{\alpha}_m$构成一个$n\times m$矩阵

$$\boldsymbol{A}=(\boldsymbol{\alpha}_1,\boldsymbol{\alpha}_2,\cdots,\boldsymbol{\alpha}_m);$$

m个n维行向量所组成的向量组$\boldsymbol{B}$:$\boldsymbol{\beta}_1^{\mathrm{T}},\boldsymbol{\beta}_2^{\mathrm{T}},\cdots,\boldsymbol{\beta}_m^{\mathrm{T}}$构成一个$m\times n$矩阵

$$\boldsymbol{B}=\begin{pmatrix}\boldsymbol{\beta}_1^{\mathrm{T}}\\ \boldsymbol{\beta}_2^{\mathrm{T}}\\ \vdots\\ \boldsymbol{\beta}_m^{\mathrm{T}}\end{pmatrix}.$$

总之,含有限个向量的有序向量组可以和矩阵一一对应.

二、向量组的线性组合

定义 4.3　给定向量组 $\boldsymbol{A}$:$\boldsymbol{\alpha}_1,\boldsymbol{\alpha}_2,\cdots,\boldsymbol{\alpha}_m$,对于任何一组实数 $k_1,k_2,\cdots,k_m$,表达式

$$k_1\boldsymbol{\alpha}_1+k_2\boldsymbol{\alpha}_2+\cdots+k_m\boldsymbol{\alpha}_m$$

称为向量组 $\boldsymbol{A}$ 的一个**线性组合**,$k_1,k_2,\cdots,k_m$ 称为这个**线性组合的系数(组合系数)**.

定义 4.4　给定向量组 $\boldsymbol{A}$:$\boldsymbol{\alpha}_1,\boldsymbol{\alpha}_2,\cdots,\boldsymbol{\alpha}_m$ 和向量 $\boldsymbol{\beta}$,如果存在一组数 $k_1,k_2,\cdots,k_m$,使得

$$\boldsymbol{\beta}=k_1\boldsymbol{\alpha}_1+k_2\boldsymbol{\alpha}_2+\cdots+k_m\boldsymbol{\alpha}_m,$$

则称向量 $\boldsymbol{\beta}$ 是向量组 $\boldsymbol{A}$ 的**线性组合**,或者称向量 $\boldsymbol{\beta}$ 能由向量组 $\boldsymbol{A}$ **线性表示**.

例如,$\boldsymbol{\beta}=(2,-1,1)^{\mathrm{T}}$,$\boldsymbol{\alpha}_1=(1,0,0)^{\mathrm{T}}$,$\boldsymbol{\alpha}_2=(0,1,0)^{\mathrm{T}}$,$\boldsymbol{\alpha}_3=(0,0,1)^{\mathrm{T}}$,显然有

$$\boldsymbol{\beta}=2\boldsymbol{\alpha}_1-\boldsymbol{\alpha}_2+\boldsymbol{\alpha}_3,$$

即 $\boldsymbol{\beta}$ 是 $\boldsymbol{\alpha}_1,\boldsymbol{\alpha}_2,\boldsymbol{\alpha}_3$ 的线性组合,或者说 $\boldsymbol{\beta}$ 可由 $\boldsymbol{\alpha}_1,\boldsymbol{\alpha}_2,\boldsymbol{\alpha}_3$ 线性表示.

例 4.1　设 $\boldsymbol{\beta}=\begin{pmatrix}5\\1\\0\end{pmatrix}$,$\boldsymbol{\alpha}_1=\begin{pmatrix}1\\2\\-3\end{pmatrix}$,$\boldsymbol{\alpha}_2=\begin{pmatrix}3\\0\\1\end{pmatrix}$,$\boldsymbol{\alpha}_3=\begin{pmatrix}9\\6\\-7\end{pmatrix}$,问 $\boldsymbol{\beta}$ 可否由 $\boldsymbol{\alpha}_1,\boldsymbol{\alpha}_2,\boldsymbol{\alpha}_3$ 线性表示?

解　$\boldsymbol{\beta}$ 可由 $\boldsymbol{\alpha}_1,\boldsymbol{\alpha}_2,\boldsymbol{\alpha}_3$ 线性表示,即可找到数 x_1,x_2,x_3,使

$$x_1\boldsymbol{\alpha}_1+x_2\boldsymbol{\alpha}_2+x_3\boldsymbol{\alpha}_3=\boldsymbol{\beta},$$

即

$$(\boldsymbol{\alpha}_1,\boldsymbol{\alpha}_2,\boldsymbol{\alpha}_3)\begin{pmatrix}x_1\\x_2\\x_3\end{pmatrix}=\boldsymbol{\beta}.$$

若令

$$\boldsymbol{A}=(\boldsymbol{\alpha}_1,\boldsymbol{\alpha}_2,\boldsymbol{\alpha}_3),\boldsymbol{x}=\begin{pmatrix}x_1\\x_2\\x_3\end{pmatrix},$$

则问题转化为线性方程组 $\boldsymbol{Ax}=\boldsymbol{\beta}$ 是否有解.

由

$$\overline{\boldsymbol{A}}=(\boldsymbol{A}\mid\boldsymbol{\beta})=\left(\begin{array}{ccc|c}1&3&9&5\\2&0&6&1\\-3&1&-7&0\end{array}\right)\underset{r_3+3r_1}{\overset{r_2-2r_1}{\sim}}\left(\begin{array}{ccc|c}1&3&9&5\\0&-6&-12&-9\\0&10&20&15\end{array}\right)\underset{r_3-5r_2}{\overset{r_2\times\left(-\frac{1}{3}\right)}{\sim}}\left(\begin{array}{ccc|c}1&3&9&5\\0&2&4&3\\0&0&0&0\end{array}\right),$$

得

$$R(\boldsymbol{A})=R(\overline{\boldsymbol{A}}),$$

所以 $\boldsymbol{Ax}=\boldsymbol{\beta}$ 有解,即 $\boldsymbol{\beta}$ 可由 $\boldsymbol{\alpha}_1,\boldsymbol{\alpha}_2,\boldsymbol{\alpha}_3$ 线性表示.

可见,一个向量能否由一个向量组线性表示,可转化为非齐次线性方程组是否有解的问题.

向量 $\boldsymbol{\beta}$ 能由向量组 $\boldsymbol{A}$：$\boldsymbol{\alpha}_1,\boldsymbol{\alpha}_2,\cdots,\boldsymbol{\alpha}_m$ 线性表示,也就是线性方程组

$$x_1\boldsymbol{\alpha}_1+x_2\boldsymbol{\alpha}_2+\cdots+x_m\boldsymbol{\alpha}_m=\boldsymbol{\beta}$$

有解,即线性方程组 $\boldsymbol{A}_{n\times m}\boldsymbol{x}=\boldsymbol{\beta}$ 有解. 由定理 3.2,可得

定理 4.1 向量 $\boldsymbol{\beta}$ 能由向量组 $\boldsymbol{A}$：$\boldsymbol{\alpha}_1,\boldsymbol{\alpha}_2,\cdots,\boldsymbol{\alpha}_m$ 线性表示的充分必要条件是矩阵 $\boldsymbol{A}=(\boldsymbol{\alpha}_1,\boldsymbol{\alpha}_2,\cdots,\boldsymbol{\alpha}_m)$ 的秩等于矩阵 $\overline{\boldsymbol{A}}=(\boldsymbol{\alpha}_1,\boldsymbol{\alpha}_2,\cdots,\boldsymbol{\alpha}_m\ \vdots\ \boldsymbol{\beta})$ 的秩.

例 4.2 设向量

$$\boldsymbol{\alpha}_1=\begin{pmatrix}-1\\0\\1\\2\end{pmatrix},\ \boldsymbol{\alpha}_2=\begin{pmatrix}3\\4\\-2\\5\end{pmatrix},\ \boldsymbol{\alpha}_3=\begin{pmatrix}1\\4\\0\\9\end{pmatrix},\ \boldsymbol{\beta}=\begin{pmatrix}5\\4\\-4\\1\end{pmatrix}.$$

问 $\boldsymbol{\beta}$ 能否由 $\boldsymbol{\alpha}_1,\boldsymbol{\alpha}_2,\boldsymbol{\alpha}_3$ 线性表示? 若能线性表示,写出其表达式.

解 根据定理 4.1,先讨论矩阵 $\boldsymbol{A}=(\boldsymbol{\alpha}_1,\boldsymbol{\alpha}_2,\boldsymbol{\alpha}_3)$ 与 $\overline{\boldsymbol{A}}=(\boldsymbol{\alpha}_1,\boldsymbol{\alpha}_2,\boldsymbol{\alpha}_3\ \vdots\ \boldsymbol{\beta})$ 的秩是否相等. 为此,把 $\overline{\boldsymbol{A}}$ 化为行最简形矩阵如下.

$$\overline{\boldsymbol{A}}=\left(\begin{array}{ccc:c}-1&3&1&5\\0&4&4&4\\1&-2&0&-4\\2&5&9&1\end{array}\right)\overset{\substack{r_3+r_1\\r_4+2r_1}}{\sim}\left(\begin{array}{ccc:c}-1&3&1&5\\0&4&4&4\\0&1&1&1\\0&11&11&11\end{array}\right)\overset{\substack{r_2\leftrightarrow r_3\\r_3-4r_2\\r_4-11r_2}}{\sim}\left(\begin{array}{ccc:c}-1&3&1&5\\0&1&1&1\\0&0&0&0\\0&0&0&0\end{array}\right)$$

$$\overset{r_1-3r_2}{\sim}\left(\begin{array}{ccc:c}-1&0&-2&2\\0&1&1&1\\0&0&0&0\\0&0&0&0\end{array}\right)\overset{r_1\times(-1)}{\sim}\left(\begin{array}{ccc:c}1&0&2&-2\\0&1&1&1\\0&0&0&0\\0&0&0&0\end{array}\right).$$

可见,$R(\boldsymbol{A})=R(\overline{\boldsymbol{A}})$. 因此,向量 $\boldsymbol{\beta}$ 能由向量组 $\boldsymbol{\alpha}_1,\boldsymbol{\alpha}_2,\boldsymbol{\alpha}_3$ 线性表示.

由上述行最简形矩阵,可得线性方程组 $(\boldsymbol{\alpha}_1,\boldsymbol{\alpha}_2,\boldsymbol{\alpha}_3)\boldsymbol{x}=\boldsymbol{\beta}$ 的通解为

$$\boldsymbol{x}=\begin{pmatrix}-2c-2\\-c+1\\c\end{pmatrix},$$

从而表达式为

$$\boldsymbol{\beta}=(-2c-2)\boldsymbol{\alpha}_1+(-c+1)\boldsymbol{\alpha}_2+c\boldsymbol{\alpha}_3,$$

其中 c 为任意常数.

三、向量组的等价

定义 4.5 设有两个向量组 $\boldsymbol{A}$: $\boldsymbol{\alpha}_1,\boldsymbol{\alpha}_2,\cdots,\boldsymbol{\alpha}_m$ 和 $\boldsymbol{B}$：$\boldsymbol{\beta}_1,\boldsymbol{\beta}_2,\cdots,\boldsymbol{\beta}_l$,若 $\boldsymbol{B}$ 组中的每个向量都能由向量组 $\boldsymbol{A}$ 线性表示,则称向量组 $\boldsymbol{B}$ 能由向量组 $\boldsymbol{A}$ 线性表示. 若向量组 $\boldsymbol{B}$ 与向量组 $\boldsymbol{A}$ 能相互线性表示,则称这两个向量组**等价**.

不难验证,向量组的等价满足

(1) **反身性**: 向量组 $\boldsymbol{A}$ 与自身等价.

(2) **对称性**：若向量组 $\boldsymbol{A}$ 与向量组 $\boldsymbol{B}$ 等价，则向量组 $\boldsymbol{B}$ 与向量组 $\boldsymbol{A}$ 等价.

(3) **传递性**：若向量组 $\boldsymbol{A}$ 与向量组 $\boldsymbol{B}$ 等价，向量组 $\boldsymbol{B}$ 与向量组 $\boldsymbol{C}$ 等价，则向量组 $\boldsymbol{A}$ 与向量组 $\boldsymbol{C}$ 等价.

下面介绍两个向量组等价的矩阵描述.

若记矩阵 $\boldsymbol{A}=(\boldsymbol{\alpha}_1,\boldsymbol{\alpha}_2,\cdots,\boldsymbol{\alpha}_m)$，$\boldsymbol{B}=(\boldsymbol{\beta}_1,\boldsymbol{\beta}_2,\cdots,\boldsymbol{\beta}_l)$，$\boldsymbol{B}$ 组能由 $\boldsymbol{A}$ 组线性表示，即对每一个向量 $\boldsymbol{\beta}_j(j=1,2,\cdots,l)$，存在数 $k_{1j},k_{2j},\cdots,k_{mj}$，使

$$\boldsymbol{\beta}_j=k_{1j}\boldsymbol{\alpha}_1+k_{2j}\boldsymbol{\alpha}_2+\cdots+k_{mj}\boldsymbol{\alpha}_m=(\boldsymbol{\alpha}_1,\boldsymbol{\alpha}_2,\cdots,\boldsymbol{\alpha}_m)\begin{pmatrix}k_{1j}\\k_{2j}\\\vdots\\k_{mj}\end{pmatrix},$$

从而

$$(\boldsymbol{\beta}_1,\boldsymbol{\beta}_2,\cdots,\boldsymbol{\beta}_l)=(\boldsymbol{\alpha}_1,\boldsymbol{\alpha}_2,\cdots,\boldsymbol{\alpha}_m)\begin{pmatrix}k_{11}&k_{12}&\cdots&k_{1l}\\k_{21}&k_{22}&\cdots&k_{2l}\\\vdots&\vdots&&\vdots\\k_{m1}&k_{m2}&\cdots&k_{ml}\end{pmatrix}.$$

这里，$\boldsymbol{K}_{m\times l}=(k_{ij})_{m\times l}$ 称为这一线性表示的**系数矩阵**.

由此可知，若 $\boldsymbol{C}_{m\times n}=\boldsymbol{A}_{m\times l}\boldsymbol{B}_{l\times n}$，则

$$(\boldsymbol{\gamma}_1,\boldsymbol{\gamma}_2,\cdots,\boldsymbol{\gamma}_n)=(\boldsymbol{\alpha}_1,\boldsymbol{\alpha}_2,\cdots,\boldsymbol{\alpha}_l)\begin{pmatrix}b_{11}&b_{12}&\cdots&b_{1n}\\b_{21}&b_{22}&\cdots&b_{2n}\\\vdots&\vdots&&\vdots\\b_{l1}&b_{l2}&\cdots&b_{ln}\end{pmatrix},$$

$$\boldsymbol{\gamma}_i=b_{1i}\boldsymbol{\alpha}_1+b_{2i}\boldsymbol{\alpha}_2+\cdots+b_{li}\boldsymbol{\alpha}_l\,(i=1,2,\cdots,n),$$

即矩阵 $\boldsymbol{C}$ 的列向量组能由矩阵 $\boldsymbol{A}$ 的列向量组线性表示，$\boldsymbol{B}$ 为这一表示的系数矩阵.

同时，$\boldsymbol{C}$ 的行向量组能由矩阵 $\boldsymbol{B}$ 的行向量组线性表示，$\boldsymbol{A}$ 为这一表示的系数矩阵.

$$\begin{pmatrix}\boldsymbol{\gamma}_1^{\mathrm{T}}\\\boldsymbol{\gamma}_2^{\mathrm{T}}\\\vdots\\\boldsymbol{\gamma}_m^{\mathrm{T}}\end{pmatrix}=\begin{pmatrix}a_{11}&a_{12}&\cdots&a_{1l}\\a_{21}&a_{22}&\cdots&a_{2l}\\\vdots&\vdots&&\vdots\\a_{m1}&a_{m2}&\cdots&a_{ml}\end{pmatrix}\begin{pmatrix}\boldsymbol{\beta}_1^{\mathrm{T}}\\\boldsymbol{\beta}_2^{\mathrm{T}}\\\vdots\\\boldsymbol{\beta}_l^{\mathrm{T}}\end{pmatrix}.$$

下面介绍矩阵等价与向量组等价之间的关系.

若矩阵 $\boldsymbol{A}\overset{r}{\sim}\boldsymbol{B}$，则 $\boldsymbol{A}$ 的行向量组与 $\boldsymbol{B}$ 的行向量组等价；若 $\boldsymbol{A}\overset{c}{\sim}\boldsymbol{B}$，则 $\boldsymbol{A}$ 的列向量组与 $\boldsymbol{B}$ 的列向量组等价.

事实上，矩阵 $\boldsymbol{A}$ 经过初等行变换变成矩阵 $\boldsymbol{B}$，则 $\boldsymbol{B}$ 的每个行向量都是 $\boldsymbol{A}$ 的行向量组的线性组合，即 $\boldsymbol{B}$ 的行向量组能由 $\boldsymbol{A}$ 的行向量组线性表示. 由于初等变换可逆，则矩阵 $\boldsymbol{B}$ 也可经过初等行变换变成 $\boldsymbol{A}$，从而 $\boldsymbol{A}$ 的行向量组能由 $\boldsymbol{B}$ 的行向量组线性表示. 于是，$\boldsymbol{A}$ 的行向量组与 $\boldsymbol{B}$ 的行向量组等价.

类似可得列的情况.

对于给定的向量组，如何判定它们是否等价呢？

由定义 4.5 知,向量组 $\boldsymbol{B}$: $\boldsymbol{\beta}_1,\boldsymbol{\beta}_2,\cdots,\boldsymbol{\beta}_l$ 能由向量组 $\boldsymbol{A}$: $\boldsymbol{\alpha}_1,\boldsymbol{\alpha}_2,\cdots,\boldsymbol{\alpha}_m$ 线性表示,也就是存在矩阵 $\boldsymbol{K}_{m\times l}$,使

$$(\boldsymbol{\beta}_1,\boldsymbol{\beta}_2,\cdots,\boldsymbol{\beta}_l)=(\boldsymbol{\alpha}_1,\boldsymbol{\alpha}_2,\cdots,\boldsymbol{\alpha}_m)\boldsymbol{K}_{m\times l},$$

即

$$(\boldsymbol{\alpha}_1,\boldsymbol{\alpha}_2,\cdots,\boldsymbol{\alpha}_m)\boldsymbol{X}=(\boldsymbol{\beta}_1,\boldsymbol{\beta}_2,\cdots,\boldsymbol{\beta}_l),$$

有解.

根据定理 3.3,可得

定理 4.2 向量组 $\boldsymbol{B}$: $\boldsymbol{\beta}_1,\boldsymbol{\beta}_2,\cdots,\boldsymbol{\beta}_l$ 能由向量组 $\boldsymbol{A}$: $\boldsymbol{\alpha}_1,\boldsymbol{\alpha}_2,\cdots,\boldsymbol{\alpha}_m$ 线性表示的充分必要条件是矩阵 $\boldsymbol{A}=(\boldsymbol{\alpha}_1,\boldsymbol{\alpha}_2,\cdots,\boldsymbol{\alpha}_m)$的秩等于矩阵$(\boldsymbol{A},\boldsymbol{B})=(\boldsymbol{\alpha}_1,\cdots,\boldsymbol{\alpha}_m,\boldsymbol{\beta}_1,\cdots,\boldsymbol{\beta}_l)$的秩. 即

$$R(\boldsymbol{A})=R(\boldsymbol{A},\boldsymbol{B}).$$

推论 向量组 $\boldsymbol{B}$: $\boldsymbol{\beta}_1,\boldsymbol{\beta}_2,\cdots,\boldsymbol{\beta}_l$ 与向量组 $\boldsymbol{A}$: $\boldsymbol{\alpha}_1,\boldsymbol{\alpha}_2,\cdots,\boldsymbol{\alpha}_m$ 等价的充分必要条件是

$$R(\boldsymbol{A})=R(\boldsymbol{B})=R(\boldsymbol{A},\boldsymbol{B}).$$

证明 因向量组 $\boldsymbol{A}$ 与 $\boldsymbol{B}$ 能相互线性表示,由定理 4.2,得

$$R(\boldsymbol{A})=R(\boldsymbol{A},\boldsymbol{B}) \text{ 且 } R(\boldsymbol{B})=R(\boldsymbol{B},\boldsymbol{A}).$$

而

$$R(\boldsymbol{A},\boldsymbol{B})=R(\boldsymbol{B},\boldsymbol{A}),$$

所以

$$R(\boldsymbol{A})=R(\boldsymbol{B})=R(\boldsymbol{A},\boldsymbol{B}).$$

例 4.3 设

$$\boldsymbol{\alpha}_1=\begin{pmatrix}1\\-1\\1\\-1\end{pmatrix},\ \boldsymbol{\alpha}_2=\begin{pmatrix}3\\1\\1\\3\end{pmatrix},\ \boldsymbol{\beta}_1=\begin{pmatrix}2\\0\\1\\1\end{pmatrix},\ \boldsymbol{\beta}_2=\begin{pmatrix}1\\1\\0\\2\end{pmatrix},\ \boldsymbol{\beta}_3=\begin{pmatrix}3\\-1\\2\\0\end{pmatrix},$$

证明向量组 $\boldsymbol{\alpha}_1,\boldsymbol{\alpha}_2$ 与向量组 $\boldsymbol{\beta}_1,\boldsymbol{\beta}_2,\boldsymbol{\beta}_3$ 等价.

证明 记 $\boldsymbol{A}=(\boldsymbol{\alpha}_1,\boldsymbol{\alpha}_2)$,$\boldsymbol{B}=(\boldsymbol{\beta}_1,\boldsymbol{\beta}_2,\boldsymbol{\beta}_3)$. 根据定理 4.2 的推论,只需证

$$R(\boldsymbol{A})=R(\boldsymbol{B})=R(\boldsymbol{A},\boldsymbol{B}).$$

为此,把矩阵$(\boldsymbol{A},\boldsymbol{B})$化成行阶梯形. 由

$$(\boldsymbol{A},\boldsymbol{B})=\left(\begin{array}{cc:ccc}1&3&2&1&3\\-1&1&0&1&-1\\1&1&1&0&2\\-1&3&1&2&0\end{array}\right)\overset{r}{\sim}\left(\begin{array}{cc:ccc}1&3&2&1&3\\0&4&2&2&2\\0&-2&-1&-1&-1\\0&6&3&3&3\end{array}\right)\overset{r}{\sim}\left(\begin{array}{cc:ccc}1&3&2&1&3\\0&2&1&1&1\\0&0&0&0&0\\0&0&0&0&0\end{array}\right).$$

可得

$$R(\boldsymbol{A})=R(\boldsymbol{A},\boldsymbol{B})=2.$$

因为 $\boldsymbol{B}$ 中有一个二阶子式$\begin{vmatrix}2&1\\0&1\end{vmatrix}=2\neq0$,故 $R(\boldsymbol{B})\geqslant2$,而

$$R(\boldsymbol{B})\leqslant R(\boldsymbol{A},\boldsymbol{B})=2,$$

所以 $R(\boldsymbol{B})=2$,因此

$$R(\boldsymbol{A})=R(\boldsymbol{B})=R(\boldsymbol{A},\boldsymbol{B}).$$

即向量组 $\boldsymbol{\alpha}_1,\boldsymbol{\alpha}_2$ 与向量组 $\boldsymbol{\beta}_1,\boldsymbol{\beta}_2,\boldsymbol{\beta}_3$ 等价.

定理 4.3 设向量组 $\boldsymbol{B}$：$\boldsymbol{\beta}_1,\boldsymbol{\beta}_2,\cdots,\boldsymbol{\beta}_l$ 能由向量组 $\boldsymbol{A}$：$\boldsymbol{\alpha}_1,\boldsymbol{\alpha}_2,\cdots,\boldsymbol{\alpha}_m$ 线性表示，则

$$R(\boldsymbol{B}) \leqslant R(\boldsymbol{A}).$$

证明 记 $\boldsymbol{A}=(\boldsymbol{\alpha}_1,\boldsymbol{\alpha}_2,\cdots,\boldsymbol{\alpha}_m)$，$\boldsymbol{B}=(\boldsymbol{\beta}_1,\boldsymbol{\beta}_2,\cdots,\boldsymbol{\beta}_l)$，由定理 4.2，得

$$R(\boldsymbol{A}) = R(\boldsymbol{A},\boldsymbol{B}),$$

而

$$R(\boldsymbol{B}) \leqslant R(\boldsymbol{A},\boldsymbol{B}),$$

因此

$$R(\boldsymbol{B}) \leqslant R(\boldsymbol{A}).$$

例 4.4 设 n 维向量组 $\boldsymbol{A}$：$\boldsymbol{\alpha}_1,\boldsymbol{\alpha}_2,\cdots,\boldsymbol{\alpha}_m$ 构成矩阵 $\boldsymbol{A}=(\boldsymbol{\alpha}_1,\boldsymbol{\alpha}_2,\cdots,\boldsymbol{\alpha}_m)$，$n$ 阶单位阵 $\boldsymbol{E}=(\boldsymbol{\varepsilon}_1,\boldsymbol{\varepsilon}_2,\cdots,\boldsymbol{\varepsilon}_n)$ 的列向量称为 n **维单位坐标向量**. 证明：n 维单位坐标向量组 $\boldsymbol{\varepsilon}_1,\boldsymbol{\varepsilon}_2,\cdots,\boldsymbol{\varepsilon}_n$ 可由向量组 $\boldsymbol{A}$ 线性表示的充要条件是 $R(\boldsymbol{A})=n$.

证明 由定理 4.2，向量组 $\boldsymbol{\varepsilon}_1,\boldsymbol{\varepsilon}_2,\cdots,\boldsymbol{\varepsilon}_n$ 能由向量组 $\boldsymbol{A}$ 线性表示的充分必要条件是

$$R(\boldsymbol{A}) = R(\boldsymbol{A},\boldsymbol{E}),$$

而

$$R(\boldsymbol{A},\boldsymbol{E}) \geqslant R(\boldsymbol{E}) = n,$$

又矩阵 $R(\boldsymbol{A},\boldsymbol{E})$ 含 n 行，知 $R(\boldsymbol{A},\boldsymbol{E})\leqslant n$，所以

$$R(\boldsymbol{A},\boldsymbol{E}) = n.$$

即向量组 $\boldsymbol{\varepsilon}_1,\boldsymbol{\varepsilon}_2,\cdots,\boldsymbol{\varepsilon}_n$ 能由向量组 $\boldsymbol{A}$ 线性表示的充分必要条件是 $R(\boldsymbol{A})=n$.

向量组 $\boldsymbol{\varepsilon}_1,\boldsymbol{\varepsilon}_2,\cdots,\boldsymbol{\varepsilon}_n$ 能由向量组 $\boldsymbol{A}$ 线性表示 $\Leftrightarrow$ 有矩阵 $\boldsymbol{K}$，使 $\boldsymbol{AK}=\boldsymbol{E}$ $\Leftrightarrow$ 方程 $\boldsymbol{AX}=\boldsymbol{E}$ 有解.

本例可以用方程的语言叙述为

方程 $\boldsymbol{A}_{n\times m}\boldsymbol{X} = \boldsymbol{E}_n$ 有解的充分必要条件是 $R(\boldsymbol{A}) = n$.

例 4.4 用矩阵的语言叙述为

对矩阵 $\boldsymbol{A}_{n\times m}$，存在矩阵 $\boldsymbol{Q}_{m\times n}$，使 $\boldsymbol{AQ} = \boldsymbol{E}_n$ 的充分必要条件是 $R(\boldsymbol{A}) = n$.

4.2 向量组的线性相关性

一、线性相关的概念

定义 4.6 给定向量组 $\boldsymbol{A}$：$\boldsymbol{\alpha}_1,\boldsymbol{\alpha}_2,\cdots,\boldsymbol{\alpha}_m$，如果存在不全为零的数 $k_1,k_2,\cdots,k_m$，使

$$k_1\boldsymbol{\alpha}_1 + k_2\boldsymbol{\alpha}_2 + \cdots + k_m\boldsymbol{\alpha}_m = \boldsymbol{0},$$

则称向量组 $\boldsymbol{A}$ 是**线性相关的**，否则称它是**线性无关**.

由定义可知：

(1) 当且仅当 $k_1=k_2=\cdots=k_m=0$ 时，才有

$$k_1\boldsymbol{\alpha}_1 + k_2\boldsymbol{\alpha}_2 + \cdots + k_m\boldsymbol{\alpha}_m = \boldsymbol{0},$$

则称向量组 $\boldsymbol{A}$：$\boldsymbol{\alpha}_1,\boldsymbol{\alpha}_2,\cdots,\boldsymbol{\alpha}_m$ 线性无关.

(2) 对于任一向量组，不是线性相关，就是线性无关，二者必居其一.

(3) 向量组只含一个向量时,当 $\boldsymbol{\alpha}=\mathbf{0}$ 时是线性相关的,当 $\boldsymbol{\alpha}\neq\mathbf{0}$ 时是线性无关的.

(4) 包含零向量的任何向量组都是线性相关的.

(5) 对于含两个向量的向量组,它线性相关的充分必要条件是两个向量的分量成比例.

事实上,若两个非零向量 $\boldsymbol{\alpha}_1,\boldsymbol{\alpha}_2$ 线性相关,则存在不全为零的数 k_1,k_2,使

$$k_1\boldsymbol{\alpha}_1+k_2\boldsymbol{\alpha}_2=\mathbf{0}.$$

不妨设 $k_1\neq 0$,于是 $\boldsymbol{\alpha}_1=-\frac{k_2}{k_1}\boldsymbol{\alpha}_2$;反之,若 $\boldsymbol{\alpha}_1=k\boldsymbol{\alpha}_2$,则 $\boldsymbol{\alpha}_1-k\boldsymbol{\alpha}_2=\mathbf{0}$,即 $\boldsymbol{\alpha}_1,\boldsymbol{\alpha}_2$ 线性相关.

二、线性相关性的判定

例 4.5 判断向量组 $\boldsymbol{\alpha}_1=\begin{pmatrix}1\\1\\1\end{pmatrix},\boldsymbol{\alpha}_2=\begin{pmatrix}0\\2\\5\end{pmatrix},\boldsymbol{\alpha}_3=\begin{pmatrix}2\\4\\7\end{pmatrix}$ 的线性相关性.

解 由定义 4.6 可知,判断 $\boldsymbol{\alpha}_1,\boldsymbol{\alpha}_2,\boldsymbol{\alpha}_3$ 是否线性相关,要看是否能找到不全为零的数 x_1, x_2,x_3,使

$$x_1\boldsymbol{\alpha}_1+x_2\boldsymbol{\alpha}_2+x_3\boldsymbol{\alpha}_3=\mathbf{0},$$

即

$$(\boldsymbol{\alpha}_1,\boldsymbol{\alpha}_2,\boldsymbol{\alpha}_3)\begin{pmatrix}x_1\\x_2\\x_3\end{pmatrix}=\mathbf{0},$$

令 $\boldsymbol{A}=(\boldsymbol{\alpha}_1,\boldsymbol{\alpha}_2,\boldsymbol{\alpha}_3)$,$\boldsymbol{x}=(x_1,x_2,x_3)^{\mathrm{T}}$,则问题转化为齐次线性方程组 $\boldsymbol{Ax}=\mathbf{0}$ 是否有非零解.

由

$$\boldsymbol{A}=(\boldsymbol{\alpha}_1,\boldsymbol{\alpha}_2,\boldsymbol{\alpha}_3)=\begin{pmatrix}1&0&2\\1&2&4\\1&5&7\end{pmatrix}\underset{r_3-r_1}{\overset{r_2-r_1}{\sim}}\begin{pmatrix}1&0&2\\0&2&2\\0&5&5\end{pmatrix}\overset{r_3-\frac{5}{2}r_2}{\sim}\begin{pmatrix}1&0&2\\0&2&2\\0&0&0\end{pmatrix}.$$

可得 $R(\boldsymbol{A})=2<3$,所以 $\boldsymbol{Ax}=0$ 有非零解,即 $\boldsymbol{\alpha}_1,\boldsymbol{\alpha}_2,\boldsymbol{\alpha}_3$ 线性相关.

可见,判断一组向量组是否线性相关,可转化为判断齐次线性方程组有无非零解问题.

向量组 $\boldsymbol{A}$:$\boldsymbol{\alpha}_1,\boldsymbol{\alpha}_2,\cdots,\boldsymbol{\alpha}_m$ 构成矩阵 $\boldsymbol{A}=(\boldsymbol{\alpha}_1,\boldsymbol{\alpha}_2,\cdots,\boldsymbol{\alpha}_m)$,向量组 $\boldsymbol{A}$ 线性相关就是齐次线性方程组

$$x_1\boldsymbol{\alpha}_1+x_2\boldsymbol{\alpha}_2+\cdots+x_m\boldsymbol{\alpha}_m=\mathbf{0},$$

即 $\boldsymbol{Ax}=\mathbf{0}$ 有非零解,因此有

定理 4.4 向量组 $\boldsymbol{\alpha}_1,\boldsymbol{\alpha}_2,\cdots,\boldsymbol{\alpha}_m$ 线性相关的充分必要条件是它所构成的矩阵 $\boldsymbol{A}=(\boldsymbol{\alpha}_1,\boldsymbol{\alpha}_2,\cdots,\boldsymbol{\alpha}_m)$ 的秩小于向量个数 m;向量组线性无关的充分必要条件是 $R(\boldsymbol{A})=m$.

例 4.6 n 维向量组 $\boldsymbol{\varepsilon}_1=(1,0,\cdots,0)^{\mathrm{T}},\boldsymbol{\varepsilon}_2=(0,1,\cdots,0)^{\mathrm{T}},\cdots,\boldsymbol{\varepsilon}_n=(0,0,\cdots,1)^{\mathrm{T}}$ 称为 n 维单位坐标向量组,讨论其线性相关性.

解 n 维单位坐标向量组构成的矩阵

$$\boldsymbol{E}=(\boldsymbol{\varepsilon}_1,\boldsymbol{\varepsilon}_2,\cdots,\boldsymbol{\varepsilon}_n)$$

是 n 阶单位矩阵.

由$|\boldsymbol{E}|=1\neq 0$，知$R(\boldsymbol{E})=n$，即$R(\boldsymbol{E})$等于向量组中向量的个数，故由定理 4.4 可知，此向量组是线性无关的.

推论　n个n维向量$\boldsymbol{\alpha}_1,\boldsymbol{\alpha}_2,\cdots,\boldsymbol{\alpha}_n$线性相关的充分必要条件是：它们所构成的行列式$|\boldsymbol{\alpha}_1,\boldsymbol{\alpha}_2,\cdots,\boldsymbol{\alpha}_n|=0$；线性无关的充分必要条件是$|\boldsymbol{\alpha}_1,\boldsymbol{\alpha}_2,\cdots,\boldsymbol{\alpha}_n|\neq 0$.

例 4.7　讨论向量组$\boldsymbol{\alpha}_1=\begin{pmatrix}3\\4\\-2\\5\end{pmatrix}$，$\boldsymbol{\alpha}_2=\begin{pmatrix}2\\-5\\0\\-3\end{pmatrix}$，$\boldsymbol{\alpha}_3=\begin{pmatrix}5\\0\\-1\\2\end{pmatrix}$，$\boldsymbol{\alpha}_4=\begin{pmatrix}3\\3\\-3\\5\end{pmatrix}$的线性相关性.

解　令$(\boldsymbol{\alpha}_1,\boldsymbol{\alpha}_2,\boldsymbol{\alpha}_3,\boldsymbol{\alpha}_4)=\boldsymbol{A}$，由于

$$|\boldsymbol{A}|=\begin{vmatrix}3&2&5&3\\4&-5&0&3\\-2&0&-1&-3\\5&-3&2&5\end{vmatrix}\xlongequal[c_4-3c_3]{c_1-2c_3}\begin{vmatrix}-7&2&5&-12\\4&-5&0&3\\0&0&-1&0\\1&-3&2&-1\end{vmatrix}=-\begin{vmatrix}-7&2&-12\\4&-5&3\\1&-3&-1\end{vmatrix}$$

$$\xlongequal[c_3+c_1]{c_2+3c_1}-\begin{vmatrix}-7&-19&-19\\4&7&7\\1&0&0\end{vmatrix}=-\begin{vmatrix}-19&-19\\7&7\end{vmatrix}=0,$$

因此向量组$\boldsymbol{\alpha}_1,\boldsymbol{\alpha}_2,\boldsymbol{\alpha}_3,\boldsymbol{\alpha}_4$线性相关.

例 4.8　设向量组$\boldsymbol{\alpha}_1=\begin{pmatrix}3\\2\\0\end{pmatrix}$，$\boldsymbol{\alpha}_2=\begin{pmatrix}5\\4\\-1\end{pmatrix}$，$\boldsymbol{\alpha}_3=\begin{pmatrix}3\\1\\t\end{pmatrix}$，试讨论它的线性相关性.

解法 1　根据定理 4.4，构造矩阵$\boldsymbol{A}=(\boldsymbol{\alpha}_1,\boldsymbol{\alpha}_2,\boldsymbol{\alpha}_3)$，利用初等行变换将其化为行阶梯形矩阵. 因为

$$\boldsymbol{A}=\begin{pmatrix}3&5&3\\2&4&1\\0&-1&t\end{pmatrix}\overset{r_2\leftrightarrow r_1}{\underset{r_1\div 2}{\sim}}\begin{pmatrix}1&2&\frac{1}{2}\\3&5&3\\0&-1&t\end{pmatrix}\overset{r_2-3r_1}{\sim}\begin{pmatrix}1&2&\frac{1}{2}\\0&-1&\frac{3}{2}\\0&-1&t\end{pmatrix}\overset{r_3-r_2}{\sim}\begin{pmatrix}1&2&\frac{1}{2}\\0&-1&\frac{3}{2}\\0&0&t-\frac{3}{2}\end{pmatrix},$$

所以

当$t=\frac{3}{2}$时，向量组$\boldsymbol{\alpha}_1,\boldsymbol{\alpha}_2,\boldsymbol{\alpha}_3$线性相关；

当$t\neq\frac{3}{2}$时，向量组$\boldsymbol{\alpha}_1,\boldsymbol{\alpha}_2,\boldsymbol{\alpha}_3$线性无关.

解法 2　因为

$$|\boldsymbol{\alpha}_1,\boldsymbol{\alpha}_2,\boldsymbol{\alpha}_3|=\begin{vmatrix}3&5&3\\2&4&1\\0&-1&t\end{vmatrix}=2t-3,$$

所以

当$2t-3=0$，即$t=\frac{3}{2}$时，向量组$\boldsymbol{\alpha}_1,\boldsymbol{\alpha}_2,\boldsymbol{\alpha}_3$线性相关；

当 $2t-3\neq 0$，即 $t\neq\dfrac{3}{2}$ 时，向量组 $\boldsymbol{\alpha}_1,\boldsymbol{\alpha}_2,\boldsymbol{\alpha}_3$ 线性无关.

例 4.9 已知向量组 $\boldsymbol{\alpha}_1,\boldsymbol{\alpha}_2,\boldsymbol{\alpha}_3,\boldsymbol{\alpha}_4$ 线性无关，而

$$\boldsymbol{\beta}_1=\boldsymbol{\alpha}_1+\boldsymbol{\alpha}_2,\ \boldsymbol{\beta}_2=\boldsymbol{\alpha}_1-\boldsymbol{\alpha}_2,\ \boldsymbol{\beta}_3=\boldsymbol{\alpha}_3+\boldsymbol{\alpha}_4,\ \boldsymbol{\beta}_4=\boldsymbol{\alpha}_3-\boldsymbol{\alpha}_4,$$

证明向量组 $\boldsymbol{\beta}_1,\boldsymbol{\beta}_2,\boldsymbol{\beta}_3,\boldsymbol{\beta}_4$ 线性无关.

证法 1(利用定义) 若存在数 k_1,k_2,k_3,k_4，使

$$k_1\boldsymbol{\beta}_1+k_2\boldsymbol{\beta}_2+k_3\boldsymbol{\beta}_3+k_4\boldsymbol{\beta}_4=0,$$

即

$$k_1(\boldsymbol{\alpha}_1+\boldsymbol{\alpha}_2)+k_2(\boldsymbol{\alpha}_1-\boldsymbol{\alpha}_2)+k_3(\boldsymbol{\alpha}_3+\boldsymbol{\alpha}_4)+k_4(\boldsymbol{\alpha}_3-\boldsymbol{\alpha}_4)=0,$$
$$(k_1+k_2)\boldsymbol{\alpha}_1+(k_1-k_2)\boldsymbol{\alpha}_2+(k_3+k_4)\boldsymbol{\alpha}_3+(k_3-k_4)\boldsymbol{\alpha}_4=0,$$

因为 $\boldsymbol{\alpha}_1,\boldsymbol{\alpha}_2,\boldsymbol{\alpha}_3,\boldsymbol{\alpha}_4$ 线性无关，故

$$\begin{cases}k_1+k_2=0,\\ k_1-k_2=0,\\ k_3+k_4=0,\\ k_3-k_4=0.\end{cases}$$

解得

$$k_1=k_2=k_3=k_4=0.$$

所以向量组 $\boldsymbol{\beta}_1,\boldsymbol{\beta}_2,\boldsymbol{\beta}_3,\boldsymbol{\beta}_4$ 线性无关.

证法 2 将已知的线性表示关系写成矩阵等式为

$$(\boldsymbol{\beta}_1,\boldsymbol{\beta}_2,\boldsymbol{\beta}_3,\boldsymbol{\beta}_4)=(\boldsymbol{\alpha}_1,\boldsymbol{\alpha}_2,\boldsymbol{\alpha}_3,\boldsymbol{\alpha}_4)\begin{pmatrix}1&1&0&0\\1&-1&0&0\\0&0&1&1\\0&0&1&-1\end{pmatrix}.$$

记矩阵

$$\boldsymbol{B}=(\boldsymbol{\beta}_1,\boldsymbol{\beta}_2,\boldsymbol{\beta}_3,\boldsymbol{\beta}_4),\ \boldsymbol{A}=(\boldsymbol{\alpha}_1,\boldsymbol{\alpha}_2,\boldsymbol{\alpha}_3,\boldsymbol{\alpha}_4),\ \boldsymbol{C}=\begin{pmatrix}1&1&0&0\\1&-1&0&0\\0&0&1&1\\0&0&1&-1\end{pmatrix},$$

因为 $\boldsymbol{\alpha}_1,\boldsymbol{\alpha}_2,\boldsymbol{\alpha}_3,\boldsymbol{\alpha}_4$ 线性无关，所以 $R(\boldsymbol{A})=4$. 又因为 $|\boldsymbol{C}|=4\neq 0$，即 $\boldsymbol{C}$ 可逆，所以 $R(\boldsymbol{C})=4$，因此

$$R(\boldsymbol{B})=R(\boldsymbol{AC})=R(\boldsymbol{A})=4.$$

根据定理 4.4 得，$\boldsymbol{\beta}_1,\boldsymbol{\beta}_2,\boldsymbol{\beta}_3,\boldsymbol{\beta}_4$ 线性无关.

线性相关性是向量组的一个重要性质，下面介绍与之有关的一些简单性质.

三、向量组线性相关的性质

性质 1 任何 m 个 n 维向量组 $\boldsymbol{\alpha}_1,\boldsymbol{\alpha}_2,\cdots,\boldsymbol{\alpha}_m$，当 $m>n$ 时一定线性相关.

证明 m 个 n 维向量 $\boldsymbol{\alpha}_1,\boldsymbol{\alpha}_2,\cdots,\boldsymbol{\alpha}_m$ 构成矩阵 $\boldsymbol{A}_{n\times m}=(\boldsymbol{\alpha}_1,\boldsymbol{\alpha}_2,\cdots,\boldsymbol{\alpha}_m)$，有

$$R(\boldsymbol{A})\leqslant\min\{n,m\}=n<m,$$

由定理4.4知，$\boldsymbol{\alpha}_1,\boldsymbol{\alpha}_2,\cdots,\boldsymbol{\alpha}_m$ 线性相关.

特别地，$n+1$ 个 n 维向量一定线性相关.

性质2 若向量组 $\boldsymbol{A}$：$\boldsymbol{\alpha}_1,\boldsymbol{\alpha}_2,\cdots,\boldsymbol{\alpha}_m$ 线性相关，则向量组 $\boldsymbol{B}$：$\boldsymbol{\alpha}_1,\boldsymbol{\alpha}_2,\cdots,\boldsymbol{\alpha}_m,\boldsymbol{\alpha}_{m+1}$ 也线性相关.

证明 记 $\boldsymbol{A}=(\boldsymbol{\alpha}_1,\boldsymbol{\alpha}_2,\cdots,\boldsymbol{\alpha}_m)$，$\boldsymbol{B}=(\boldsymbol{\alpha}_1,\boldsymbol{\alpha}_2,\cdots,\boldsymbol{\alpha}_m,\boldsymbol{\alpha}_{m+1})$，有

$$R(\boldsymbol{B})\leqslant R(\boldsymbol{A})+1,$$

由于向量组 $\boldsymbol{A}$ 线性相关，根据定理4.4，有

$$R(\boldsymbol{A})<m,$$

从而

$$R(\boldsymbol{B})\leqslant R(\boldsymbol{A})+1<m+1,$$

根据定理4.4，得向量组 $\boldsymbol{B}$ 线性相关.

例4.10 讨论向量组 $\boldsymbol{\alpha}_1=\begin{pmatrix}1\\2\\2\\1\end{pmatrix}$，$\boldsymbol{\alpha}_2=\begin{pmatrix}2\\4\\4\\2\end{pmatrix}$，$\boldsymbol{\alpha}_3=\begin{pmatrix}0\\2\\4\\5\end{pmatrix}$ 的线性相关性.

解 显然 $\boldsymbol{\alpha}_2=2\boldsymbol{\alpha}_1$，所以 $\boldsymbol{\alpha}_1,\boldsymbol{\alpha}_2$ 线性相关，由性质2知，向量组 $\boldsymbol{\alpha}_1,\boldsymbol{\alpha}_2,\boldsymbol{\alpha}_3$ 线性相关.

性质2的逆否命题：若向量组 $\boldsymbol{B}$：$\boldsymbol{\alpha}_1,\boldsymbol{\alpha}_2,\cdots,\boldsymbol{\alpha}_m,\boldsymbol{\alpha}_{m+1}$ 线性无关，则向量组 $\boldsymbol{A}$：$\boldsymbol{\alpha}_1,\boldsymbol{\alpha}_2,\cdots,\boldsymbol{\alpha}_m$ 也线性无关.

结论：一个向量组若有线性相关的部分组，则该向量组线性相关（部分相关⇒整体相关）. 特别地，含零向量的向量组必线性相关. 一个向量组如果线性无关，则它的任何部分组都线性无关（整体无关⇒部分无关）.

性质3 设 $\boldsymbol{\alpha}_j=(a_{1j},a_{2j},\cdots,a_{rj})^{\mathrm{T}}$，$\boldsymbol{\beta}_j=(a_{1j},a_{2j},\cdots,a_{rj},a_{r+1,j})^{\mathrm{T}}(j=1,2,\cdots,m)$. 若 $\boldsymbol{\alpha}_1,\boldsymbol{\alpha}_2,\cdots,\boldsymbol{\alpha}_m$ 线性无关，则"拉长"后的向量组 $\boldsymbol{\beta}_1,\boldsymbol{\beta}_2,\cdots,\boldsymbol{\beta}_m$ 也线性无关.

证明 设 $\boldsymbol{A}=(\boldsymbol{\alpha}_1,\boldsymbol{\alpha}_2,\cdots,\boldsymbol{\alpha}_m)$，$\boldsymbol{B}=(\boldsymbol{\beta}_1,\boldsymbol{\beta}_2,\cdots,\boldsymbol{\beta}_m)$，显然 $R(\boldsymbol{A})\leqslant R(\boldsymbol{B})$. 而 $\boldsymbol{\alpha}_1,\boldsymbol{\alpha}_2,\cdots,\boldsymbol{\alpha}_m$ 线性无关，故 $R(\boldsymbol{A})=m$，此时有 $R(\boldsymbol{B})\geqslant R(\boldsymbol{A})=m$. 而 $\boldsymbol{B}$ 仅有 m 个列，故 $R(\boldsymbol{B})\leqslant m$，所以 $R(\boldsymbol{B})=m$，即 $\boldsymbol{\beta}_1,\boldsymbol{\beta}_2,\cdots,\boldsymbol{\beta}_m$ 线性无关.

例如，由 $\boldsymbol{\varepsilon}_1=\begin{pmatrix}1\\0\\0\end{pmatrix}$，$\boldsymbol{\varepsilon}_2=\begin{pmatrix}0\\1\\0\end{pmatrix}$，$\boldsymbol{\varepsilon}_3=\begin{pmatrix}0\\0\\1\end{pmatrix}$ 线性无关，可知向量组 $\boldsymbol{\alpha}_1=\begin{pmatrix}1\\0\\0\\3\\2\end{pmatrix}$，$\boldsymbol{\alpha}_2=\begin{pmatrix}0\\1\\0\\1\\2\end{pmatrix}$，$\boldsymbol{\alpha}_3=\begin{pmatrix}0\\0\\1\\1\\3\end{pmatrix}$ 也线性无关.

性质3的逆否命题：若向量组 $\boldsymbol{\beta}_1,\boldsymbol{\beta}_2,\cdots,\boldsymbol{\beta}_m$ 线性相关，则"截短"后的向量组 $\boldsymbol{\alpha}_1,\boldsymbol{\alpha}_2,\cdots,$

$\boldsymbol{\alpha}_m$ 也线性相关.

对于线性相关与线性无关这两种类型的向量组,其中向量之间呈现出什么不同的关系呢?下面将对这一问题展开讨论.

四、线性组合与线性相关的关系

定理 4.5 向量组 $\boldsymbol{A}$: $\boldsymbol{\alpha}_1,\boldsymbol{\alpha}_2,\cdots,\boldsymbol{\alpha}_m(m\geqslant 2)$ 线性相关的充分必要条件是向量组 $\boldsymbol{A}$: $\boldsymbol{\alpha}_1,\boldsymbol{\alpha}_2,\cdots,\boldsymbol{\alpha}_m$ 中至少有一个向量能用其余 $m-1$ 个向量线性表示.

证明 *充分性* 设向量组 $\boldsymbol{\alpha}_1,\boldsymbol{\alpha}_2,\cdots,\boldsymbol{\alpha}_m$ 中有一个向量(如 $\boldsymbol{\alpha}_m$)能由其余向量线性表示,即有 $k_1,k_2,\cdots,k_{m-1}$,使

$$\boldsymbol{\alpha}_m = k_1\boldsymbol{\alpha}_1 + k_2\boldsymbol{\alpha}_2 + \cdots + k_{m-1}\boldsymbol{\alpha}_{m-1},$$

故

$$k_1\boldsymbol{\alpha}_1 + k_2\boldsymbol{\alpha}_2 + \cdots + k_{m-1}\boldsymbol{\alpha}_{m-1} - \boldsymbol{\alpha}_m = \mathbf{0}.$$

因为 $k_1,k_2,\cdots,k_{m-1},(-1)$ 这 m 个数不全为零,所以 $\boldsymbol{\alpha}_1,\boldsymbol{\alpha}_2,\cdots,\boldsymbol{\alpha}_m$ 线性相关.

必要性 设 $\boldsymbol{\alpha}_1,\boldsymbol{\alpha}_2,\cdots,\boldsymbol{\alpha}_m$ 线性相关,则有不全为零的数 $k_1,k_2,\cdots,k_m$,使

$$k_1\boldsymbol{\alpha}_1 + k_2\boldsymbol{\alpha}_2 + \cdots + k_m\boldsymbol{\alpha}_m = \mathbf{0},$$

不妨设 $k_1\neq 0$,则有

$$\boldsymbol{\alpha}_1 = \left(-\frac{k_2}{k_1}\right)\boldsymbol{\alpha}_2 + \left(-\frac{k_3}{k_1}\right)\boldsymbol{\alpha}_3 + \cdots + \left(-\frac{k_m}{k_1}\right)\boldsymbol{\alpha}_m,$$

即 $\boldsymbol{\alpha}_1$ 能由其余向量线性表示.

注意:向量组 $\boldsymbol{A}$ 线性相关,并不能得出 $\boldsymbol{A}$ 中任一向量均可由其余 $m-1$ 个向量线性表示.

定理 4.5 的逆否命题: 向量组 $\boldsymbol{A}$: $\boldsymbol{\alpha}_1,\boldsymbol{\alpha}_2,\cdots,\boldsymbol{\alpha}_m(m\geqslant 2)$ 线性无关的充分必要条件是向量组 $\boldsymbol{A}$: $\boldsymbol{\alpha}_1,\boldsymbol{\alpha}_2,\cdots,\boldsymbol{\alpha}_m$ 中任一向量都不能用其余 $m-1$ 个向量线性表示.

上述结论意味着:一个线性无关的向量组中的向量是“彼此独立”的,其中任何一个向量都不能由其他向量线性表示;而线性相关的向量组中必定有向量可以由其他向量线性表示,即有“多余的”(不独立)向量.

定理 4.6 设向量组 $\boldsymbol{A}$: $\boldsymbol{\alpha}_1,\boldsymbol{\alpha}_2,\cdots,\boldsymbol{\alpha}_m$ 线性无关,向量组 $\boldsymbol{B}$: $\boldsymbol{\alpha}_1,\boldsymbol{\alpha}_2,\cdots,\boldsymbol{\alpha}_m,\boldsymbol{\beta}$ 线性相关的充分必要条件是向量 $\boldsymbol{\beta}$ 必能由向量组 $\boldsymbol{A}$ 线性表示,且表达式是唯一的.

证明 记 $\boldsymbol{A}=(\boldsymbol{\alpha}_1,\boldsymbol{\alpha}_2,\cdots,\boldsymbol{\alpha}_m)$,$\boldsymbol{B}=(\boldsymbol{\alpha}_1,\boldsymbol{\alpha}_2,\cdots,\boldsymbol{\alpha}_m,\boldsymbol{\beta})$,有

$$R(\boldsymbol{A})\leqslant R(\boldsymbol{B}).$$

必要性 若向量组 $\boldsymbol{A}$ 线性无关,则

$$R(\boldsymbol{A}) = m.$$

又因向量组 $\boldsymbol{B}$ 线性相关,则

$$R(\boldsymbol{B}) < m+1,$$

所以

$$m \leqslant R(\boldsymbol{B}) < m+1,$$

因此

$$R(\boldsymbol{B}) = m.$$

由 $R(\boldsymbol{A})=R(\boldsymbol{B})=m$，根据定理 3.2，知线性方程组

$$(\boldsymbol{\alpha}_1,\boldsymbol{\alpha}_2,\cdots,\boldsymbol{\alpha}_m)\boldsymbol{x}=\boldsymbol{\beta}$$

有唯一解，即向量 $\boldsymbol{\beta}$ 能由向量组 $\boldsymbol{A}$ 线性表示，且表达式是唯一的.

充分性　若向量 $\boldsymbol{\beta}$ 能由向量组 $\boldsymbol{A}$ 唯一线性表示，则

$$(\boldsymbol{\alpha}_1,\boldsymbol{\alpha}_2,\cdots,\boldsymbol{\alpha}_m)\boldsymbol{x}=\boldsymbol{\beta}$$

有唯一解，即

$$R(\boldsymbol{\alpha}_1,\boldsymbol{\alpha}_2,\cdots,\boldsymbol{\alpha}_m)=R(\boldsymbol{\alpha}_1,\boldsymbol{\alpha}_2,\cdots,\boldsymbol{\alpha}_m,\boldsymbol{\beta})=m.$$

由定理 4.4，知向量组 $\boldsymbol{A}$：$\boldsymbol{\alpha}_1,\boldsymbol{\alpha}_2,\cdots,\boldsymbol{\alpha}_m$ 线性无关，向量组 $\boldsymbol{B}$：$\boldsymbol{\alpha}_1,\boldsymbol{\alpha}_2,\cdots,\boldsymbol{\alpha}_m,\boldsymbol{\beta}$ 线性相关.

例 4.11　已知 $R(\boldsymbol{\alpha}_1,\boldsymbol{\alpha}_2,\boldsymbol{\alpha}_3)=2$，$R(\boldsymbol{\alpha}_2,\boldsymbol{\alpha}_3,\boldsymbol{\alpha}_4)=3$，证明：

(1) $\boldsymbol{\alpha}_1$ 能由 $\boldsymbol{\alpha}_2,\boldsymbol{\alpha}_3$ 线性表示；

(2) $\boldsymbol{\alpha}_4$ 不能由 $\boldsymbol{\alpha}_1,\boldsymbol{\alpha}_2,\boldsymbol{\alpha}_3$ 线性表示.

证明　(1) 因为 $R(\boldsymbol{\alpha}_2,\boldsymbol{\alpha}_3,\boldsymbol{\alpha}_4)=3$，所以 $\boldsymbol{\alpha}_2,\boldsymbol{\alpha}_3,\boldsymbol{\alpha}_4$ 线性无关. 由性质 2，知 $\boldsymbol{\alpha}_2,\boldsymbol{\alpha}_3$ 线性无关，而 $R(\boldsymbol{\alpha}_1,\boldsymbol{\alpha}_2,\boldsymbol{\alpha}_3)=2$，知 $\boldsymbol{\alpha}_1,\boldsymbol{\alpha}_2,\boldsymbol{\alpha}_3$ 线性相关，则由定理 4.6，知 $\boldsymbol{\alpha}_1$ 能由 $\boldsymbol{\alpha}_2,\boldsymbol{\alpha}_3$ 线性表示.

(2) 用反证法.

假设 $\boldsymbol{\alpha}_4$ 能由 $\boldsymbol{\alpha}_1,\boldsymbol{\alpha}_2,\boldsymbol{\alpha}_3$ 线性表示，由(1)知，$\boldsymbol{\alpha}_1$ 能由 $\boldsymbol{\alpha}_2,\boldsymbol{\alpha}_3$ 线性表示，所以 $\boldsymbol{\alpha}_4$ 能由 $\boldsymbol{\alpha}_2,\boldsymbol{\alpha}_3$ 线性表示，因此 $\boldsymbol{\alpha}_2,\boldsymbol{\alpha}_3,\boldsymbol{\alpha}_4$ 线性相关，这与 $\boldsymbol{\alpha}_2,\boldsymbol{\alpha}_3,\boldsymbol{\alpha}_4$ 线性无关矛盾.

在讨论向量组的线性相关性时，矩阵的秩起到了十分重要的作用. 下面把秩的概念扩展到向量组中.

4.3　向量组的秩

一个向量组可能包含很多向量，甚至无穷多个向量. 一般而言，很难甚至不可能对每一个向量进行研究，为此必须选出一些“代表”，它们能够“表示”向量组中所有向量，能够刻画向量组的性质，而充当这一角色的就是最大线性无关向量组.

一、最大线性无关向量组的概念

定义 4.7　设有向量组 $\boldsymbol{A}$：$\boldsymbol{\alpha}_1,\boldsymbol{\alpha}_2,\cdots,\boldsymbol{\alpha}_m$，如果在 $\boldsymbol{A}$ 中能选出 r 个向量 $\boldsymbol{\alpha}_1,\boldsymbol{\alpha}_2,\cdots,\boldsymbol{\alpha}_r$，满足

(1) 向量组 $\boldsymbol{A}_0$：$\boldsymbol{\alpha}_1,\boldsymbol{\alpha}_2,\cdots,\boldsymbol{\alpha}_r$ 线性无关，

(2) 向量组 $\boldsymbol{A}$ 中任意 $r+1$ 个向量(如果存在)都线性相关，

那么称向量组 $\boldsymbol{A}_0$ 是向量组 $\boldsymbol{A}$ 的一个**最大线性无关向量组**(简称**最大无关组**或**极大无关组**).

由定义可知：

(1) 一个线性无关的向量组的最大无关组就是它本身.

(2) 向量组的最大无关组与向量组本身等价.

事实上，因为 $\boldsymbol{A}_0$ 组是 $\boldsymbol{A}$ 组的一个部分组，所以 $\boldsymbol{A}_0$ 组总能由 $\boldsymbol{A}$ 组线性表示；而由最大无关组的定义可知，对于 $\boldsymbol{A}$ 组中任一个向量 $\boldsymbol{\alpha}$，$r+1$ 个向量 $\boldsymbol{\alpha}_1,\boldsymbol{\alpha}_2,\cdots,\boldsymbol{\alpha}_r,\boldsymbol{\alpha}$ 线性相关，而 $\boldsymbol{\alpha}_1,\boldsymbol{\alpha}_2,\cdots,\boldsymbol{\alpha}_r$ 线性无关，根据定理 4.5 可知，$\boldsymbol{\alpha}$ 能由 $\boldsymbol{\alpha}_1,\boldsymbol{\alpha}_2,\cdots,\boldsymbol{\alpha}_r$ 线性表示，即 $\boldsymbol{A}$ 能由 $\boldsymbol{A}_0$ 线性表示，所以 $\boldsymbol{A}_0$ 组与 $\boldsymbol{A}$ 组等价.

例 4.12 全体 n 维向量构成的向量组记作 $\mathbf{R}^n$，求 $\mathbf{R}^n$ 的一个最大无关组.

解 因为 n 维单位坐标向量构成的向量组

$$\boldsymbol{E}:\boldsymbol{\varepsilon}_1,\boldsymbol{\varepsilon}_2,\cdots,\boldsymbol{\varepsilon}_n$$

是线性无关的，又根据性质 1 知 $\mathbf{R}^n$ 中的任意 $n+1$ 个向量都线性相关，所以，向量组 $\boldsymbol{E}$ 是 $\mathbf{R}^n$ 的一个最大无关组.

例 4.13 求向量组 $\boldsymbol{\alpha}_1=\begin{pmatrix}1\\2\\-1\\2\end{pmatrix},\boldsymbol{\alpha}_2=\begin{pmatrix}2\\4\\1\\1\end{pmatrix},\boldsymbol{\alpha}_3=\begin{pmatrix}1\\2\\2\\-1\end{pmatrix}$ 的一个最大无关组.

解 构造矩阵 $\boldsymbol{A}=(\boldsymbol{\alpha}_1,\boldsymbol{\alpha}_2,\boldsymbol{\alpha}_3)$，利用初等行变换将其化为行阶梯形矩阵. 因为

$$\boldsymbol{A}=\begin{pmatrix}1&2&1\\2&4&2\\-1&1&2\\2&1&-1\end{pmatrix}\underset{\substack{r_3+r_1\\r_4-2r_1}}{\overset{r_2-2r_1}{\sim}}\begin{pmatrix}1&2&1\\0&0&0\\0&3&3\\0&-3&-3\end{pmatrix}\overset{r_2\leftrightarrow r_4}{\sim}\begin{pmatrix}1&2&1\\0&-3&-3\\0&3&3\\0&0&0\end{pmatrix}\overset{r_3+r_2}{\sim}\begin{pmatrix}1&2&1\\0&-3&-3\\0&0&0\\0&0&0\end{pmatrix},$$

所以向量组 $\boldsymbol{\alpha}_1,\boldsymbol{\alpha}_2,\boldsymbol{\alpha}_3$ 是线性相关的，而 $\boldsymbol{\alpha}_1,\boldsymbol{\alpha}_2$ 是线性无关的，所以 $\boldsymbol{\alpha}_1,\boldsymbol{\alpha}_2$ 是向量组 $\boldsymbol{\alpha}_1,\boldsymbol{\alpha}_2,\boldsymbol{\alpha}_3$ 的一个最大无关组.

同样，$\boldsymbol{\alpha}_1,\boldsymbol{\alpha}_3$ 或 $\boldsymbol{\alpha}_2,\boldsymbol{\alpha}_3$ 也是向量组 $\boldsymbol{\alpha}_1,\boldsymbol{\alpha}_2,\boldsymbol{\alpha}_3$ 的最大无关组.

从本例可以知道，一个向量组的最大无关组一般是不唯一的. 例 4.13 中的 3 个最大无关组有一共同之处，就是它们都含有两个向量. 这不是偶然的，是有一定规律的，为此，先介绍以下引理.

引理 1 设 $\boldsymbol{\alpha}_1,\boldsymbol{\alpha}_2,\cdots,\boldsymbol{\alpha}_r$ 和 $\boldsymbol{\beta}_1,\boldsymbol{\beta}_2,\cdots,\boldsymbol{\beta}_s$ 是两个向量组，若

(1) 向量组 $\boldsymbol{\alpha}_1,\boldsymbol{\alpha}_2,\cdots,\boldsymbol{\alpha}_r$ 可由向量组 $\boldsymbol{\beta}_1,\boldsymbol{\beta}_2,\cdots,\boldsymbol{\beta}_s$ 线性表示，

(2) $r>s$，

则向量组 $\boldsymbol{\alpha}_1,\boldsymbol{\alpha}_2,\cdots,\boldsymbol{\alpha}_r$ 必线性相关.

证明 由(1)可知

$$\begin{cases}\boldsymbol{\alpha}_1=t_{11}\boldsymbol{\beta}_1+t_{21}\boldsymbol{\beta}_2+\cdots+t_{s1}\boldsymbol{\beta}_s,\\\boldsymbol{\alpha}_2=t_{12}\boldsymbol{\beta}_1+t_{22}\boldsymbol{\beta}_2+\cdots+t_{s2}\boldsymbol{\beta}_s,\\\qquad\cdots\cdots\cdots\cdots\\\boldsymbol{\alpha}_r=t_{1r}\boldsymbol{\beta}_1+t_{2r}\boldsymbol{\beta}_2+\cdots+t_{sr}\boldsymbol{\beta}_s.\end{cases}$$

因 $r>s$，故齐次线性方程组

$$\begin{cases}t_{11}x_1+t_{12}x_2+\cdots+t_{1r}x_r=0,\\t_{21}x_1+t_{22}x_2+\cdots+t_{2r}x_r=0,\\\qquad\cdots\cdots\cdots\cdots\\t_{s1}x_1+t_{s2}x_2+\cdots+t_{sr}x_r=0.\end{cases}$$

有非零解 $(k_1,k_2,\cdots,k_r)$，即有不全为零的数 $k_1,k_2,\cdots,k_r$，使

$$\begin{aligned}&k_1\boldsymbol{\alpha}_1+k_2\boldsymbol{\alpha}_2+\cdots+k_r\boldsymbol{\alpha}_r\\&=(t_{11}k_1+t_{12}k_2+\cdots+t_{1r}k_r)\boldsymbol{\beta}_1+(t_{21}k_1+t_{22}k_2+\cdots+t_{2r}k_r)\boldsymbol{\beta}_2+\cdots\\&\quad+(t_{s1}k_1+t_{s2}k_2+\cdots+t_{sr}k_r)\boldsymbol{\beta}_s\\&=\mathbf{0},\end{aligned}$$

故向量组 $\boldsymbol{\alpha}_1,\boldsymbol{\alpha}_2,\cdots,\boldsymbol{\alpha}_r$ 线性相关.

推论　若向量组 $\boldsymbol{\alpha}_1,\boldsymbol{\alpha}_2,\cdots,\boldsymbol{\alpha}_r$ 可由向量组 $\boldsymbol{\beta}_1,\boldsymbol{\beta}_2,\cdots,\boldsymbol{\beta}_s$ 线性表示,且向量组 $\boldsymbol{\alpha}_1,\boldsymbol{\alpha}_2,\cdots,\boldsymbol{\alpha}_r$ 线性无关,则 $r\leqslant s$.

引理 2　同一向量组的任意两个最大无关向量组等价.

证明　设向量组 $\boldsymbol{A}_0,\boldsymbol{B}_0$ 都是向量组 $\boldsymbol{A}$ 的最大无关组.由最大无关组的定义,向量组 $\boldsymbol{A}$ 能由向量组 $\boldsymbol{A}_0$ 线性表示.而向量组 $\boldsymbol{B}_0$ 是向量组 $\boldsymbol{A}$ 的部分组,因此,向量组 $\boldsymbol{B}_0$ 能由向量组 $\boldsymbol{A}_0$ 线性表示.

同理,向量组 $\boldsymbol{A}_0$ 能由向量组 $\boldsymbol{B}_0$ 线性表示.从而向量组 $\boldsymbol{A}_0$ 与向量组 $\boldsymbol{B}_0$ 等价.

由引理及推论可得以下定理.

定理 4.7　同一向量组的任意两个最大无关组所含向量的个数是相同的.

证明　设向量组 $\boldsymbol{A}_0,\boldsymbol{B}_0$ 都是向量组 $\boldsymbol{A}$ 的最大无关组,向量组 $\boldsymbol{A}_0$ 含有 r 个向量,向量组 $\boldsymbol{B}_0$ 含有 s 个向量.由引理 2 可知,向量组 $\boldsymbol{A}_0$ 与向量组 $\boldsymbol{B}_0$ 等价.那么,向量组 $\boldsymbol{A}_0$ 能由向量组 $\boldsymbol{B}_0$ 线性表示,又因向量组 $\boldsymbol{A}_0$ 线性无关,由推论可知,应有

$$r\leqslant s.$$

同理,因向量组 $\boldsymbol{B}_0$ 能由向量组 $\boldsymbol{A}_0$ 线性表示,向量组 $\boldsymbol{B}_0$ 线性无关,由推论可知,应有

$$s\leqslant r.$$

故有

$$r=s.$$

于是得到这样的结论:一个向量组的最大无关组可能不止一个,甚至可能有无穷多个(如通常的几何空间).尽管如此,一个向量组的最大无关组所包含的向量的个数却是相同的,这样一个不变量在向量组的研究中将扮演重要的角色,这就是下面讨论的向量组的秩的概念.

二、向量组的秩

定义 4.8　向量组的最大无关组所含向量的个数称为这个**向量组的秩**,记作 R_A.只含零向量的向量组没有最大无关组,规定它的秩为零.

由向量组秩的定义,很容易得到下面结论.

定理 4.8　等价的向量组有相同的秩.

例 4.14　设 $\boldsymbol{A}=\begin{pmatrix}1&0&2\\1&2&4\\1&5&7\end{pmatrix}$,求 $\boldsymbol{A}$ 的行向量组与列向量组的最大无关组及秩.

解　设 $\boldsymbol{A}=(\boldsymbol{\alpha}_1,\boldsymbol{\alpha}_2,\boldsymbol{\alpha}_3)=\begin{pmatrix}\boldsymbol{\beta}_1^{\mathrm{T}}\\\boldsymbol{\beta}_2^{\mathrm{T}}\\\boldsymbol{\beta}_3^{\mathrm{T}}\end{pmatrix}$,由于

$$\boldsymbol{A}=(\boldsymbol{\alpha}_1,\boldsymbol{\alpha}_2,\boldsymbol{\alpha}_3)=\begin{pmatrix}1&0&2\\1&2&4\\1&5&7\end{pmatrix}\overset{r_2-r_1}{\underset{r_3-r_1}{\sim}}\begin{pmatrix}1&0&2\\0&2&2\\0&5&5\end{pmatrix}\overset{r_2\times\frac{1}{2}}{\underset{r_3-5r_2}{\sim}}\begin{pmatrix}1&0&2\\0&1&1\\0&0&0\end{pmatrix},$$

得 $R(\boldsymbol{A})=2$,因此列向量组 $\boldsymbol{\alpha}_1,\boldsymbol{\alpha}_2,\boldsymbol{\alpha}_3$ 线性相关.

同样,由于$(\boldsymbol{\beta}_1,\boldsymbol{\beta}_2,\boldsymbol{\beta}_3)=\boldsymbol{A}^{\mathrm{T}}$,因此

$$R(\boldsymbol{\beta}_1,\boldsymbol{\beta}_2,\boldsymbol{\beta}_3)=R(\boldsymbol{A}^{\mathrm{T}})=R(\boldsymbol{A})=2<3,$$

所以 $\boldsymbol{\beta}_1^{\mathrm{T}},\boldsymbol{\beta}_2^{\mathrm{T}},\boldsymbol{\beta}_3^{\mathrm{T}}$ 线性相关.

又因为 $\boldsymbol{\alpha}_1=\begin{pmatrix}1\\1\\1\end{pmatrix},\boldsymbol{\alpha}_2=\begin{pmatrix}0\\2\\5\end{pmatrix}$线性无关,$\boldsymbol{\beta}_1^{\mathrm{T}}=(1,0,2)$,$\boldsymbol{\beta}_2^{\mathrm{T}}=(1,2,4)$线性无关,所以 $\boldsymbol{\alpha}_1,\boldsymbol{\alpha}_2$ 与 $\boldsymbol{\beta}_1^{\mathrm{T}},\boldsymbol{\beta}_2^{\mathrm{T}}$ 分别是 $\boldsymbol{A}$ 的列向量组与行向量组的最大无关组,从而这两个向量组的秩均为 2.

可见,$\boldsymbol{A}$ 的行向量组、列向量组的秩与 $\boldsymbol{A}$ 的秩相等,这一结论对任一矩阵均成立.

三、矩阵的秩与向量组秩的关系

定理 4.9 矩阵的秩既等于它的行向量组的秩,也等于它的列向量组的秩.

证明 设$\boldsymbol{A}=(\boldsymbol{\alpha}_1,\boldsymbol{\alpha}_2,\cdots,\boldsymbol{\alpha}_m)$,$R(\boldsymbol{A})=r$,并设 r 阶子式$\boldsymbol{D}_r\neq 0$,根据定理 4.4,知 $\boldsymbol{D}_r$ 所在的 r 列线性无关.

又由 $\boldsymbol{A}$ 中所有的 $r+1$ 阶子式均为零,知 $\boldsymbol{A}$ 中任意 $r+1$ 个列向量都线性相关. 因此 $\boldsymbol{D}_r$ 所在的 r 列是 $\boldsymbol{A}$ 的列向量组的最大无关组,所以列向量组的秩为 r.

类似可证矩阵 $\boldsymbol{A}$ 的行向量组的秩也等于 $R(\boldsymbol{A})$.

由上述证明过程可见:

若 $\boldsymbol{D}_r$ 是矩阵 $\boldsymbol{A}$ 的一个最高阶非零子式,则 $\boldsymbol{D}_r$ 所在的 r 列即是列向量组的一个最大无关组;$\boldsymbol{D}_r$ 所在的 r 行即是行向量组的一个最大无关组.

今后向量组 $\boldsymbol{A}$:$\boldsymbol{\alpha}_1,\boldsymbol{\alpha}_2,\cdots,\boldsymbol{\alpha}_m$ 的秩也记作$R(\boldsymbol{\alpha}_1,\boldsymbol{\alpha}_2,\cdots,\boldsymbol{\alpha}_m)$,即

$$R_A=R(\boldsymbol{\alpha}_1,\boldsymbol{\alpha}_2,\cdots,\boldsymbol{\alpha}_m)=R(\boldsymbol{A}).$$

由此可知,前面介绍的定理 4.1~定理 4.3 中出现的矩阵的秩都可改为向量组的秩. 例如定理 4.3 可以叙述为:

定理 4.3′ 若向量组 $\boldsymbol{\beta}_1,\boldsymbol{\beta}_2,\cdots,\boldsymbol{\beta}_l$ 能由向量组 $\boldsymbol{\alpha}_1,\boldsymbol{\alpha}_2,\cdots,\boldsymbol{\alpha}_m$ 线性表示,则

$$R(\boldsymbol{\beta}_1,\boldsymbol{\beta}_2,\cdots,\boldsymbol{\beta}_l)\leqslant R(\boldsymbol{\alpha}_1,\boldsymbol{\alpha}_2,\cdots,\boldsymbol{\alpha}_m).$$

这里记号 $R(\boldsymbol{\alpha}_1,\boldsymbol{\alpha}_2,\cdots,\boldsymbol{\alpha}_m)$既可理解为矩阵的秩,也可理解为向量组的秩.

推论(最大无关组的等价定义) 设向量组 $\boldsymbol{A}_0$:$\boldsymbol{\alpha}_1,\boldsymbol{\alpha}_2,\cdots,\boldsymbol{\alpha}_r$ 是向量组$\boldsymbol{A}$ 的一个部分组,且满足

(1) 向量组 $\boldsymbol{A}_0$ 线性无关,

(2) 向量组 $\boldsymbol{A}$ 的任一向量都能由向量组 $\boldsymbol{A}_0$ 线性表示,

那么向量组 $\boldsymbol{A}_0$ 就是向量组 $\boldsymbol{A}$ 的最大无关组.

证明 只要证明向量组 $\boldsymbol{A}$ 中任意 $r+1$ 个向量线性相关.

设 $\boldsymbol{\beta}_1,\boldsymbol{\beta}_2,\cdots,\boldsymbol{\beta}_{r+1}$是 $\boldsymbol{A}$ 中任意$r+1$ 向量,由条件(2)知,这 $r+1$ 个向量能由向量组 $\boldsymbol{A}_0$ 线性表示,从而根据定理 4.3,有

$$R(\boldsymbol{\beta}_1,\boldsymbol{\beta}_2,\cdots,\boldsymbol{\beta}_{r+1})\leqslant R(\boldsymbol{\alpha}_1,\cdots,\boldsymbol{\alpha}_r)=r.$$

所以这 $r+1$ 个向量线性相关. 因此向量组 $\boldsymbol{A}_0$ 就是向量组 $\boldsymbol{A}$ 的最大无关组.

四、最大无关组的求法

对给定的一个向量组，如何求出它的一个最大无关组，并把不属于最大无关组的向量用这个最大无关组线性表示呢？

由于向量组的秩与矩阵有着密切的关系，因此，我们将通过矩阵与齐次线性方程组的解之间的联系来解决以上问题.

记

$$\boldsymbol{A}=(\boldsymbol{\alpha}_1,\boldsymbol{\alpha}_2,\cdots,\boldsymbol{\alpha}_n),\ \boldsymbol{B}=(\boldsymbol{\beta}_1,\boldsymbol{\beta}_2,\cdots,\boldsymbol{\beta}_n).$$

如果矩阵 $\boldsymbol{A}$ 经过初等行变换为 $\boldsymbol{B}$，即 $\boldsymbol{A}\overset{r}{\sim}\boldsymbol{B}$，则 $\boldsymbol{A}$ 的行向量组与 $\boldsymbol{B}$ 的行向量组等价，从而齐次线性方程组 $\boldsymbol{Ax}=\boldsymbol{0}$ 与 $\boldsymbol{Bx}=\boldsymbol{0}$ 同解，即

$$x_1\boldsymbol{\alpha}_1+x_2\boldsymbol{\alpha}_2+\cdots+x_n\boldsymbol{\alpha}_n=\boldsymbol{0}\text{ 与 }x_1\boldsymbol{\beta}_1+x_2\boldsymbol{\beta}_2+\cdots+x_n\boldsymbol{\beta}_n=\boldsymbol{0}$$

同解，于是知列向量组 $\boldsymbol{\alpha}_1,\boldsymbol{\alpha}_2,\cdots,\boldsymbol{\alpha}_n$ 与 $\boldsymbol{\beta}_1,\boldsymbol{\beta}_2,\cdots,\boldsymbol{\beta}_n$ 有相同的线性关系.

如果矩阵 $\boldsymbol{B}$ 是矩阵 $\boldsymbol{A}$ 的行最简形矩阵，则从矩阵 $\boldsymbol{B}$ 容易看出向量组 $\boldsymbol{\beta}_1,\boldsymbol{\beta}_2,\cdots,\boldsymbol{\beta}_n$ 的最大无关组，并可看出 $\boldsymbol{\beta}_i$ 用最大无关组线性表示的表达式. 由于 $\boldsymbol{\alpha}_1,\boldsymbol{\alpha}_2,\cdots,\boldsymbol{\alpha}_n$ 与 $\boldsymbol{\beta}_1,\boldsymbol{\beta}_2,\cdots,\boldsymbol{\beta}_n$ 有相同的线性关系，因此，对应可得向量组 $\boldsymbol{\alpha}_1,\boldsymbol{\alpha}_2,\cdots,\boldsymbol{\alpha}_n$ 的最大无关组及 $\boldsymbol{\alpha}_i$ 用最大无关组线性表示的表达式.

由此，提供了一个求给定向量组的一个最大无关组的方法.

例 4.15　设齐次线性方程组

$$\begin{cases}x_1+2x_2+\ x_3-2x_4=0,\\2x_1+3x_2\qquad\ -\ x_4=0,\\x_1-\ x_2-5x_3+7x_4=0\end{cases}$$

的全体解向量构成向量组 $\boldsymbol{S}$，求 $\boldsymbol{S}$ 的秩.

解　先解方程，为此把系数矩阵化成行最简形矩阵

$$\boldsymbol{A}=\begin{pmatrix}1&2&1&-2\\2&3&0&-1\\1&-1&-5&7\end{pmatrix}\sim\begin{pmatrix}1&2&1&-2\\0&-1&-2&3\\0&-3&-6&9\end{pmatrix}\sim\begin{pmatrix}1&0&-3&4\\0&1&2&-3\\0&0&0&0\end{pmatrix},$$

即得

$$\begin{cases}x_1=3x_3-4x_4,\\x_2=-2x_3+3x_4.\end{cases}$$

令 $x_3=c_1,x_4=c_2$，得通解

$$\boldsymbol{x}=\begin{pmatrix}x_1\\x_2\\x_3\\x_4\end{pmatrix}=c_1\begin{pmatrix}3\\-2\\1\\0\end{pmatrix}+c_2\begin{pmatrix}-4\\3\\0\\1\end{pmatrix}.$$

把上式记作 $\boldsymbol{x}=c_1\boldsymbol{\xi}_1+c_2\boldsymbol{\xi}_2$，知

$$\boldsymbol{S}=\{\boldsymbol{x}=c_1\boldsymbol{\xi}_1+c_2\boldsymbol{\xi}_2\mid c_1,c_2\in\mathbf{R}\},$$

即 $\boldsymbol{S}$ 中任一向量能由向量组 ξ_1,ξ_2 线性表示,又因 ξ_1,ξ_2 线性无关,因此由最大线性无关的等价定义知 ξ_1,ξ_2 是 $\boldsymbol{S}$ 的最大无关组,所以

$$R(\boldsymbol{S})=2.$$

例 4.16 设矩阵

$$\boldsymbol{A}=\begin{pmatrix}2&-1&-1&1&2\\1&1&-2&1&4\\4&-6&2&-2&4\\3&6&-9&7&9\end{pmatrix},$$

求矩阵 $\boldsymbol{A}$ 的列向量组的一个最大无关组,并把不属于最大无关组的列向量用最大无关组线性表示.

解 对 $\boldsymbol{A}$ 施行初等行变换,化为行阶梯形矩阵.由

$$\boldsymbol{A}\overset{r}{\sim}\begin{pmatrix}1&1&-2&1&4\\0&1&-1&1&0\\0&0&0&1&-3\\0&0&0&0&0\end{pmatrix},$$

知 $R(\boldsymbol{A})=3$,故列向量组的最大无关组含 3 个向量.而三个非零行的非零首元在 1,2,4 三列,故 $\boldsymbol{\alpha}_1,\boldsymbol{\alpha}_2,\boldsymbol{\alpha}_4$ 为列向量组的一个最大无关组.

为把 $\boldsymbol{\alpha}_3,\boldsymbol{\alpha}_5$ 用 $\boldsymbol{\alpha}_1,\boldsymbol{\alpha}_2,\boldsymbol{\alpha}_4$ 线性表示,把 $\boldsymbol{A}$ 再化为行最简形矩阵.

$$\boldsymbol{A}\overset{r}{\sim}\begin{pmatrix}1&0&-1&0&4\\0&1&-1&0&3\\0&0&0&1&-3\\0&0&0&0&0\end{pmatrix}=\boldsymbol{B}=(\boldsymbol{\beta}_1,\boldsymbol{\beta}_2,\boldsymbol{\beta}_3,\boldsymbol{\beta}_4,\boldsymbol{\beta}_5).$$

显然

$$\boldsymbol{\beta}_3=\begin{pmatrix}-1\\-1\\0\\0\end{pmatrix}=(-1)\begin{pmatrix}1\\0\\0\\0\end{pmatrix}+(-1)\begin{pmatrix}0\\1\\0\\0\end{pmatrix}=-\boldsymbol{\beta}_1-\boldsymbol{\beta}_2,$$

$$\boldsymbol{\beta}_5=4\boldsymbol{\beta}_1+3\boldsymbol{\beta}_2-3\boldsymbol{\beta}_4,$$

因此

$$\boldsymbol{\alpha}_3=-\boldsymbol{\alpha}_1-\boldsymbol{\alpha}_2,$$

$$\boldsymbol{\alpha}_5=4\boldsymbol{\alpha}_1+3\boldsymbol{\alpha}_2-3\boldsymbol{\alpha}_4.$$

前面所研究的向量组都是由有限个向量组成的,即有限向量组.有了向量组的最大无关组,就可以研究无限的向量组了,前面的有关定理均可推广使用.例如

定理 4.3″ 若向量组 $\boldsymbol{B}$ 能由向量组 $\boldsymbol{A}$ 线性表示,则 $R(\boldsymbol{B})\leqslant R(\boldsymbol{A})$.

证明 设 $R(\boldsymbol{A})=s,R(\boldsymbol{B})=t$,并设向量组 $\boldsymbol{A}$ 和 $\boldsymbol{B}$ 的最大无关组依次为

$$\boldsymbol{A}_0:\boldsymbol{\alpha}_1,\boldsymbol{\alpha}_2,\cdots,\boldsymbol{\alpha}_s \text{ 和 } \boldsymbol{B}_0:\boldsymbol{\beta}_1,\boldsymbol{\beta}_2,\cdots,\boldsymbol{\beta}_t.$$

由于 $\boldsymbol{B}_0$ 组能由 $\boldsymbol{B}$ 组表示,$\boldsymbol{B}$ 组能由 $\boldsymbol{A}$ 组表示,$\boldsymbol{A}$ 组能由 $\boldsymbol{A}_0$ 组表示,因此 $\boldsymbol{B}_0$ 组能由 $\boldsymbol{A}_0$ 组表示,根据定理 4.3,有

$$R(\boldsymbol{\beta}_1,\boldsymbol{\beta}_2,\cdots,\boldsymbol{\beta}_t)\leqslant R(\boldsymbol{\alpha}_1,\boldsymbol{\alpha}_2,\cdots,\boldsymbol{\alpha}_s),$$

即 $t\leqslant s$.

该定理的关键在于,利用最大无关组,可以把无限的向量组过渡到有限的向量组.

例 4.17　设向量组 $\boldsymbol{B}$ 能由向量组 $\boldsymbol{A}$ 线性表示,且它们的秩相等,证明向量组 $\boldsymbol{B}$ 与向量组 $\boldsymbol{A}$ 等价.

证明　设向量组 $\boldsymbol{A}$ 和向量组 $\boldsymbol{B}$ 合并成向量组 $\boldsymbol{C}$.

由于向量组 $\boldsymbol{B}$ 能由向量组 $\boldsymbol{A}$ 线性表示,故 $R(\boldsymbol{A})=R(\boldsymbol{C})$. 又因 $R(\boldsymbol{A})=R(\boldsymbol{B})$,因此 $R(\boldsymbol{A})=R(\boldsymbol{B})=R(\boldsymbol{C})$.

所以向量组 $\boldsymbol{B}$ 与向量组 $\boldsymbol{A}$ 等价.

4.4　向量空间

一、基本概念

定义 4.9　设 V 为 n 维向量的非空集合,且集合 V 对于加法及数乘两种运算(又称为线性运算)封闭,那么就称集合 V 为**向量空间**.

所谓封闭,是指在集合 V 中进行加法和数乘两种运算后的向量仍在 V 中. 具体地说,就是:

若 $\boldsymbol{\alpha}\in V,\boldsymbol{\beta}\in V$,则 $\boldsymbol{\alpha}+\boldsymbol{\beta}\in V$;

若 $\boldsymbol{\alpha}\in V,k\in \mathbf{R}$,则 $k\boldsymbol{\alpha}\in V$.

例 4.18　试证三维向量的全体 $\mathbf{R}^3$ 是一个向量空间.

证明　因为任意两个三维向量之和仍然是三维向量,数 λ 乘三维向量仍然是三维向量,它们都属于 $\mathbf{R}^3$.

所以 $\mathbf{R}^3$ 是一个向量空间. 类似地,n 维向量的全体 $\mathbf{R}^n$,也是一个向量空间.

例 4.19　证明集合

$$V=\{\boldsymbol{x}=(0,x_2,\cdots,x_n)^{\mathrm{T}}\mid x_2,\cdots,x_n\in\mathbf{R}\}$$

是一个向量空间.

证明　设

$$\boldsymbol{\alpha}=(0,a_2,\cdots,a_n)^{\mathrm{T}}\in V,\ \boldsymbol{\beta}=(0,b_2,\cdots,b_n)^{\mathrm{T}}\in V,$$

则

$$\boldsymbol{\alpha}+\boldsymbol{\beta}=(0,a_2+b_2,\cdots,a_n+b_n)^{\mathrm{T}}\in V,$$
$$k\boldsymbol{\alpha}=(0,ka_2,\cdots,ka_n)^{\mathrm{T}}\in V.$$

故上述集合 V 是一个向量空间.

注意:集合

$$V=\{\boldsymbol{x}=(1,x_2,\cdots,x_n)^{\mathrm{T}}\mid x_2,\cdots,x_n\in\mathbf{R}\}$$

不是向量空间.

因为若

$$\boldsymbol{\alpha}=(1,a_2,\cdots,a_n)^{\mathrm{T}}\in V,\boldsymbol{\beta}=(1,b_2,\cdots,b_n)^{\mathrm{T}}\in V,$$

则

$$\boldsymbol{\alpha}+\boldsymbol{\beta}=(2,a_2+b_2,\cdots,a_n+b_n)^{\mathrm{T}}\notin V.$$

例 4.20 设 $\boldsymbol{\alpha},\boldsymbol{\beta}$ 是两个已知的 n 维向量,证明集合

$$V=\{\boldsymbol{x}=k\boldsymbol{\alpha}+l\boldsymbol{\beta}\,|\,k,l\in\mathbf{R}\}$$

是一个向量空间.

证明 若 $\boldsymbol{x}_1=k_1\boldsymbol{\alpha}+l_1\boldsymbol{\beta},\boldsymbol{x}_2=k_2\boldsymbol{\alpha}+l_2\boldsymbol{\beta}$,则有

$$\boldsymbol{x}_1+\boldsymbol{x}_2=(k_1+k_2)\boldsymbol{\alpha}+(l_1+l_2)\boldsymbol{\beta}\in V,$$

$$\lambda\boldsymbol{x}_1=(\lambda k_1)\boldsymbol{\alpha}+(\lambda l_1)\boldsymbol{\beta}\in V.$$

这个向量空间称为由向量 $\boldsymbol{\alpha},\boldsymbol{\beta}$ 所生成的向量空间.

一般地,由向量组 $\boldsymbol{\alpha}_1,\boldsymbol{\alpha}_2,\cdots,\boldsymbol{\alpha}_m$ 所生成的向量空间为

$$V=\{\boldsymbol{x}=k_1\boldsymbol{\alpha}_1+k_2\boldsymbol{\alpha}_2+\cdots+k_m\boldsymbol{\alpha}_m\mid k_1,k_2,\cdots,k_m\in\mathbf{R}\}$$

记作 $\mathrm{span}(\boldsymbol{\alpha}_1,\boldsymbol{\alpha}_2,\cdots,\boldsymbol{\alpha}_m)$.

例 4.21 设向量组 $\boldsymbol{\alpha}_1,\boldsymbol{\alpha}_2,\cdots,\boldsymbol{\alpha}_m$ 与向量组 $\boldsymbol{\beta}_1,\boldsymbol{\beta}_2,\cdots,\boldsymbol{\beta}_s$ 等价,记

$$V_1=\{\boldsymbol{x}=k_1\boldsymbol{\alpha}_1+k_2\boldsymbol{\alpha}_2+\cdots+k_m\boldsymbol{\alpha}_m\,|\,k_1,k_2,\cdots,k_m\in\mathbf{R}\},$$

$$V_2=\{\boldsymbol{x}=l_1\boldsymbol{\beta}_1+l_2\boldsymbol{\beta}_2+\cdots+l_s\boldsymbol{\beta}_s\,|\,l_1,l_2,\cdots,l_s\in\mathbf{R}\}.$$

试证 $V_1=V_2$.

证明 设 $\boldsymbol{x}\in V_1$,则 $\boldsymbol{x}$ 可由 $\boldsymbol{\alpha}_1,\boldsymbol{\alpha}_2,\cdots,\boldsymbol{\alpha}_m$ 线性表示.

因为 $\boldsymbol{\alpha}_1,\boldsymbol{\alpha}_2,\cdots,\boldsymbol{\alpha}_m$ 可由 $\boldsymbol{\beta}_1,\boldsymbol{\beta}_2,\cdots,\boldsymbol{\beta}_s$ 线性表示,故 $\boldsymbol{x}$ 可由 $\boldsymbol{\beta}_1,\boldsymbol{\beta}_2,\cdots,\boldsymbol{\beta}_s$ 线性表示,所以 $\boldsymbol{x}\in V_2$. 这就是说若 $\boldsymbol{x}\in V_1$,则 $\boldsymbol{x}\in V_2$,因此,$V_1\subseteq V_2$.

类似地可证 $V_2\subseteq V_1$,所以 $V_1=V_2$.

定义 4.10 设向量空间 V_1 及 V_2,若 $V_1\subseteq V_2$,就称 V_1 是 V_2 的**子空间**.

例如,任何由 n 维向量所组成的向量空间 V,总有 $V\subseteq\mathbf{R}^n$,所以这样的向量空间总是 $\mathbf{R}^n$ 的子空间.

二、向量空间的基和维数

定义 4.11 设 $\boldsymbol{\alpha}_1,\boldsymbol{\alpha}_2,\cdots,\boldsymbol{\alpha}_r$ 是向量空间 V 的一组向量,若满足

(1) $\boldsymbol{\alpha}_1,\boldsymbol{\alpha}_2,\cdots,\boldsymbol{\alpha}_r$ 线性无关,

(2) V 中任一向量 $\boldsymbol{\alpha}$ 都可由 $\boldsymbol{\alpha}_1,\boldsymbol{\alpha}_2,\cdots,\boldsymbol{\alpha}_r$ 线性表示,即有数 $x_1,x_2,\cdots,x_r$,使

$$\boldsymbol{\alpha}=x_1\boldsymbol{\alpha}_1+x_2\boldsymbol{\alpha}_2+\cdots+x_r\boldsymbol{\alpha}_r$$

成立,则称向量组 $\boldsymbol{\alpha}_1,\boldsymbol{\alpha}_2,\cdots,\boldsymbol{\alpha}_r$ 为向量空间 V 的**一组基**,一组基中所含向量的个数 r 称为向量空间 V 的**维数**,记作 $\dim V=r$. 并称 V 为 r 维向量空间. 有序数组 $(x_1,x_2,\cdots,x_r)^{\mathrm{T}}$ 称为向量 $\boldsymbol{\alpha}$ 在这个基下的**坐标**.

如果向量空间 V 没有基,那么 V 的维数为零,这时,向量空间 V 只含一个零向量.

由定义及有关性质可知:

(1) 向量空间的基不唯一,在 n 维向量空间中任意的 n 个线性无关的向量都是向量空间的一组基;

(2) 对于向量空间的任意向量 $\boldsymbol{\alpha}$,在取定的一组基下的坐标是唯一的,通常表示为

$$\boldsymbol{\alpha}=x_1\boldsymbol{\alpha}_1+x_2\boldsymbol{\alpha}_2+\cdots+x_n\boldsymbol{\alpha}_n=(\boldsymbol{\alpha}_1,\boldsymbol{\alpha}_2,\cdots,\boldsymbol{\alpha}_n)\begin{pmatrix}x_1\\x_2\\\vdots\\x_n\end{pmatrix}.$$

(3) 在 n 维向量空间 $\mathbf{R}^n$ 中取单位坐标向量组

$$\boldsymbol{\varepsilon}_1=\begin{pmatrix}1\\0\\\vdots\\0\end{pmatrix},\boldsymbol{\varepsilon}_2=\begin{pmatrix}0\\1\\\vdots\\0\end{pmatrix},\cdots,\boldsymbol{\varepsilon}_n=\begin{pmatrix}0\\0\\\vdots\\1\end{pmatrix}$$

为一组基,则向量 $\boldsymbol{x}=(x_1,x_2,\cdots,x_n)^{\mathrm{T}}$ 可表示为

$$\boldsymbol{x}=x_1\boldsymbol{\varepsilon}_1+x_2\boldsymbol{\varepsilon}_2+\cdots+x_n\boldsymbol{\varepsilon}_n.$$

可见向量在基 $\boldsymbol{\varepsilon}_1,\boldsymbol{\varepsilon}_2,\cdots,\boldsymbol{\varepsilon}_n$ 下的坐标就是该向量的分量. 因此,$\boldsymbol{\varepsilon}_1,\boldsymbol{\varepsilon}_2,\cdots,\boldsymbol{\varepsilon}_n$ 称为 $\mathbf{R}^n$ 中的一组**标准基(自然基)**.

若将向量空间看作向量组,则由最大无关组的等价定义可知,V 的基就是向量组的最大无关组,V 的维数就是向量组的秩.

显然,向量组 $\boldsymbol{\alpha}_1,\boldsymbol{\alpha}_2,\cdots,\boldsymbol{\alpha}_m$ 所生成的向量空间

$$V=\{\boldsymbol{x}=k_1\boldsymbol{\alpha}_1+k_2\boldsymbol{\alpha}_2+\cdots+k_m\boldsymbol{\alpha}_m\,|\,k_1,k_2,\cdots,k_m\in\mathbf{R}\}$$

与向量组 $\boldsymbol{\alpha}_1,\boldsymbol{\alpha}_2,\cdots,\boldsymbol{\alpha}_m$ 等价,所以向量组 $\boldsymbol{\alpha}_1,\boldsymbol{\alpha}_2,\cdots,\boldsymbol{\alpha}_m$ 的最大无关组就是 V 的一个基,向量组 $\boldsymbol{\alpha}_1,\boldsymbol{\alpha}_2,\cdots,\boldsymbol{\alpha}_m$ 的秩就是 V 的维数.

由此可知,对向量空间 V,只要找到 V 的一个基 $\boldsymbol{\alpha}_1,\boldsymbol{\alpha}_2,\cdots,\boldsymbol{\alpha}_r$($V$ 中的维数个线性无关的向量),即有

$$V=\mathrm{span}(\boldsymbol{\alpha}_1,\boldsymbol{\alpha}_2,\cdots,\boldsymbol{\alpha}_r).$$

这就清楚地显示出了向量空间 V 的构造.

例 4.22 已知向量组 $\boldsymbol{\varepsilon}_1=(1,0)^{\mathrm{T}},\boldsymbol{\varepsilon}_2=(0,1)^{\mathrm{T}}$ 和向量组 $\boldsymbol{\alpha}_1=(1,1)^{\mathrm{T}},\boldsymbol{\alpha}_2=(1,0)^{\mathrm{T}}$ 以及向量 $\boldsymbol{\alpha}=(4,3)^{\mathrm{T}}$.

(1) 试证 $\boldsymbol{\varepsilon}_1,\boldsymbol{\varepsilon}_2$ 为 $\mathbf{R}^2$ 的一个基;$\boldsymbol{\alpha}_1,\boldsymbol{\alpha}_2$ 也为 $\mathbf{R}^2$ 的一个基.

(2) 分别求 $\boldsymbol{\alpha}$ 在基 $\boldsymbol{\varepsilon}_1,\boldsymbol{\varepsilon}_2$ 和 $\boldsymbol{\alpha}_1,\boldsymbol{\alpha}_2$ 下的坐标.

解 (1) 因为 $\boldsymbol{\varepsilon}_1,\boldsymbol{\varepsilon}_2$ 对应元素不成比例,所以 $\boldsymbol{\varepsilon}_1,\boldsymbol{\varepsilon}_2$ 线性无关,而任一向量 $\boldsymbol{\gamma}\in\mathbf{R}^2$,由性质 1 知 $\boldsymbol{\varepsilon}_1,\boldsymbol{\varepsilon}_2,\boldsymbol{\gamma}$ 线性相关,再由定理 4.5 知 $\boldsymbol{\gamma}$ 可由 $\boldsymbol{\varepsilon}_1,\boldsymbol{\varepsilon}_2$ 线性表示,满足定义的条件,故 $\boldsymbol{\varepsilon}_1,\boldsymbol{\varepsilon}_2$ 为 $\mathbf{R}^2$ 的一个基.

同理可证 $\boldsymbol{\alpha}_1,\boldsymbol{\alpha}_2$ 也是 $\mathbf{R}^2$ 的一个基.

(2) 由 $\boldsymbol{\alpha}=\begin{pmatrix}4\\3\end{pmatrix}=4\boldsymbol{\varepsilon}_1+3\boldsymbol{\varepsilon}_2$,知 $\boldsymbol{\alpha}$ 在基 $\boldsymbol{\varepsilon}_1,\boldsymbol{\varepsilon}_2$ 下的坐标为 $(4,3)^{\mathrm{T}}$.

由 $\boldsymbol{\alpha}=\begin{pmatrix}4\\3\end{pmatrix}=3\boldsymbol{\alpha}_1+\boldsymbol{\alpha}_2$,知 $\boldsymbol{\alpha}$ 在基 $\boldsymbol{\alpha}_1,\boldsymbol{\alpha}_2$ 下的坐标为 $(3,1)^{\mathrm{T}}$.

由上例可以看出,向量空间 $\mathbf{R}^2$ 的基不唯一,但每个基中向量的个数(即向量空间的维数)是唯一确定的;同一向量在不同基下的坐标一般也不相同.

三、基变换与坐标变换

事实上,由向量组的任意两个最大无关组等价知:向量空间的任意两个基等价.

定义 4.12 设 $\boldsymbol{\alpha}_1,\boldsymbol{\alpha}_2,\cdots,\boldsymbol{\alpha}_n$ 与 $\boldsymbol{\beta}_1,\boldsymbol{\beta}_2,\cdots,\boldsymbol{\beta}_n$ 是 n 维向量空间 V 的两个基,且满足

$$(\boldsymbol{\beta}_1,\boldsymbol{\beta}_2,\cdots,\boldsymbol{\beta}_n)=(\boldsymbol{\alpha}_1,\boldsymbol{\alpha}_2,\cdots,\boldsymbol{\alpha}_n)\boldsymbol{P}, \tag{4.1}$$

$\boldsymbol{P}$ 为 n 阶可逆矩阵,称式(4.1)为**基变换公式**,矩阵 $\boldsymbol{P}$ 为由基 $\boldsymbol{\alpha}_1,\boldsymbol{\alpha}_2,\cdots,\boldsymbol{\alpha}_n$ 到基 $\boldsymbol{\beta}_1,\boldsymbol{\beta}_2,\cdots,\boldsymbol{\beta}_n$ 的**过渡矩阵**,且 $\boldsymbol{P}=(\boldsymbol{\alpha}_1,\boldsymbol{\alpha}_2,\cdots,\boldsymbol{\alpha}_n)^{-1}(\boldsymbol{\beta}_1,\boldsymbol{\beta}_2,\cdots,\boldsymbol{\beta}_n)$.

定理 4.10 设 n 维向量空间 V 中元素 $\boldsymbol{\alpha}$ 在基 $\boldsymbol{\alpha}_1,\boldsymbol{\alpha}_2,\cdots,\boldsymbol{\alpha}_n$ 与基 $\boldsymbol{\beta}_1,\boldsymbol{\beta}_2,\cdots,\boldsymbol{\beta}_n$ 下的坐标分别为 $\boldsymbol{x}=(x_1,x_2,\cdots,x_n)^{\mathrm{T}}$,$\boldsymbol{y}=(y_1,y_2,\cdots,y_n)^{\mathrm{T}}$,且 $\boldsymbol{\alpha}_1,\boldsymbol{\alpha}_2,\cdots,\boldsymbol{\alpha}_n$ 到 $\boldsymbol{\beta}_1,\boldsymbol{\beta}_2,\cdots,\boldsymbol{\beta}_n$ 的过渡矩阵为 $\boldsymbol{P}$,则有坐标变换公式

$$\boldsymbol{x}=\boldsymbol{P}\boldsymbol{y} \text{ 或 } \boldsymbol{y}=\boldsymbol{P}^{-1}\boldsymbol{x}.$$

证明 因为

$$\boldsymbol{\alpha}=(\boldsymbol{\alpha}_1,\boldsymbol{\alpha}_2,\cdots,\boldsymbol{\alpha}_n)\boldsymbol{x}=(\boldsymbol{\beta}_1,\boldsymbol{\beta}_2,\cdots,\boldsymbol{\beta}_n)\boldsymbol{y}$$

所以

$$\boldsymbol{x}=(\boldsymbol{\alpha}_1,\boldsymbol{\alpha}_2,\cdots,\boldsymbol{\alpha}_n)^{-1}(\boldsymbol{\beta}_1,\boldsymbol{\beta}_2,\cdots,\boldsymbol{\beta}_n)\boldsymbol{y}=\boldsymbol{P}\boldsymbol{y}.$$

或

$$\boldsymbol{y}=\boldsymbol{P}^{-1}\boldsymbol{x}.$$

例 4.23 设有两个三维向量组

$$\boldsymbol{\alpha}_1=\begin{pmatrix}1\\1\\1\end{pmatrix},\boldsymbol{\alpha}_2=\begin{pmatrix}1\\1\\0\end{pmatrix},\boldsymbol{\alpha}_3=\begin{pmatrix}1\\0\\0\end{pmatrix},\quad \boldsymbol{\beta}_1=\begin{pmatrix}6\\5\\3\end{pmatrix},\boldsymbol{\beta}_2=\begin{pmatrix}2\\2\\1\end{pmatrix},\boldsymbol{\beta}_3=\begin{pmatrix}1\\1\\1\end{pmatrix}.$$

(1) 试证 $\boldsymbol{\alpha}_1,\boldsymbol{\alpha}_2,\boldsymbol{\alpha}_3$ 及 $\boldsymbol{\beta}_1,\boldsymbol{\beta}_2,\boldsymbol{\beta}_3$ 均为 $\mathbf{R}^3$ 的基.

(2) 求由基 $\boldsymbol{\alpha}_1,\boldsymbol{\alpha}_2,\boldsymbol{\alpha}_3$ 到基 $\boldsymbol{\beta}_1,\boldsymbol{\beta}_2,\boldsymbol{\beta}_3$ 的过渡矩阵 $\boldsymbol{P}$.

(1) **证明** 因为

$$|\boldsymbol{\alpha}_1,\boldsymbol{\alpha}_2,\boldsymbol{\alpha}_3|=\begin{vmatrix}1&1&1\\1&1&0\\1&0&0\end{vmatrix}=-1\neq 0,\quad |\boldsymbol{\beta}_1,\boldsymbol{\beta}_2,\boldsymbol{\beta}_3|=\begin{vmatrix}6&2&1\\5&2&1\\3&1&1\end{vmatrix}=1\neq 0,$$

所以 $\boldsymbol{\alpha}_1,\boldsymbol{\alpha}_2,\boldsymbol{\alpha}_3$ 线性无关,$\boldsymbol{\beta}_1,\boldsymbol{\beta}_2,\boldsymbol{\beta}_3$ 也线性无关.

又因为 $\mathbf{R}^3$ 为三维空间,故向量 $\boldsymbol{\alpha}_1,\boldsymbol{\alpha}_2,\boldsymbol{\alpha}_3$ 和 $\boldsymbol{\beta}_1,\boldsymbol{\beta}_2,\boldsymbol{\beta}_3$ 分别为 $\mathbf{R}^3$ 的一个基.

(2) **解** 由

$$\left(\begin{array}{ccc:ccc}1&1&1&6&2&1\\1&1&0&5&2&1\\1&0&0&3&1&1\end{array}\right)\overset{r}{\sim}\left(\begin{array}{ccc:ccc}1&0&0&3&1&1\\0&1&0&2&1&0\\0&0&1&1&0&0\end{array}\right),$$

得

$$\boldsymbol{P}=\boldsymbol{A}^{-1}\boldsymbol{B}=\begin{pmatrix}3&1&1\\2&1&0\\1&0&0\end{pmatrix}.$$

4.5 线性方程组解的结构

在第 3 章中，我们讨论了初等行变换求解线性方程组的方法及解的判定方法，本节将用向量组线性相关性理论描述线性方程组的解，尤其是线性方程组有无穷多个解时其解的结构，可以说，本节综合了线性代数中大部分重要概念. 首先讨论齐次线性方程组.

一、齐次线性方程组解的结构

设有齐次线性方程组

$$\begin{cases} a_{11}x_1 + a_{12}x_2 + \cdots + a_{1n}x_n = 0, \\ a_{21}x_1 + a_{22}x_2 + \cdots + a_{2n}x_n = 0, \\ \cdots\cdots\cdots\cdots \\ a_{m1}x_1 + a_{m2}x_2 + \cdots + a_{mn}x_n = 0. \end{cases} \tag{4.2}$$

记

$$\boldsymbol{A} = \begin{pmatrix} a_{11} & a_{12} & \cdots & a_{1n} \\ a_{21} & a_{22} & \cdots & a_{2n} \\ \vdots & \vdots & & \vdots \\ a_{m1} & a_{m2} & \cdots & a_{mn} \end{pmatrix}, \quad \boldsymbol{x} = \begin{pmatrix} x_1 \\ x_2 \\ \vdots \\ x_n \end{pmatrix},$$

则式(4.2)的向量形式为

$$\boldsymbol{Ax} = \boldsymbol{0}. \tag{4.3}$$

性质 1 若 $\boldsymbol{\xi}_1, \boldsymbol{\xi}_2$ 是齐次线性方程组 $\boldsymbol{Ax}=\boldsymbol{0}$ 的解，则 $\boldsymbol{\xi}_1+\boldsymbol{\xi}_2$ 也是齐次线性方程组 $\boldsymbol{Ax}=\boldsymbol{0}$ 的解.

证明 因为 $\boldsymbol{A\xi}_1=\boldsymbol{0}, \boldsymbol{A\xi}_2=\boldsymbol{0}$，则

$$\boldsymbol{A}(\boldsymbol{\xi}_1+\boldsymbol{\xi}_2) = \boldsymbol{A\xi}_1 + \boldsymbol{A\xi}_2 = \boldsymbol{0},$$

即 $\boldsymbol{\xi}_1+\boldsymbol{\xi}_2$ 是齐次线性方程组 $\boldsymbol{Ax}=\boldsymbol{0}$ 的解.

性质 2 若 $\boldsymbol{\xi}_1$ 是齐次线性方程组 $\boldsymbol{Ax}=\boldsymbol{0}$ 的一个解，c 是常数，则 $c\boldsymbol{\xi}_1$ 也是 $\boldsymbol{Ax}=\boldsymbol{0}$ 的解.

证明 因为 $\boldsymbol{A\xi}_1=\boldsymbol{0}$，则

$$\boldsymbol{A}(c\boldsymbol{\xi}_1) = c \cdot \boldsymbol{A\xi}_1 = c \cdot \boldsymbol{0} = \boldsymbol{0},$$

即 $c\boldsymbol{\xi}_1$ 是齐次线性方程组 $\boldsymbol{Ax}=\boldsymbol{0}$ 的解.

综合性质 1 和性质 2 可知：

齐次线性方程组解的线性组合也是方程组的解，即若 $\boldsymbol{\xi}_1, \boldsymbol{\xi}_2, \cdots, \boldsymbol{\xi}_s$ 是齐次线性方程组 $\boldsymbol{Ax}=\boldsymbol{0}$ 的解，则 $c_1\boldsymbol{\xi}_1+c_2\boldsymbol{\xi}_2+\cdots+c_s\boldsymbol{\xi}_s$ 也是 $\boldsymbol{Ax}=\boldsymbol{0}$ 的解，其中 $c_1, c_2, \cdots, c_s$ 是任意实数.

由此可知，若齐次线性方程组 $\boldsymbol{Ax}=\boldsymbol{0}$ 有非零解，则它必有无穷多个解，这无穷多个解构成一个 n 维向量集合. 若用 S 表示齐次线性方程组全体解向量组成的集合，则 S 对于解向量的线性运算是封闭的，即解集合 S 是一个向量空间，称为齐次线性方程组的**解空间**.

定义 4.13 若齐次线性方程组 $\boldsymbol{Ax}=\boldsymbol{0}$ 的解向量 $\boldsymbol{\xi}_1, \boldsymbol{\xi}_2, \cdots, \boldsymbol{\xi}_s$，满足：

(1) $\boldsymbol{\xi}_1, \boldsymbol{\xi}_2, \cdots, \boldsymbol{\xi}_s$ 线性无关，

(2) $\boldsymbol{Ax}=\boldsymbol{0}$ 的每一个解都能由 $\boldsymbol{\xi}_1, \boldsymbol{\xi}_2, \cdots, \boldsymbol{\xi}_s$ 线性表示，

则称解向量 $\xi_1,\xi_2,\cdots,\xi_s$ 为齐次线性方程组 $\boldsymbol{Ax}=\mathbf{0}$ 的一个**基础解系**.

设 $\boldsymbol{\xi}_1,\boldsymbol{\xi}_2,\cdots,\boldsymbol{\xi}_s$ 为齐次线性方程组 $\boldsymbol{Ax}=\mathbf{0}$ 的基础解系,则方程组的全部解

$$c_1\boldsymbol{\xi}_1+c_2\boldsymbol{\xi}_2+\cdots+c_s\boldsymbol{\xi}_s$$

称为 $\boldsymbol{Ax}=\mathbf{0}$ 的**通解**,即基础解系的一切线性组合,其中 $c_1,c_2,\cdots,c_s$ 为任意实数.

由定义 4.10 可知,方程组 $\boldsymbol{Ax}=\mathbf{0}$ 的基础解系就是其全部解向量的一个最大无关组.基础解系也称为解空间 S 的一组**基**.由于向量空间的基不唯一,因此齐次线性方程组 $\boldsymbol{Ax}=\mathbf{0}$ 的基础解系也不唯一;由于向量空间的维数是唯一的,因此,基础解系中所含向量的个数也是唯一的.

当齐次线性方程组 $\boldsymbol{Ax}=\mathbf{0}$ 的系数矩阵的秩 $R(\boldsymbol{A})=n$(未知量的个数)时,方程组只有零解,因此方程组不存在基础解系.而当 $R(\boldsymbol{A})<n$ 时,有

定理 4.11 若齐次线性方程组 $\boldsymbol{Ax}=\mathbf{0}$ 的系数矩阵的秩 $R(\boldsymbol{A})=r<n$,则方程组一定有基础解系,并且基础解系中解向量的个数为 $n-r$.

即齐次线性方程组的基础解系中解向量的个数等于未知量的个数减去系数矩阵的秩.

证明 设方程组的系数矩阵 $\boldsymbol{A}$ 的秩为 r,并不妨设 $\boldsymbol{A}$ 的前 r 列向量线性无关,于是 $\boldsymbol{A}$ 的行最简形矩阵为

$$\boldsymbol{A}\sim\widetilde{\boldsymbol{A}}=\begin{pmatrix}1&\cdots&0&b_{11}&\cdots&b_{1,n-r}\\ \vdots&&\vdots&\vdots&&\vdots\\ 0&\cdots&1&b_{r1}&\cdots&b_{r,n-r}\\ 0&\cdots&0&0&\cdots&0\\ \vdots&&\vdots&\vdots&&\vdots\\ 0&\cdots&0&0&\cdots&0\end{pmatrix},$$

与 $\widetilde{\boldsymbol{A}}$ 对应的方程组为

$$\begin{cases}x_1=-b_{11}x_{r+1}-\cdots-b_{1,n-r}x_n,\\ \cdots\cdots\cdots\cdots\\ x_r=-b_{r1}x_{r+1}-\cdots-b_{r,n-r}x_n.\end{cases}$$

把 $x_{r+1},\cdots,x_n$ 作为自由未知数,并令它们依次等于 $c_1,\cdots,c_{n-r}$,可得方程组 $\boldsymbol{Ax}=\mathbf{0}$ 的通解

$$\boldsymbol{x}=\begin{pmatrix}x_1\\ \vdots\\ x_r\\ x_{r+1}\\ x_{r+2}\\ \vdots\\ x_n\end{pmatrix}=c_1\begin{pmatrix}-b_{11}\\ \vdots\\ -b_{r1}\\ 1\\ 0\\ \vdots\\ 0\end{pmatrix}+c_2\begin{pmatrix}-b_{12}\\ \vdots\\ -b_{r2}\\ 0\\ 1\\ \vdots\\ 0\end{pmatrix}+\cdots+c_{n-r}\begin{pmatrix}-b_{1,n-r}\\ \vdots\\ -b_{r,n-r}\\ 0\\ 0\\ \vdots\\ 1\end{pmatrix},$$

把上式记作

$$\boldsymbol{x}=c_1\boldsymbol{\xi}_1+c_2\boldsymbol{\xi}_2+\cdots+c_{n-r}\boldsymbol{\xi}_{n-r}.$$

可知解集 $\boldsymbol{S}$ 中的任一向量能由 $\boldsymbol{\xi}_1,\boldsymbol{\xi}_2,\cdots,\boldsymbol{\xi}_{n-r}$ 线性表示,又因为矩阵 $(\boldsymbol{\xi}_1,\boldsymbol{\xi}_2,\cdots,\boldsymbol{\xi}_{n-r})$ 中有 $n-r$ 阶子式 $|\boldsymbol{E}_{n-r}|\neq0$,故 $R(\boldsymbol{\xi}_1,\boldsymbol{\xi}_2,\cdots,\boldsymbol{\xi}_{n-r})=n-r$,所以 $\boldsymbol{\xi}_1,\boldsymbol{\xi}_2,\cdots,\boldsymbol{\xi}_{n-r}$ 是解集 $\boldsymbol{S}$ 的最大无

关组，即 $\boldsymbol{\xi}_1,\boldsymbol{\xi}_2,\cdots,\boldsymbol{\xi}_{n-r}$ 是方程组 $\boldsymbol{Ax}=\boldsymbol{0}$ 的基础解系.

推论 设 n 元齐次线性方程组 $\boldsymbol{Ax}=\boldsymbol{0}$ 的系数矩阵 $\boldsymbol{A}$ 的秩 $R(\boldsymbol{A})=r<n$，则任意 $n-r$ 个线性无关的解向量都是它的基础解系.

求齐次线性方程组 $\boldsymbol{Ax}=\boldsymbol{0}$ 的基础解系的一般步骤为：

(1) 将齐次线性方程组的系数矩阵 $\boldsymbol{A}$ 通过初等行变换化为行最简形矩阵；

(2) 把行最简形矩阵中非零首元所对应的变量作为非自由未知量，得同解方程组；

(3) 分别令自由未知量中一个为 1 其余全部为 0，求出 $n-r$ 个解向量，这 $n-r$ 个解向量就构成了方程组 $\boldsymbol{Ax}=\boldsymbol{0}$ 的一个基础解系.

例 4.24 求齐次线性方程组

$$\begin{cases} x_1+x_2+x_3+x_4=0, \\ 3x_1+3x_2+x_3=0, \\ -2x_1-2x_2+x_4=0, \\ 5x_1+5x_2+3x_3+2x_4=0 \end{cases}$$

的基础解系与通解.

解 对系数矩阵 $\boldsymbol{A}$ 施行初等行变换化为行最简形矩阵

$$\boldsymbol{A}=\begin{pmatrix} 1 & 1 & 1 & 1 \\ 3 & 3 & 1 & 0 \\ -2 & -2 & 0 & 1 \\ 5 & 5 & 3 & 2 \end{pmatrix} \sim \begin{pmatrix} 1 & 1 & 1 & 1 \\ 0 & 0 & -2 & -3 \\ 0 & 0 & 2 & 3 \\ 0 & 0 & -2 & -3 \end{pmatrix}$$

$$\sim \begin{pmatrix} 1 & 1 & 1 & 1 \\ 0 & 0 & 2 & 3 \\ 0 & 0 & 0 & 0 \\ 0 & 0 & 0 & 0 \end{pmatrix} \sim \begin{pmatrix} 1 & 1 & 0 & -\frac{1}{2} \\ 0 & 0 & 1 & \frac{3}{2} \\ 0 & 0 & 0 & 0 \\ 0 & 0 & 0 & 0 \end{pmatrix},$$

取 x_2,x_4 为自由未知量，得同解方程组

$$\begin{cases} x_1=-x_2+\frac{1}{2}x_4, \\ x_3=-\frac{3}{2}x_4. \end{cases}$$

令 $\begin{pmatrix} x_2 \\ x_4 \end{pmatrix}=\begin{pmatrix} 1 \\ 0 \end{pmatrix},\begin{pmatrix} 0 \\ 1 \end{pmatrix}$，则对应有 $\begin{pmatrix} x_1 \\ x_3 \end{pmatrix}=\begin{pmatrix} -1 \\ 0 \end{pmatrix},\begin{pmatrix} \frac{1}{2} \\ -\frac{3}{2} \end{pmatrix}$，得基础解系

$$\boldsymbol{\xi}_1=\begin{pmatrix} -1 \\ 1 \\ 0 \\ 0 \end{pmatrix},\ \boldsymbol{\xi}_2=\begin{pmatrix} \frac{1}{2} \\ 0 \\ -\frac{3}{2} \\ 1 \end{pmatrix}.$$

方程组的通解为

$$\begin{pmatrix} x_1 \\ x_2 \\ x_3 \\ x_4 \end{pmatrix} = c_1 \begin{pmatrix} -1 \\ 1 \\ 0 \\ 0 \end{pmatrix} + c_2 \begin{pmatrix} \frac{1}{2} \\ 0 \\ -\frac{3}{2} \\ 1 \end{pmatrix} \quad (c_1, c_2 \in \mathbf{R}).$$

定理 4.11 不仅是线性方程组各种解法的理论基础,在讨论向量组的线性相关性时也很有用.

例 4.25 设 $\boldsymbol{A}_{m\times n}\boldsymbol{B}_{n\times l}=\boldsymbol{O}$,证明 $R(\boldsymbol{A})+R(\boldsymbol{B})\leqslant n$.

证明 记 $\boldsymbol{B}=(\boldsymbol{\beta}_1,\boldsymbol{\beta}_2,\cdots,\boldsymbol{\beta}_l)$,则

$$\boldsymbol{A}(\boldsymbol{\beta}_1,\boldsymbol{\beta}_2,\cdots,\boldsymbol{\beta}_l)=(\mathbf{0},\mathbf{0},\cdots,\mathbf{0}),$$

即

$$\boldsymbol{A}\boldsymbol{\beta}_i=\mathbf{0}\ (i=1,2,\cdots,l).$$

表明矩阵 $\boldsymbol{B}$ 的 l 个列向量都是齐次方程组 $\boldsymbol{Ax}=\mathbf{0}$ 的解.

记方程 $\boldsymbol{Ax}=\mathbf{0}$ 的解集为 $\boldsymbol{S}$,由 $\boldsymbol{\beta}_i\in\boldsymbol{S}$,可知 $R(\boldsymbol{\beta}_1,\boldsymbol{\beta}_2,\cdots,\boldsymbol{\beta}_l)\leqslant R(\boldsymbol{S})$,即 $R(\boldsymbol{B})\leqslant R(\boldsymbol{S})$,而 $R(\boldsymbol{A})+R(\boldsymbol{S})=n$,故

$$R(\boldsymbol{A})+R(\boldsymbol{B})\leqslant n.$$

二、非齐次线性方程组解的结构

设有非齐次线性方程组

$$\begin{cases} a_{11}x_1+a_{12}x_2+\cdots+a_{1n}x_n=b_1, \\ a_{21}x_1+a_{22}x_2+\cdots+a_{2n}x_n=b_2, \\ \cdots\cdots\cdots\cdots \\ a_{m1}x_1+a_{m2}x_2+\cdots+a_{mn}x_n=b_m. \end{cases} \tag{4.4}$$

记

$$\boldsymbol{A}=\begin{pmatrix} a_{11} & a_{12} & \cdots & a_{1n} \\ a_{21} & a_{22} & \cdots & a_{2n} \\ \vdots & \vdots & & \vdots \\ a_{m1} & a_{m2} & \cdots & a_{mn} \end{pmatrix},\ \boldsymbol{x}=\begin{pmatrix} x_1 \\ x_2 \\ \vdots \\ x_n \end{pmatrix},\ \boldsymbol{b}=\begin{pmatrix} b_1 \\ b_2 \\ \vdots \\ b_m \end{pmatrix}.$$

则式(4.4)的矩阵形式为

$$\boldsymbol{Ax}=\boldsymbol{b}. \tag{4.5}$$

令 $\boldsymbol{b}=\mathbf{0}$,得到的齐次线性方程组 $\boldsymbol{Ax}=\mathbf{0}$,称为非齐次线性方程组 $\boldsymbol{Ax}=\boldsymbol{b}$ 的**导出组**. 方程组 $\boldsymbol{Ax}=\boldsymbol{b}$ 的解与它的导出组 $\boldsymbol{Ax}=\mathbf{0}$ 的解之间有着密切的联系.

性质 3 若 $\boldsymbol{\xi}_1,\boldsymbol{\xi}_2$ 是非齐次方程组 $\boldsymbol{Ax}=\boldsymbol{b}$ 的任意两个解,则 $\boldsymbol{\xi}_1-\boldsymbol{\xi}_2$ 是其导出组 $\boldsymbol{Ax}=\mathbf{0}$ 的解.

证明 因为 $\boldsymbol{A\xi}_1=\boldsymbol{b}$,$\boldsymbol{A\xi}_2=\boldsymbol{b}$,则

$$\boldsymbol{A}(\boldsymbol{\xi}_1-\boldsymbol{\xi}_2)=\boldsymbol{A\xi}_1-\boldsymbol{A\xi}_2=\boldsymbol{b}-\boldsymbol{b}=\mathbf{0},$$

即 $\boldsymbol{\xi}_1-\boldsymbol{\xi}_2$ 是其导出组 $\boldsymbol{Ax}=\boldsymbol{0}$ 的解.

性质 4　若 $\boldsymbol{\xi}$ 是非齐次线性方程组 $\boldsymbol{Ax}=\boldsymbol{b}$ 的解,$\boldsymbol{\eta}$ 是其导出组 $\boldsymbol{Ax}=\boldsymbol{0}$ 的解,则 $\boldsymbol{\xi}+\boldsymbol{\eta}$ 是线性方程组 $\boldsymbol{Ax}=\boldsymbol{b}$ 的解.

证明　因为 $\boldsymbol{A\xi}=\boldsymbol{b},\boldsymbol{A\eta}=\boldsymbol{0}$,则

$$\boldsymbol{A}(\boldsymbol{\xi}+\boldsymbol{\eta})=\boldsymbol{A\xi}+\boldsymbol{A\eta}=\boldsymbol{b}+\boldsymbol{0}=\boldsymbol{b},$$

即 $\boldsymbol{\xi}+\boldsymbol{\eta}$ 是线性方程组 $\boldsymbol{Ax}=\boldsymbol{b}$ 的解.

定理 4.12　若 $\boldsymbol{\eta}^*$ 是非齐次线性方程组 $\boldsymbol{Ax}=\boldsymbol{b}$ 的一个特解,$\boldsymbol{\xi}$ 是其导出组 $\boldsymbol{Ax}=\boldsymbol{0}$ 的通解,则 $\boldsymbol{\xi}+\boldsymbol{\eta}^*$ 为线性方程组 $\boldsymbol{Ax}=\boldsymbol{b}$ 的全部解.

即线性方程组 $\boldsymbol{Ax}=\boldsymbol{b}$ 的全部解可表示为

$$\boldsymbol{x}=\boldsymbol{\xi}+\boldsymbol{\eta}^*=c_1\boldsymbol{\xi}_1+c_2\boldsymbol{\xi}_2+\cdots+c_{n-r}\boldsymbol{\xi}_{n-r}+\boldsymbol{\eta}^*,$$

其中 $c_1,c_2,\cdots,c_{n-r}$为任意实数,r 是系数矩阵 $\boldsymbol{A}$ 的秩.

证明　因为 $\boldsymbol{\eta}^*$ 为方程组 $\boldsymbol{Ax}=\boldsymbol{b}$ 的解,$\boldsymbol{\xi}$ 为方程组 $\boldsymbol{Ax}=\boldsymbol{0}$ 的解,故有

$$\boldsymbol{A\eta}^*=\boldsymbol{b},\ \boldsymbol{A\xi}=\boldsymbol{0},$$

$$\boldsymbol{A}(\boldsymbol{\xi}+\boldsymbol{\eta}^*)=\boldsymbol{A\xi}+\boldsymbol{A\eta}^*=\boldsymbol{b}+\boldsymbol{0}=\boldsymbol{b},$$

所以,$\boldsymbol{\xi}+\boldsymbol{\eta}^*$ 为 $\boldsymbol{Ax}=\boldsymbol{b}$ 的解.

由性质 3 知,若求得 $\boldsymbol{Ax}=\boldsymbol{b}$ 的一个解,则 $\boldsymbol{Ax}=\boldsymbol{b}$ 任一解都可以表示为

$$\boldsymbol{x}=\boldsymbol{\xi}+\boldsymbol{\eta}^*,$$

其中 $\boldsymbol{\xi}$ 为线性方程 $\boldsymbol{Ax}=\boldsymbol{0}$ 的解.

若方程 $\boldsymbol{Ax}=\boldsymbol{0}$ 的通解为

$$\boldsymbol{\xi}=c_1\boldsymbol{\xi}_1+c_2\boldsymbol{\xi}_2+\cdots+c_{n-r}\boldsymbol{\xi}_{n-r},$$

则方程 $\boldsymbol{Ax}=\boldsymbol{b}$ 的任一解可表示为

$$\boldsymbol{x}=\boldsymbol{\xi}+\boldsymbol{\eta}^*=c_1\boldsymbol{\xi}_1+c_2\boldsymbol{\xi}_2+\cdots+c_{n-r}\boldsymbol{\xi}_{n-r}+\boldsymbol{\eta}^*.$$

由此,可以归纳出求解非齐次线性方程组 $\boldsymbol{Ax}=\boldsymbol{b}$ 的一般步骤:

(1) 先求出方程组 $\boldsymbol{Ax}=\boldsymbol{b}$ 的一个特解 $\boldsymbol{\eta}^*$;

(2) 再求出其导出组 $\boldsymbol{Ax}=\boldsymbol{0}$ 的通解 $\boldsymbol{\xi}$;

(3) 由 $\boldsymbol{\eta}^*,\boldsymbol{\xi}$ 表示出 $\boldsymbol{Ax}=\boldsymbol{b}$ 的全部解为 $\boldsymbol{x}=\boldsymbol{\xi}+\boldsymbol{\eta}^*$.

例 4.26　求非齐次线性方程组

$$\begin{cases}x_1-x_2-x_3+x_4=0,\\x_1-x_2+x_3-3x_4=1,\\x_1-x_2-2x_3+3x_4=-\dfrac{1}{2}\end{cases}$$

的全部解.

解　对增广矩阵 $\overline{\boldsymbol{A}}$ 施行初等行变换

$$\overline{\boldsymbol{A}}=\left(\begin{array}{cccc:c}1&-1&-1&1&0\\1&-1&1&-3&1\\1&-1&-2&-3&-\dfrac{1}{2}\end{array}\right)\sim\left(\begin{array}{cccc:c}1&-1&-1&1&0\\0&0&2&-4&1\\0&0&-1&2&-\dfrac{1}{2}\end{array}\right)\sim\left(\begin{array}{cccc:c}1&-1&0&-1&\dfrac{1}{2}\\0&0&1&-2&\dfrac{1}{2}\\0&0&0&0&0\end{array}\right).$$

可见 $R(\boldsymbol{A})=R(\overline{\boldsymbol{A}})=2<4$,故方程组有无穷多解,并且

$$\begin{cases} x_1 = x_2 + x_4 + \dfrac{1}{2}, \\ x_3 = 2x_4 + \dfrac{1}{2}. \end{cases}$$

取 $x_2 = x_4 = 0$,则 $x_1 = x_3 = \dfrac{1}{2}$,即得方程组的一个特解

$$\boldsymbol{\eta}^* = \begin{pmatrix} \frac{1}{2} \\ 0 \\ \frac{1}{2} \\ 0 \end{pmatrix}.$$

对应的齐次线性方程组$\begin{cases} x_1 = x_2 + x_4 \\ x_3 = 2x_4 \end{cases}$中,取$\begin{pmatrix} x_2 \\ x_4 \end{pmatrix} = \begin{pmatrix} 1 \\ 0 \end{pmatrix}, \begin{pmatrix} 0 \\ 1 \end{pmatrix}$,则

$$\begin{pmatrix} x_1 \\ x_3 \end{pmatrix} = \begin{pmatrix} 1 \\ 0 \end{pmatrix}, \begin{pmatrix} 1 \\ 2 \end{pmatrix}.$$

即得对应的齐次线性方程组的基础解系

$$\boldsymbol{\xi}_1 = \begin{pmatrix} 1 \\ 1 \\ 0 \\ 0 \end{pmatrix}, \ \boldsymbol{\xi}_2 = \begin{pmatrix} 1 \\ 0 \\ 2 \\ 1 \end{pmatrix}.$$

于是所求方程组通解为

$$\boldsymbol{x} = \begin{pmatrix} x_1 \\ x_2 \\ x_3 \\ x_4 \end{pmatrix} = c_1 \begin{pmatrix} 1 \\ 1 \\ 0 \\ 0 \end{pmatrix} + c_2 \begin{pmatrix} 1 \\ 0 \\ 2 \\ 1 \end{pmatrix} + \begin{pmatrix} \frac{1}{2} \\ 0 \\ \frac{1}{2} \\ 0 \end{pmatrix} \quad (c_1, c_2 \in \mathbf{R}).$$

下面的例子必须用解的结构才能解决.

例 4.27 已知非齐次线性方程组的系数矩阵的秩为 3,$\boldsymbol{\alpha}_1, \boldsymbol{\alpha}_2, \boldsymbol{\alpha}_3$ 为该方程的三个解向量,其中 $\boldsymbol{\alpha}_1 = \begin{pmatrix} 1 \\ 2 \\ 3 \\ 4 \end{pmatrix}$,$\boldsymbol{\alpha}_2 + \boldsymbol{\alpha}_3 = \begin{pmatrix} 2 \\ 3 \\ 4 \\ 5 \end{pmatrix}$,试求该方程组的通解.

解 设方程组的系数矩阵为 $\boldsymbol{A}$,由已知条件知,该方程组为四元方程组,且其对应的齐次方程组的基础解系含一个向量. 取 $\boldsymbol{\eta}^* = \boldsymbol{\alpha}_1$,则 $\boldsymbol{\alpha}_2 + \boldsymbol{\alpha}_3 - 2\boldsymbol{\alpha}_1$ 必满足对应的齐次方程.

因

$$\boldsymbol{\alpha}_2 + \boldsymbol{\alpha}_3 - 2\boldsymbol{\alpha}_1 = \begin{pmatrix} 2 \\ 3 \\ 4 \\ 5 \end{pmatrix} - 2\begin{pmatrix} 1 \\ 2 \\ 3 \\ 4 \end{pmatrix} = \begin{pmatrix} 0 \\ -1 \\ -2 \\ -3 \end{pmatrix} \neq \mathbf{0},$$

故它即可作为齐次方程的基础解系，从而非齐次方程组的通解为

$$\boldsymbol{x}=\begin{pmatrix}x_1\\x_2\\x_3\\x_4\end{pmatrix}=c\begin{pmatrix}0\\-1\\-2\\-3\end{pmatrix}+\begin{pmatrix}1\\2\\3\\4\end{pmatrix}\ (c\in\mathbf{R}).$$

由该例可知，在线性方程组系数矩阵或增广矩阵未知时，越能显现解的结构的作用.

4.6　向量的内积与正交向量组

前面我们介绍了 n 维向量的概念及其简单运算，下面来定义 n 维向量的另一种运算.

一、向量的内积

定义 4.14　设有 n 维向量

$$\boldsymbol{\alpha}=\begin{pmatrix}a_1\\a_2\\\vdots\\a_n\end{pmatrix},\ \boldsymbol{\beta}=\begin{pmatrix}b_1\\b_2\\\vdots\\b_n\end{pmatrix},$$

称 $\langle\boldsymbol{\alpha},\boldsymbol{\beta}\rangle=a_1b_1+a_2b_2+\cdots+a_nb_n$ 为向量 $\boldsymbol{\alpha}$ 与 $\boldsymbol{\beta}$ 的**内积**.

内积是向量的一种运算，若用矩阵记号表示，当 $\boldsymbol{\alpha}$ 与 $\boldsymbol{\beta}$ 都是列向量时，有

$$\langle\boldsymbol{\alpha},\boldsymbol{\beta}\rangle=\boldsymbol{\alpha}^{\mathrm{T}}\boldsymbol{\beta}.$$

容易验证，内积满足下列运算规律（$\boldsymbol{\alpha},\boldsymbol{\beta},\boldsymbol{\gamma}$ 是 n 维向量，k 是实数）.

(1) $\langle\boldsymbol{\alpha},\boldsymbol{\beta}\rangle=\langle\boldsymbol{\beta},\boldsymbol{\alpha}\rangle$.

(2) $\langle k\boldsymbol{\alpha},\boldsymbol{\beta}\rangle=k\langle\boldsymbol{\alpha},\boldsymbol{\beta}\rangle$.

(3) $\langle\boldsymbol{\alpha}+\boldsymbol{\beta},\boldsymbol{\gamma}\rangle=\langle\boldsymbol{\alpha},\boldsymbol{\gamma}\rangle+\langle\boldsymbol{\beta},\boldsymbol{\gamma}\rangle$.

(4) $\langle\boldsymbol{\alpha},\boldsymbol{\alpha}\rangle\geqslant 0$. 当且仅当 $\boldsymbol{\alpha}=\mathbf{0}$ 时，$\langle\boldsymbol{\alpha},\boldsymbol{\alpha}\rangle=0$.

向量的内积满足

$$\langle\boldsymbol{\alpha},\boldsymbol{\beta}\rangle^2\leqslant\langle\boldsymbol{\alpha},\boldsymbol{\alpha}\rangle\langle\boldsymbol{\beta},\boldsymbol{\beta}\rangle.$$

上式称为施瓦茨不等式.

由内积的运算规律(4)可知，对任何向量 $\boldsymbol{\alpha}$，$\sqrt{\langle\boldsymbol{\alpha},\boldsymbol{\alpha}\rangle}$ 都有意义，因此，可以利用内积来定义 n 维向量的长度.

定义 4.15　非负实数 $\sqrt{\langle\boldsymbol{\alpha},\boldsymbol{\alpha}\rangle}=\sqrt{a_1^2+a_2^2+\cdots+a_n^2}$ 称为 n 维向量 $\boldsymbol{\alpha}$ 的**长度**（或**范数**），记作 $\|\boldsymbol{\alpha}\|$.

向量的长度具有下列性质.

(1) **非负性**：$\|\boldsymbol{\alpha}\|\geqslant 0$，当且仅当 $\boldsymbol{\alpha}=\mathbf{0}$ 时，$\|\boldsymbol{\alpha}\|=0$.

(2) **齐次性**：$\|k\boldsymbol{\alpha}\|=|k|\,\|\boldsymbol{\alpha}\|$.

(3) **三角不等式**：$\|\boldsymbol{\alpha}+\boldsymbol{\beta}\|\leqslant\|\boldsymbol{\alpha}\|+\|\boldsymbol{\beta}\|$.

证明　性质(1)和性质(2)是显然的，下面证明性质(3)

$$\|\boldsymbol{\alpha}+\boldsymbol{\beta}\|^2=\langle\boldsymbol{\alpha}+\boldsymbol{\beta},\boldsymbol{\alpha}+\boldsymbol{\beta}\rangle=\langle\boldsymbol{\alpha},\boldsymbol{\alpha}\rangle+2\langle\boldsymbol{\alpha},\boldsymbol{\beta}\rangle+\langle\boldsymbol{\beta},\boldsymbol{\beta}\rangle.$$

由施瓦茨不等式,有

$$\langle\boldsymbol{\alpha},\boldsymbol{\beta}\rangle\leqslant\sqrt{\langle\boldsymbol{\alpha},\boldsymbol{\alpha}\rangle\langle\boldsymbol{\beta},\boldsymbol{\beta}\rangle},$$

从而

$$\begin{aligned}\|\boldsymbol{\alpha}+\boldsymbol{\beta}\|^2&\leqslant\langle\boldsymbol{\alpha},\boldsymbol{\alpha}\rangle+2\sqrt{\langle\boldsymbol{\alpha},\boldsymbol{\alpha}\rangle\langle\boldsymbol{\beta},\boldsymbol{\beta}\rangle}+\langle\boldsymbol{\beta},\boldsymbol{\beta}\rangle\\&=\|\boldsymbol{\alpha}\|^2+2\|\boldsymbol{\alpha}\|\|\boldsymbol{\beta}\|+\|\boldsymbol{\beta}\|^2=(\|\boldsymbol{\alpha}\|+\|\boldsymbol{\beta}\|)^2,\end{aligned}$$

即

$$\|\boldsymbol{\alpha}+\boldsymbol{\beta}\|\leqslant\|\boldsymbol{\alpha}\|+\|\boldsymbol{\beta}\|.$$

当 $\|\boldsymbol{\alpha}\|=1$ 时,称 $\boldsymbol{\alpha}$ 为单位向量.

如果 $\boldsymbol{\alpha}\neq\mathbf{0}$,由长度性质(2)不难验证向量 $\frac{1}{\|\boldsymbol{\alpha}\|}\boldsymbol{\alpha}$ 就是单位向量.

用非零向量 $\boldsymbol{\alpha}$ 的长度去除向量 $\boldsymbol{\alpha}$ 得到一个与 $\boldsymbol{\alpha}$ 同方向的单位向量,通常称为把 **$\boldsymbol{\alpha}$ 单位化**.

由施瓦茨不等式,有

$$|\langle\boldsymbol{\alpha},\boldsymbol{\beta}\rangle|\leqslant\|\boldsymbol{\alpha}\|\|\boldsymbol{\beta}\|,$$

故

$$\left|\frac{\langle\boldsymbol{\alpha},\boldsymbol{\beta}\rangle}{\|\boldsymbol{\alpha}\|\|\boldsymbol{\beta}\|}\right|\leqslant 1.$$

于是有下面的定义:

当 $\boldsymbol{\alpha}\neq\mathbf{0},\boldsymbol{\beta}\neq\mathbf{0}$ 时,

$$\boldsymbol{\theta}=\arccos\frac{\langle\boldsymbol{\alpha},\boldsymbol{\beta}\rangle}{\|\boldsymbol{\alpha}\|\|\boldsymbol{\beta}\|}$$

称为 n 维向量 $\boldsymbol{\alpha}$ 与 $\boldsymbol{\beta}$ 的夹角.

当 $\langle\boldsymbol{\alpha},\boldsymbol{\beta}\rangle=0$ 时,称向量 $\boldsymbol{\alpha}$ 与 $\boldsymbol{\beta}$ 正交或垂直,记作 $\boldsymbol{\alpha}\perp\boldsymbol{\beta}$. 显然,零向量与任何向量都正交.

二、正交向量组

定义 4.16 一组两两正交的非零向量称为**正交向量组**. 若正交向量组中每个向量都是单位向量,则称该向量组为**标准正交向量组**.

下面讨论正交向量组的性质. 以下的性质揭示了正交性与线性无关性这两个概念之间的联系.

定理 4.13 若 $\boldsymbol{\alpha}_1,\boldsymbol{\alpha}_2,\cdots,\boldsymbol{\alpha}_m$ 是两两正交的非零向量组,则 $\boldsymbol{\alpha}_1,\boldsymbol{\alpha}_2,\cdots,\boldsymbol{\alpha}_m$ 必线性无关.

证明 设有 $k_1,k_2,\cdots,k_m$,使

$$k_1\boldsymbol{\alpha}_1+k_2\boldsymbol{\alpha}_2+\cdots+k_m\boldsymbol{\alpha}_m=\mathbf{0},$$

用 $\boldsymbol{\alpha}_i^{\mathrm{T}}$ 左乘上式两端,得

$$k_i\langle\boldsymbol{\alpha}_i,\boldsymbol{\alpha}_i\rangle=0(i=1,2,\cdots,m),$$

因 $\boldsymbol{\alpha}_i\neq\mathbf{0}$,故 $\langle\boldsymbol{\alpha}_i,\boldsymbol{\alpha}_i\rangle\neq 0$,从而得

$$k_i=0(i=1,2,\cdots,m).$$

故 $\boldsymbol{\alpha}_1,\boldsymbol{\alpha}_2,\cdots,\boldsymbol{\alpha}_m$ 线性无关.

例 4.28 已知三维向量空间 $\mathbf{R}^3$ 中的两个向量 $\boldsymbol{\alpha}_1=\begin{pmatrix}1\\1\\1\end{pmatrix}$，$\boldsymbol{\alpha}_2=\begin{pmatrix}1\\-2\\1\end{pmatrix}$ 正交，试求一个非零向量 $\boldsymbol{\alpha}_3$，使 $\boldsymbol{\alpha}_1,\boldsymbol{\alpha}_2,\boldsymbol{\alpha}_3$ 两两正交．

解 记 $\boldsymbol{A}=\begin{pmatrix}\boldsymbol{\alpha}_1^{\mathrm{T}}\\\boldsymbol{\alpha}_2^{\mathrm{T}}\end{pmatrix}=\begin{pmatrix}1&1&1\\1&-2&1\end{pmatrix}$，则 $\boldsymbol{\alpha}_3$ 应满足齐次线性方程组 $\boldsymbol{Ax}=\boldsymbol{0}$，即

$$\begin{pmatrix}1&1&1\\1&-2&1\end{pmatrix}\begin{pmatrix}x_1\\x_2\\x_3\end{pmatrix}=\boldsymbol{0},$$

由

$$\boldsymbol{A}\sim\begin{pmatrix}1&1&1\\0&-3&0\end{pmatrix}\sim\begin{pmatrix}1&0&1\\0&1&0\end{pmatrix},$$

得同解方程组 $\begin{cases}x_1=-x_3\\x_2=0\end{cases}$，基础解系为 $\boldsymbol{\xi}=\begin{pmatrix}-1\\0\\1\end{pmatrix}$，取 $\boldsymbol{\alpha}_3=\begin{pmatrix}-1\\0\\1\end{pmatrix}$ 即为所求.

设 $\boldsymbol{\alpha}_1,\boldsymbol{\alpha}_2,\cdots,\boldsymbol{\alpha}_r$ 是 r 维向量空间 V 的一个基，若 $\boldsymbol{\alpha}_1,\boldsymbol{\alpha}_2,\cdots,\boldsymbol{\alpha}_r$ 两两正交，则称 $\boldsymbol{\alpha}_1,\boldsymbol{\alpha}_2,\cdots,\boldsymbol{\alpha}_r$ 是向量空间 V 的一个**正交基**. 更进一步，有

定义 4.17 设 n 维向量组 $\boldsymbol{\varepsilon}_1,\boldsymbol{\varepsilon}_2,\cdots,\boldsymbol{\varepsilon}_r$ 是向量空间 $V(V\subseteq\mathbf{R}^n)$ 的一个基，若 $\boldsymbol{\varepsilon}_1,\boldsymbol{\varepsilon}_2,\cdots,\boldsymbol{\varepsilon}_r$ 两两正交且都是单位向量，则称 $\boldsymbol{\varepsilon}_1,\boldsymbol{\varepsilon}_2,\cdots,\boldsymbol{\varepsilon}_r$ 为 V 的一个**标准正交基**.

通过前面的讨论可以知道，一组两两正交的非零向量是线性无关的，但一组线性无关的向量却不一定两两正交. 那么，在向量空间 V 中，如何由 r 个线性无关的向量来找 r 个两两正交的向量呢？可以通过下面方法来进行.

设 $\boldsymbol{\alpha}_1,\boldsymbol{\alpha}_2,\cdots,\boldsymbol{\alpha}_r$ 为一个线性无关向量组，取

$$\boldsymbol{\beta}_1=\boldsymbol{\alpha}_1,$$

显然 $\boldsymbol{\alpha}_1$ 与 $\boldsymbol{\beta}_1$ 等价.

令

$$\boldsymbol{\beta}_2=\boldsymbol{\alpha}_2+k_{12}\boldsymbol{\beta}_1,$$

现确定系数 k_{12}，为保证 $\boldsymbol{\beta}_1,\boldsymbol{\beta}_2$ 正交，即

$$\langle\boldsymbol{\alpha}_2,\boldsymbol{\beta}_1\rangle+k_{12}\langle\boldsymbol{\beta}_1,\boldsymbol{\beta}_1\rangle=0,$$

得

$$k_{12}=-\frac{\langle\boldsymbol{\alpha}_2,\boldsymbol{\beta}_1\rangle}{\langle\boldsymbol{\beta}_1,\boldsymbol{\beta}_1\rangle}.$$

取

$$\boldsymbol{\beta}_2=\boldsymbol{\alpha}_2-\frac{\langle\boldsymbol{\alpha}_2,\boldsymbol{\beta}_1\rangle}{\langle\boldsymbol{\beta}_1,\boldsymbol{\beta}_1\rangle}\boldsymbol{\beta}_1.$$

再令

$$\boldsymbol{\beta}_3=\boldsymbol{\alpha}_3+k_{13}\boldsymbol{\beta}_1+k_{23}\boldsymbol{\beta}_2,$$

使 $\langle\boldsymbol{\beta}_3,\boldsymbol{\beta}_1\rangle=\langle\boldsymbol{\beta}_3,\boldsymbol{\beta}_2\rangle=0$，得

$$k_{13}=-\frac{\langle \boldsymbol{\alpha}_3,\boldsymbol{\beta}_1\rangle}{\langle \boldsymbol{\beta}_1,\boldsymbol{\beta}_1\rangle},\ k_{23}=-\frac{\langle \boldsymbol{\alpha}_3,\boldsymbol{\beta}_2\rangle}{\langle \boldsymbol{\beta}_2,\boldsymbol{\beta}_2\rangle}.$$

即取

$$\boldsymbol{\beta}_3=\boldsymbol{\alpha}_3-\frac{\langle \boldsymbol{\alpha}_3,\boldsymbol{\beta}_1\rangle}{\langle \boldsymbol{\beta}_1,\boldsymbol{\beta}_1\rangle}\boldsymbol{\beta}_1-\frac{\langle \boldsymbol{\alpha}_3,\boldsymbol{\beta}_2\rangle}{\langle \boldsymbol{\beta}_2,\boldsymbol{\beta}_2\rangle}\boldsymbol{\beta}_2,$$

$$\cdots\cdots\cdots\cdots$$

$$\boldsymbol{\beta}_r=\boldsymbol{\alpha}_r-\frac{\langle \boldsymbol{\alpha}_r,\boldsymbol{\beta}_1\rangle}{\langle \boldsymbol{\beta}_1,\boldsymbol{\beta}_1\rangle}\boldsymbol{\beta}_1-\frac{\langle \boldsymbol{\alpha}_r,\boldsymbol{\beta}_2\rangle}{\langle \boldsymbol{\beta}_2,\boldsymbol{\beta}_2\rangle}\boldsymbol{\beta}_2-\cdots-\frac{\langle \boldsymbol{\alpha}_r,\boldsymbol{\beta}_{r-1}\rangle}{\langle \boldsymbol{\beta}_{r-1},\boldsymbol{\beta}_{r-1}\rangle}\boldsymbol{\beta}_{r-1}.$$

上述从线性无关组 $\boldsymbol{\alpha}_1,\boldsymbol{\alpha}_2,\cdots,\boldsymbol{\alpha}_r$ 导出正交向量组 $\boldsymbol{\beta}_1,\boldsymbol{\beta}_2,\cdots,\boldsymbol{\beta}_r$ 的方法称为**施密特正交化方法**.

如果再将 $\boldsymbol{\beta}_1,\boldsymbol{\beta}_2,\cdots,\boldsymbol{\beta}_r$ 单位化,即令

$$\boldsymbol{\varepsilon}_i=\frac{\boldsymbol{\beta}_i}{\|\boldsymbol{\beta}_i\|}\ (i=1,2,\cdots,r),$$

就得到一组与 $\boldsymbol{\alpha}_1,\boldsymbol{\alpha}_2,\cdots,\boldsymbol{\alpha}_r$ 等价的单位正交向量 $\boldsymbol{\varepsilon}_1,\boldsymbol{\varepsilon}_2,\cdots,\boldsymbol{\varepsilon}_r$.

例 4.29 把向量组

$$\boldsymbol{\alpha}_1=\begin{pmatrix}1\\1\\0\end{pmatrix},\ \boldsymbol{\alpha}_2=\begin{pmatrix}1\\0\\1\end{pmatrix},\ \boldsymbol{\alpha}_3=\begin{pmatrix}0\\1\\1\end{pmatrix}$$

化为标准正交基.

解 先正交化,取

$$\boldsymbol{\beta}_1=\boldsymbol{\alpha}_1=\begin{pmatrix}1\\1\\0\end{pmatrix},$$

$$\boldsymbol{\beta}_2=\boldsymbol{\alpha}_2-\frac{\langle \boldsymbol{\alpha}_2,\boldsymbol{\beta}_1\rangle}{\langle \boldsymbol{\beta}_1,\boldsymbol{\beta}_1\rangle}\boldsymbol{\beta}_1=\begin{pmatrix}1\\0\\1\end{pmatrix}-\frac{1}{2}\begin{pmatrix}1\\1\\0\end{pmatrix}=\begin{pmatrix}\frac{1}{2}\\-\frac{1}{2}\\1\end{pmatrix},$$

$$\boldsymbol{\beta}_3=\boldsymbol{\alpha}_3-\frac{\langle \boldsymbol{\alpha}_3,\boldsymbol{\beta}_1\rangle}{\langle \boldsymbol{\beta}_1,\boldsymbol{\beta}_1\rangle}\boldsymbol{\beta}_1-\frac{\langle \boldsymbol{\alpha}_3,\boldsymbol{\beta}_2\rangle}{\langle \boldsymbol{\beta}_2,\boldsymbol{\beta}_2\rangle}\boldsymbol{\beta}_2$$

$$=\begin{pmatrix}0\\1\\1\end{pmatrix}-\frac{1}{2}\begin{pmatrix}1\\1\\0\end{pmatrix}-\frac{1}{3}\begin{pmatrix}\frac{1}{2}\\-\frac{1}{2}\\1\end{pmatrix}=\begin{pmatrix}-\frac{2}{3}\\\frac{2}{3}\\\frac{2}{3}\end{pmatrix}.$$

再将 $\boldsymbol{\beta}_1,\boldsymbol{\beta}_2,\boldsymbol{\beta}_3$ 单位化

$$\boldsymbol{\varepsilon}_1=\frac{1}{\|\boldsymbol{\beta}_1\|}\boldsymbol{\beta}_1=\frac{1}{\sqrt{2}}\begin{pmatrix}1\\1\\0\end{pmatrix},$$

$$\boldsymbol{\varepsilon}_2 = \frac{1}{\|\boldsymbol{\beta}_2\|}\boldsymbol{\beta}_2 = \frac{1}{\sqrt{6}}\begin{pmatrix}1\\-1\\2\end{pmatrix},$$

$$\boldsymbol{\varepsilon}_3 = \frac{1}{\|\boldsymbol{\beta}_3\|}\boldsymbol{\beta}_3 = \frac{1}{\sqrt{3}}\begin{pmatrix}-1\\1\\1\end{pmatrix}.$$

则 $\boldsymbol{\varepsilon}_1,\boldsymbol{\varepsilon}_2,\boldsymbol{\varepsilon}_3$ 为与 $\boldsymbol{\alpha}_1,\boldsymbol{\alpha}_2,\boldsymbol{\alpha}_3$ 等价的单位正交向量组,即为 $\mathbf{R}^3$ 的标准正交基.

例 4.30　已知 $\boldsymbol{\alpha}_1=(1,1,1)^{\mathrm{T}}$,求一组非零向量 $\boldsymbol{\alpha}_2,\boldsymbol{\alpha}_3$,使 $\boldsymbol{\alpha}_1,\boldsymbol{\alpha}_2,\boldsymbol{\alpha}_3$ 两两正交.

解　依题意,$\boldsymbol{\alpha}_2,\boldsymbol{\alpha}_3$ 应满足 $\boldsymbol{\alpha}_1^{\mathrm{T}}\boldsymbol{x}=0$,即

$$x_1+x_2+x_3=0,$$

它的基础解系为

$$\boldsymbol{\xi}_1=\begin{pmatrix}1\\0\\-1\end{pmatrix},\ \boldsymbol{\xi}_2=\begin{pmatrix}0\\1\\-1\end{pmatrix}.$$

把基础解系正交化,即为所求.

取

$$\boldsymbol{\alpha}_2=\boldsymbol{\xi}_1,$$
$$\boldsymbol{\alpha}_3=\boldsymbol{\xi}_2-\frac{\langle\boldsymbol{\xi}_2,\boldsymbol{\xi}_1\rangle}{\langle\boldsymbol{\xi}_1,\boldsymbol{\xi}_1\rangle}\boldsymbol{\xi}_1,$$

其中 $\langle\boldsymbol{\xi}_1,\boldsymbol{\xi}_2\rangle=1$,$\langle\boldsymbol{\xi}_1,\boldsymbol{\xi}_1\rangle=2$,于是得

$$\boldsymbol{\alpha}_2=\begin{pmatrix}1\\0\\-1\end{pmatrix},\ \boldsymbol{\alpha}_3=\begin{pmatrix}0\\1\\-1\end{pmatrix}-\frac{1}{2}\begin{pmatrix}1\\0\\-1\end{pmatrix}=\frac{1}{2}\begin{pmatrix}-1\\2\\-1\end{pmatrix}.$$

三、正交矩阵

定义 4.18　如果 n 阶矩阵 $\boldsymbol{A}$ 满足

$$\boldsymbol{A}^{\mathrm{T}}\boldsymbol{A}=\boldsymbol{E}\ (\text{即 }\boldsymbol{A}^{-1}=\boldsymbol{A}^{\mathrm{T}}),$$

则称 $\boldsymbol{A}$ 为**正交矩阵**,简称**正交阵**.

记 $\boldsymbol{A}=(\boldsymbol{\alpha}_1,\boldsymbol{\alpha}_2,\cdots,\boldsymbol{\alpha}_n)$,则上式用 $\boldsymbol{A}$ 的列向量组表示,即为

$$\begin{pmatrix}\boldsymbol{\alpha}_1^{\mathrm{T}}\\\boldsymbol{\alpha}_2^{\mathrm{T}}\\\vdots\\\boldsymbol{\alpha}_n^{\mathrm{T}}\end{pmatrix}(\boldsymbol{\alpha}_1,\boldsymbol{\alpha}_2,\cdots,\boldsymbol{\alpha}_n)=\boldsymbol{E}.$$

即

$$\boldsymbol{\alpha}_i^{\mathrm{T}}\boldsymbol{\alpha}_j=\begin{cases}1, & i=j\\0, & i\neq j\end{cases}\ (i,j=1,2,\cdots,n).$$

这就说明:方阵 $\boldsymbol{A}$ 为正交矩阵的充分必要条件是 $\boldsymbol{A}$ 的列向量组是标准正交向量组.

因为 $A^TA=E$ 与 $AA^T=E$ 等价，所以，上述结论对 A 的行向量组成立.

例 4.31 验证矩阵

$$A=\frac{1}{2}\begin{pmatrix}1&1&1&1\\1&1&-1&-1\\1&-1&1&-1\\1&-1&-1&1\end{pmatrix}$$

是正交阵.

证法 1 因为

$$AA^T=\frac{1}{4}\begin{pmatrix}1&1&1&1\\1&1&-1&-1\\1&-1&1&-1\\1&-1&-1&1\end{pmatrix}^2=E,$$

所以 A 是正交阵.

证法 2 $A=(\alpha_1,\alpha_2,\alpha_3,\alpha_4)$，容易验算得 $\alpha_1,\alpha_2,\alpha_3,\alpha_4$ 都是单位向量，且两两正交，所以 A 是正交阵.

正交矩阵具有以下性质.

性质 1 若 A 是正交矩阵，则 A 是可逆矩阵，且 $A^{-1}=A^T$，$|A|=1$ 或 $|A|=-1$.

性质 2 若 A 是正交矩阵，则 A^T 也是正交矩阵.

性质 3 若 A 是正交矩阵，则 A^{-1} 也是正交矩阵.

性质 4 若 A 和 B 是同阶的正交矩阵，则 AB 和 BA 也是正交矩阵.

以上性质的证明可直接通过定义证明，留给读者自己完成.

本章小结

一、n 维向量的概念

(1) n 维向量可以看作一个行矩阵(行向量)或列矩阵(列向量). 对向量的运算只有线性运算(向量的加法及数与向量的乘法)，其运算规律与矩阵的线性运算规律相同.

(2) 同维数的向量可以组成向量组. 有限个向量组成有限向量组，无限个向量组成无限向量组. 有限向量组与矩阵之间一一对应.

二、线性表示、线性相关及线性方程组的关系

1. β 可由向量组 $\alpha_1,\alpha_2,\cdots,\alpha_m$ 线性表示

$\Leftrightarrow$线性方程组 $(\alpha_1,\alpha_2,\cdots,\alpha_m)x=\beta$ 有解

$\Leftrightarrow$矩阵 $(\alpha_1,\alpha_2,\cdots,\alpha_m)$ 的秩等于矩阵 $(\alpha_1,\alpha_2,\cdots,\alpha_m,\beta)$ 的秩.

2. 向量组 $\alpha_1,\alpha_2,\cdots,\alpha_m$ 线性相关

$\Leftrightarrow$齐次线性方程组 $(\alpha_1,\alpha_2,\cdots,\alpha_m)x=0$ 有非零解

$\Leftrightarrow$矩阵 $(\alpha_1,\alpha_2,\cdots,\alpha_m)$ 的秩小于 m.

3. 向量组 $\alpha_1,\alpha_2,\cdots,\alpha_m$ 线性无关

$\Leftrightarrow$齐次线性方程组 $(\alpha_1,\alpha_2,\cdots,\alpha_m)x=0$ 只有零解

$\Leftrightarrow$矩阵$(\boldsymbol{\alpha}_1,\boldsymbol{\alpha}_2,\cdots,\boldsymbol{\alpha}_m)$的秩等于$m$.

三、向量的线性相关性的有关结论

(1) 仅含一个向量$\boldsymbol{\alpha}$的向量组线性相关$\Leftrightarrow\boldsymbol{\alpha}=\mathbf{0}$.

(2) 任何含有零向量的向量组必线性相关.

(3) 含线性相关部分组的向量组必线性相关,即线性无关向量组的任一部分必线性无关.

(4) 线性无关的向量组的各向量扩充分量后仍线性无关,线性相关的向量组的各向量减少分量后仍线性相关.

(5) 任意m个n维向量,当$m>n$时必线性相关,特别地$n+1$个n维向量必线性相关.

(6) 向量组$\boldsymbol{\alpha}_1,\boldsymbol{\alpha}_2,\cdots,\boldsymbol{\alpha}_m(m\geqslant 2)$线性相关$\Leftrightarrow\boldsymbol{\alpha}_1,\boldsymbol{\alpha}_2,\cdots,\boldsymbol{\alpha}_m$中至少有一个向量可由其余向量线性表示.

(7) 向量组$\boldsymbol{\alpha}_1,\boldsymbol{\alpha}_2,\cdots,\boldsymbol{\alpha}_m$线性无关,而$\boldsymbol{\alpha}_1,\boldsymbol{\alpha}_2,\cdots,\boldsymbol{\alpha}_m,\boldsymbol{\beta}$线性相关$\Leftrightarrow\boldsymbol{\beta}$可由向量组$\boldsymbol{\alpha}_1,\boldsymbol{\alpha}_2,\cdots,\boldsymbol{\alpha}_m$线性表示,且表达式唯一.

(8) 不含零向量的正交向量组必线性无关.

四、向量组的最大无关组和秩

1. 性质

(1) 线性无关向量组的最大无关组即为本身.

(2) 任一向量组和它的最大无关组等价.

(3) 向量组的任意两个最大无关组等价.

(4) 等价的向量组等秩,但其逆不成立.

(5) 若向量组的秩为r,则其中任意r个线性无关的向量都构成向量组的一个最大无关组.

(6) 对任一矩阵$\boldsymbol{A}$,矩阵$\boldsymbol{A}$的秩等于其行向量组的秩,也等于其列向量组的秩.

2. 求向量组的秩和最大无关组的方法

(1) 将向量组的秩转化为矩阵的秩进行讨论:将向量组写成矩阵形式,对其施行初等行变换化为行阶梯形矩阵,其非零行的行数即为向量组的秩,非零首元所在列对应的向量即是向量组的最大无关组;若将行阶梯形矩阵再施行初等行变换化为行最简形矩阵,就可将其余向量用最大无关组线性表示.

(2) 利用等价向量组具有相同的秩进行讨论.

五、齐次线性方程组 $\boldsymbol{Ax}=\mathbf{0}$ 的解空间

(1) $\boldsymbol{Ax}=\mathbf{0}$若有非零解,则其全部解构成的向量空间称为$\boldsymbol{Ax}=\mathbf{0}$的解空间.

(2) $\boldsymbol{Ax}=\mathbf{0}$的基础解系即为解空间的一组基,故基础解系不唯一.

(3) $\boldsymbol{Ax}=\mathbf{0}$的每一个基础解系所含向量的个数为$n-R(\boldsymbol{A})$.

(4) 若$\boldsymbol{\xi}_1,\boldsymbol{\xi}_2,\cdots,\boldsymbol{\xi}_s$为$\boldsymbol{Ax}=\mathbf{0}$的基础解系,则$\boldsymbol{Ax}=\mathbf{0}$的通解为

$$\boldsymbol{x}=c_1\boldsymbol{\xi}_1+c_2\boldsymbol{\xi}_2+\cdots+c_s\boldsymbol{\xi}_s\,(c_1,c_2,\cdots,c_s\in\mathbf{R}).$$

六、向量的内积、正交化方法

1. 向量的内积

设有n维向量

$$\boldsymbol{\alpha}=\begin{pmatrix}a_1\\a_2\\\vdots\\a_n\end{pmatrix},\ \boldsymbol{\beta}=\begin{pmatrix}b_1\\b_2\\\vdots\\b_n\end{pmatrix},$$

称$\langle\boldsymbol{\alpha},\boldsymbol{\beta}\rangle=a_1b_1+a_2b_2+\cdots+a_nb_n$为向量$\boldsymbol{\alpha}$与$\boldsymbol{\beta}$的**内积**.

内积是向量的一种运算,其结果是一个实数,用矩阵记号表示,当$\boldsymbol{\alpha}$与$\boldsymbol{\beta}$都是列向量时,有

$$\langle\boldsymbol{\alpha},\boldsymbol{\beta}\rangle=\boldsymbol{\alpha}^{\mathrm{T}}\boldsymbol{\beta}.$$

2. 向量内积的性质($\boldsymbol{\alpha},\boldsymbol{\beta},\boldsymbol{\gamma}$是$n$维向量,$k$是实数)

(1) $\langle\boldsymbol{\alpha},\boldsymbol{\beta}\rangle=\langle\boldsymbol{\beta},\boldsymbol{\alpha}\rangle$.

(2) $\langle k\boldsymbol{\alpha},\boldsymbol{\beta}\rangle=k\langle\boldsymbol{\alpha},\boldsymbol{\beta}\rangle$.

(3) $\langle\boldsymbol{\alpha}+\boldsymbol{\beta},\boldsymbol{\gamma}\rangle=\langle\boldsymbol{\alpha},\boldsymbol{\gamma}\rangle+\langle\boldsymbol{\beta},\boldsymbol{\gamma}\rangle$.

(4) $\langle\boldsymbol{\alpha},\boldsymbol{\alpha}\rangle\geqslant0$. 当且仅当$\boldsymbol{\alpha}=\mathbf{0}$时,$\langle\boldsymbol{\alpha},\boldsymbol{\alpha}\rangle=0$.

3. 向量的长度

非负实数$\sqrt{\langle\boldsymbol{\alpha},\boldsymbol{\alpha}\rangle}=\sqrt{a_1^2+a_2^2+\cdots+a_n^2}$称为$n$维向量$\boldsymbol{\alpha}$的**长度**(或**范数**),记作$\|\boldsymbol{\alpha}\|$.

向量的长度具有下列性质.

(1) **非负性**: $\|\boldsymbol{\alpha}\|\geqslant0$,当且仅当$\boldsymbol{\alpha}=\mathbf{0}$时,$\|\boldsymbol{\alpha}\|=0$;

(2) **齐次性**: $\|k\boldsymbol{\alpha}\|=|k|\cdot\|\boldsymbol{\alpha}\|$;

(3) **三角不等式**: $\|\boldsymbol{\alpha}+\boldsymbol{\beta}\|\leqslant\|\boldsymbol{\alpha}\|+\|\boldsymbol{\beta}\|$.

4. 向量的正交与正交向量组

(1) 向量的正交:当$\langle\boldsymbol{\alpha},\boldsymbol{\beta}\rangle=0$时,称向量$\boldsymbol{\alpha}$与$\boldsymbol{\beta}$正交. 零向量与任何向量都正交.

(2) 正交向量组:一组两两正交的非零向量称为正交向量组. 设$\boldsymbol{\alpha}_1,\boldsymbol{\alpha}_2,\cdots,\boldsymbol{\alpha}_m$是正交向量组,则

$$\langle\boldsymbol{\alpha}_i,\boldsymbol{\alpha}_j\rangle=\begin{cases}0, & i\neq j\\ \|\boldsymbol{\alpha}_i\|^2, & i=j\end{cases}\ (i,j=1,2,\cdots,m).$$

若$\boldsymbol{\alpha}_1,\boldsymbol{\alpha}_2,\cdots,\boldsymbol{\alpha}_m$两两正交且都是单位向量,则称$\boldsymbol{\alpha}_1,\boldsymbol{\alpha}_2,\cdots,\boldsymbol{\alpha}_m$为标准正交向量组.

(3) 正交向量组的性质:若$\boldsymbol{\alpha}_1,\boldsymbol{\alpha}_2,\cdots,\boldsymbol{\alpha}_m$是两两正交的非零向量组,则$\boldsymbol{\alpha}_1,\boldsymbol{\alpha}_2,\cdots,\boldsymbol{\alpha}_m$线性无关.

(4) 施密特正交化方法:设$\boldsymbol{\alpha}_1,\boldsymbol{\alpha}_2,\cdots,\boldsymbol{\alpha}_m$为一线性无关向量组.

① 正交化.

取

$$\boldsymbol{\beta}_1=\boldsymbol{\alpha}_1;$$

$$\boldsymbol{\beta}_2=\boldsymbol{\alpha}_2-\frac{\langle\boldsymbol{\alpha}_2,\boldsymbol{\beta}_1\rangle}{\langle\boldsymbol{\beta}_1,\boldsymbol{\beta}_1\rangle}\boldsymbol{\beta}_1;$$

$$\boldsymbol{\beta}_3=\boldsymbol{\alpha}_3-\frac{\langle\boldsymbol{\alpha}_3,\boldsymbol{\beta}_1\rangle}{\langle\boldsymbol{\beta}_1,\boldsymbol{\beta}_1\rangle}\boldsymbol{\beta}_1-\frac{\langle\boldsymbol{\alpha}_3,\boldsymbol{\beta}_2\rangle}{\langle\boldsymbol{\beta}_2,\boldsymbol{\beta}_2\rangle}\boldsymbol{\beta}_2;$$

依此类推,一般地,有

$$\boldsymbol{\beta}_r=\boldsymbol{\alpha}_r-\frac{\langle\boldsymbol{\alpha}_r,\boldsymbol{\beta}_1\rangle}{\langle\boldsymbol{\beta}_1,\boldsymbol{\beta}_1\rangle}\boldsymbol{\beta}_1-\frac{\langle\boldsymbol{\alpha}_r,\boldsymbol{\beta}_2\rangle}{\langle\boldsymbol{\beta}_2,\boldsymbol{\beta}_2\rangle}\boldsymbol{\beta}_2-\cdots-\frac{\langle\boldsymbol{\alpha}_r,\boldsymbol{\beta}_{r-1}\rangle}{\langle\boldsymbol{\beta}_{r-1},\boldsymbol{\beta}_{r-1}\rangle}\boldsymbol{\beta}_{r-1}\ (r=1,2,\cdots,m).$$

② 单位化.

令

$$\boldsymbol{\varepsilon}_i=\frac{\boldsymbol{\beta}_i}{\|\boldsymbol{\beta}_i\|}\ (i=1,2,\cdots,m).$$

则 $\boldsymbol{\varepsilon}_1,\boldsymbol{\varepsilon}_2,\cdots,\boldsymbol{\varepsilon}_m$ 为单位正交向量组,且 $\boldsymbol{\varepsilon}_1,\boldsymbol{\varepsilon}_2,\cdots,\boldsymbol{\varepsilon}_m$ 与 $\boldsymbol{\alpha}_1,\boldsymbol{\alpha}_2,\cdots,\boldsymbol{\alpha}_m$ 等价.

七、正交矩阵

(1) 正交矩阵:如果 n 阶矩阵 $\boldsymbol{A}$ 满足 $\boldsymbol{A}\boldsymbol{A}^{\mathrm{T}}=\boldsymbol{A}^{\mathrm{T}}\boldsymbol{A}=\boldsymbol{E}(\boldsymbol{A}^{\mathrm{T}}=\boldsymbol{A}^{-1})$,那么称 $\boldsymbol{A}$ 为正交矩阵.

(2) $\boldsymbol{A}$ 为正交矩阵 $\Leftrightarrow\boldsymbol{A}$ 的列(行)向量组为标准正交向量组.

(3) 正交矩阵的性质.

性质1 若 $\boldsymbol{A}$ 是正交矩阵,则 $\boldsymbol{A}$ 是可逆矩阵,且 $\boldsymbol{A}^{-1}=\boldsymbol{A}^{\mathrm{T}}$, $|\boldsymbol{A}|=1$ 或 $|\boldsymbol{A}|=-1$.

性质2 若 $\boldsymbol{A}$ 是正交矩阵,则 $\boldsymbol{A}^{\mathrm{T}}$ 也是正交矩阵.

性质3 若 $\boldsymbol{A}$ 是正交矩阵,则 $\boldsymbol{A}^{-1}$ 也是正交矩阵.

性质4 若 $\boldsymbol{A}$ 和 $\boldsymbol{B}$ 是同阶的正交矩阵,则 $\boldsymbol{AB}$ 和 $\boldsymbol{BA}$ 也是正交矩阵.

习题四

1. 设 $\boldsymbol{\alpha}_1=\begin{pmatrix}1\\-1\\4\end{pmatrix},\boldsymbol{\alpha}_2=\begin{pmatrix}0\\1\\2\end{pmatrix},\boldsymbol{\alpha}_3=\begin{pmatrix}-2\\0\\3\end{pmatrix}$,求

(1) $2\boldsymbol{\alpha}_1-\boldsymbol{\alpha}_2+3\boldsymbol{\alpha}_3$;

(2) $3(2\boldsymbol{\alpha}_1-\boldsymbol{\alpha}_2)-(2\boldsymbol{\alpha}_2+\boldsymbol{\alpha}_3)+2(\boldsymbol{\alpha}_1+\boldsymbol{\alpha}_2-3\boldsymbol{\alpha}_3)$.

2. 设 $\boldsymbol{\alpha}=(2,5,3,1)^{\mathrm{T}},\boldsymbol{\beta}=(10,1,5,10)^{\mathrm{T}},\boldsymbol{\gamma}=(4,1,-1,1)^{\mathrm{T}}$,求向量 $\boldsymbol{x}$,使 $3(\boldsymbol{\alpha}-\boldsymbol{x})+2(\boldsymbol{\beta}+\boldsymbol{x})=5(\boldsymbol{\gamma}-\boldsymbol{x})$.

3. 判断向量 $\boldsymbol{\beta}=(1,1,1)^{\mathrm{T}}$ 能否由下列向量组线性表示,若能,请表示出来.

(1) $\boldsymbol{\alpha}_1=(2,3,0)^{\mathrm{T}},\boldsymbol{\alpha}_2=(1,-1,0)^{\mathrm{T}},\boldsymbol{\alpha}_3=(7,5,0)^{\mathrm{T}}$.

(2) $\boldsymbol{\alpha}_1=(1,2,0)^{\mathrm{T}},\boldsymbol{\alpha}_2=(2,3,0)^{\mathrm{T}},\boldsymbol{\alpha}_3=(0,0,1)^{\mathrm{T}}$.

4. 讨论下列向量组的线性相关性.

(1) $\boldsymbol{\alpha}_1=\begin{pmatrix}1\\3\\4\end{pmatrix},\boldsymbol{\alpha}_2=\begin{pmatrix}1\\5\\7\end{pmatrix},\boldsymbol{\alpha}_3=\begin{pmatrix}0\\0\\0\end{pmatrix}$;

(2) $\boldsymbol{\alpha}_1=\begin{pmatrix}1\\1\\-1\\1\end{pmatrix},\boldsymbol{\alpha}_2=\begin{pmatrix}0\\1\\3\\1\end{pmatrix},\boldsymbol{\alpha}_3=\begin{pmatrix}0\\0\\2\\-1\end{pmatrix}$;

(3) $\boldsymbol{\alpha}_1=\begin{pmatrix}1\\4\end{pmatrix},\boldsymbol{\alpha}_2=\begin{pmatrix}4\\3\end{pmatrix},\boldsymbol{\alpha}_3=\begin{pmatrix}7\\8\end{pmatrix}$.

5. 已知向量组 $\boldsymbol{\alpha}_1,\boldsymbol{\alpha}_2,\boldsymbol{\alpha}_3$ 线性无关,$\boldsymbol{\beta}_1=\boldsymbol{\alpha}_1+\boldsymbol{\alpha}_2,\boldsymbol{\beta}_2=\boldsymbol{\alpha}_2+\boldsymbol{\alpha}_3,\boldsymbol{\beta}_3=\boldsymbol{\alpha}_3+\boldsymbol{\alpha}_1$,试证明向量组

$\boldsymbol{\beta}_1,\boldsymbol{\beta}_2,\boldsymbol{\beta}_3$ 线性无关.

6. 设有向量组 $\boldsymbol{A}$：$\boldsymbol{\alpha}_1=\begin{pmatrix}\lambda\\\lambda\\\lambda\end{pmatrix},\boldsymbol{\alpha}_2=\begin{pmatrix}\lambda\\2\lambda-1\\\lambda\end{pmatrix},\boldsymbol{\alpha}_3=\begin{pmatrix}2\\3\\\lambda+3\end{pmatrix}$ 及向量 $\boldsymbol{\beta}=\begin{pmatrix}1\\1\\2\lambda-1\end{pmatrix}$，问 λ 取何值时：

(1) $\boldsymbol{\beta}$ 可由 $\boldsymbol{\alpha}_1,\boldsymbol{\alpha}_2,\boldsymbol{\alpha}_3$ 线性表示，且表达式唯一.

(2) $\boldsymbol{\beta}$ 可由 $\boldsymbol{\alpha}_1,\boldsymbol{\alpha}_2,\boldsymbol{\alpha}_3$ 线性表示，且表达式不唯一.

(3) $\boldsymbol{\beta}$ 不能由 $\boldsymbol{\alpha}_1,\boldsymbol{\alpha}_2,\boldsymbol{\alpha}_3$ 线性表示.

7. 已知两个向量组 $\boldsymbol{\alpha}_1=\begin{pmatrix}1\\1\\0\\0\end{pmatrix},\boldsymbol{\alpha}_2=\begin{pmatrix}1\\0\\1\\1\end{pmatrix};\boldsymbol{\beta}_1=\begin{pmatrix}0\\1\\-1\\-1\end{pmatrix},\boldsymbol{\beta}_2=\begin{pmatrix}2\\-1\\3\\3\end{pmatrix},\boldsymbol{\beta}_3=\begin{pmatrix}2\\0\\2\\2\end{pmatrix}$，证明向量组 $\boldsymbol{\alpha}_1,\boldsymbol{\alpha}_2$ 与向量组 $\boldsymbol{\beta}_1,\boldsymbol{\beta}_2,\boldsymbol{\beta}_3$ 等价.

8. 讨论向量组 $\boldsymbol{\alpha}_1=\begin{pmatrix}1\\a\\a^2\\a^3\end{pmatrix},\boldsymbol{\alpha}_2=\begin{pmatrix}1\\b\\b^2\\b^3\end{pmatrix},\boldsymbol{\alpha}_3=\begin{pmatrix}1\\c\\c^2\\c^3\end{pmatrix},\boldsymbol{\alpha}_4=\begin{pmatrix}1\\d\\d^2\\d^3\end{pmatrix}$ 的线性相关性（其中 a,b,c,d 是各不相同的数）.

9. 讨论向量组 $\boldsymbol{\alpha}_1=\begin{pmatrix}1\\2\\3\end{pmatrix},\boldsymbol{\alpha}_2=\begin{pmatrix}2\\1\\0\end{pmatrix},\boldsymbol{\alpha}_3=\begin{pmatrix}3\\4\\a\end{pmatrix}$ 的线性相关性.

10. 设 $\boldsymbol{\beta}_1=\boldsymbol{\alpha}_1,\boldsymbol{\beta}_2=\boldsymbol{\alpha}_1+\boldsymbol{\alpha}_2,\cdots,\boldsymbol{\beta}_r=\boldsymbol{\alpha}_1+\boldsymbol{\alpha}_2+\cdots+\boldsymbol{\alpha}_r$，且向量组 $\boldsymbol{\alpha}_1,\boldsymbol{\alpha}_2,\cdots,\boldsymbol{\alpha}_r$ 线性无关，证明向量组 $\boldsymbol{\beta}_1,\boldsymbol{\beta}_2,\cdots,\boldsymbol{\beta}_r$ 线性无关.

11. 设向量组 $\boldsymbol{\alpha}_1,\boldsymbol{\alpha}_2,\boldsymbol{\alpha}_3$ 线性无关，而向量组

$$\boldsymbol{\beta}_1=\boldsymbol{\alpha}_1-\boldsymbol{\alpha}_3,$$
$$\boldsymbol{\beta}_2=-2\boldsymbol{\alpha}_1+2\boldsymbol{\alpha}_2,$$
$$\boldsymbol{\beta}_3=3\boldsymbol{\alpha}_1-5\boldsymbol{\alpha}_2+2\boldsymbol{\alpha}_3.$$

试判定向量组 $\boldsymbol{\beta}_1,\boldsymbol{\beta}_2,\boldsymbol{\beta}_3$ 的线性相关性.

12. 求下列向量组的秩，并求出一个最大无关组.

(1) $\boldsymbol{\alpha}_1=\begin{pmatrix}1\\0\\1\\0\\1\end{pmatrix},\boldsymbol{\alpha}_2=\begin{pmatrix}0\\1\\0\\1\\0\end{pmatrix},\boldsymbol{\alpha}_3=\begin{pmatrix}2\\1\\2\\1\\2\end{pmatrix},\boldsymbol{\alpha}_4=\begin{pmatrix}2\\1\\0\\1\\2\end{pmatrix}$.

(2) $\boldsymbol{\alpha}_1=\begin{pmatrix}1\\2\\-1\\4\end{pmatrix},\boldsymbol{\alpha}_2=\begin{pmatrix}4\\-1\\-5\\-6\end{pmatrix},\boldsymbol{\alpha}_3=\begin{pmatrix}1\\-3\\-4\\-7\end{pmatrix},\boldsymbol{\alpha}_4=\begin{pmatrix}1\\2\\1\\3\end{pmatrix}$.

13. 已知向量组 $\boldsymbol{\alpha}_1=\begin{pmatrix}0\\1\\1\\2\end{pmatrix},\boldsymbol{\alpha}_2=\begin{pmatrix}1\\2\\3\\5\end{pmatrix},\boldsymbol{\alpha}_3=\begin{pmatrix}-5\\3\\-2\\1\end{pmatrix},\boldsymbol{\alpha}_4=\begin{pmatrix}4\\-1\\3\\2\end{pmatrix}$,

(1) 求向量组的秩.

(2) 给出一个最大无关组,并将其余向量用该最大无关组表示出来.

14. 已知 n 维单位向量组 $\boldsymbol{\varepsilon}_1,\boldsymbol{\varepsilon}_2,\cdots,\boldsymbol{\varepsilon}_n$ 可由 n 维向量组 $\boldsymbol{\alpha}_1,\boldsymbol{\alpha}_2,\cdots,\boldsymbol{\alpha}_n$ 线性表示,证明向量组 $\boldsymbol{\alpha}_1,\boldsymbol{\alpha}_2,\cdots,\boldsymbol{\alpha}_n$ 线性无关.

15. 在三维向量空间中,求向量 $\boldsymbol{\beta}=\begin{pmatrix}3\\5\\-6\end{pmatrix}$ 在基 $\boldsymbol{\alpha}_1=\begin{pmatrix}1\\1\\1\end{pmatrix},\boldsymbol{\alpha}_2=\begin{pmatrix}1\\0\\1\end{pmatrix},\boldsymbol{\alpha}_3=\begin{pmatrix}0\\-1\\-1\end{pmatrix}$ 下的坐标.

16. 已知 $\boldsymbol{\alpha}_1=\begin{pmatrix}1\\-1\\4\end{pmatrix},\boldsymbol{\alpha}_2=\begin{pmatrix}1\\0\\3\end{pmatrix},\boldsymbol{\alpha}_3=\begin{pmatrix}0\\1\\-1\end{pmatrix}$,求由 $\boldsymbol{\alpha}_1,\boldsymbol{\alpha}_2,\boldsymbol{\alpha}_3$ 所生成的向量空间 V 的一个基及向量空间的维数 $\dim V$.

17. 设 $\boldsymbol{\alpha}_1=\begin{pmatrix}2\\2\\-1\end{pmatrix},\boldsymbol{\alpha}_2=\begin{pmatrix}2\\-1\\2\end{pmatrix},\boldsymbol{\alpha}_3=\begin{pmatrix}-1\\2\\2\end{pmatrix},\boldsymbol{\beta}_1=\begin{pmatrix}1\\0\\-4\end{pmatrix},\boldsymbol{\beta}_2=\begin{pmatrix}4\\3\\2\end{pmatrix}$,验证 $\boldsymbol{\alpha}_1,\boldsymbol{\alpha}_2,\boldsymbol{\alpha}_3$ 为 $\mathbf{R}^3$ 空间的一个基,并求 $\boldsymbol{\beta}_1,\boldsymbol{\beta}_2$ 在这个基下的坐标.

18. 已知向量组 $\boldsymbol{\alpha}_1=\begin{pmatrix}5\\2\\0\\0\end{pmatrix},\boldsymbol{\alpha}_2=\begin{pmatrix}2\\1\\0\\0\end{pmatrix},\boldsymbol{\alpha}_3=\begin{pmatrix}0\\0\\8\\5\end{pmatrix},\boldsymbol{\alpha}_4=\begin{pmatrix}0\\0\\3\\2\end{pmatrix}$ 为向量空间 $\mathbf{R}^4$ 的一个基,向量组 $\boldsymbol{\beta}_1=\begin{pmatrix}1\\0\\0\\0\end{pmatrix},\boldsymbol{\beta}_2=\begin{pmatrix}0\\2\\0\\0\end{pmatrix},\boldsymbol{\beta}_3=\begin{pmatrix}0\\1\\2\\0\end{pmatrix},\boldsymbol{\beta}_4=\begin{pmatrix}1\\0\\1\\2\end{pmatrix}$ 为另一个基,求

(1) 从基 $\boldsymbol{\alpha}_1,\boldsymbol{\alpha}_2,\boldsymbol{\alpha}_3,\boldsymbol{\alpha}_4$ 到基 $\boldsymbol{\beta}_1,\boldsymbol{\beta}_2,\boldsymbol{\beta}_3,\boldsymbol{\beta}_4$ 的过渡矩阵.

(2) $\boldsymbol{\beta}=3\boldsymbol{\beta}_1+2\boldsymbol{\beta}_2+\boldsymbol{\beta}_3$ 在基 $\boldsymbol{\alpha}_1,\boldsymbol{\alpha}_2,\boldsymbol{\alpha}_3,\boldsymbol{\alpha}_4$ 下的坐标.

19. 求下列齐次线性方程组的基础解系.

(1) $\begin{cases}x_1-8x_2+10x_3+2x_4=0,\\2x_1+4x_2+5x_3-x_4=0,\\3x_1+8x_2+6x_3-2x_4=0.\end{cases}$ (2) $\begin{cases}2x_1-3x_2-2x_3+x_4=0,\\3x_1+5x_2+4x_3-2x_4=0,\\8x_1+7x_2+6x_3-3x_4=0.\end{cases}$

20. 求下列非齐次线性方程组的一个特解及对应齐次方程组的基础解系.

$$\begin{cases}x_1+3x_3+x_4=2,\\x_1-3x_2+x_4=-1,\\2x_1+x_2+7x_3+2x_4=5,\\4x_1+2x_2+14x_3=6.\end{cases}$$

21. 设非齐次线性方程组 $\boldsymbol{A}_{5\times3}\boldsymbol{x}=\boldsymbol{b}$ 的系数矩阵的秩 $R(\boldsymbol{A})=2$，$\boldsymbol{\eta}_1,\boldsymbol{\eta}_2$ 是该方程的两个解，且有

$$\boldsymbol{\eta}_1+\boldsymbol{\eta}_2=\begin{pmatrix}1\\3\\0\end{pmatrix},\ 2\boldsymbol{\eta}_1+3\boldsymbol{\eta}_2=\begin{pmatrix}2\\5\\1\end{pmatrix},$$

求该方程的通解.

22. 已知向量 $\boldsymbol{\eta}_0,\boldsymbol{\eta}_1,\cdots,\boldsymbol{\eta}_{n-r}$ 为 $\boldsymbol{A}_{m\times n}\boldsymbol{x}=\boldsymbol{b}$ 的 $n-r+1$ 个线性无关的解，且 $R(\boldsymbol{A})=r$，证明 $\boldsymbol{\eta}_1-\boldsymbol{\eta}_0,\boldsymbol{\eta}_2-\boldsymbol{\eta}_0,\cdots,\boldsymbol{\eta}_{n-r}-\boldsymbol{\eta}_0$ 为 $\boldsymbol{A}\boldsymbol{x}=\boldsymbol{0}$ 的一个基础解系.

23. 设矩阵 $\boldsymbol{A}=(\boldsymbol{\alpha}_1,\boldsymbol{\alpha}_2,\boldsymbol{\alpha}_3,\boldsymbol{\alpha}_4)$，其中 $\boldsymbol{\alpha}_2,\boldsymbol{\alpha}_3,\boldsymbol{\alpha}_4$ 线性无关，$\boldsymbol{\alpha}_1=2\boldsymbol{\alpha}_2-\boldsymbol{\alpha}_3$，$\boldsymbol{b}=\boldsymbol{\alpha}_1+\boldsymbol{\alpha}_2+\boldsymbol{\alpha}_3+\boldsymbol{\alpha}_4$，求方程 $\boldsymbol{A}\boldsymbol{x}=\boldsymbol{b}$ 的通解.

24. 将向量组 $\boldsymbol{\alpha}_1=\begin{pmatrix}0\\1\\1\end{pmatrix}$，$\boldsymbol{\alpha}_2=\begin{pmatrix}1\\0\\1\end{pmatrix}$，$\boldsymbol{\alpha}_3=\begin{pmatrix}1\\1\\0\end{pmatrix}$ 标准正交化.

25. 已知

$$\boldsymbol{A}=\begin{pmatrix}a & -\frac{3}{7} & \frac{2}{7}\\ \frac{2}{7} & b & c\\ -\frac{3}{7} & \frac{2}{7} & d\end{pmatrix}$$

为正交矩阵，试求出 a,b,c,d.

26. 设 $\boldsymbol{X}$ 为 n 维实列向量，且 $\boldsymbol{X}^{\mathrm{T}}\boldsymbol{X}=1$. 令

$$\boldsymbol{H}=\boldsymbol{E}-2\boldsymbol{X}\boldsymbol{X}^{\mathrm{T}},$$

试证 $\boldsymbol{H}$ 是对称的正交阵.

同步测试题四

一、选择题

1. 设向量组 $\boldsymbol{\alpha}_1,\boldsymbol{\alpha}_2,\boldsymbol{\alpha}_3$ 线性无关，则下列向量组线性相关的是(　　).

A. $\boldsymbol{\alpha}_1+\boldsymbol{\alpha}_2,\boldsymbol{\alpha}_2+\boldsymbol{\alpha}_3,\boldsymbol{\alpha}_3+\boldsymbol{\alpha}_1$　　B. $\boldsymbol{\alpha}_1,\boldsymbol{\alpha}_1+\boldsymbol{\alpha}_2,\boldsymbol{\alpha}_1+\boldsymbol{\alpha}_2+\boldsymbol{\alpha}_3$

C. $\boldsymbol{\alpha}_1-\boldsymbol{\alpha}_2,\boldsymbol{\alpha}_2-\boldsymbol{\alpha}_3,\boldsymbol{\alpha}_3-\boldsymbol{\alpha}_1$　　D. $\boldsymbol{\alpha}_1+\boldsymbol{\alpha}_2,2\boldsymbol{\alpha}_2+\boldsymbol{\alpha}_3,3\boldsymbol{\alpha}_3+\boldsymbol{\alpha}_1$

2. 若 $\boldsymbol{\beta},\boldsymbol{\alpha}_1,\boldsymbol{\alpha}_2$ 线性相关，$\boldsymbol{\beta},\boldsymbol{\alpha}_2,\boldsymbol{\alpha}_3$ 线性无关，则(　　).

A. $\boldsymbol{\alpha}_1,\boldsymbol{\alpha}_2,\boldsymbol{\alpha}_3$ 线性相关　　B. $\boldsymbol{\alpha}_1,\boldsymbol{\alpha}_2,\boldsymbol{\alpha}_3$ 线性无关

C. $\boldsymbol{\alpha}_1$ 可以用 $\boldsymbol{\beta},\boldsymbol{\alpha}_2,\boldsymbol{\alpha}_3$ 线性表示　　D. $\boldsymbol{\beta}$ 可用 $\boldsymbol{\alpha}_2,\boldsymbol{\alpha}_3$ 线性表示

3. 设向量组 $\boldsymbol{\alpha}_1=(1,-1,2,4)$，$\boldsymbol{\alpha}_2=(0,3,1,2)$，$\boldsymbol{\alpha}_3=(3,0,7,14)$，$\boldsymbol{\alpha}_4=(1,-2,2,0)$，$\boldsymbol{\alpha}_5=(2,1,5,10)$，则该向量组的最大无关组是(　　).

A. $\boldsymbol{\alpha}_1,\boldsymbol{\alpha}_2,\boldsymbol{\alpha}_3$　　B. $\boldsymbol{\alpha}_1,\boldsymbol{\alpha}_2,\boldsymbol{\alpha}_4$

C. $\boldsymbol{\alpha}_1,\boldsymbol{\alpha}_2,\boldsymbol{\alpha}_5$　　D. $\boldsymbol{\alpha}_1,\boldsymbol{\alpha}_2,\boldsymbol{\alpha}_4,\boldsymbol{\alpha}_5$

4. 设 $\boldsymbol{A}$ 是 $m\times n$ 矩阵，$\boldsymbol{A}\boldsymbol{x}=\boldsymbol{0}$ 是非齐次线性方程组 $\boldsymbol{A}\boldsymbol{x}=\boldsymbol{b}$ 所对应的齐次线性方程组，则下面结论正确的是(　　).

A. 若 $\boldsymbol{Ax}=\boldsymbol{0}$ 仅有零解，则 $\boldsymbol{Ax}=\boldsymbol{b}$ 有唯一解

B. 若 $\boldsymbol{Ax}=\boldsymbol{0}$ 有非零解，则 $\boldsymbol{Ax}=\boldsymbol{b}$ 有无穷多解

C. 若 $\boldsymbol{Ax}=\boldsymbol{b}$ 有无穷多解，则 $\boldsymbol{Ax}=\boldsymbol{0}$ 仅有零解

D. 若 $\boldsymbol{Ax}=\boldsymbol{b}$ 有无穷多解，则 $\boldsymbol{Ax}=\boldsymbol{0}$ 有唯一解

5. 设 $\boldsymbol{A}$ 为 n 阶方阵，且 $R(\boldsymbol{A})=n-3$，$\boldsymbol{\alpha}_1,\boldsymbol{\alpha}_2,\boldsymbol{\alpha}_3$ 是 $\boldsymbol{Ax}=\boldsymbol{0}$ 的三个线性无关的解向量，则 $\boldsymbol{Ax}=\boldsymbol{0}$ 的基础解系为(　　).

A. $\boldsymbol{\alpha}_1+\boldsymbol{\alpha}_2,\boldsymbol{\alpha}_2+\boldsymbol{\alpha}_3,\boldsymbol{\alpha}_3+\boldsymbol{\alpha}_1$　　B. $\boldsymbol{\alpha}_2-\boldsymbol{\alpha}_1,\boldsymbol{\alpha}_3-\boldsymbol{\alpha}_2,\boldsymbol{\alpha}_1-\boldsymbol{\alpha}_3$

C. $2\boldsymbol{\alpha}_2-\boldsymbol{\alpha}_1,\frac{1}{2}\boldsymbol{\alpha}_3-\boldsymbol{\alpha}_2,\boldsymbol{\alpha}_1-\boldsymbol{\alpha}_3$　　D. $\boldsymbol{\alpha}_1+\boldsymbol{\alpha}_2+\boldsymbol{\alpha}_3,\boldsymbol{\alpha}_3-\boldsymbol{\alpha}_2,-\boldsymbol{\alpha}_1-2\boldsymbol{\alpha}_3$

二、填空题

1. 设向量组 $\boldsymbol{\alpha}_1=(a,0,c)^{\mathrm{T}},\boldsymbol{\alpha}_2=(b,c,0)^{\mathrm{T}},\boldsymbol{\alpha}_3=(0,a,b)^{\mathrm{T}}$ 线性无关，则 a,b,c 必满足关系式________.

2. 已知向量组 $\boldsymbol{\alpha}_1=(1,2,-1,1)^{\mathrm{T}},\boldsymbol{\alpha}_2=(2,0,t,0)^{\mathrm{T}},\boldsymbol{\alpha}_3=(0,-4,5,-2)^{\mathrm{T}}$ 的秩为 2，则 $t=$________.

3. 若 $\boldsymbol{\alpha}_1=(1,0)^{\mathrm{T}},\boldsymbol{\alpha}_2=(1,-1)^{\mathrm{T}}$ 为 $\mathbf{R}^2$ 上的基，$\boldsymbol{\beta}_1=(1,1)^{\mathrm{T}}\boldsymbol{\beta}_2=(1,2)^{\mathrm{T}}$ 为 $\mathbf{R}^2$ 上的另一个基，则从基 $\boldsymbol{\alpha}_1,\boldsymbol{\alpha}_2$ 到基 $\boldsymbol{\beta}_1,\boldsymbol{\beta}_2$ 的过渡矩阵为________.

4. 设 n 阶矩阵 $\boldsymbol{A}$ 的各行元素之和均为零，且 $R(\boldsymbol{A})=n-1$，则线性方程组 $\boldsymbol{Ax}=\boldsymbol{0}$ 的通解为________.

5. 已知向量 $\boldsymbol{\alpha}=(1,-1,2)^{\mathrm{T}}$ 与向量 $\boldsymbol{\beta}=(2,-2,x)^{\mathrm{T}}$ 正交，则 $x=$________.

三、计算题

1. 讨论向量组 $\boldsymbol{\alpha}_1=(2,2,7,-1)^{\mathrm{T}},\boldsymbol{\alpha}_2=(3,-1,2,4)^{\mathrm{T}},\boldsymbol{\alpha}_3=(1,1,3,1)^{\mathrm{T}}$ 的线性相关性.

2. 求向量组 $\boldsymbol{\alpha}_1=(1,1,2,3)^{\mathrm{T}},\boldsymbol{\alpha}_2=(1,-1,1,1)^{\mathrm{T}},\boldsymbol{\alpha}_3=(1,3,3,5)^{\mathrm{T}},\boldsymbol{\alpha}_4=(4,-2,5,6)^{\mathrm{T}},\boldsymbol{\alpha}_5=(-3,-1,-5,-7)^{\mathrm{T}}$ 的一个最大无关组，并用该无关组表示其余向量.

3. 求齐次线性方程组 $\begin{cases} x_1+2x_2+4x_3-3x_4=0,\\ 3x_1+5x_2+6x_3-4x_4=0,\\ 4x_1+5x_2-2x_3+3x_4=0,\\ 3x_1+8x_2+24x_3-19x_4=0 \end{cases}$ 的基础解系和通解.

4. 设 $\boldsymbol{A}=\begin{pmatrix} 1 & 1 & 2\\ 2 & 2 & 4\\ 3 & 3 & 6 \end{pmatrix}$，求一秩为 2 的三阶方阵 $\boldsymbol{B}$，使 $\boldsymbol{AB}=\boldsymbol{O}$.

5. 已知四元非齐次线性方程组 $\boldsymbol{Ax}=\boldsymbol{b}$ 的系数矩阵 $\boldsymbol{A}$ 的秩为 3，$\boldsymbol{\alpha}_1,\boldsymbol{\alpha}_2,\boldsymbol{\alpha}_3$ 为它的三个解向量，其中 $\boldsymbol{\alpha}_1+\boldsymbol{\alpha}_2=(1,1,0,2)^{\mathrm{T}},\boldsymbol{\alpha}_2+\boldsymbol{\alpha}_3=(1,0,1,3)^{\mathrm{T}}$，试求该非齐次线性方程组的通解.

四、证明题

1. 设向量 $\boldsymbol{\beta}$ 可由向量组 $\boldsymbol{\alpha}_1,\boldsymbol{\alpha}_2,\cdots,\boldsymbol{\alpha}_m$ 线性表示，$\boldsymbol{\beta}$ 不能由向量组 $\boldsymbol{\alpha}_1,\boldsymbol{\alpha}_2,\cdots,\boldsymbol{\alpha}_{m-1}$ 线性表示，证明 $\boldsymbol{\alpha}_m$ 可由 $\boldsymbol{\alpha}_1,\boldsymbol{\alpha}_2,\cdots,\boldsymbol{\alpha}_{m-1},\boldsymbol{\beta}$ 线性表示.

2. 已知 $R(\boldsymbol{\alpha}_1,\boldsymbol{\alpha}_2,\boldsymbol{\alpha}_3)=R(\boldsymbol{\alpha}_1,\boldsymbol{\alpha}_2,\boldsymbol{\alpha}_3,\boldsymbol{\alpha}_4)=3,R(\boldsymbol{\alpha}_1,\boldsymbol{\alpha}_2,\boldsymbol{\alpha}_3,\boldsymbol{\alpha}_5)=4$，证明

$$R(\boldsymbol{\alpha}_1,\boldsymbol{\alpha}_2,\boldsymbol{\alpha}_3,\boldsymbol{\alpha}_5-\boldsymbol{\alpha}_4)=4.$$

第 5 章

矩阵的对角化问题

学习目标

1. 理解矩阵的特征值与特征向量的概念，掌握其性质及求法.
2. 掌握相似矩阵的概念、性质及矩阵对角化的充分必要条件.
3. 了解实对称矩阵的特征值与特征向量的性质.
4. 掌握用正交矩阵化实对称矩阵为对角矩阵的方法.

本章所讨论的问题是 n 阶矩阵之间的一种重要关系——相似关系. 由于相似的两个矩阵有许多共同的性质，而对角矩阵是最简单的一类矩阵，因此，可以通过与方阵 $\boldsymbol{A}$ 相似的对角矩阵的性质来研究方阵 $\boldsymbol{A}$ 的性质. 本章将介绍特征值与特征向量、相似矩阵等概念，并利用方阵的特征值与特征向量来讨论方阵 $\boldsymbol{A}$ 与对角矩阵的相似及对角化问题.

5.1 方阵的特征值与特征向量

方阵的特征值与特征向量是重要的数学概念，最早是由拉普拉斯在 19 世纪为研究天体力学、地球力学而引进的一个物理概念. 这一概念不仅在理论上极为重要，在科学技术领域中，它的应用也很广泛. 例如，工程技术中的振动问题和稳定性问题，往往归结为求一个方阵的特征值与特征向量问题，数学中线性微分方程组求解等问题，也都要用到特征值与特征向量的理论.

一、特征值与特征向量的概念

定义 5.1 设 $\boldsymbol{A}$ 是 n 阶方阵，若存在数 λ 和 n 维非零列向量 $\boldsymbol{x}$，使得

$$\boldsymbol{A}\boldsymbol{x} = \lambda\boldsymbol{x} \tag{5.1}$$

成立，则称数 λ 是矩阵 $\boldsymbol{A}$ 的**特征值**；非零列向量 $\boldsymbol{x}$ 为矩阵 $\boldsymbol{A}$ 的对应于 λ 的**特征向量**.

将式(5.1)移项，得

$$(\boldsymbol{A} - \lambda\boldsymbol{E})\boldsymbol{x} = \boldsymbol{0},$$

这是一个 n 个未知量 n 个方程的齐次线性方程组，它有非零解的充分必要条件为系数行列式

$$|\boldsymbol{A}-\lambda\boldsymbol{E}|=0,$$

即

$$\begin{vmatrix} a_{11}-\lambda & a_{12} & \cdots & a_{1n} \\ a_{21} & a_{22}-\lambda & \cdots & a_{2n} \\ \vdots & \vdots & & \vdots \\ a_{n1} & a_{n2} & \cdots & a_{nn}-\lambda \end{vmatrix}=0. \tag{5.2}$$

式(5.2)是以 λ 为未知数的一元 n 次方程，称为方阵 $\boldsymbol{A}$ 关于 λ 的**特征方程**. 方程的根就是 $\boldsymbol{A}$ 的特征值，也称为 $\boldsymbol{A}$ 的**特征根**. 其左端 $|\boldsymbol{A}-\lambda\boldsymbol{E}|$ 是 λ 的 n 次多项式，记作 $f(\lambda)$，称为方阵 $\boldsymbol{A}$ 的**特征多项式**.

代数基本定理告诉我们：一元 n 次代数方程必有 n 个根，其中可能有重根和虚根.

设 n 阶方阵 $\boldsymbol{A}=(a_{ij})(i,j=1,2,\cdots,n)$ 的特征值为 $\lambda_1,\lambda_2,\cdots,\lambda_n$，由多项式的根与系数的关系，不难证明：

(1) $\lambda_1+\lambda_2+\cdots+\lambda_n=a_{11}+a_{22}+\cdots+a_{nn}$.

(2) $\lambda_1\lambda_2\cdots\lambda_n=|\boldsymbol{A}|$.

通常称 $a_{11}+a_{22}+\cdots+a_{nn}$ 为矩阵 $\boldsymbol{A}$ 的**迹**，记作 $\mathrm{tr}(\boldsymbol{A})$，即

$$\mathrm{tr}(\boldsymbol{A})=a_{11}+a_{22}+\cdots+a_{nn}.$$

二、特征值与特征向量的求法

求 n 阶方阵 $\boldsymbol{A}$ 的特征值及对应的特征向量的步骤如下：

(1) 计算 $\boldsymbol{A}$ 的特征多项式 $f(\lambda)=|\boldsymbol{A}-\lambda\boldsymbol{E}|$；

(2) 求出特征方程的全部根，即 $\boldsymbol{A}$ 的全部特征值；

(3) 对每个特征值 λ_i，求出对应的特征向量，即求出齐次线性方程组 $(\boldsymbol{A}-\lambda_i\boldsymbol{E})\boldsymbol{x}=\boldsymbol{0}$ 的一个基础解系 $\boldsymbol{\xi}_1,\boldsymbol{\xi}_2,\cdots,\boldsymbol{\xi}_t$，则对应 λ_i 的全部特征向量为

$$\boldsymbol{x}=c_1\boldsymbol{\xi}_1+c_2\boldsymbol{\xi}_2+\cdots+c_t\boldsymbol{\xi}_t,$$

其中 $c_1,c_2,\cdots,c_t$ 是不全为零的常数.

例 5.1　求方阵

$$\boldsymbol{A}=\begin{pmatrix} 3 & -1 \\ -1 & 3 \end{pmatrix}$$

的特征值和特征向量.

解　因为 $\boldsymbol{A}$ 的特征多项式为

$$f(\lambda)=|\boldsymbol{A}-\lambda\boldsymbol{E}|=\begin{vmatrix} 3-\lambda & -1 \\ -1 & 3-\lambda \end{vmatrix}=(4-\lambda)(2-\lambda),$$

所以 $\boldsymbol{A}$ 的特征值为 $\lambda_1=2,\lambda_2=4$.

对于 $\lambda_1=2$，解齐次线性方程组 $(\boldsymbol{A}-2\boldsymbol{E})\boldsymbol{x}=\boldsymbol{0}$，由

$$\boldsymbol{A}-2\boldsymbol{E}=\begin{pmatrix} 1 & -1 \\ -1 & 1 \end{pmatrix}\sim\begin{pmatrix} 1 & -1 \\ 0 & 0 \end{pmatrix},$$

得基础解系

$$\boldsymbol{\xi}_1=\begin{pmatrix}1\\1\end{pmatrix},$$

它就是对应于 $\lambda_1=2$ 的一个特征向量,而 $c_1\boldsymbol{\xi}_1(c_1\neq0)$是对应于 $\lambda_1=2$ 的全部特征向量.

对于 $\lambda_2=4$,解齐次线性方程组$(\boldsymbol{A}-4\boldsymbol{E})\boldsymbol{x}=\boldsymbol{0}$. 由

$$\boldsymbol{A}-4\boldsymbol{E}=\begin{pmatrix}-1&-1\\-1&-1\end{pmatrix}\sim\begin{pmatrix}1&1\\0&0\end{pmatrix},$$

得基础解系

$$\boldsymbol{\xi}_2=\begin{pmatrix}1\\-1\end{pmatrix},$$

它就是对应于 $\lambda_2=4$ 的一个特征向量,而 $c_2\boldsymbol{\xi}_2(c_2\neq0)$是对应于 $\lambda_2=4$ 的全部特征向量.

例 5.2 求方阵

$$\boldsymbol{A}=\begin{pmatrix}-1&1&0\\-4&3&0\\1&0&2\end{pmatrix}$$

的特征值和特征向量.

解 $\boldsymbol{A}$ 的特征多项式为

$$f(\lambda)=|\boldsymbol{A}-\lambda\boldsymbol{E}|=\begin{vmatrix}-1-\lambda&1&0\\-4&3-\lambda&0\\1&0&2-\lambda\end{vmatrix}=(2-\lambda)(1-\lambda)^2.$$

所以 $\boldsymbol{A}$ 的特征值为 $\lambda_1=2,\lambda_2=\lambda_3=1$.

对于 $\lambda_1=2$,解齐次线性方程组$(\boldsymbol{A}-2\boldsymbol{E})\boldsymbol{x}=\boldsymbol{0}$. 由

$$\boldsymbol{A}-2\boldsymbol{E}=\begin{pmatrix}-3&1&0\\-4&1&0\\1&0&0\end{pmatrix}\sim\begin{pmatrix}1&0&0\\0&1&0\\0&0&0\end{pmatrix},$$

得基础解系

$$\boldsymbol{\xi}_1=\begin{pmatrix}0\\0\\1\end{pmatrix},$$

它就是对应于 $\lambda_1=2$ 的一个特征向量,而 $c_1\boldsymbol{\xi}_1(c_1\neq0)$是对应于 $\lambda_1=2$ 的全部特征向量.

对于 $\lambda_2=\lambda_3=1$,解齐次线性方程组$(\boldsymbol{A}-\boldsymbol{E})\boldsymbol{x}=\boldsymbol{0}$. 由

$$\boldsymbol{A}-\boldsymbol{E}=\begin{pmatrix}-2&1&0\\-4&2&0\\1&0&1\end{pmatrix}\sim\begin{pmatrix}1&0&1\\0&1&2\\0&0&0\end{pmatrix},$$

得基础解系

$$\boldsymbol{\xi}_2=\begin{pmatrix}1\\2\\-1\end{pmatrix},$$

它就是对应于 $\lambda_2=\lambda_3=1$ 的一个特征向量,而 $c_2\boldsymbol{\xi}_2(c_2\neq0)$是对应于 $\lambda_2=\lambda_3=1$ 的全部特征向量.

例 5.3　求上三角矩阵

$$\boldsymbol{A}=\begin{pmatrix}1 & 1 & -1\\ 0 & 2 & 1\\ 0 & 0 & 3\end{pmatrix}$$

的特征值与特征向量.

解　$\boldsymbol{A}$ 的特征多项式为

$$f(\lambda)=|\boldsymbol{A}-\lambda\boldsymbol{E}|=\begin{vmatrix}1-\lambda & 1 & -1\\ 0 & 2-\lambda & 1\\ 0 & 0 & 3-\lambda\end{vmatrix}=(1-\lambda)(2-\lambda)(3-\lambda).$$

所以 $\boldsymbol{A}$ 的特征值为 $\lambda_1=1,\lambda_2=2,\lambda_3=3$.

对于 $\lambda_1=1$，解齐次线性方程组 $(\boldsymbol{A}-\boldsymbol{E})\boldsymbol{x}=\boldsymbol{0}$. 由

$$\boldsymbol{A}-\boldsymbol{E}=\begin{pmatrix}0 & 1 & -1\\ 0 & 1 & 1\\ 0 & 0 & 2\end{pmatrix}\sim\begin{pmatrix}0 & 1 & 0\\ 0 & 0 & 1\\ 0 & 0 & 0\end{pmatrix},$$

得基础解系

$$\boldsymbol{\xi}_1=\begin{pmatrix}1\\ 0\\ 0\end{pmatrix},$$

它就是对应于 $\lambda_2=1$ 的一个特征向量，而 $c_1\boldsymbol{\xi}_1(c_1\neq 0)$ 是对应于 $\lambda_1=1$ 的全部特征向量.

对于 $\lambda_2=2$，解齐次线性方程组 $(\boldsymbol{A}-2\boldsymbol{E})\boldsymbol{x}=\boldsymbol{0}$. 由

$$\boldsymbol{A}-2\boldsymbol{E}=\begin{pmatrix}-1 & 1 & -1\\ 0 & 0 & 1\\ 0 & 0 & 1\end{pmatrix}\sim\begin{pmatrix}1 & -1 & 0\\ 0 & 0 & 1\\ 0 & 0 & 0\end{pmatrix},$$

得基础解系

$$\boldsymbol{\xi}_2=\begin{pmatrix}1\\ 1\\ 0\end{pmatrix},$$

它就是对应于 $\lambda_2=2$ 的一个特征向量，而 $c_2\boldsymbol{\xi}_2(c_2\neq 0)$ 是对应于 $\lambda_2=2$ 的全部特征向量.

对于 $\lambda_3=3$，解齐次线性方程组 $(\boldsymbol{A}-3\boldsymbol{E})\boldsymbol{x}=\boldsymbol{0}$. 由

$$\boldsymbol{A}-3\boldsymbol{E}=\begin{pmatrix}-2 & 1 & -1\\ 0 & -1 & 1\\ 0 & 0 & 0\end{pmatrix}\sim\begin{pmatrix}1 & 0 & 0\\ 0 & 1 & -1\\ 0 & 0 & 0\end{pmatrix},$$

得基础解系

$$\boldsymbol{\xi}_3=\begin{pmatrix}0\\ 1\\ 1\end{pmatrix},$$

它就是对应于 $\lambda_3=3$ 的一个特征向量，而 $c_3\boldsymbol{\xi}_3(c_3\neq 0)$ 是对应于 $\lambda_3=3$ 的全部特征向量.

三、特征值与特征向量的性质

性质 1 设方阵 $\boldsymbol{A}$ 有特征值 λ 及对应特征向量 $\boldsymbol{x}$,则 $\boldsymbol{A}^2$ 有特征值 λ^2,特征向量仍为 $\boldsymbol{x}$.

证明 由题意可知

$$\boldsymbol{A}\boldsymbol{x}=\lambda\boldsymbol{x},$$

两边左乘 $\boldsymbol{A}$,得

$$\boldsymbol{A}^2\boldsymbol{x}=\boldsymbol{A}(\lambda\boldsymbol{x})=\lambda(\boldsymbol{A}\boldsymbol{x}),$$

即

$$\boldsymbol{A}^2\boldsymbol{x}=\lambda^2\boldsymbol{x}.$$

所以 $\boldsymbol{A}^2$ 有特征值 λ^2,对应特征向量仍为 $\boldsymbol{x}$.

推广:

(1) 设方阵 $\boldsymbol{A}$ 有特征值 λ 及对应特征向量 $\boldsymbol{x}$,则 $\boldsymbol{A}^m$ 有特征值 λ^m,特征向量仍为 $\boldsymbol{x}$.

(2) 设方阵 $\boldsymbol{A}$ 有特征值 λ 及对应特征向量 $\boldsymbol{x}$,则 $\boldsymbol{A}$ 的多项式

$$\varphi(\boldsymbol{A})=a_0\boldsymbol{E}+a_1\boldsymbol{A}+\cdots+a_m\boldsymbol{A}^m,$$

有特征值 $\varphi(\lambda)=a_0+a_1\lambda+\cdots+a_m\lambda^m$,对应特征向量仍为 $\boldsymbol{x}$.

例 5.4 设三阶矩阵 $\boldsymbol{A}$ 的特征值为 $1,-1,2$,求 $|\boldsymbol{A}^*+3\boldsymbol{A}-2\boldsymbol{E}|$.

解 因为矩阵 $\boldsymbol{A}$ 的特征值都不为零,所以矩阵 $\boldsymbol{A}$ 可逆,因此

$$\boldsymbol{A}^*=|\boldsymbol{A}|\boldsymbol{A}^{-1},$$

而

$$|\boldsymbol{A}|=\lambda_1\lambda_2\lambda_3=-2,$$

所以

$$\boldsymbol{A}^*+3\boldsymbol{A}-2\boldsymbol{E}=-2\boldsymbol{A}^{-1}+3\boldsymbol{A}-2\boldsymbol{E}.$$

记

$$\varphi(\boldsymbol{A})=-2\boldsymbol{A}^{-1}+3\boldsymbol{A}-2\boldsymbol{E},$$

则

$$\varphi(\lambda)=-\frac{2}{\lambda}+3\lambda-2.$$

故 $\varphi(\boldsymbol{A})$ 的特征值为 $\varphi(1)=-1,\varphi(-1)=-3,\varphi(2)=3$,于是

$$|\boldsymbol{A}^*+3\boldsymbol{A}-2\boldsymbol{E}|=(-1)\times(-3)\times 3=9.$$

性质 2 方阵 $\boldsymbol{A}$ 与 $\boldsymbol{A}^{\mathrm{T}}$ 有相同的特征值.

证明 因为

$$|\boldsymbol{A}^{\mathrm{T}}-\lambda\boldsymbol{E}|=|\boldsymbol{A}^{\mathrm{T}}-(\lambda\boldsymbol{E})^{\mathrm{T}}|=|(\boldsymbol{A}-\lambda\boldsymbol{E})^{\mathrm{T}}|=|\boldsymbol{A}-\lambda\boldsymbol{E}|,$$

所以,$\boldsymbol{A}$ 与 $\boldsymbol{A}^{\mathrm{T}}$ 有相同的特征值.

注意:方阵 $\boldsymbol{A}$ 与 $\boldsymbol{A}^{\mathrm{T}}$ 的特征向量未必相同.

例如,令 $\boldsymbol{A}=\begin{pmatrix}0&1\\0&0\end{pmatrix}$,则特征值为 $\lambda_1=\lambda_2=0$,特征向量为 $\boldsymbol{\xi}_1=c_1\begin{pmatrix}1\\0\end{pmatrix}(c_1\neq 0)$,而 $\boldsymbol{A}^{\mathrm{T}}=\begin{pmatrix}0&0\\1&0\end{pmatrix}$,特征值也为 $\lambda_1=\lambda_2=0$,但特征向量却为 $\boldsymbol{\xi}_2=c_2\begin{pmatrix}0\\1\end{pmatrix}(c_2\neq 0)$,两特征向量不同.

性质 3　设 λ 是可逆方阵 $\boldsymbol{A}$ 的一个特征值，$\boldsymbol{x}$ 为对应的特征向量，则 $\lambda\neq 0$，且 $\dfrac{1}{\lambda}$ 是 $\boldsymbol{A}^{-1}$ 的一个特征值，$\boldsymbol{x}$ 为对应的特征向量.

证明　因为 $|\boldsymbol{A}|=\lambda_1\lambda_2\cdots\lambda_n$，若 $\lambda=0$，则 $|\boldsymbol{A}|=0$，这与 $\boldsymbol{A}$ 可逆矛盾，所以可逆矩阵 $\boldsymbol{A}$ 的特征值 $\lambda\neq 0$.

若 $\boldsymbol{Ax}=\lambda\boldsymbol{x}$，两端左乘 $\boldsymbol{A}^{-1}$，得

$$\boldsymbol{A}^{-1}\boldsymbol{Ax}=\boldsymbol{A}^{-1}(\lambda\boldsymbol{x}),$$

即

$$\boldsymbol{A}^{-1}\boldsymbol{x}=\frac{1}{\lambda}\boldsymbol{x},$$

所以，$\dfrac{1}{\lambda}$ 为 $\boldsymbol{A}^{-1}$ 的特征值，其对应特征向量为 $\boldsymbol{x}$.

性质 4　设 $\lambda_1,\lambda_2,\cdots,\lambda_m$ 为方阵 $\boldsymbol{A}$ 的 m 个互不相等的特征值，$\boldsymbol{x}_1,\boldsymbol{x}_2,\cdots,\boldsymbol{x}_m$ 是分别与 $\lambda_1,\lambda_2,\cdots,\lambda_m$ 对应的特征向量，则 $\boldsymbol{x}_1,\boldsymbol{x}_2,\cdots,\boldsymbol{x}_m$ 线性无关. 即对应于互不相等特征值的特征向量线性无关.

证明　设有数 $k_1,k_2,\cdots,k_m$，使

$$k_1\boldsymbol{x}_1+k_2\boldsymbol{x}_2+\cdots+k_m\boldsymbol{x}_m=\boldsymbol{0},$$

用 $\boldsymbol{A}$ 左乘上式两边，得

$$\boldsymbol{A}k_1\boldsymbol{x}_1+\boldsymbol{A}k_2\boldsymbol{x}_2+\cdots+\boldsymbol{A}k_m\boldsymbol{x}_m=\boldsymbol{0},$$

即有

$$k_1\lambda_1\boldsymbol{x}_1+k_2\lambda_2\boldsymbol{x}_2+\cdots+k_m\lambda_m\boldsymbol{x}_m=\boldsymbol{0}.$$

用 $\boldsymbol{A}$ 左乘上式两边，得

$$\lambda_1^2k_1\boldsymbol{x}_1+\lambda_2^2k_2\boldsymbol{x}_2+\cdots+\lambda_m^2k_m\boldsymbol{x}_m=\boldsymbol{0},$$

$$\cdots\cdots\cdots\cdots$$

$$\lambda_1^{m-2}k_1\boldsymbol{x}_1+\lambda_2^{m-2}k_2\boldsymbol{x}_2+\cdots+\lambda_m^{m-2}k_m\boldsymbol{x}_m=\boldsymbol{0},$$

以此类推，最后用 $\boldsymbol{A}$ 左乘上式两边，得

$$\lambda_1^{m-1}k_1\boldsymbol{x}_1+\lambda_2^{m-1}k_2\boldsymbol{x}_2+\cdots+\lambda_m^{m-1}k_m\boldsymbol{x}_m=\boldsymbol{0}.$$

把上述 m 个式子合写成矩阵的形式，得

$$(k_1\boldsymbol{x}_1,k_2\boldsymbol{x}_2,\cdots,k_m\boldsymbol{x}_m)\begin{pmatrix}1 & \lambda_1 & \cdots & \lambda_1^{m-1}\\ 1 & \lambda_2 & \cdots & \lambda_2^{m-1}\\ \vdots & \vdots & & \vdots\\ 1 & \lambda_m & \cdots & \lambda_m^{m-1}\end{pmatrix}=(\boldsymbol{0},\boldsymbol{0},\cdots,\boldsymbol{0}).$$

由于 $\lambda_1,\lambda_2,\cdots,\lambda_m$ 互不相等，根据范德蒙行列式，有

$$\begin{vmatrix}1 & \lambda_1 & \cdots & \lambda_1^{m-1}\\ 1 & \lambda_2 & \cdots & \lambda_2^{m-1}\\ \vdots & \vdots & & \vdots\\ 1 & \lambda_m & \cdots & \lambda_m^{m-1}\end{vmatrix}=\begin{vmatrix}1 & 1 & \cdots & 1\\ \lambda_1 & \lambda_2 & \cdots & \lambda_m\\ \vdots & \vdots & & \vdots\\ \lambda_1^{m-1} & \lambda_2^{m-1} & \cdots & \lambda_m^{m-1}\end{vmatrix}=\prod_{1\leqslant j<i\leqslant n}(\lambda_i-\lambda_j)\neq 0.$$

于是

$$(k_1\boldsymbol{x}_1, k_2\boldsymbol{x}_2, \cdots, k_m\boldsymbol{x}_m) = (\boldsymbol{0}, \boldsymbol{0}, \cdots, \boldsymbol{0}).$$

但 $\boldsymbol{x}_i \neq \boldsymbol{0}(i=1,2,\cdots,m)$，所以

$$k_1 = k_2 = \cdots = k_m = 0.$$

因此，$\boldsymbol{x}_1, \boldsymbol{x}_2, \cdots, \boldsymbol{x}_m$ 线性无关.

性质 5 设 λ_1, λ_2 是矩阵 $\boldsymbol{A}$ 的两个不同的特征值，$\boldsymbol{p}_1, \boldsymbol{p}_2, \cdots, \boldsymbol{p}_s; \boldsymbol{q}_1, \boldsymbol{q}_2, \cdots, \boldsymbol{q}_t$ 分别为 $\boldsymbol{A}$ 的属于 λ_1, λ_2 的线性无关的特征向量，则 $\boldsymbol{p}_1, \boldsymbol{p}_2, \cdots, \boldsymbol{p}_s, \boldsymbol{q}_1, \boldsymbol{q}_2, \cdots, \boldsymbol{q}_t$ 线性无关.

证明 设有

$$k_1\boldsymbol{p}_1 + k_2\boldsymbol{p}_2 + \cdots + k_s\boldsymbol{p}_s + l_1\boldsymbol{q}_1 + l_2\boldsymbol{q}_2 + \cdots + l_t\boldsymbol{q}_t = \boldsymbol{0},$$

若记 $\boldsymbol{\alpha}_1 = \sum_{i=1}^{s} k_i\boldsymbol{p}_i, \boldsymbol{\alpha}_2 = \sum_{i=1}^{t} l_i\boldsymbol{q}_i$，则上式即为

$$\boldsymbol{\alpha}_1 + \boldsymbol{\alpha}_2 = \boldsymbol{0}.$$

如果 $\boldsymbol{\alpha}_1 \neq \boldsymbol{0}$，则 $\boldsymbol{\alpha}_2 \neq \boldsymbol{0}$，从而 $\boldsymbol{\alpha}_1, \boldsymbol{\alpha}_2$ 是分别属于 λ_1, λ_2 的特征向量. 于是由上式可知，对于 λ_1, λ_2 有两个特征向量线性相关，这与性质 4 矛盾，因此，只有 $\boldsymbol{\alpha}_1 = \boldsymbol{0}, \boldsymbol{\alpha}_2 = \boldsymbol{0}$，即

$$k_1\boldsymbol{p}_1 + k_2\boldsymbol{p}_2 + \cdots + k_s\boldsymbol{p}_s = \boldsymbol{0}, \quad l_1\boldsymbol{q}_1 + l_2\boldsymbol{q}_2 + \cdots + l_t\boldsymbol{q}_t = \boldsymbol{0}.$$

而 $\boldsymbol{p}_1, \boldsymbol{p}_2, \cdots, \boldsymbol{p}_s$ 线性无关，$\boldsymbol{q}_1, \boldsymbol{q}_2, \cdots, \boldsymbol{q}_t$ 线性无关，所以

$$k_1 = k_2 = \cdots = k_s = 0, \quad l_1 = l_2 = \cdots = l_t = 0.$$

这说明 $\boldsymbol{p}_1, \boldsymbol{p}_2, \cdots, \boldsymbol{p}_s, \boldsymbol{q}_1, \boldsymbol{q}_2, \cdots, \boldsymbol{q}_t$ 线性无关.

该性质可以推广到对多个互不相等的特征值的情形.

5.2 相似矩阵

作为特征值的一个应用，本节讨论方阵相似于对角矩阵的条件.

一、相似矩阵的概念

定义 5.2 设 $\boldsymbol{A}, \boldsymbol{B}$ 是两个 n 阶方阵，若存在可逆方阵 $\boldsymbol{P}$，使得

$$\boldsymbol{P}^{-1}\boldsymbol{A}\boldsymbol{P} = \boldsymbol{B},$$

则称 $\boldsymbol{B}$ 是 $\boldsymbol{A}$ 的**相似矩阵**，或称矩阵 $\boldsymbol{A}$ 与 $\boldsymbol{B}$ 相似. 运算 $\boldsymbol{P}^{-1}\boldsymbol{A}\boldsymbol{P}$ 称为对 $\boldsymbol{A}$ 进行**相似变换**，可逆矩阵 $\boldsymbol{P}$ 称为把 $\boldsymbol{A}$ 变成 $\boldsymbol{B}$ 的**相似变换矩阵**.

二、相似矩阵的性质

由定义可知，相似矩阵具有以下性质：

(1) **反身性**：$\boldsymbol{A}$ 与 $\boldsymbol{A}$ 相似(因为 $\boldsymbol{A} = \boldsymbol{E}^{-1}\boldsymbol{A}\boldsymbol{E}$).

(2) **对称性**：若 $\boldsymbol{A}$ 与 $\boldsymbol{B}$ 相似，则 $\boldsymbol{B}$ 与 $\boldsymbol{A}$ 相似.

证明 若 $\boldsymbol{A}$ 与 $\boldsymbol{B}$ 相似，则有可逆矩阵 $\boldsymbol{P}$，使得 $\boldsymbol{P}^{-1}\boldsymbol{A}\boldsymbol{P} = \boldsymbol{B}$，从而

$$\boldsymbol{A} = \boldsymbol{P}\boldsymbol{B}\boldsymbol{P}^{-1} = (\boldsymbol{P}^{-1})^{-1}\boldsymbol{B}(\boldsymbol{P}^{-1}),$$

因此 $\boldsymbol{B}$ 与 $\boldsymbol{A}$ 相似.

(3) **传递性**：若 $\boldsymbol{A}$ 与 $\boldsymbol{B}$ 相似，$\boldsymbol{B}$ 与 $\boldsymbol{C}$ 相似，则 $\boldsymbol{A}$ 与 $\boldsymbol{C}$ 相似.

证明　由 $P_1^{-1}AP_1=B, P_2^{-1}BP_2=C$，则

$$C = P_2^{-1}BP_2 = P_2^{-1}P_1^{-1}AP_1P_2 = (P_1P_2)^{-1}A(P_1P_2),$$

因此 A 与 C 相似.

(4) 若 A 与 B 相似，则 A^T 与 B^T 相似，A^m 与 B^m 相似.

证明　由 $P^{-1}AP=B$，则 $(P^{-1}AP)^T=B^T$，即

$$B^T = P^TA^T(P^{-1})^T = ((P^{-1})^{-1})^TA^T(P^{-1})^T = ((P^{-1})^T)^{-1}A^T(P^{-1})^T.$$

因此 A^T 与 B^T 相似.

又因为 $P^{-1}AP=B$，则

$$B^2 = P^{-1}APP^{-1}AP = P^{-1}A^2P,\ \cdots,\ B^m = P^{-1}A^mP,$$

因此 A^m 与 B^m 相似.

(5) 若可逆矩阵 A 与 B 相似，则 A^{-1} 与 B^{-1} 相似.

证明　A 与 B 相似，则存在可逆矩阵 P，使得

$$P^{-1}AP = B,$$

即

$$B^{-1} = (P^{-1}AP)^{-1} = P^{-1}A^{-1}P,$$

所以 A^{-1} 与 B^{-1} 相似.

定理 5.1　若 A 与 B 相似，则 A 与 B 的特征多项式相同，从而有相同的特征值.

证明　因为 A 与 B 相似，则存在可逆矩阵 P，使得 $P^{-1}AP=B$，这时有

$$\begin{aligned}|B-\lambda E| &= |P^{-1}AP-\lambda E| = |P^{-1}(A-\lambda E)P| \\ &= |P^{-1}||A-\lambda E||P| = |A-\lambda E|.\end{aligned}$$

所以，相似矩阵有相同的特征多项式，从而有相同的特征值.

注意：这个性质的逆命题是不成立的. 即若矩阵 A 与 B 的特征多项式或所有的特征值相同，A 与 B 不一定相似.

例如

$$A = \begin{pmatrix}1 & 0\\0 & 1\end{pmatrix},\ B = \begin{pmatrix}1 & 1\\0 & 1\end{pmatrix},$$

它们有相同的特征多项式 $(\lambda-1)^2$，但 A 是单位矩阵，对任何可逆矩阵 P，总有 $P^{-1}AP=A\neq B$，A 与 B 不相似.

推论 1　若 n 阶方阵 A 与对角阵

$$A=\begin{pmatrix}\lambda_1 & & & \\ & \lambda_2 & & \\ & & \ddots & \\ & & & \lambda_n\end{pmatrix}$$

相似，则 $\lambda_1,\lambda_2,\cdots,\lambda_n$ 是 A 的 n 个特征值.

推论 2　若 n 阶方阵 A 与 B 相似，则 $\mathrm{tr}(A)=\mathrm{tr}(B)$，$|A|=|B|$.

三、方阵的对角化

定义 5.3　如果矩阵 A 相似于一个对角矩阵，则称矩阵 A **可对角化**.

有一个很有趣的结论：设 $f(\lambda)$是矩阵 $\boldsymbol{A}$ 的特征多项式，则 $f(\boldsymbol{A})=\boldsymbol{O}$. 这个结论的证明比较困难，但若 $\boldsymbol{A}$ 与对角阵相似，则容易证明此结论.

事实上，若 $\boldsymbol{A}$ 与对角阵相似，即有可逆矩阵 $\boldsymbol{P}$，使

$$\boldsymbol{P}^{-1}\boldsymbol{A}\boldsymbol{P}=\boldsymbol{\Lambda}=\mathrm{diag}(\lambda_1,\lambda_2,\cdots,\lambda_n),$$

其中 $\lambda_1,\lambda_2,\cdots,\lambda_n$ 为 $\boldsymbol{A}$ 的特征值，则 $f(\lambda_i)=0$，于是，有

$$f(\boldsymbol{A})=\boldsymbol{P}f(\boldsymbol{\Lambda})\boldsymbol{P}^{-1}=\boldsymbol{P}\begin{pmatrix}f(\lambda_1)&&\\&\ddots&\\&&f(\lambda_n)\end{pmatrix}\boldsymbol{P}^{-1}=\boldsymbol{P}\boldsymbol{O}\boldsymbol{P}^{-1}=\boldsymbol{O}.$$

如果一个方阵可对角化，则会给讨论方阵的性质带来方便. 但并非任何方阵都可对角化，下面讨论方阵可对角化的条件.

定理 5.2 n 阶方阵 $\boldsymbol{A}$ 可对角化的充分必要条件是 $\boldsymbol{A}$ 有 n 个线性无关的特征向量.

证明 *必要性* 如果矩阵 $\boldsymbol{A}$ 可对角化，即存在可逆矩阵 $\boldsymbol{P}$ 及对角矩阵 $\boldsymbol{\Lambda}$，使得

$$\boldsymbol{P}^{-1}\boldsymbol{A}\boldsymbol{P}=\boldsymbol{\Lambda},$$

则

$$\boldsymbol{A}\boldsymbol{P}=\boldsymbol{P}\boldsymbol{\Lambda}.$$

令 $\boldsymbol{P}=(\boldsymbol{p}_1,\boldsymbol{p}_2,\cdots,\boldsymbol{p}_n)$，则 $\boldsymbol{p}_i\neq\boldsymbol{0}$，且 $\boldsymbol{A}\boldsymbol{P}=\boldsymbol{P}\boldsymbol{\Lambda}$ 可写成

$$\boldsymbol{A}(\boldsymbol{p}_1,\boldsymbol{p}_2,\cdots,\boldsymbol{p}_n)=(\boldsymbol{p}_1,\boldsymbol{p}_2,\cdots,\boldsymbol{p}_n)\begin{pmatrix}\lambda_1&0&\cdots&0\\0&\lambda_2&\cdots&0\\\vdots&\vdots&&\vdots\\0&0&\cdots&\lambda_n\end{pmatrix},$$

即

$$\boldsymbol{A}\boldsymbol{p}_i=\lambda_i\boldsymbol{p}_i(i=1,2,\cdots,n).$$

所以，λ_i 为 $\boldsymbol{A}$ 的特征值，对应于 λ_i 的特征向量为 $\boldsymbol{p}_i$，由于 $\boldsymbol{P}$ 可逆，故 $\boldsymbol{p}_1,\boldsymbol{p}_2,\cdots,\boldsymbol{p}_n$ 线性无关.

充分性 设 $\boldsymbol{A}$ 有 n 个线性无关的特征向量 $\boldsymbol{p}_1,\boldsymbol{p}_2,\cdots,\boldsymbol{p}_n$ 分别对应的特征值为 $\lambda_1,\lambda_2,\cdots,\lambda_n$，则 $\boldsymbol{A}\boldsymbol{p}_i=\lambda_i\boldsymbol{p}_i(i=1,2,\cdots,n)$，令 $\boldsymbol{P}=(\boldsymbol{p}_1,\boldsymbol{p}_2,\cdots,\boldsymbol{p}_n)$可逆，则

$$\begin{aligned}\boldsymbol{A}\boldsymbol{P}&=\boldsymbol{A}(\boldsymbol{p}_1,\boldsymbol{p}_2,\cdots,\boldsymbol{p}_n)=(\lambda_1\boldsymbol{p}_1,\lambda_2\boldsymbol{p}_2,\cdots,\lambda_n\boldsymbol{p}_n)\\&=(\boldsymbol{p}_1,\boldsymbol{p}_2,\cdots,\boldsymbol{p}_n)\begin{pmatrix}\lambda_1&0&\cdots&0\\0&\lambda_2&\cdots&0\\\vdots&\vdots&&\vdots\\0&0&\cdots&\lambda_n\end{pmatrix}=\boldsymbol{P}\boldsymbol{\Lambda},\end{aligned}$$

所以

$$\boldsymbol{P}^{-1}\boldsymbol{A}\boldsymbol{P}=\boldsymbol{\Lambda}.$$

推论（$\boldsymbol{A}$ 能对角化的充分条件） 如果 n 阶矩阵 $\boldsymbol{A}$ 有 n 个互不相等的特征值，则 $\boldsymbol{A}$ 必可对角化.

例 5.5 判断下列方阵能否对角化.

$$\boldsymbol{A}=\begin{pmatrix}3&-1\\-1&3\end{pmatrix},\ \boldsymbol{B}=\begin{pmatrix}-1&1&0\\-4&3&0\\1&0&2\end{pmatrix}.$$

解　由例 5.1 可知，$\boldsymbol{A}$ 有两个互不相等的特征值，由推论可知 $\boldsymbol{A}$ 可对角化. 且存在可逆矩阵 $\boldsymbol{P}$，使

$$\boldsymbol{P}^{-1}\boldsymbol{A}\boldsymbol{P}=\begin{pmatrix}2&0\\0&4\end{pmatrix},$$

其中 $\boldsymbol{P}=\begin{pmatrix}1&1\\1&-1\end{pmatrix}$.

由例 5.2 可知，$\boldsymbol{B}$ 只有两个线性无关的特征向量，因而 $\boldsymbol{B}$ 不能对角化.

例 5.6　已知矩阵 $\boldsymbol{A}$ 与 $\boldsymbol{B}$ 相似，且

$$\boldsymbol{A}=\begin{pmatrix}2&0&0\\0&a&2\\0&2&3\end{pmatrix},\ \boldsymbol{B}=\begin{pmatrix}2&0&0\\0&1&0\\0&0&b\end{pmatrix}.$$

(1) 求 a,b 的值；

(2) 求可逆矩阵 $\boldsymbol{P}$，使 $\boldsymbol{P}^{-1}\boldsymbol{A}\boldsymbol{P}=\boldsymbol{B}$；

(3) 求 $\boldsymbol{A}^n$（n 为正整数）.

解　(1) 因为矩阵 $\boldsymbol{A}$ 与 $\boldsymbol{B}$ 相似，则 $\mathrm{tr}(\boldsymbol{A})=\mathrm{tr}(\boldsymbol{B})$，$|\boldsymbol{A}|=|\boldsymbol{B}|$，即

$$\begin{cases}2+a+3=2+1+b,\\2(3a-4)=2b.\end{cases}$$

解得

$$a=3,\ b=5.$$

(2) 因为 $a=3$，故 $\boldsymbol{A}$ 的特征值为 2、1、5.

对于 $\lambda=2$，解齐次线性方程组 $(\boldsymbol{A}-2\boldsymbol{E})\boldsymbol{x}=\boldsymbol{0}$，得基础解系：$\boldsymbol{\xi}_1=\begin{pmatrix}1\\0\\0\end{pmatrix}$；

对于 $\lambda=1$，解齐次线性方程组 $(\boldsymbol{A}-\boldsymbol{E})\boldsymbol{x}=\boldsymbol{0}$，得基础解系：$\boldsymbol{\xi}_2=\begin{pmatrix}0\\-1\\1\end{pmatrix}$；

对于 $\lambda=5$，解齐次线性方程组 $(\boldsymbol{A}-5\boldsymbol{E})\boldsymbol{x}=\boldsymbol{0}$，得基础解系：$\boldsymbol{\xi}_3=\begin{pmatrix}0\\1\\1\end{pmatrix}$.

令 $\boldsymbol{P}=\begin{pmatrix}1&0&0\\0&-1&1\\0&1&1\end{pmatrix}$，则 $\boldsymbol{P}^{-1}\boldsymbol{A}\boldsymbol{P}=\boldsymbol{B}$.

(3) 因为 $\boldsymbol{A}=\boldsymbol{P}\boldsymbol{B}\boldsymbol{P}^{-1}$，则 $\boldsymbol{A}^n=\boldsymbol{P}\boldsymbol{B}^n\boldsymbol{P}^{-1}$，由 $\boldsymbol{P}=\begin{pmatrix}1&0&0\\0&-1&1\\0&1&1\end{pmatrix}$，求得

$$\boldsymbol{P}^{-1}=\begin{pmatrix}1&0&0\\0&-\dfrac{1}{2}&\dfrac{1}{2}\\0&\dfrac{1}{2}&\dfrac{1}{2}\end{pmatrix}.$$

故

$$A^n = \begin{pmatrix} 1 & 0 & 0 \\ 0 & -1 & 1 \\ 0 & 1 & 1 \end{pmatrix} \begin{pmatrix} 2^n & 0 & 0 \\ 0 & 1 & 0 \\ 0 & 0 & 5^n \end{pmatrix} \begin{pmatrix} 1 & 0 & 0 \\ 0 & -\frac{1}{2} & \frac{1}{2} \\ 0 & \frac{1}{2} & \frac{1}{2} \end{pmatrix} = \begin{pmatrix} 2^n & 0 & 0 \\ 0 & \frac{5^n+1}{2} & \frac{5^n-1}{2} \\ 0 & \frac{5^n-1}{2} & \frac{5^n+1}{2} \end{pmatrix}.$$

5.3 实对称矩阵的相似对角化

上节讨论了一般矩阵与对角矩阵的相似问题.我们知道一般矩阵并不一定都可对角化,但对于在应用中经常遇到的实对称矩阵而言一定可以对角化,这是因为实对称矩阵的特征值和特征向量具有一些特殊的性质.

一、实对称矩阵特征值与特征向量的性质

定理 5.3 实对称矩阵的特征值为实数.

证明 设矩阵 $\boldsymbol{A}$ 是实对称矩阵,λ 为 $\boldsymbol{A}$ 的特征值,$\boldsymbol{x}$ 为对应的特征向量,即 $\boldsymbol{Ax}=\lambda\boldsymbol{x}$. 只需证明 $\lambda=\bar{\lambda}$.

因为 $\boldsymbol{A}$ 是实对称矩阵,因而有 $\bar{\boldsymbol{A}}=\boldsymbol{A},\boldsymbol{A}^{\mathrm{T}}=\boldsymbol{A}$,则

$$\boldsymbol{A}\bar{\boldsymbol{x}} = \bar{\boldsymbol{A}}\bar{\boldsymbol{x}} = \overline{\boldsymbol{Ax}} = \overline{\lambda\boldsymbol{x}} = \bar{\lambda}\bar{\boldsymbol{x}},$$

因而

$$\bar{\boldsymbol{x}}^{\mathrm{T}}(\boldsymbol{Ax}) = (\bar{\boldsymbol{x}}^{\mathrm{T}}\bar{\boldsymbol{A}}^{\mathrm{T}})\boldsymbol{x} = (\bar{\boldsymbol{A}}\bar{\boldsymbol{x}})^{\mathrm{T}}\boldsymbol{x} = \bar{\lambda}\bar{\boldsymbol{x}}^{\mathrm{T}}\boldsymbol{x}.$$

又

$$\bar{\boldsymbol{x}}^{\mathrm{T}}(\boldsymbol{Ax}) = \bar{\boldsymbol{x}}^{\mathrm{T}}\lambda\boldsymbol{x} = \lambda\bar{\boldsymbol{x}}^{\mathrm{T}}\boldsymbol{x},$$

故

$$(\lambda-\bar{\lambda})\bar{\boldsymbol{x}}^{\mathrm{T}}\boldsymbol{x} = 0.$$

设 $\boldsymbol{x}=\begin{pmatrix} x_1 \\ x_2 \\ \vdots \\ x_n \end{pmatrix}$,则 $\bar{\boldsymbol{x}}^{\mathrm{T}}\boldsymbol{x} = \sum\limits_{i=1}^{n}\bar{x}_i x_i = |x_i|^2 > 0$,因而

$$\lambda = \bar{\lambda}.$$

即 λ 为实数.

定理 5.4 实对称矩阵 $\boldsymbol{A}$ 属于不同特征值的特征向量相互正交.

证明 设 $\boldsymbol{x}_1,\boldsymbol{x}_2$ 分别是属于 $\boldsymbol{A}$ 的不同特征值 λ_1 与 λ_2 的特征向量,即

$$\boldsymbol{Ax}_1 = \lambda_1\boldsymbol{x}_1,\ \boldsymbol{Ax}_2 = \lambda_2\boldsymbol{x}_2,$$

因 $\boldsymbol{A}^{\mathrm{T}}=\boldsymbol{A}$,故

$$\lambda_1\boldsymbol{x}_1^{\mathrm{T}} = (\lambda_1\boldsymbol{x}_1)^{\mathrm{T}} = (\boldsymbol{Ax}_1)^{\mathrm{T}} = \boldsymbol{x}_1^{\mathrm{T}}\boldsymbol{A},$$

于是,有

$$\lambda_1\boldsymbol{x}_1^{\mathrm{T}}\boldsymbol{x}_2 = \boldsymbol{x}_1^{\mathrm{T}}\boldsymbol{Ax}_2 = \boldsymbol{x}_1^{\mathrm{T}}(\lambda_2\boldsymbol{x}_2) = \lambda_2\boldsymbol{x}_1^{\mathrm{T}}\boldsymbol{x}_2,$$

即

$$(\lambda_1-\lambda_2)\boldsymbol{x}_1^{\mathrm{T}}\boldsymbol{x}_2=0.$$

而 $\lambda_1\neq\lambda_2$，故 $\boldsymbol{x}_1^{\mathrm{T}}\boldsymbol{x}_2=0$，即 $\boldsymbol{x}_1$ 与 $\boldsymbol{x}_2$ 正交.

定理 5.5　设 $\boldsymbol{A}$ 为 n 阶对称阵，则存在正交阵 $\boldsymbol{P}$，使 $\boldsymbol{P}^{-1}\boldsymbol{AP}=\boldsymbol{P}^{\mathrm{T}}\boldsymbol{AP}=\boldsymbol{\Lambda}$，其中 $\boldsymbol{\Lambda}$ 是以 $\boldsymbol{A}$ 的 n 个特征值为对角元的对角阵.

证明略.

推论　设 $\boldsymbol{A}$ 为 n 阶对称矩阵，λ 是 $\boldsymbol{A}$ 的特征方程的 k 重根，则矩阵 $\boldsymbol{A}-\lambda\boldsymbol{E}$ 的秩为 $n-k$，从而对应特征值 λ 恰有 k 个线性无关的特征向量.

证明　由定理 5.5 可知，对称阵 $\boldsymbol{A}$ 与对角阵 $\boldsymbol{\Lambda}=\mathrm{diag}(\lambda_1,\lambda_2,\cdots,\lambda_n)$ 相似，从而 $\boldsymbol{A}-\lambda\boldsymbol{E}$ 与 $\boldsymbol{\Lambda}-\lambda\boldsymbol{E}=\mathrm{diag}(\lambda_1-\lambda,\lambda_2-\lambda,\cdots,\lambda_n-\lambda)$ 相似.

当 λ 是 $\boldsymbol{A}$ 的 k 重特征根时，$\lambda_1,\lambda_2,\cdots,\lambda_n$ 这 n 个特征值中有 k 个等于 λ，而 $n-k$ 个不等于 λ，从而对角阵 $\boldsymbol{\Lambda}-\lambda\boldsymbol{E}=\mathrm{diag}(\lambda_1-\lambda,\lambda_2-\lambda,\cdots,\lambda_n-\lambda)$ 的对角元恰有 k 个等于零，于是 $R(\boldsymbol{\Lambda}-\lambda\boldsymbol{E})=n-k$，而 $R(\boldsymbol{A}-\lambda\boldsymbol{E})=R(\boldsymbol{\Lambda}-\lambda\boldsymbol{E})$，所以 $R(\boldsymbol{A}-\lambda\boldsymbol{E})=n-k$.

当实对称矩阵 $\boldsymbol{A}$ 的 n 个特征值互不相同时，由定理 5.4 可知对应的特征向量必正交，只要对每个向量单位化，即得 n 个彼此正交的单位向量，合成的矩阵 $\boldsymbol{P}$ 即为正交矩阵.

当实对称矩阵 $\boldsymbol{A}$ 有重根时，通过对重根对应的基础解系进行施密特正交化后，再对每个特征向量单位化即得 n 个彼此正交的单位向量，合成的矩阵 $\boldsymbol{P}$ 即为正交矩阵.

二、实对称矩阵的相似对角化

下面举例说明实对称矩阵如何对角化.

例 5.7　设

$$\boldsymbol{A}=\begin{pmatrix}4&0&0\\0&3&1\\0&1&3\end{pmatrix},$$

求正交矩阵 $\boldsymbol{P}$，使 $\boldsymbol{P}^{-1}\boldsymbol{AP}=\boldsymbol{\Lambda}$.

解　(1) 求 $\boldsymbol{A}$ 的全部特征值. 由

$$|\boldsymbol{A}-\lambda\boldsymbol{E}|=\begin{vmatrix}4-\lambda&0&0\\0&3-\lambda&1\\0&1&3-\lambda\end{vmatrix}=(4-\lambda)(\lambda^2-6\lambda+8)=(2-\lambda)(4-\lambda)^2=0,$$

得特征值为 $\lambda_1=2,\lambda_2=\lambda_3=4$.

(2) 由 $(\boldsymbol{A}-\lambda_i\boldsymbol{E})\boldsymbol{x}=\boldsymbol{0}$，求特征值 λ_i 对应的线性无关的特征向量.

对于 $\lambda_1=2$，解齐次线性方程组 $(\boldsymbol{A}-2\boldsymbol{E})\boldsymbol{x}=\boldsymbol{0}$. 由

$$\boldsymbol{A}-2\boldsymbol{E}=\begin{pmatrix}2&0&0\\0&1&1\\0&1&1\end{pmatrix}\sim\begin{pmatrix}1&0&0\\0&1&1\\0&0&0\end{pmatrix},$$

得基础解系

$$\boldsymbol{\xi}_1=\begin{pmatrix}0\\1\\-1\end{pmatrix},$$

单位化,得

$$p_1 = \frac{1}{\sqrt{2}}\begin{pmatrix} 0 \\ 1 \\ -1 \end{pmatrix}.$$

对于 $\lambda_2=\lambda_3=4$,解齐次线性方程组 $(\boldsymbol{A}-4\boldsymbol{E})\boldsymbol{x}=\boldsymbol{0}$. 由

$$\boldsymbol{A}-4\boldsymbol{E}=\begin{pmatrix} 0 & 0 & 0 \\ 0 & -1 & 1 \\ 0 & 1 & -1 \end{pmatrix} \sim \begin{pmatrix} 0 & 1 & -1 \\ 0 & 0 & 0 \\ 0 & 0 & 0 \end{pmatrix},$$

得基础解系

$$\boldsymbol{\xi}_2=\begin{pmatrix} 1 \\ 0 \\ 0 \end{pmatrix}, \boldsymbol{\xi}_3=\begin{pmatrix} 0 \\ 1 \\ 1 \end{pmatrix}.$$

这两个向量恰好正交,单位化得

$$\boldsymbol{p}_2=\begin{pmatrix} 1 \\ 0 \\ 0 \end{pmatrix}, \boldsymbol{p}_3=\frac{1}{\sqrt{2}}\begin{pmatrix} 0 \\ 1 \\ 1 \end{pmatrix}.$$

(3) 以 $\boldsymbol{p}_1,\boldsymbol{p}_2,\boldsymbol{p}_3$ 为列向量得正交矩阵

$$\boldsymbol{P}=\begin{pmatrix} 0 & 1 & 0 \\ \frac{1}{\sqrt{2}} & 0 & \frac{1}{\sqrt{2}} \\ -\frac{1}{\sqrt{2}} & 0 & \frac{1}{\sqrt{2}} \end{pmatrix}.$$

可以验证

$$\boldsymbol{P}^{-1}\boldsymbol{A}\boldsymbol{P}=\boldsymbol{P}^{\mathrm{T}}\boldsymbol{A}\boldsymbol{P}=\begin{pmatrix} 2 & 0 & 0 \\ 0 & 4 & 0 \\ 0 & 0 & 4 \end{pmatrix}.$$

例 5.8 设

$$\boldsymbol{A}=\begin{pmatrix} 1 & 0 & 1 \\ 0 & 1 & 1 \\ 1 & 1 & 2 \end{pmatrix},$$

求正交矩阵 $\boldsymbol{P}$,使 $\boldsymbol{P}^{-1}\boldsymbol{A}\boldsymbol{P}=\boldsymbol{\Lambda}$.

解 因为

$$|\boldsymbol{A}-\lambda\boldsymbol{E}|=\begin{vmatrix} 1-\lambda & 0 & 1 \\ 0 & 1-\lambda & 1 \\ 1 & 1 & 2-\lambda \end{vmatrix}=\lambda(1-\lambda)(\lambda-3)=0,$$

所以特征值为 $\lambda_1=0,\lambda_2=1,\lambda_3=3$,特征值互不相等,可分别求出对应的三个特征向量.

$$\boldsymbol{\xi}_1=\begin{pmatrix} -1 \\ -1 \\ 1 \end{pmatrix}, \boldsymbol{\xi}_2=\begin{pmatrix} -1 \\ 1 \\ 0 \end{pmatrix}, \boldsymbol{\xi}_3=\begin{pmatrix} 1 \\ 1 \\ 2 \end{pmatrix},$$

它们是两两正交的. 单位化得

$$\boldsymbol{p}_1=\frac{1}{\sqrt{3}}\begin{pmatrix}-1\\-1\\1\end{pmatrix},\ \boldsymbol{p}_2=\frac{1}{\sqrt{2}}\begin{pmatrix}-1\\1\\0\end{pmatrix},\ \boldsymbol{p}_3=\frac{1}{\sqrt{6}}\begin{pmatrix}1\\1\\2\end{pmatrix}.$$

则有正交矩阵

$$\boldsymbol{P}=\begin{pmatrix}-\frac{1}{\sqrt{3}} & -\frac{1}{\sqrt{2}} & \frac{1}{\sqrt{6}}\\ -\frac{1}{\sqrt{3}} & \frac{1}{\sqrt{2}} & \frac{1}{\sqrt{6}}\\ \frac{1}{\sqrt{3}} & 0 & \frac{2}{\sqrt{6}}\end{pmatrix},$$

使得

$$\boldsymbol{P}^{-1}\boldsymbol{AP}=\boldsymbol{P}^{\mathrm{T}}\boldsymbol{AP}=\begin{pmatrix}0&0&0\\0&1&0\\0&0&3\end{pmatrix}.$$

注意：所求得的矩阵 $\boldsymbol{P}$ 并不唯一，矩阵 $\boldsymbol{A}$ 的相似对角矩阵也不唯一.

如例 5.8 中，以 $\boldsymbol{p}_2,\boldsymbol{p}_3,\boldsymbol{p}_1$ 为列向量作矩阵

$$\boldsymbol{P}=\begin{pmatrix}-\frac{1}{\sqrt{2}} & \frac{1}{\sqrt{6}} & -\frac{1}{\sqrt{3}}\\ \frac{1}{\sqrt{2}} & \frac{1}{\sqrt{6}} & -\frac{1}{\sqrt{3}}\\ 0 & \frac{2}{\sqrt{6}} & \frac{1}{\sqrt{3}}\end{pmatrix},$$

则

$$\boldsymbol{P}^{-1}\boldsymbol{AP}=\boldsymbol{P}^{\mathrm{T}}\boldsymbol{AP}=\begin{pmatrix}1&0&0\\0&3&0\\0&0&0\end{pmatrix}.$$

注意：$\boldsymbol{\Lambda}$ 中对角元的排列次序应与 $\boldsymbol{P}$ 中列向量的排列次序相对应.

例 5.9　已知实对称矩阵 $\boldsymbol{A}$ 的三个特征值为 $\lambda_1=2,\lambda_2=\lambda_3=1$，且对应于 λ_2,λ_3 的特征向量为

$$\boldsymbol{\xi}_2=\begin{pmatrix}1\\1\\-1\end{pmatrix},\ \boldsymbol{\xi}_3=\begin{pmatrix}2\\3\\-3\end{pmatrix}.$$

(1) 求 $\boldsymbol{A}$ 的对应于 $\lambda_1=2$ 的特征向量；

(2) 求矩阵 $\boldsymbol{A}$.

解　(1) 设 $\boldsymbol{A}$ 的对应于 $\lambda_1=2$ 的特征向量为 $\boldsymbol{\xi}_1=\begin{pmatrix}x_1\\x_2\\x_3\end{pmatrix}$，由 $\langle\boldsymbol{\xi}_1,\boldsymbol{\xi}_2\rangle=0$，$\langle\boldsymbol{\xi}_1,\boldsymbol{\xi}_3\rangle=0$，得

$$\begin{cases}x_1 + x_2 - x_3 = 0,\\ 2x_1 + 3x_2 - 3x_3 = 0.\end{cases}$$

解得

$$\boldsymbol{\xi}_1 = \begin{pmatrix}0\\1\\1\end{pmatrix}.$$

(2) 令 $\boldsymbol{P}=(\boldsymbol{\xi}_1,\boldsymbol{\xi}_2,\boldsymbol{\xi}_3)=\begin{pmatrix}0&1&2\\1&1&3\\1&-1&-3\end{pmatrix}$,则

$$\boldsymbol{P}^{-1}\boldsymbol{AP} = \begin{pmatrix}2&0&0\\0&1&0\\0&0&1\end{pmatrix}.$$

所以

$$\boldsymbol{A}= \boldsymbol{P}\begin{pmatrix}2&0&0\\0&1&0\\0&0&1\end{pmatrix}\boldsymbol{P}^{-1}$$

$$= \begin{pmatrix}0&1&2\\1&1&3\\1&-1&-3\end{pmatrix}\begin{pmatrix}2&0&0\\0&1&0\\0&0&1\end{pmatrix}\begin{pmatrix}0&\frac{1}{2}&\frac{1}{2}\\3&-1&1\\-1&\frac{1}{2}&-\frac{1}{2}\end{pmatrix}=\begin{pmatrix}1&0&0\\0&\frac{3}{2}&\frac{1}{2}\\0&\frac{1}{2}&\frac{3}{2}\end{pmatrix}.$$

本章小结

一、方阵的特征值与特征向量

1. 特征值与特征向量

设 $\boldsymbol{A}$ 是 n 阶方阵,满足 $\boldsymbol{Ax}=\lambda\boldsymbol{x}(\boldsymbol{x}\neq 0)$的数 λ 称为 $\boldsymbol{A}$ 的特征值,$\boldsymbol{x}$ 为对应的特征向量,行列式 $f(\lambda)=|\boldsymbol{A}-\lambda\boldsymbol{E}|$ 为 $\boldsymbol{A}$ 的特征多项式.

2. 求特征值与特征向量的步骤

(1) 计算 $\boldsymbol{A}$ 的特征多项式 $f(\lambda)=|\boldsymbol{A}-\lambda\boldsymbol{E}|$.

(2) 求出特征方程 $|\boldsymbol{A}-\lambda\boldsymbol{E}|=0$ 的所有根 $\lambda_1,\lambda_2,\cdots,\lambda_n$,即为 $\boldsymbol{A}$ 的全部特征值.

(3) 对每个特征值 λ_i,求出相应齐次线性方程组$(\boldsymbol{A}-\lambda_i\boldsymbol{E})\boldsymbol{x}=\boldsymbol{0}$ 的一个基础解系 $\boldsymbol{\xi}_1,\boldsymbol{\xi}_2,\cdots,\boldsymbol{\xi}_s$,这就是对应于 λ_i 的线性无关的特征向量,而对于 λ_i 的全部特征向量为 $c_1\boldsymbol{\xi}_1+c_2\boldsymbol{\xi}_2+\cdots+c_s\boldsymbol{\xi}_s$,其中 $c_1,c_2,\cdots,c_s$ 是任意不全为零的常数.

3. 特征值与特征向量的性质

(1) 设 n 阶方阵 $\boldsymbol{A}$ 的 n 个特征值为 $\lambda_1,\lambda_2,\cdots,\lambda_n$,则有

① $\sum\limits_{i=1}^{n}\lambda_i = \sum\limits_{i=1}^{n}a_{ii} = \mathrm{tr}(\boldsymbol{A})$.

② $\prod_{i=1}^{n}\lambda_i = |\boldsymbol{A}|$.

(2) 如果 λ 是 $\boldsymbol{A}$ 的特征值，则 λ^m 是 $\boldsymbol{A}^m$ 的特征值，$\varphi(\lambda)$是 $\varphi(\boldsymbol{A})$的特征值.

(3) $\boldsymbol{A}$ 与 $\boldsymbol{A}^{\mathrm{T}}$ 有相同的特征值.

(4) 设 λ 是可逆矩阵 $\boldsymbol{A}$ 的特征值，$\boldsymbol{x}$ 为对应的特征向量，则 $\lambda\neq 0$，且 $\frac{1}{\lambda}$ 为 $\boldsymbol{A}^{-1}$ 的特征值，$\boldsymbol{x}$ 为对应的特征向量.

(5) 属于不同特征值的特征向量线性无关.

(6) $\boldsymbol{A}$ 可逆$\Leftrightarrow$$\boldsymbol{A}$ 没有零特征值.

二、相似矩阵

1. 相似矩阵

设 $\boldsymbol{A},\boldsymbol{B}$ 是两个 n 阶方阵，若存在可逆方阵 $\boldsymbol{P}$，使得

$$\boldsymbol{P}^{-1}\boldsymbol{A}\boldsymbol{P} = \boldsymbol{B},$$

则称 $\boldsymbol{B}$ 是 $\boldsymbol{A}$ 的**相似矩阵**，或者称矩阵 $\boldsymbol{A}$ 与 $\boldsymbol{B}$ 相似.

2. 相似矩阵的性质

(1) **反身性**：$\boldsymbol{A}$ 与 $\boldsymbol{A}$ 相似.

(2) **对称性**：若 $\boldsymbol{A}$ 与 $\boldsymbol{B}$ 相似，则 $\boldsymbol{B}$ 与 $\boldsymbol{A}$ 相似.

(3) **传递性**：若 $\boldsymbol{A}$ 与 $\boldsymbol{B}$ 相似，$\boldsymbol{B}$ 与 $\boldsymbol{C}$ 相似，则 $\boldsymbol{A}$ 与 $\boldsymbol{C}$ 相似.

(4) 若 $\boldsymbol{A}$ 与 $\boldsymbol{B}$ 相似，则 $\boldsymbol{A}^{\mathrm{T}}$ 与 $\boldsymbol{B}^{\mathrm{T}}$ 相似，$\boldsymbol{A}^m$ 与 $\boldsymbol{B}^m$ 相似.

(5) 若可逆矩阵 $\boldsymbol{A}$ 与 $\boldsymbol{B}$ 相似，则 $\boldsymbol{A}^{-1}$ 与 $\boldsymbol{B}^{-1}$ 相似.

(6) 若 $\boldsymbol{A}$ 与 $\boldsymbol{B}$ 相似，则 $|\boldsymbol{A}|=|\boldsymbol{B}|$.

(7) 若 $\boldsymbol{A}$ 与 $\boldsymbol{B}$ 相似，则 $\boldsymbol{A}$ 与 $\boldsymbol{B}$ 有相同的特征值.

(8) 若 $\boldsymbol{A}$ 与 $\boldsymbol{B}$ 相似，则 $R(\boldsymbol{A})=R(\boldsymbol{B})$.

3. n 阶矩阵 $\boldsymbol{A}$ 可对角化的条件

(1) 矩阵 $\boldsymbol{A}$ 可对角化的充分必要条件是 $\boldsymbol{A}$ 有 n 个线性无关的特征向量.

(2) 若矩阵 $\boldsymbol{A}$ 有 n 个互不相等的特征值，则 $\boldsymbol{A}$ 可对角化.

4. 实对称矩阵的正交对角化

(1) 实对称矩阵的性质.

设 $\boldsymbol{A}$ 是实对称矩阵，则有

① $\boldsymbol{A}$ 的特征值都是实数.

② $\boldsymbol{A}$ 的不同特征值对应的特征向量必正交.

(2) 实对称矩阵可正交对角化.

存在正交矩阵 $\boldsymbol{P}$，使 $\boldsymbol{P}^{-1}\boldsymbol{A}\boldsymbol{P}=\boldsymbol{P}^{\mathrm{T}}\boldsymbol{A}\boldsymbol{P}=\boldsymbol{\Lambda}$ 成立，其中 $\boldsymbol{\Lambda}=\mathrm{diag}(\lambda_1,\lambda_2,\cdots,\lambda_n)$，$\lambda_1,\lambda_2,\cdots,\lambda_n$ 是 $\boldsymbol{A}$ 的特征值.

5. 将 $\boldsymbol{A}$ 对角化方法

(1) 求出 $\boldsymbol{A}$ 的所有特征值.

(2) 对于 λ_i，求出满足$(\boldsymbol{A}-\lambda_i\boldsymbol{E})\boldsymbol{x}=\boldsymbol{0}$ 的一个基础解系，合并后可得 $\boldsymbol{A}$ 的 n 个线性无关的特征向量 $\boldsymbol{\xi}_1,\boldsymbol{\xi}_2,\cdots,\boldsymbol{\xi}_n$.

(3) 令 $\boldsymbol{P}=(\boldsymbol{\xi}_1,\boldsymbol{\xi}_2,\cdots,\boldsymbol{\xi}_n)$，$\boldsymbol{\Lambda}=\begin{pmatrix}\lambda_1 & & \\ & \ddots & \\ & & \lambda_n\end{pmatrix}$，则 $\boldsymbol{P}$ 可逆，且

$$\boldsymbol{P}^{-1}\boldsymbol{A}\boldsymbol{P}=\boldsymbol{\Lambda}.$$

(4) 若 $\boldsymbol{A}$ 是实对称阵，则在(2)的基础上对 $\boldsymbol{A}$ 的 $k(k>1)$ 重特征值 λ，将求出的基础解系正交化、单位化，即得标准正交向量组 $\boldsymbol{p}_1,\boldsymbol{p}_2,\cdots,\boldsymbol{p}_n$，令 $\boldsymbol{P}=(\boldsymbol{p}_1,\boldsymbol{p}_2,\cdots,\boldsymbol{p}_n)$，则 $\boldsymbol{P}$ 为正交矩阵，且满足 $\boldsymbol{P}^{\mathrm{T}}\boldsymbol{A}\boldsymbol{P}=\boldsymbol{\Lambda}$.

习题五

1. 求下列矩阵的特征值与特征向量.

(1) $\boldsymbol{A}=\begin{pmatrix}1 & 2\\ 3 & 2\end{pmatrix}$； (2) $\boldsymbol{A}=\begin{pmatrix}-2 & 1 & 1\\ 0 & 2 & 0\\ -4 & 1 & 3\end{pmatrix}$；

(3) $\boldsymbol{A}=\begin{pmatrix}0 & 1 & 1 & -1\\ 1 & 0 & -1 & 1\\ 1 & -1 & 0 & 1\\ -1 & 1 & 1 & 0\end{pmatrix}$； (4) $\boldsymbol{A}=\begin{pmatrix}2 & -1 & 2\\ 5 & -3 & 3\\ -1 & 0 & -2\end{pmatrix}$.

2. 已知 λ 是 $\boldsymbol{A}$ 的特征值，试证 $\lambda+a$ 是 $\boldsymbol{A}+a\boldsymbol{E}$ 的特征值.

3. 设矩阵

$$\boldsymbol{A}=\begin{pmatrix}-1 & 2 & 2\\ 2 & -1 & -2\\ 2 & -2 & -1\end{pmatrix}.$$

(1) 求 $\boldsymbol{A}$ 的特征值；

(2) 求 $\boldsymbol{E}+\boldsymbol{A}^{-1}$ 的特征值.

4. 设 $\boldsymbol{A}$ 是幂等方阵，即 $\boldsymbol{A}^2=\boldsymbol{A}$. 试证：

(1) $\boldsymbol{A}$ 的特征值只有 1 或 0；

(2) $\boldsymbol{A}+2\boldsymbol{E}$ 必为满秩矩阵.

5. 设 $\boldsymbol{x}_1,\boldsymbol{x}_2$ 分别是矩阵 $\boldsymbol{A}$ 属于不同特征值 λ_1,λ_2 的特征向量，试证 $\boldsymbol{x}_1+\boldsymbol{x}_2$ 不是 $\boldsymbol{A}$ 的特征向量.

6. 已知 n 阶矩阵 $\boldsymbol{A}$ 可逆，它的 n 个特征值为 $\lambda_1,\lambda_2,\cdots,\lambda_n$，对应的特征向量为 $\boldsymbol{x}_1,\boldsymbol{x}_2,\cdots,\boldsymbol{x}_n$，试求伴随矩阵 $\boldsymbol{A}^*$ 的特征值及对应的特征向量.

7. 已知向量 $\boldsymbol{\xi}=\begin{pmatrix}1\\ k\\ 1\end{pmatrix}$ 是 $\boldsymbol{A}=\begin{pmatrix}2 & 1 & 1\\ 1 & 2 & 1\\ 1 & 1 & 2\end{pmatrix}$ 的逆矩阵 $\boldsymbol{A}^{-1}$ 的特征向量，求常数 k 的值.

8. 判断下列矩阵能否对角化？若可以对角化，求可逆矩阵使之对角化.

(1) $\boldsymbol{A}=\begin{pmatrix}1 & 0\\ 2 & 3\end{pmatrix}$； (2) $\boldsymbol{B}=\begin{pmatrix}1 & 0 & 0\\ -2 & 5 & -2\\ -2 & 4 & -1\end{pmatrix}$； (3) $\boldsymbol{C}=\begin{pmatrix}3 & 1 & 0\\ -4 & -1 & 0\\ 4 & -8 & -2\end{pmatrix}$.

9. 设

$$A=\begin{pmatrix}0&0&1\\1&1&x\\1&0&0\end{pmatrix},$$

问 x 取何值时，矩阵 $\boldsymbol{A}$ 能对角化？

10. 设矩阵 $\boldsymbol{A}=\begin{pmatrix}3&2&-2\\-k&-1&k\\4&2&-3\end{pmatrix}$，问当 k 为何值时，存在可逆矩阵 $\boldsymbol{P}$，使得 $\boldsymbol{P}^{-1}\boldsymbol{AP}$ 为对角矩阵？并求出 $\boldsymbol{P}$ 和相应的对角矩阵.

11. 设 $\boldsymbol{A},\boldsymbol{B}$ 都是 n 阶方阵，且 $|\boldsymbol{A}|\neq 0$，证明 $\boldsymbol{AB}$ 与 $\boldsymbol{BA}$ 相似.

12. 设三阶矩阵 $\boldsymbol{A}$ 的特征值为 $\lambda_1=1,\lambda_2=0,\lambda_3=-1$，对应的特征向量依次为

$$\boldsymbol{x}_1=\begin{pmatrix}1\\2\\2\end{pmatrix},\ \boldsymbol{x}_2=\begin{pmatrix}2\\-2\\1\end{pmatrix},\ \boldsymbol{x}_3=\begin{pmatrix}-2\\-1\\2\end{pmatrix},$$

求 $\boldsymbol{A}$.

13. 设 $\boldsymbol{A}$ 是三阶方阵，且 $|\boldsymbol{A}-\boldsymbol{E}|=|\boldsymbol{A}+2\boldsymbol{E}|=|2\boldsymbol{A}+3\boldsymbol{E}|=0$，求 $|2\boldsymbol{A}^*-3\boldsymbol{E}|$ 的值.

14. 求可将下列矩阵正交对角化的正交矩阵 $\boldsymbol{P}$

(1) $\boldsymbol{A}=\begin{pmatrix}2&0&0\\0&3&2\\0&2&3\end{pmatrix}$；　　(2) $\boldsymbol{B}=\begin{pmatrix}2&-1&-1\\-1&2&-1\\-1&-1&2\end{pmatrix}$.

15. 设矩阵 $\boldsymbol{A}=\begin{pmatrix}1&-2&-4\\-2&x&-2\\-4&-2&1\end{pmatrix}$ 与 $\boldsymbol{\Lambda}=\begin{pmatrix}5&&\\&-4&\\&&y\end{pmatrix}$ 相似，求 x,y；并求一个正交矩阵 $\boldsymbol{P}$，使得 $\boldsymbol{P}^{-1}\boldsymbol{AP}=\boldsymbol{\Lambda}$.

16. 设 $\boldsymbol{A}=\begin{pmatrix}1&-1\\-1&1\end{pmatrix}$，求 $\boldsymbol{A}^{10}$.

同步测试题五

一、选择题

1. 设 $\boldsymbol{A}$ 是 n 阶方阵，则(　　).

A. $\boldsymbol{A}$ 的特征值一定都是实数

B. $\boldsymbol{A}$ 必有 n 个线性无关的特征向量

C. $\boldsymbol{A}$ 可能有 $n+1$ 个线性无关的特征向量

D. $\boldsymbol{A}$ 最多有 n 个互不相等的特征值

2. n 阶方阵 $\boldsymbol{A}$ 与对角矩阵相似的充分必要条件是(　　).

A. $\boldsymbol{A}$ 有 n 个互不相同的特征值

B. $\boldsymbol{A}$ 有 n 个互不相同的特征向量

C. $\boldsymbol{A}$ 有 n 个线性无关的特征向量

D. $\boldsymbol{A}$ 有 n 个两两正交的特征向量

3. 如果 $\boldsymbol{A}$ 与对角阵 $\boldsymbol{\Lambda}=\begin{pmatrix}1&&\\&1&\\&&-1\end{pmatrix}$ 相似,则 $\boldsymbol{A}^{10}=($　　$)$.

A. $\boldsymbol{E}$　　B. $\boldsymbol{A}$　　C. $-\boldsymbol{E}$　　D. $10\boldsymbol{E}$

4. n 阶方阵 $\boldsymbol{A}$ 的每行元素之和均为 3,则 $\boldsymbol{A}$ 的特征值为(　　).

A. n　　B. 0　　C. 3　　D. 1

5. 与矩阵 $\boldsymbol{A}=\begin{pmatrix}1&0&0\\0&1&0\\0&0&2\end{pmatrix}$ 相似的矩阵为(　　).

A. $\begin{pmatrix}1&1&0\\0&2&1\\0&0&1\end{pmatrix}$　　B. $\begin{pmatrix}1&1&0\\0&1&0\\0&0&2\end{pmatrix}$　　C. $\begin{pmatrix}1&0&1\\0&1&0\\0&0&2\end{pmatrix}$　　D. $\begin{pmatrix}1&0&1\\0&2&1\\0&0&1\end{pmatrix}$

二、填空题

1. 若 $\lambda=0$ 是方阵 $\boldsymbol{A}$ 的一个特征值,则 $|\boldsymbol{A}|=$__________.

2. 设 $\lambda=2$ 为可逆矩阵 $\boldsymbol{A}$ 的一个特征值,则矩阵 $\left(\frac{1}{3}\boldsymbol{A}^2\right)^{-1}$ 必有一个的特征值为__________.

3. 若四阶矩阵 $\boldsymbol{A}$ 与 $\boldsymbol{B}$ 相似,$\boldsymbol{A}$ 的特征值为 $\frac{1}{2},\frac{1}{3},\frac{1}{4},\frac{1}{5}$,则 $|\boldsymbol{B}^{-1}-\boldsymbol{E}|=$__________.

4. 设 $\boldsymbol{A}$ 为 n 阶可逆矩阵,λ 为 $\boldsymbol{A}$ 的一个特征值,则 $(\boldsymbol{A}^*)^2+\boldsymbol{E}$ 必有特征值__________.

5. 若 $\boldsymbol{A}=\boldsymbol{A}^2$,则矩阵 $\boldsymbol{A}$ 的特征值为__________.

三、计算题

1. 求矩阵 $\boldsymbol{A}=\begin{pmatrix}1&2&2\\2&1&2\\2&2&1\end{pmatrix}$ 的特征值和特征向量.

2. 设 n 阶矩阵 $\boldsymbol{A}$ 的元素全为 1,求 $\boldsymbol{A}$ 的 n 个特征值.

3. 已知 $\boldsymbol{\xi}=\begin{pmatrix}1\\1\\-1\end{pmatrix}$ 是矩阵 $\boldsymbol{A}=\begin{pmatrix}2&-1&2\\5&a&3\\-1&b&-2\end{pmatrix}$ 的一个特征向量.

(1) 试确定参数 a,b 及特征向量 $\boldsymbol{\xi}$ 所对应的特征值;

(2) 判断 $\boldsymbol{A}$ 能否对角化?

4. 设矩阵 $\boldsymbol{A}$ 与 $\boldsymbol{B}$ 相似,且 $\boldsymbol{A}=\begin{pmatrix}1&-1&1\\2&4&-2\\-3&-3&a\end{pmatrix}$,$\boldsymbol{B}=\begin{pmatrix}2&&\\&2&\\&&b\end{pmatrix}$,求 a,b,并求可逆矩阵 $\boldsymbol{P}$,使 $\boldsymbol{P}^{-1}\boldsymbol{A}\boldsymbol{P}=\boldsymbol{B}$.

5. 设实对称矩阵 $\boldsymbol{A}=\begin{pmatrix} a & 1 & 1 \\ 1 & a & -1 \\ 1 & -1 & a \end{pmatrix}$，求可逆矩阵 $\boldsymbol{P}$，使 $\boldsymbol{P}^{-1}\boldsymbol{A}\boldsymbol{P}$ 为对角矩阵，并计算行列式 $|\boldsymbol{A}-\boldsymbol{E}|$ 的值.

四、证明题

1. 设 $\boldsymbol{A}^2-3\boldsymbol{A}+2\boldsymbol{E}=\boldsymbol{O}$，证明 $\boldsymbol{A}$ 的特征值只能是 1 或 2.

2. 设方阵 $\boldsymbol{A}$ 满足 $\boldsymbol{A}^2=\boldsymbol{E}$，且 $\boldsymbol{A}$ 与 $\boldsymbol{B}$ 相似，证明 $\boldsymbol{B}^2=\boldsymbol{E}$.

第6章

二 次 型

学习目标

1. 掌握二次型的概念及其矩阵表示.
2. 会用正交变换法、配方法化二次型为标准形.
3. 理解二次型的秩的概念及其惯性定律.
4. 掌握二次型和对应矩阵的正定性及其判别方法.

二次型的理论起源于化二次曲线、二次曲面的方程为标准形的问题.在平面解析几何中,为了便于研究二次曲线

$$ax^2+2abxy+cy^2=d \tag{6.1}$$

的几何性质,可以选择适当的角度 θ 作旋转变换

$$\begin{cases}x=x'\cos\theta-y'\sin\theta,\\ y=x'\sin\theta+y'\cos\theta.\end{cases} \tag{6.2}$$

把曲线方程式(6.1)化为标准形式

$$a'x'^2+c'y'^2=d.$$

由 a',b'的符号很快能判断出此二次曲线表示的是一个椭圆或双曲线.

式(6.1)左边是一个二元二次齐次多项式.从代数学的观点看,所谓化标准形,就是通过变量的线性变换式(6.2)化简一个二次齐次多项式,使之只含变量的平方项.把该问题推广到一般情况,从而建立起二次型理论.该理论在数学和物理中都有广泛应用,它是线性代数的重要内容之一.其中心问题是讨论如何把一般二次齐次多项式经可逆线性变换化成仅含平方项的形式.

本章主要讨论以下两个问题.

(1) 化二次型为标准形.

(2) 实二次型的分类及正定二次型和正定矩阵的一些基本性质.

6.1 二次型及其矩阵表示

一、二次型的概念

定义 6.1 含有 n 个变量 $x_1,x_2,\cdots,x_n$ 的二次齐次多项式

$$\begin{aligned}f(x_1,x_2,\cdots,x_n)=&a_{11}x_1^2+2a_{12}x_1x_2+\cdots+2a_{1n}x_1x_n\\&+a_{22}x_2^2+\cdots+2a_{2n}x_2x_n\\&+\cdots\\&+a_{nn}x_n^2\end{aligned}\tag{6.3}$$

称为 n **元二次型**,简称为**二次型**.

当 a_{ij} 为复数时,称 f 为**复二次型**;当 a_{ij} 为实数时,称 f 为**实二次型**.

注意:(1) 这里非平方项的系数采用 $2a_{ij}$,主要是为了后面矩阵表示方便.

(2) 本章仅讨论实二次型.

例如

$$f(x_1,x_2,x_3)=x_1^2+x_1x_2+3x_1x_3+2x_2^2+4x_2x_3+3x_3^2$$

为实二次型,而

$$f(x_1,x_2,x_3)=x_1^2+\mathrm{i}x_1x_2+5x_2^2+(3+\mathrm{i})x_2x_3+3x_3^2$$

为复二次型,而

$$f(x,y)=x^2+5xy-y^2+1$$

不是二次型.

二、二次型的矩阵表示

因为 $x_ix_j=x_jx_i$,令

$$a_{ij}=a_{ji}\,(i<j),$$

则二次型式(6.3)可以写成

$$\begin{aligned}f(x_1,x_2,\cdots,x_n)=&a_{11}x_1^2+a_{12}x_1x_2+\cdots+a_{1n}x_1x_n\\&+a_{21}x_2x_1+a_{22}x_2^2+\cdots+a_{2n}x_2x_n\\&+\cdots\\&+a_{n1}x_nx_1+a_{n2}x_nx_2+\cdots+a_{nn}x_n^2\\=&\sum_{i=1}^{n}\sum_{j=1}^{n}a_{ij}x_ix_j.\end{aligned}\tag{6.4}$$

把式(6.4)的系数排成一个矩阵

$$\boldsymbol{A}=\begin{pmatrix}a_{11}&a_{12}&\cdots&a_{1n}\\a_{21}&a_{22}&\cdots&a_{2n}\\\vdots&\vdots&&\vdots\\a_{n1}&a_{n2}&\cdots&a_{nn}\end{pmatrix}$$

称为二次型式(6.3)的**矩阵**.矩阵 $\boldsymbol{A}$ 的秩称为二次型式(6.3)的**秩**.

注意: (1) 由于 $a_{ij}=a_{ji}$,二次型的矩阵 $\boldsymbol{A}$ 是对称矩阵.

(2) 二次型与它的矩阵之间存在着一一对应.也就是说,给定一个 n 元二次型,就有一个相应的 n 阶对称矩阵;反之,给定一个 n 阶对称矩阵,也可唯一确定一个 n 元二次型.

例 6.1 写出二次型

$$f(x_1,x_2,x_3)=x_1^2+2x_1x_2+2x_1x_3+x_2^2-x_3^2$$

的矩阵.

解 所求的矩阵为

$$\boldsymbol{A}=\begin{pmatrix}1&1&1\\1&1&0\\1&0&-1\end{pmatrix}.$$

例 6.2 求对称矩阵

$$\boldsymbol{A}=\begin{pmatrix}-2&\sqrt{3}&\frac{1}{2}\\\sqrt{3}&1&0\\\frac{1}{2}&0&-1\end{pmatrix}$$

所对应的二次型.

解 所对应的二次型为

$$f(x_1,x_2,x_3)=-2x_1^2+x_2^2-x_3^2+2\sqrt{3}x_1x_2+x_1x_3.$$

若令

$$\boldsymbol{x}=\begin{pmatrix}x_1\\x_2\\\vdots\\x_n\end{pmatrix},$$

则二次型式(6.3)就可以用矩阵的乘积表示,因为

$$\boldsymbol{x}^{\mathrm{T}}\boldsymbol{A}\boldsymbol{x}=(x_1,x_2,\cdots,x_n)\begin{pmatrix}a_{11}&a_{12}&\cdots&a_{1n}\\a_{21}&a_{22}&\cdots&a_{2n}\\\vdots&\vdots&&\vdots\\a_{n1}&a_{n2}&\cdots&a_{nn}\end{pmatrix}\begin{pmatrix}x_1\\x_2\\\vdots\\x_n\end{pmatrix}$$

$$=(x_1,x_2,\cdots,x_n)\begin{pmatrix}\sum_{j=1}^{n}a_{1j}x_j\\\sum_{j=1}^{n}a_{2j}x_j\\\vdots\\\sum_{j=1}^{n}a_{nj}x_j\end{pmatrix}=\sum_{i=1}^{n}\sum_{j=1}^{n}a_{ij}x_ix_j.$$

所以

$$f(x_1,x_2,\cdots,x_n)=\boldsymbol{x}^{\mathrm{T}}\boldsymbol{A}\boldsymbol{x}. \tag{6.5}$$

这样,就可以用矩阵理论来讨论二次型.

6.2 二次型的标准形

一、二次型的标准形的概念

定义 6.2 只含有平方项的二次型为**标准形二次型**,简称**标准形**.

在二次型的研究中,中心问题之一是:要对给定的二次型式(6.5),确定一个可逆矩阵 $\boldsymbol{P}$,使得通过可逆变换

$$\boldsymbol{x}=\boldsymbol{P}\boldsymbol{y} \tag{6.6}$$

将 f 化简成关于新变量 $y_1,y_2,\cdots,y_n$ 的标准形

$$f=\sum_{i=1}^{n}d_i y_j^2=\boldsymbol{y}^{\mathrm{T}}\boldsymbol{D}\boldsymbol{y}, \tag{6.7}$$

其中

$$\boldsymbol{D}=\mathrm{diag}(d_1,d_2,\cdots,d_n).$$

把式(6.6)代入式(6.5),得

$$f(x)=\boldsymbol{x}^{\mathrm{T}}\boldsymbol{A}\boldsymbol{x}=(\boldsymbol{P}\boldsymbol{y})^{\mathrm{T}}\boldsymbol{A}(\boldsymbol{P}\boldsymbol{y})=\boldsymbol{y}^{\mathrm{T}}(\boldsymbol{P}^{\mathrm{T}}\boldsymbol{A}\boldsymbol{P})\boldsymbol{y},$$

故若能找到可逆矩阵 $\boldsymbol{P}$,使

$$\boldsymbol{P}^{\mathrm{T}}\boldsymbol{A}\boldsymbol{P}=\boldsymbol{D}, \tag{6.8}$$

其中 $\boldsymbol{D}$ 为对角矩阵,则式(6.7)随之可得.

二、矩阵的合同

定义 6.3 对 n 阶方阵 $\boldsymbol{A}$ 和 $\boldsymbol{B}$,若存在 n 阶可逆矩阵 $\boldsymbol{P}$,使得

$$\boldsymbol{B}=\boldsymbol{P}^{\mathrm{T}}\boldsymbol{A}\boldsymbol{P}$$

成立,则称矩阵 $\boldsymbol{A}$ 与 $\boldsymbol{B}$ 合同,记作 $\boldsymbol{A}\simeq\boldsymbol{B}$.

矩阵的合同具有以下性质.

(1) **反身性**: $\boldsymbol{A}\simeq\boldsymbol{A}$.

因为对任何 n 阶对称阵 $\boldsymbol{A}$,有 $\boldsymbol{A}=\boldsymbol{E}^{\mathrm{T}}\boldsymbol{A}\boldsymbol{E}$,即 $\boldsymbol{A}\simeq\boldsymbol{A}$.

(2) **对称性**: 若 $\boldsymbol{A}\simeq\boldsymbol{B}$,则 $\boldsymbol{B}\simeq\boldsymbol{A}$.

因为若 $\boldsymbol{B}=\boldsymbol{C}^{\mathrm{T}}\boldsymbol{A}\boldsymbol{C}$,则 $\boldsymbol{A}=(\boldsymbol{C}^{\mathrm{T}})^{-1}\boldsymbol{B}\boldsymbol{C}^{-1}=(\boldsymbol{C}^{-1})^{\mathrm{T}}\boldsymbol{B}(\boldsymbol{C}^{-1})$.

(3) **传递性**: 若 $\boldsymbol{A}\simeq\boldsymbol{B}$,$\boldsymbol{B}\simeq\boldsymbol{C}$,则 $\boldsymbol{A}\simeq\boldsymbol{C}$.

因为若存在两个可逆矩阵 $\boldsymbol{P},\boldsymbol{Q}$,分别使 $\boldsymbol{A}$ 与 $\boldsymbol{B}$ 合同,$\boldsymbol{B}$ 与 $\boldsymbol{C}$ 合同,即有 $\boldsymbol{B}=\boldsymbol{P}^{\mathrm{T}}\boldsymbol{A}\boldsymbol{P}$,$\boldsymbol{C}=\boldsymbol{Q}^{\mathrm{T}}\boldsymbol{B}\boldsymbol{Q}$,则有 $\boldsymbol{C}=(\boldsymbol{P}\boldsymbol{Q})^{\mathrm{T}}\boldsymbol{A}(\boldsymbol{P}\boldsymbol{Q})$,即 $\boldsymbol{C}$ 与 $\boldsymbol{A}$ 合同.

注意: 矩阵之间的合同关系与相似关系是两种不同的关系.合同不一定相似,相似也不一定合同.

例如

$$\boldsymbol{A}=\begin{pmatrix}1&0\\0&1\end{pmatrix},\ \boldsymbol{B}=\begin{pmatrix}1&0\\0&4\end{pmatrix},$$

则存在可逆矩阵

$$C=\begin{pmatrix}1&0\\0&2\end{pmatrix},$$

使得

$$B=C^{\mathrm{T}}AC,$$

所以 $A\simeq B$,但它们的特征值并不相等,因此 A 与 B 不相似.

然而,如果 A,B 是两个相似的实对称矩阵,那么它们一定是合同的.

因为 A 与 B 相似,所以它们有相同的特征值,由第 5 章讨论可知,可以找到正交矩阵 T,使得

$$B=T^{-1}AT=T^{\mathrm{T}}AT,$$

即 $A\simeq B$.

这里的关键在于 A,B 是两个实对称矩阵,T 是正交矩阵,从而 $T^{-1}=T$.

化实二次型为标准形的问题可归结为式(6.8)表示的矩阵问题,即实对称矩阵合同于实对角矩阵的问题.由第 5 章的实对称矩阵的正交对角化方法(正交相似即正交合同),可得到化二次型为标准形的方法——正交变换法.

三、正交变换法化二次型为标准形

定义 6.4 如果线性变换 $x=Cy$ 的系数矩阵 $C=(c_{ij})_{n\times n}$ 是正交矩阵,则称它为**正交线性变换**,简称**正交变换**.

定理 6.1 任一个二次型 $f(x)=x^{\mathrm{T}}Ax$ 均可经过一个正交变换 $x=Py$,使得二次型化成标准形 $f=y^{\mathrm{T}}\Lambda y$.

证明 因为任一实对称矩阵 A 必可正交对角化,即存在正交矩阵 P,使得

$$P^{\mathrm{T}}AP=\Lambda,$$

将 $x=Py$ 代入二次型 $f(x)$,得

$$f(x)=x^{\mathrm{T}}Ax=(Py)^{\mathrm{T}}A(Py)$$

$$=y^{\mathrm{T}}P^{\mathrm{T}}APy=y^{\mathrm{T}}\Lambda y=\sum_{i=1}^{n}\lambda_i y_i^2.$$

其中 $\lambda_1,\lambda_2,\cdots,\lambda_n$ 为 A 的 n 个特征值.

注意: 正交变换将保持向量的长度(范数)不变,即在 $x=Py$ 时,必有 $\|x\|^2=\|y\|^2$.

这是因为

$$\|x\|^2=\langle x,x\rangle=\langle Py,Py\rangle=(Py)^{\mathrm{T}}Py=y^{\mathrm{T}}P^{\mathrm{T}}Py=\langle y,y\rangle=\|y\|^2.$$

在几何及统计等方面的应用中,当需用变量变换的方法处理二次型时,因希望能保持长度不变,而常使用正交变换的方法.

例 6.3 求正交变换 $x=Py$,化二次型

$$f(x_1,x_2,x_3)=2x_1^2-4x_1x_2+x_2^2-4x_2x_3$$

为标准形.

解 二次型 f 的矩阵为

$$A=\begin{pmatrix}2&-2&0\\-2&1&-2\\0&-2&0\end{pmatrix},$$

由

$$|\boldsymbol{A}-\lambda\boldsymbol{E}|=\begin{vmatrix}2-\lambda & -2 & 0\\ -2 & 1-\lambda & -2\\ 0 & -2 & -\lambda\end{vmatrix}=(\lambda-1)(4-\lambda)(2+\lambda)=0,$$

得特征值为 $\lambda_1=4,\lambda_2=1,\lambda_3=-2$.

对于 $\lambda_1=4$，解齐次线性方程组 $(\boldsymbol{A}-4\boldsymbol{E})\boldsymbol{x}=\boldsymbol{0}$. 由

$$\boldsymbol{A}-4\boldsymbol{E}=\begin{pmatrix}-2 & -2 & 0\\ -2 & -3 & -2\\ 0 & -2 & -4\end{pmatrix}\sim\begin{pmatrix}1 & 1 & 0\\ 0 & -1 & -2\\ 0 & -2 & -4\end{pmatrix}\sim\begin{pmatrix}1 & 0 & -2\\ 0 & 1 & 2\\ 0 & 0 & 0\end{pmatrix},$$

得基础解系 $\boldsymbol{\xi}_1=\begin{pmatrix}2\\ -2\\ 1\end{pmatrix}$，单位化为 $\boldsymbol{p}_1=\frac{1}{3}\begin{pmatrix}2\\ -2\\ 1\end{pmatrix}$.

对于 $\lambda_2=1$，解齐次线性方程组 $(\boldsymbol{A}-\boldsymbol{E})\boldsymbol{x}=\boldsymbol{0}$. 由

$$\boldsymbol{A}-\boldsymbol{E}=\begin{pmatrix}1 & -2 & 0\\ -2 & 0 & -2\\ 0 & -2 & -1\end{pmatrix}\sim\begin{pmatrix}1 & -2 & 0\\ 0 & -4 & -2\\ 0 & -2 & -1\end{pmatrix}\sim\begin{pmatrix}1 & 0 & 1\\ 0 & 1 & \frac{1}{2}\\ 0 & 0 & 0\end{pmatrix},$$

得基础解系 $\boldsymbol{\xi}_2=\begin{pmatrix}2\\ 1\\ -2\end{pmatrix}$，单位化为 $\boldsymbol{p}_2=\frac{1}{3}\begin{pmatrix}2\\ 1\\ -2\end{pmatrix}$.

对于 $\lambda_3=-2$，解齐次线性方程组 $(\boldsymbol{A}+2\boldsymbol{E})\boldsymbol{x}=\boldsymbol{0}$. 由

$$\boldsymbol{A}+2\boldsymbol{E}=\begin{pmatrix}4 & -2 & 0\\ -2 & 3 & -2\\ 0 & -2 & 2\end{pmatrix}\sim\begin{pmatrix}2 & -1 & 0\\ 0 & 2 & -2\\ 0 & -2 & 2\end{pmatrix}\sim\begin{pmatrix}1 & 0 & -\frac{1}{2}\\ 0 & 1 & -1\\ 0 & 0 & 0\end{pmatrix},$$

得基础解系 $\boldsymbol{\xi}_3=\begin{pmatrix}1\\ 2\\ 2\end{pmatrix}$，单位化为 $\boldsymbol{p}_3=\frac{1}{3}\begin{pmatrix}1\\ 2\\ 2\end{pmatrix}$.

则

$$\boldsymbol{P}=(\boldsymbol{p}_1,\boldsymbol{p}_2,\boldsymbol{p}_3)=\frac{1}{3}\begin{pmatrix}2 & 2 & 1\\ -2 & 1 & 2\\ 1 & -2 & 2\end{pmatrix}$$

为正交矩阵，正交变换 $\boldsymbol{x}=\boldsymbol{P}\boldsymbol{y}$ 化二次型为

$$f=4y_1^2+y_2^2-2y_3^2.$$

例 6.4 若二次型 $f=ax_1^2+2x_1x_2+2x_1x_3+2bx_2x_3$ 经过正交变换 $\boldsymbol{x}=\boldsymbol{P}\boldsymbol{y}$，化为标准形 $f=y_1^2+y_2^2-2y_3^2$，求 a,b 及正交矩阵 $\boldsymbol{P}$.

解 二次型 f 的实对称矩阵为

$$\boldsymbol{A}=\begin{pmatrix}a & 1 & 1\\ 1 & 0 & b\\ 1 & b & 0\end{pmatrix}.$$

因为 f 的标准形为 $f=y_1^2+y_2^2-2y_3^2$,已知方阵 $\boldsymbol{A}$ 的特征值为 1,1,−2,由 $a_{11}+a_{22}+a_{33}=\lambda_1+\lambda_2+\lambda_3$ 及 $|\boldsymbol{A}|=\lambda_1\lambda_2\lambda_3$,得

$$\begin{cases} a=1+1-2, \\ b(2-ab)=-2. \end{cases}$$

解得

$$a=0,\ b=-1.$$

对于 $\lambda_1=\lambda_2=1$,解齐次线性方程组 $(\boldsymbol{A}-\boldsymbol{E})\boldsymbol{x}=\boldsymbol{0}$. 由

$$\boldsymbol{A}-\boldsymbol{E}=\begin{pmatrix} -1 & 1 & 1 \\ 1 & -1 & -1 \\ 1 & -1 & -1 \end{pmatrix}\sim\begin{pmatrix} 1 & -1 & -1 \\ 0 & 0 & 0 \\ 0 & 0 & 0 \end{pmatrix},$$

得基础解系 $\boldsymbol{\xi}_1=\begin{pmatrix} 1 \\ 1 \\ 0 \end{pmatrix}$,$\boldsymbol{\xi}_2=\begin{pmatrix} 1 \\ 0 \\ 1 \end{pmatrix}$,正交化,得

$$\boldsymbol{\eta}_1=\boldsymbol{\xi}_1=\begin{pmatrix} 1 \\ 1 \\ 0 \end{pmatrix},\ \boldsymbol{\eta}_2=\boldsymbol{\xi}_2-\frac{\langle\boldsymbol{\xi}_2,\boldsymbol{\eta}_1\rangle}{\langle\boldsymbol{\eta}_1,\boldsymbol{\eta}_1\rangle}=\begin{pmatrix} \frac{1}{2} \\ -\frac{1}{2} \\ 1 \end{pmatrix},$$

单位化,得 $\boldsymbol{p}_1=\frac{1}{\sqrt{2}}\begin{pmatrix} 1 \\ 1 \\ 0 \end{pmatrix}$,$\boldsymbol{p}_2=\frac{1}{\sqrt{6}}\begin{pmatrix} 1 \\ -1 \\ 2 \end{pmatrix}$.

对于 $\lambda_3=-2$,解齐次线性方程组 $(\boldsymbol{A}+2\boldsymbol{E})\boldsymbol{x}=\boldsymbol{0}$. 由

$$\boldsymbol{A}+2\boldsymbol{E}=\begin{pmatrix} 2 & 1 & 1 \\ 1 & 2 & -1 \\ 1 & -1 & 2 \end{pmatrix}\sim\begin{pmatrix} 1 & -1 & 2 \\ 0 & 3 & -3 \\ 0 & 3 & -3 \end{pmatrix}\sim\begin{pmatrix} 1 & 0 & 1 \\ 0 & 1 & -1 \\ 0 & 0 & 0 \end{pmatrix},$$

得基础解系 $\boldsymbol{\xi}_3=\begin{pmatrix} -1 \\ 1 \\ 1 \end{pmatrix}$,单位化,得 $\boldsymbol{p}_3=\frac{1}{\sqrt{3}}\begin{pmatrix} -1 \\ 1 \\ 1 \end{pmatrix}$,则

$$\boldsymbol{P}=\begin{pmatrix} \frac{1}{\sqrt{2}} & \frac{1}{\sqrt{6}} & -\frac{1}{\sqrt{3}} \\ \frac{1}{\sqrt{2}} & -\frac{1}{\sqrt{6}} & \frac{1}{\sqrt{3}} \\ 0 & \frac{2}{\sqrt{6}} & \frac{1}{\sqrt{3}} \end{pmatrix}$$

为正交矩阵,即为所求.

由以上例题可得,用正交变换化二次型为标准形的一般步骤如下.

(1) 写出二次型的矩阵 $\boldsymbol{A}$;

(2) 求出 $\boldsymbol{A}$ 的全部特征值 $\lambda_1,\lambda_2,\cdots,\lambda_n$;

(3) 对每个特征值 λ_i，求出相应的特征向量，并将它们正交单位化，得到 n 个两两正交的单位正交向量组 $\boldsymbol{p}_1,\boldsymbol{p}_2,\cdots,\boldsymbol{p}_n$；

(4) 以 $\boldsymbol{p}_1,\boldsymbol{p}_2,\cdots,\boldsymbol{p}_n$ 为列向量构成矩阵 $\boldsymbol{P}$，则 $\boldsymbol{P}$ 为正交矩阵；

(5) 施行正交变换 $\boldsymbol{x}=\boldsymbol{P}\boldsymbol{y}$，则二次型即可化为标准形 $f=\lambda_1 y_1^2+\lambda_2 y_2^2+\cdots+\lambda_n y_n^2$.

四、用配方法化二次型为标准形

把二次型化为标准形的另一种方法就是在初等代数中已熟悉的配方法，下面仅举例说明这一方法的运用过程.

例 6.5 化二次型

$$f(x_1,x_2,x_3)=2x_1^2-4x_1x_2+x_2^2-4x_2x_3$$

为标准形，并求出所用的线性变换.

解 对二次型 f 配方可得

$$\begin{aligned} f &= 2(x_1-x_2)^2-x_2^2-4x_2x_3 \\ &= 2(x_1-x_2)^2-(x_2+2x_3)^2+4x_3^2. \end{aligned}$$

若令

$$\begin{cases} y_1 = x_1-x_2, \\ y_2 = x_2+2x_3, \\ y_3 = x_3, \end{cases}$$

即

$$\begin{cases} x_1 = y_1+y_2-2y_3, \\ x_2 = y_2-2y_3, \\ x_3 = y_3 \end{cases}$$

为可逆变换，其矩阵形式为

$$\begin{pmatrix} x_1 \\ x_2 \\ x_3 \end{pmatrix} = \begin{pmatrix} 1 & 1 & -2 \\ 0 & 1 & -2 \\ 0 & 0 & 1 \end{pmatrix}\begin{pmatrix} y_1 \\ y_2 \\ y_3 \end{pmatrix},$$

则可化二次型为标准形

$$f=2y_1^2-y_2^2+4y_3^2.$$

所用线性变换为

$$\boldsymbol{x}=\boldsymbol{P}\boldsymbol{y}=\begin{pmatrix} 1 & 1 & -2 \\ 0 & 1 & -2 \\ 0 & 0 & 1 \end{pmatrix}\boldsymbol{y}.$$

注意：本例求得的标准形在形式上不同于例 6.3 中求得的结果，这说明用不同的可逆变换化二次型，所得的标准形一般不同，即二次型的标准形不唯一.

例 6.6 用配方法求可逆变换 $\boldsymbol{x}=\boldsymbol{P}\boldsymbol{y}$，化二次型

$$f=x_1x_2+2x_1x_3-x_2x_3$$

为标准形.

解 先用可逆变换让二次型出现平方项,再配方. 令

$$\begin{cases} x_1 = y_1 + y_2, \\ x_2 = y_1 - y_2, \\ x_3 = y_3, \end{cases}$$

即

$$\begin{pmatrix} x_1 \\ x_2 \\ x_3 \end{pmatrix} = \begin{pmatrix} 1 & 1 & 0 \\ 1 & -1 & 0 \\ 0 & 0 & 1 \end{pmatrix} \begin{pmatrix} y_1 \\ y_2 \\ y_3 \end{pmatrix} = \boldsymbol{P}_1 \begin{pmatrix} y_1 \\ y_2 \\ y_3 \end{pmatrix}$$

为可逆线性变换,它化二次型为

$$\begin{aligned} f &= x_1x_2 + 2x_1x_3 - x_2x_3 \\ &= y_1^2 - y_2^2 + 2(y_1 + y_2)y_3 - (y_1 - y_2)y_3 \\ &= y_1^2 + y_1y_3 - y_2^2 + 3y_2y_3 \\ &= \left(y_1 + \frac{1}{2}y_3\right)^2 - y_2^2 + 3y_2y_3 - \frac{1}{4}y_3^2 \\ &= \left(y_1 + \frac{1}{2}y_3\right)^2 - \left(y_2 - \frac{3}{2}y_3\right)^2 + 2y_3^2. \end{aligned}$$

再令

$$\begin{cases} z_1 = y_1 + \dfrac{1}{2}y_3, \\ z_2 = y_2 - \dfrac{3}{2}y_3, \\ z_3 = y_3, \end{cases}$$

即

$$\begin{cases} y_1 = z_1 - \dfrac{1}{2}z_3, \\ y_2 = z_2 + \dfrac{3}{2}z_3, \\ y_3 = z_3, \end{cases}$$

即

$$\begin{pmatrix} y_1 \\ y_2 \\ y_3 \end{pmatrix} = \begin{pmatrix} 1 & 0 & -\dfrac{1}{2} \\ 0 & 1 & \dfrac{3}{2} \\ 0 & 0 & 1 \end{pmatrix} \begin{pmatrix} z_1 \\ z_2 \\ z_3 \end{pmatrix} = \boldsymbol{P}_2 \begin{pmatrix} z_1 \\ z_2 \\ z_3 \end{pmatrix}$$

为可逆线性变换,它化 f 为标准形

$$f = z_1^2 - z_2^2 + 2z_3^2.$$

这时可逆变换为

$$\begin{pmatrix} x_1 \\ x_2 \\ x_3 \end{pmatrix} = \boldsymbol{P}_1 \begin{pmatrix} y_1 \\ y_2 \\ y_3 \end{pmatrix} = \boldsymbol{P}_1\boldsymbol{P}_2 \begin{pmatrix} z_1 \\ z_2 \\ z_3 \end{pmatrix} = \begin{pmatrix} 1 & 1 & 0 \\ 1 & -1 & 0 \\ 0 & 0 & 1 \end{pmatrix} \begin{pmatrix} 1 & 0 & -\dfrac{1}{2} \\ 0 & 1 & \dfrac{3}{2} \\ 0 & 0 & 1 \end{pmatrix} \begin{pmatrix} z_1 \\ z_2 \\ z_3 \end{pmatrix} = \begin{pmatrix} 1 & 1 & 1 \\ 1 & -1 & -2 \\ 0 & 0 & 1 \end{pmatrix} \begin{pmatrix} z_1 \\ z_2 \\ z_3 \end{pmatrix}.$$

观察例 6.3 和例 6.5 可以发现,虽然它们的具体形式不同,但是,它们都含有 3 个平方项. 这是由于矩阵 $\boldsymbol{P}$ 可逆,因此矩阵 $\boldsymbol{P}^{\mathrm{T}}\boldsymbol{AP}$ 与 $\boldsymbol{A}$ 的秩相同,而标准形中平方项的个数恰好就等于二次型的秩. 不仅如此,两个标准形中,都有两个系数为正的项,这也不是偶然的,这就是下一节要讲的惯性定理.

6.3 正定二次型与正定矩阵

一、惯性定理

定理 6.2 设二次型 $f=\boldsymbol{x}^{\mathrm{T}}\boldsymbol{Ax}$,秩为 r,经过两个可逆变换

$$\boldsymbol{x}=\boldsymbol{Py}\text{ 及 }\boldsymbol{x}=\boldsymbol{Qz}$$

分别化二次型为标准形

$$f=t_1y_1^2+t_2y_2^2+\cdots+t_ry_r^2(t_i\neq 0)$$

及

$$f=k_1z_1^2+k_2z_2^2+\cdots+k_rz_r^2(k_i\neq 0)(i=1,2,\cdots,r),$$

则 $t_1,t_2,\cdots,t_r$ 中正数的个数与 $k_1,k_2,\cdots,k_r$ 中正数的个数相等.

这里的正数个数称为**正惯性指数**,负数的个数称为**负惯性指数**,非零系数个数称为**秩**,分别记作 π,ν,r.

二、二次型的规范形

定义 6.5 形如

$$f=z_1^2+z_2^2+\cdots+z_p^2-z_{p+1}^2-\cdots-z_r^2$$

的二次型的标准形称为**规范标准形**,简称为**规范形**.

显然规范形是唯一的.

比较常用的二次型是标准形的系数为全正(或全负)的情形,我们来定义正定(负定)二次型.

三、正定二次型与正定矩阵

定义 6.6 设 $f=\boldsymbol{x}^{\mathrm{T}}\boldsymbol{Ax}$ 为 n 元实二次型,若对任何一组不全为零的实数 $x_1,x_2,\cdots,x_n$,总有:

$f>0$,则称这个二次型为**正定二次型**,对应的实对称矩阵为**正定矩阵**,记作 $\boldsymbol{A}>0$;

$f<0$,则称这个二次型为**负定二次型**,对应的实对称矩阵为**负定矩阵**,记作 $\boldsymbol{A}<0$;

f 可正,可负,称二次型 f 为**不定型**.

例如 $f=x_1^2+x_2^2+x_3^2$ 为正定二次型,$f=-x_1^2-2x_2^2-x_3^2$ 为负定二次型,$f=x_1^2-x_2^2$ 为不定型.

给定一个二次型,如果它是标准形,那么,它正定的充分必要条件是它的 n 个平方项的系数全为正. 对于一般的二次型,怎样来判断其是否正定呢? 利用惯性定理可得:

定理 6.3 n 个变量的实二次型 $f=\boldsymbol{x}^{\mathrm{T}}\boldsymbol{Ax}$ 为正定的充分必要条件是其正惯性指数 π 等于变量个数 n.

证明 充分性 因为有可逆线性变换

$$x = Py,$$

可将二次型化为标准形

$$f = \sum_{i=1}^{n} d_i y_i^2,$$

其中 $d_1, d_2, \cdots, d_n > 0$，对任一 $x \neq 0$，必有 $y = P^{-1}x \neq 0$（否则与 $x \neq 0$ 矛盾），使

$$f(x) = \sum_{i=1}^{n} d_i y_i^2 > 0.$$

故 $f(x)$ 为正定二次型.

必要性 用反证法. 设 $\pi < n$，则可找到可逆线性变换

$$x = Py,$$

可将二次型化为标准形

$$f = \sum_{i=1}^{n} d_i y_i^2,$$

且其中有某个系数 $d_s \leqslant 0$，取 $y = (0, \cdots, 1, \cdots, 0)^{\mathrm{T}}$，就有 $x = Pe_s \neq 0$，此时

$$f = x^{\mathrm{T}}Ax = e_s^{\mathrm{T}}P^{\mathrm{T}}APe_s = d_s \leqslant 0.$$

与 $f = x^{\mathrm{T}}Ax$ 正定矛盾. 故必有 $\pi = n$.

推论 n 阶实对称矩阵 A 正定的充分必要条件是矩阵 A 具有 n 个正的特征值.

因此，可得下面正定的判定定理.

定理 6.4 设实二次型 $f = x^{\mathrm{T}}Ax$，则下列 4 个正定的结论等价：

(1) 对任意的 n 维非零向量 x，有 $f = x^{\mathrm{T}}Ax > 0$；

(2) 二次型 f 的实对称矩阵的特征值全为正数；

(3) 存在可逆矩阵 P，使得 $A = P^{\mathrm{T}}P$；

(4) 实二次型 $f = x^{\mathrm{T}}(-A)x$ 为负定二次型.

证明 在定理 6.3 的证明中取可逆变换 $x = Py$ 为正交变换 $x = Qy$，这时，标准形中的 n 个平方项的系数恰为 A 的特征值，故(1)与(2)等价.

在定理 6.3 的证明中取特殊可逆变换 $x = Cy$，化二次型为规范形，故 A 正定的充分必要条件是规范形为 $y^{\mathrm{T}}Ey$，故 $C^{\mathrm{T}}AC = E$（合同于单位阵），令 $P = C^{-1}$ 可得(1)与(3)等价.

由定义及 $f = x^{\mathrm{T}}(-A)x = -x^{\mathrm{T}}Ax$ 可知，对任何非零向量 x，$x^{\mathrm{T}}Ax > 0$ 的充分必要条件是 $x^{\mathrm{T}}(-A)x < 0$，故(1)与(4)等价.

注意：只有当 A 为实对称矩阵时，才考虑其正定性.

例 6.7 若 A 为正定矩阵，证明

(1) A 的主对角元 $a_{ii} > 0$；

(2) A 的行列式 $|A| > 0$.

证明 (1) 因为 A 为正定矩阵，所以对非零向量 $x = e_i = (0, 0, \cdots, 1, 0, \cdots, 0)^{\mathrm{T}}$，有

$$f = x^{\mathrm{T}}Ax = e_i^{\mathrm{T}}Ae_i = a_{ii} > 0, (i = 1, 2, \cdots, n)$$

成立.

(2) 因为 A 为正定矩阵，所以存在可逆矩阵 C，使 $A = C^{\mathrm{T}}C$，因此

$$|\boldsymbol{A}| = |\boldsymbol{C}^{\mathrm{T}}||\boldsymbol{C}| = |\boldsymbol{C}|^2 > 0.$$

例 6.8　证明若实对称矩阵 $\boldsymbol{A}$ 正定，则 $\boldsymbol{A}^{-1}$，$\boldsymbol{A}^*$ 也正定.

证明　因为 $\boldsymbol{A}$ 正定，所以

$$(\boldsymbol{A}^{-1})^{\mathrm{T}} = (\boldsymbol{A}^{\mathrm{T}})^{-1} = \boldsymbol{A}^{-1},$$

故 $\boldsymbol{A}^{-1}$ 为对称矩阵.

因为 $\boldsymbol{A}$ 正定，所以存在可逆矩阵 $\boldsymbol{C}$，使得

$$\boldsymbol{A} = \boldsymbol{C}^{\mathrm{T}}\boldsymbol{C},$$

令

$$\boldsymbol{D} = (\boldsymbol{C}^{-1})^{\mathrm{T}},$$

则 $\boldsymbol{D}$ 是可逆矩阵，且

$$\boldsymbol{A}^{-1} = \boldsymbol{C}^{-1}(\boldsymbol{C}^{\mathrm{T}})^{-1} = \boldsymbol{C}^{-1}(\boldsymbol{C}^{-1})^{\mathrm{T}} = \boldsymbol{D}^{\mathrm{T}}\boldsymbol{D}.$$

故 $\boldsymbol{A}^{-1}$ 为正定矩阵.

而

$$(\boldsymbol{A}^*)^{\mathrm{T}} = (|\boldsymbol{A}|\boldsymbol{A}^{-1})^{\mathrm{T}} = |\boldsymbol{A}|(\boldsymbol{A}^{-1})^{\mathrm{T}} = |\boldsymbol{A}|\boldsymbol{A}^{-1} = \boldsymbol{A}^*,$$

所以 $\boldsymbol{A}^*$ 为对称矩阵，

$$\boldsymbol{A}^* = |\boldsymbol{A}|\boldsymbol{A}^{-1} = \boldsymbol{R}^{\mathrm{T}}\boldsymbol{R},$$

其中 $\boldsymbol{R}=\sqrt{|\boldsymbol{A}|}(\boldsymbol{C}^{\mathrm{T}})^{-1}$ 为可逆矩阵，故 $\boldsymbol{A}^*$ 也正定.

用行列式来判别一个矩阵(二次型)是否正定也是一种常用的方法.

定义 6.7　设 $\boldsymbol{A}$ 为 n 阶对称矩阵，由 $\boldsymbol{A}$ 的前 k 行 k 列元素构成的 k 阶行列式

$$\begin{vmatrix} a_{11} & a_{12} & \cdots & a_{1k} \\ a_{21} & a_{22} & \cdots & a_{2k} \\ \vdots & \vdots & & \vdots \\ a_{k1} & a_{k2} & \cdots & a_{kk} \end{vmatrix} \quad (k = 1,2,\cdots,n),$$

称为矩阵 $\boldsymbol{A}=(a_{ij})$ 的 k **阶顺序主子式**.

定理 6.5　实二次型 $f=\boldsymbol{x}^{\mathrm{T}}\boldsymbol{A}\boldsymbol{x}$ 正定的充分必要条件是其矩阵 $\boldsymbol{A}$ 的所有顺序主子式均大于零.

证明比较复杂，读者只需记住结论即可.

注意：矩阵 $\boldsymbol{A}$ 的所有顺序主子式均小于零不是 $\boldsymbol{A}$ 负定的充分必要条件.

推论　n 阶实对称矩阵 $\boldsymbol{A}$ 负定的充分必要条件是

$$(-1)^k D_k > 0 \ (k = 1,2,\cdots,n),$$

其中 D_k 是 $\boldsymbol{A}$ 的 k 阶顺序主子式.

证明　对于 $(-f)=\boldsymbol{x}^{\mathrm{T}}(-\boldsymbol{A})\boldsymbol{x}$，矩阵 $-\boldsymbol{A}$ 的 $k(k=1,2,\cdots,n)$ 阶顺序主子式

$$\begin{vmatrix} -a_{11} & -a_{12} & \cdots & -a_{1k} \\ -a_{21} & -a_{22} & \cdots & -a_{2k} \\ \vdots & \vdots & & \vdots \\ -a_{k1} & -a_{k2} & \cdots & -a_{kk} \end{vmatrix} = (-1)^k D_k > 0$$

是 $-\boldsymbol{A}$ 为正定的充分必要条件，也就是 $\boldsymbol{A}$ 为负定的充分必要条件.

例 6.9 判断二次型 $f=3x_1^2+4x_1x_2+4x_2^2-4x_2x_3+5x_3^2$ 的正定性.

解 二次型 f 的矩阵为

$$\boldsymbol{A}=\begin{pmatrix}3&2&0\\2&4&-2\\0&-2&5\end{pmatrix},$$

它的顺序主子式为

$$|3|>0,\begin{vmatrix}3&2\\2&4\end{vmatrix}=8>0,|\boldsymbol{A}|=\begin{vmatrix}3&2&0\\2&4&-2\\0&-2&5\end{vmatrix}=28>0.$$

所以二次型 $f=3x_1^2+4x_1x_2+4x_2^2-4x_2x_3+5x_3^2$ 是正定的.

例 6.10 求 λ 的值,使二次型

$$f=x_1^2+2x_1x_2-2x_1x_3+2x_2^2+2\lambda x_2x_3+3x_3^2$$

为正定二次型.

解 二次型 f 的实对称矩阵为

$$\boldsymbol{A}=\begin{pmatrix}1&1&-1\\1&2&\lambda\\-1&\lambda&3\end{pmatrix},$$

由于 f 为正定二次型,因此所有的顺序主子式全大于零,即

$$|1|=1>0,\begin{vmatrix}1&1\\1&2\end{vmatrix}=1>0,|\boldsymbol{A}|=\begin{vmatrix}1&1&-1\\1&2&\lambda\\-1&\lambda&3\end{vmatrix}>0.$$

解得

$$-(1+\sqrt{2})<\lambda<\sqrt{2}-1.$$

本章小结

一、二次型及其矩阵表示

一个关于变量 $x_1,x_2,\cdots,x_n$ 的二次齐次函数

$$f(x_1,x_2,\cdots,x_n)=\sum_{i=1}^{n}\sum_{j=1}^{n}a_{ij}x_ix_j=\boldsymbol{x}^{\mathrm{T}}\boldsymbol{A}\boldsymbol{x}$$

称为 n 元二次型,其中

$$\boldsymbol{x}=\begin{pmatrix}x_1\\x_2\\\vdots\\x_n\end{pmatrix},\boldsymbol{A}=\begin{pmatrix}a_{11}&a_{12}&\cdots&a_{1n}\\a_{21}&a_{22}&\cdots&a_{2n}\\\vdots&\vdots&&\vdots\\a_{n1}&a_{n2}&\cdots&a_{nn}\end{pmatrix}$$

为对称矩阵.这里的实对称矩阵 $\boldsymbol{A}$ 与二次型是一一对应的,称为二次型 f 的矩阵.矩阵 $\boldsymbol{A}$ 的秩也称二次型 f 的秩.当 $\boldsymbol{A}$ 是对角阵时,f 为标准形.

二、化二次型为标准形

对任一二次型 $f=\boldsymbol{x}^{\mathrm{T}}\boldsymbol{A}\boldsymbol{x}$，总可以找到满秩线性变换 $\boldsymbol{x}=\boldsymbol{P}\boldsymbol{y}$ 化二次型为标准形，即

$$f=\boldsymbol{x}^{\mathrm{T}}\boldsymbol{A}\boldsymbol{x}=\boldsymbol{y}^{\mathrm{T}}\boldsymbol{P}^{\mathrm{T}}\boldsymbol{A}\boldsymbol{P}\boldsymbol{y}=d_1y_1^2+d_2y_2^2+\cdots+d_ry_r^2,$$

其中 $r=R(\boldsymbol{A})$.

由于实二次型 f 与实对称矩阵 $\boldsymbol{A}$ 一一对应，而实二次型 f 化为标准形的问题，实质上是讨论实对称矩阵 $\boldsymbol{A}$ 与对角矩阵合同的问题.

化二次型为标准形的方法有两种. 我们知道对于实对称矩阵 $\boldsymbol{A}$，一定可以求得一个正交矩阵 $\boldsymbol{C}$，使得 $\boldsymbol{C}^{\mathrm{T}}\boldsymbol{A}\boldsymbol{C}$ 为对角矩阵，因此，可以得到用正交变换将二次型化为标准形的方法. 其次还可以用配方法将二次型化为标准形，应用这种方法时不必写出二次型的矩阵，同时，标准形的系数与该矩阵的特征值也无关.

1. 用正交变换法化二次型为标准形

(1) 写出二次型的矩阵 $\boldsymbol{A}$；

(2) 求出 $\boldsymbol{A}$ 的全部特征值 $\lambda_1,\lambda_2,\cdots,\lambda_n$；

(3) 对每个特征值 λ_i，求出相应的特征向量，并将它们正交单位化，得到 n 个两两正交的单位正交向量组 $\boldsymbol{p}_1,\boldsymbol{p}_2,\cdots,\boldsymbol{p}_n$；

(4) 以 $\boldsymbol{p}_1,\boldsymbol{p}_2,\cdots,\boldsymbol{p}_n$ 为列向量构成矩阵 $\boldsymbol{P}$，则 $\boldsymbol{P}$ 为正交矩阵；

(5) 施行正交变换 $\boldsymbol{x}=\boldsymbol{P}\boldsymbol{y}$，则二次型即可化为标准形 $f=\lambda_1y_1^2+\lambda_2y_2^2+\cdots+\lambda_ny_n^2$.

2. 用配方法化二次型为标准形

如果二次型 $f=\boldsymbol{x}^{\mathrm{T}}\boldsymbol{A}\boldsymbol{x}$ 中含有某个变量 x_i 的平方项，则先把含有 x_i 的各项集中，按 x_i 配成完全平方，然后按此方法对其他变量配方，直至都配成平方项.

如果二次型 $f=\boldsymbol{x}^{\mathrm{T}}\boldsymbol{A}\boldsymbol{x}$ 中不含平方项，但有某个 $a_{ij}\neq 0(i\neq j)$，则先施行一个可逆线性变换

$$\begin{cases}x_i=y_i+y_j,\\ x_j=y_i-y_j,\ (i\neq j),\\ x_k=y_k\end{cases}$$

使二次型出现平方项，再按上面的方法配方.

注意：重点掌握正交变换法. 用正交变换得到的标准形平方项前的系数必是 $\boldsymbol{A}$ 的特征值.

三、惯性定律

对一个二次型 $f=\boldsymbol{x}^{\mathrm{T}}\boldsymbol{A}\boldsymbol{x}$，用不同的满秩线性变换将其化为标准形，标准形的形式可以是不同的，但标准形中平方项前正系数的个数（正惯性指数）π 和负数系数个数（负惯性指数）$r-\pi$ 都是唯一确定的.

四、正定二次型

实二次型 $f(x_1,x_2,\cdots,x_n)=\sum\limits_{i=1}^{n}\sum\limits_{j=1}^{n}a_{ij}x_ix_j=\boldsymbol{x}^{\mathrm{T}}\boldsymbol{A}\boldsymbol{x}$ 是一个关于变量 $x_1,x_2,\cdots,x_n$ 的二次齐次函数，根据函数值是否恒大于零，将二次型分为正定二次型及其他.

五、正定矩阵的判别法

设 $\boldsymbol{A}$ 是 n 阶实对称矩阵：

(1) 若 $\boldsymbol{A}$ 的正惯性指数 $\pi=n$,则 $\boldsymbol{A}$ 正定；

(2) 若 $\boldsymbol{A}$ 的特征值全为正,则 $\boldsymbol{A}$ 正定；

(3) 若 $\boldsymbol{A}$ 的各阶顺序主子式均大于零,则 $\boldsymbol{A}$ 正定；

(4) 用定义,若 $\forall\, x\neq 0, x\in \mathbf{R}^n, f=\boldsymbol{x}^{\mathrm{T}}\boldsymbol{A}\boldsymbol{x}>0$,则 $\boldsymbol{A}$ 正定.

注意： 以上各条均为实对称矩阵 $\boldsymbol{A}$ 正定的充分必要条件.

习题六

1. 写出下列二次型的矩阵.

(1) $f(x,y)=4x^2-6xy-7y^2$.

(2) $f(x_1,x_2,x_3)=x_1^2+2x_2^2-3x_3^2-4x_1x_2+2x_2x_3$.

(3) $f(x_1,x_2,x_3,x_4)=x_1x_2+x_2x_3+x_3x_4$.

(4) $f(x_1,x_2,x_3)=\boldsymbol{x}^{\mathrm{T}}\begin{pmatrix}1&3&5\\2&4&6\\7&8&5\end{pmatrix}\boldsymbol{x}$.

2. 写出与下列矩阵对应的二次型.

(1) $\begin{pmatrix}0&0&1\\0&1&0\\1&0&0\end{pmatrix}$.　　(2) $\begin{pmatrix}1&1&2&0\\1&2&3&0\\2&3&3&0\\0&0&0&2\end{pmatrix}$.

3. 用正交变换法化下列二次型为标准形,并求出所用的正交变换矩阵.

(1) $f=2x_1^2+x_2^2-4x_1x_2-4x_2x_3$.

(2) $f=2x_1x_2-2x_3x_4$.

(3) $f=3x_1^2+3x_2^2+6x_3^2+8x_1x_2-4x_1x_3+4x_2x_3$.

(4) $f=x_1^2+4x_2^2+x_3^2-4x_1x_2-8x_1x_3-4x_2x_3$.

4. 用配方法将下列二次型化为标准形,并求出所用的可逆线性变换.

(1) $f=x_1^2+5x_2^2-4x_3^2+2x_1x_2-4x_1x_3$.

(2) $f=x_1x_2+2x_1x_3-4x_2x_3$.

5. 判定下列二次型的正定性.

(1) $f=3x_1^2+x_2^2+6x_1x_2+6x_1x_3+2x_2x_3$.

(2) $f=-5x_1^2-6x_2^2-4x_3^2+4x_1x_2+4x_1x_3$.

6. 问参数 t 取何值时,二次型

$$f=x_1^2+x_2^2+5x_3^2+2tx_1x_2-2x_1x_3+4x_2x_3$$

正定.

7. 已知 $\boldsymbol{A},\boldsymbol{B}$ 都是正定矩阵,试证矩阵 $\boldsymbol{A}+\boldsymbol{B}$ 也是正定矩阵.

8. 试问 k 取何值时,

$$f = x_1^2 - 4x_1x_2 - 2x_2^2 + 4x_1x_3 - 2x_3^2 + 8x_2x_3 + k(x_1^2 + x_2^2 + x_3^2)$$

为正定二次型.

9. 设 $\boldsymbol{A}=\begin{pmatrix} 0 & -2 & 2 \\ -2 & -3 & 4 \\ 2 & 4 & -3 \end{pmatrix}$，$f(x)=x^3-3x^2+3x-1$，求正交矩阵 $\boldsymbol{Q}$ 与对角阵 $\boldsymbol{\Lambda}$，使 $\boldsymbol{Q}^{-1}f(\boldsymbol{A})\boldsymbol{Q}=\boldsymbol{\Lambda}$.

10. 设 $\boldsymbol{U}$ 为可逆矩阵，$\boldsymbol{A}=\boldsymbol{U}^{\mathrm{T}}\boldsymbol{U}$，证明 $f=\boldsymbol{x}^{\mathrm{T}}\boldsymbol{A}\boldsymbol{x}$ 为正定二次型.

11. 已知二次型 $f(x_1,x_2,x_3)=5x_1^2+5x_2^2+cx_3^2-2x_1x_2+6x_1x_3-6x_2x_3$ 的秩为 2，求参数 c 及二次型对应矩阵的特征值.

12. 设 $\boldsymbol{A}$ 为 n 阶正定矩阵，$\boldsymbol{E}$ 为 n 阶单位矩阵，证明 $\boldsymbol{E}+\boldsymbol{A}$ 的行列式大于 1.

13. 若 $\boldsymbol{A}$ 为正定矩阵，证明 $\boldsymbol{A}^*$ 也是正定矩阵.

同步测试题六

一、选择题

1. 二次型 $f(x_1,x_2,x_3)=2x_1^2+x_2^2-4x_3^2-4x_1x_2-2x_2x_3$ 的标准形为(　　).

A. $f=2y_1^2-y_2^2-3y_3^2$　　B. $f=-2y_1^2$

C. $f=2y_1^2-y_2^2$　　D. $f=2y_1^2+y_2^2+3y_3^2$

2. 二次型 $f(x_1,x_2,x_3)=(k-1)x_1^2+kx_2^2+(k-2)x_3^2$ 为正定二次型，则(　　).

A. $k>0$　　B. $k>2$　　C. $k>1$　　D. $k=1$

3. 二次型 $f=x_2^2+x_3^2$ 是(　　).

A. 正定二次型　　B. 负定二次型　　C. 不定二次型　　D. 半正定二次型

4. 设 $\boldsymbol{A},\boldsymbol{B}$ 都是 n 阶实对称矩阵，且都正定，那么 $\boldsymbol{AB}$ 是(　　).

A. 实对称阵　　B. 正定矩阵　　C. 可逆矩阵　　D. 正交矩阵

5. 设 $\boldsymbol{A},\boldsymbol{B}$ 均为 n 阶方阵 $\boldsymbol{x}=(x_1,x_2,\cdots,x_n)^{\mathrm{T}}$，且 $\boldsymbol{x}^{\mathrm{T}}\boldsymbol{A}\boldsymbol{x}=\boldsymbol{x}^{\mathrm{T}}\boldsymbol{B}\boldsymbol{x}$，若 $\boldsymbol{A}=\boldsymbol{B}$，则(　　).

A. $R(\boldsymbol{A})=R(\boldsymbol{B})$　　B. $\boldsymbol{A}^{\mathrm{T}}=\boldsymbol{A}$

C. $\boldsymbol{B}^{\mathrm{T}}=\boldsymbol{B}$　　D. $\boldsymbol{A}^{\mathrm{T}}=\boldsymbol{A}$ 且 $\boldsymbol{B}^{\mathrm{T}}=\boldsymbol{B}$

二、填空题

1. 二次型 $f(x_1,x_2,x_3)=x_1^2+2x_2^2+3x_3^2+4x_1x_2+2x_2x_3$ 的矩阵为__________.

2. 二次型 $f(x_1,x_2,x_3)=x_1^2-x_2^2+3x_3^2$ 的秩为__________.

3. 若二次型 $f(x_1,x_2,x_3)=2x_1^2+x_2^2+x_3^2+2x_1x_2+tx_2x_3$ 是正定的，则 t 的取值范围是__________.

4. 如果实二次型 $f(x_1,x_2,x_3)=a(x_1^2+x_2^2+x_3^2)+4x_1x_2+4x_1x_3+4x_2x_3$ 经正交变换 $\boldsymbol{x}=\boldsymbol{P}\boldsymbol{y}$ 可化为标准型 $f=6y_1^2$，则 $a=$__________.

5. 若实对称矩阵 $\boldsymbol{A}_{2\times 2}$ 与矩阵 $\begin{pmatrix} -1 & 0 \\ 0 & 2 \end{pmatrix}$ 合同，则二次型 $\boldsymbol{x}^{\mathrm{T}}\boldsymbol{A}\boldsymbol{x}$ 的标准型是__________.

三、计算题

1. 用配方法将二次型 $f(x_1,x_2,x_3)=x_1^2+6x_2^2+6x_3^2-4x_1x_2+4x_1x_3-12x_2x_3$ 化为标准形，并写出所施行的可逆线性变换.

2. 判别二次型 $f(x_1,x_2,x_3)=5x_1^2+6x_2^2+4x_3^2-4x_1x_2-4x_2x_3$ 的正定性.

3. 已知二次型 $f(x_1,x_2,x_3)=2x_1^2+3x_2^2+3x_3^2+2ax_2x_3\,(a>0)$通过正交变换化为标准形 $f=y_1^2+2y_2^2+5y_3^2$,求参数 a 及所用的正交变换矩阵.

4. 设 $\boldsymbol{A}$ 是三阶实对称矩阵,且满足 $\boldsymbol{A}^2+2\boldsymbol{A}=\boldsymbol{O}$,$R(\boldsymbol{A})=2$.

(1) 求 $\boldsymbol{A}$ 的全部特征值;

(2) k 为何值时,矩阵 $\boldsymbol{A}+k\boldsymbol{E}$ 为正定矩阵.

5. 设二次型 $f(x_1,x_2,x_3)=ax_1^2+2x_2^2-2x_3^2+2bx_1x_3\,(b>0)$,其中二次型的矩阵 $\boldsymbol{A}$ 的特征值之和为 1,特征值之积为 -12,求 a,b.

四、证明题

1. 设 $\boldsymbol{A}$ 为 $m\times n$ 实矩阵,$\boldsymbol{B}=\lambda\boldsymbol{E}+\boldsymbol{A}^{\mathrm{T}}\boldsymbol{A}$,试证:当 $\lambda>0$ 时,矩阵 $\boldsymbol{B}$ 为正定矩阵.

2. 设 $\boldsymbol{A}$ 为 n 阶实对称矩阵,且 $\boldsymbol{A}^3-3\boldsymbol{A}^2+5\boldsymbol{A}-3\boldsymbol{E}=\boldsymbol{O}$,试证矩阵 $\boldsymbol{A}$ 为正定矩阵.

第 7 章

线性空间与线性变换

学习目标

1. 理解线性空间的概念,掌握线性空间的性质.
2. 掌握线性空间维数、基及坐标的概念.
3. 掌握基变换与坐标变换公式.
4. 掌握线性变换的概念、性质与运算.
5. 掌握线性变换的矩阵表示和线性变换在不同基下的矩阵之间的关系,了解线性变换运算所对应的矩阵.

线性空间是代数学中最基本的概念之一.该理论不仅在数学中占有重要地位,而且在其他应用科学和实践活动中都有广泛应用.前面介绍了向量空间的概念,本章将这一概念推广,使向量及向量空间的概念更具有一般性.

7.1 线性空间与子空间

一、线性空间的概念

定义 7.1 设 V 是一个非空集合,$\mathbf{R}$ 是实数域,在 V 中定义了两种代数运算:

(1) **加法**:对于 V 中任意两个元素 $\boldsymbol{\alpha}$ 与 $\boldsymbol{\beta}$,按照一定的规则在 V 中都有唯一确定的元素 $\boldsymbol{\gamma}$ 与它们对应,称为 $\boldsymbol{\alpha}$ 与 $\boldsymbol{\beta}$ 的和,记作 $\boldsymbol{\gamma}=\boldsymbol{\alpha}+\boldsymbol{\beta}$.

(2) **数量乘法**:对于 V 中任意元素 $\boldsymbol{\alpha}$ 和实数域 $\mathbf{R}$ 中的任意数 k,按照一定的规则在 V 中都有唯一确定的元素 $\boldsymbol{\delta}$ 与它们对应,称为 k 与 $\boldsymbol{\alpha}$ 的数量乘积,记作 $\boldsymbol{\delta}=k\boldsymbol{\alpha}$.

一般称集合 V 对于加法和数量乘法这两种运算封闭.

如果加法和数量乘法满足以下运算规律,则称 V 是实数域 $\mathbf{R}$ 上的一个线性空间.其中加法运算满足:

(1) **交换律**:$\boldsymbol{\alpha}+\boldsymbol{\beta}=\boldsymbol{\beta}+\boldsymbol{\alpha}$;

(2) **结合律**:$(\boldsymbol{\alpha}+\boldsymbol{\beta})+\boldsymbol{\gamma}=\boldsymbol{\alpha}+(\boldsymbol{\beta}+\boldsymbol{\gamma})$;

(3) **零元素的存在性**：在 V 中有一个元素 $\mathbf{0}$，对于 V 中任意元素 $\boldsymbol{\alpha}$，都有 $\boldsymbol{\alpha}+\mathbf{0}=\boldsymbol{\alpha}$，称元素 $\mathbf{0}$ 为 V 的零元素；

(4) **负元素的存在性**：对于 V 中每个元素 $\boldsymbol{\alpha}$，都有 V 中的元素 $\boldsymbol{\beta}$，使得 $\boldsymbol{\alpha}+\boldsymbol{\beta}=\mathbf{0}$，称 $\boldsymbol{\beta}$ 为 $\boldsymbol{\alpha}$ 的负元素，记作 $-\boldsymbol{\alpha}$，即 $\boldsymbol{\alpha}+(-\boldsymbol{\alpha})=\mathbf{0}$.

数量乘法运算满足：

(5) $1\cdot\boldsymbol{\alpha}=\boldsymbol{\alpha}$；

(6) $k(l\boldsymbol{\alpha})=(kl)\boldsymbol{\alpha}$.

数量乘法与加法运算满足：

(7) $(k+l)\boldsymbol{\alpha}=k\boldsymbol{\alpha}+l\boldsymbol{\alpha}$；

(8) $k(\boldsymbol{\alpha}+\boldsymbol{\beta})=k\boldsymbol{\alpha}+k\boldsymbol{\beta}$.

其中 $\boldsymbol{\alpha},\boldsymbol{\beta},\boldsymbol{\gamma}$ 是 V 中的任意元素，k 和 l 是任意实数.

注意：数的加法与元素的加法，数的乘法与数量乘法有区别. 有时为了区分用 $\oplus$ 表示元素的加法，用 $\otimes$ 或 $\circ$ 来表示数量乘法.

简而言之，满足以上 8 条运算规律的加法及数量乘法，称为线性运算；定义了线性运算的集合，称为线性空间.

由定义可知，全体有序 n 元数组所组成的向量空间 $\mathbf{R}^n$ 是实数域 $\mathbf{R}$ 上的线性空间，实系数齐次线性方程组 $\boldsymbol{Ax}=\mathbf{0}$ 的全体解向量所组成的解空间也是实数域 $\mathbf{R}$ 上的线性空间.

线性空间的元素一般也称为向量，从而线性空间也称为向量空间. 显然，这里所说的向量(即线性空间的元素)，其含义要比 $\mathbf{R}^n$ 中的向量广泛得多，比较起来，现在的意义有了很大的推广：

(1) 线性空间中的元素不一定是有序数组.

(2) 线性空间中的运算只要求满足以上 8 条运算规律，不一定是有序数组的加法及数量乘法.

例如，设

$$\boldsymbol{R}_n[x]=\{f(x)=a_0+a_1x+\cdots+a_nx^n \mid a_0,a_1,\cdots,a_n\in\mathbf{R}\}$$

是实数域 $\mathbf{R}$ 上次数不超过 n 的多项式的全体所组成的集合，$0\in\boldsymbol{R}_n[x]$，所以 $\boldsymbol{R}_n[x]$ 非空，$\boldsymbol{R}_n[x]$ 对通常的多项式加法和数量乘法构成实数域上的线性空间，这是因为通常的多项式的加法和数量乘法运算满足线性运算的 8 条规律，并且 $\boldsymbol{R}_n[x]$ 关于这两种运算封闭，即对任意的 $f_1(x)=a_0+a_1x+\cdots+a_nx^n$，$f_2(x)=b_0+b_1x+\cdots+b_nx^n\in\boldsymbol{R}_n[x]$，$k\in\mathbf{R}$，有

$$f_1(x)+f_2(x)=(a_0+b_0)+(a_1+b_1)x+\cdots+(a_n+b_n)x^n\in\boldsymbol{R}_n[x],$$

$$kf_1(x)=ka_0+ka_1x+\cdots+ka_nx^n\in\boldsymbol{R}_n[x],$$

所以 $\boldsymbol{R}_n[x]$ 是实数域 $\mathbf{R}$ 上的线性空间.

再例如，设

$$V=\{f(x)=a_0+a_1x+\cdots+a_nx^n \mid a_0,a_1,\cdots,a_n\in\mathbf{R},a_n\neq 0\}$$

是实数域 $\mathbf{R}$ 上 n 次多项式的全体所组成的集合，V 关于多项式的加法和数量乘法不构成实数域上的线性空间，这是因为 V 关于多项式的加法不封闭. 例如

$$f_1(x)=a_0+a_1x+\cdots+a_{n-1}x^{n-1}+x^n\in V,$$

$$f_2(x) = b_0 + b_1 x + \cdots + b_{n-1} x^{n-1} - x^n \in V,$$

但

$$f_1(x) + f_2(x) = (a_0 + b_0) + (a_1 + b_1)x + \cdots + (a_{n-1} + b_{n-1})x^{n-1} \notin V.$$

验证一个集合是否是线性空间，不能只验证对运算是否具有封闭性. 若所定义的加法和数量乘法运算不是通常的实数间的加法和数量乘法运算，则应仔细验证是否满足 8 条运算规律.

例 7.1 设

$$S^n = \{\boldsymbol{x} = (x_1, x_2, \cdots, x_n) \mid x_1, x_2, \cdots, x_n \in \mathbf{R}\}$$

是 n 个有序数组的全体组成的集合，对于通常的有序数组的加法及如下定义的乘法

$$k \circ (x_1, x_2, \cdots, x_n) = (0, 0, \cdots, 0)\ (k \in \mathbf{R}),$$

验证 S^n 是否构成线性空间.

证明 可以验证 S^n 对运算封闭. 但因 $1 \circ x = 0$ 不满足性质 $1 \circ \alpha = \alpha$，即所定义的运算不是线性运算，所以 S^n 不是线性空间.

作为集合 S^n 与 $\mathbf{R}^n$ 是相同的，但由于在其中所定义的运算不同，$\mathbf{R}^n$ 构成线性空间，而 S^n 不构成线性空间. 因此，线性空间的概念是集合与运算二者的结合. 一般来说，同一个集合，若定义不同的线性运算，则构成不同的线性空间. 若定义的运算不是线性运算，则不能构成线性空间. 所以，所定义的线性运算是线性空间的本质，而其中的元素是什么不重要.

例 7.2 设全体正实数构成集合 $\mathbf{R}^+$，在其中定义如下的加法和数量乘法：

$$\boldsymbol{a} \oplus \boldsymbol{b} = \boldsymbol{ab}\ (\boldsymbol{a}, \boldsymbol{b} \in \mathbf{R}^+),$$

$$k \circ \boldsymbol{a} = \boldsymbol{a}^k\ (k \in \mathbf{R}, \boldsymbol{a} \in \mathbf{R}^+).$$

验证 $\mathbf{R}^+$ 是否构成线性空间.

证明 对任意的 $\boldsymbol{a}, \boldsymbol{b} \in \mathbf{R}^+$，有 $\boldsymbol{a} \oplus \boldsymbol{b} = \boldsymbol{ab} \in \mathbf{R}^+$，对加法封闭.

对任意的 $\lambda \in \mathbf{R}, \boldsymbol{a} \in \mathbf{R}^+$，有 $\lambda \circ \boldsymbol{a} = \boldsymbol{a}^\lambda \in \mathbf{R}^+$，对数量乘法封闭.

(1) $\boldsymbol{a} \oplus \boldsymbol{b} = \boldsymbol{ab} = \boldsymbol{ba} = \boldsymbol{b} \oplus \boldsymbol{a}$.

(2) $(\boldsymbol{a} \oplus \boldsymbol{b}) \oplus \boldsymbol{c} = (\boldsymbol{ab}) \oplus \boldsymbol{c} = (\boldsymbol{ab})\boldsymbol{c} = \boldsymbol{a}(\boldsymbol{bc}) = \boldsymbol{a} \oplus (\boldsymbol{b} \oplus \boldsymbol{c})$.

(3) $\mathbf{R}^+$ 中存在零元素 1，对任何 $\boldsymbol{a} \in \mathbf{R}^+$，有 $\boldsymbol{a} \oplus 1 = \boldsymbol{a}$.

(4) 对任何 $\boldsymbol{a} \in \mathbf{R}^+$，有负元素 $\boldsymbol{a}^{-1} \in \mathbf{R}^+$，使 $\boldsymbol{a} \oplus \boldsymbol{a}^{-1} = \boldsymbol{aa}^{-1} = 1$.

(5) $1 \circ \boldsymbol{a} = \boldsymbol{a}^1 = \boldsymbol{a}$.

(6) $k \circ (l \circ \boldsymbol{a}) = k \circ \boldsymbol{a}^l = (\boldsymbol{a}^l)^k = \boldsymbol{a}^{kl} = (kl) \circ \boldsymbol{a}$.

(7) $(k + l) \circ \boldsymbol{a} = \boldsymbol{a}^{k+l} = \boldsymbol{a}^k \boldsymbol{a}^l = \boldsymbol{a}^k \oplus \boldsymbol{a}^l = (k \circ \boldsymbol{a}) \oplus (l \circ \boldsymbol{a})$.

(8) $k \circ (\boldsymbol{a} \oplus \boldsymbol{b}) = k \circ (\boldsymbol{ab}) = (\boldsymbol{ab})^k = \boldsymbol{a}^k \boldsymbol{b}^k = \boldsymbol{a}^k \oplus \boldsymbol{b}^k = (k \circ \boldsymbol{a}) \oplus (k \circ \boldsymbol{b})$.

因此，$\mathbf{R}^+$ 对所定义的运算构成一个线性空间.

> **注意：** 线性空间中的零元素不一定是常规意义下的零元素，其负元素也不一定是常规意义下的负元素.

二、线性空间的性质

性质 1 线性空间的零元素是唯一的.

证明 假设 $\mathbf{0}_1,\mathbf{0}_2$ 是线性空间 V 中两个零元素,有

$$\mathbf{0}_2+\mathbf{0}_1=\mathbf{0}_2,\ \mathbf{0}_1+\mathbf{0}_2=\mathbf{0}_1,$$

所以

$$\mathbf{0}_1=\mathbf{0}_1+\mathbf{0}_2=\mathbf{0}_2+\mathbf{0}_1=\mathbf{0}_2.$$

这就证明了零元素的唯一性.

性质 2 线性空间中每个元素的负元素是唯一的.

证明 假设 $\boldsymbol{\beta},\boldsymbol{\gamma}$ 均为 $\boldsymbol{\alpha}$ 的负元素,即 $\boldsymbol{\alpha}+\boldsymbol{\beta}=\mathbf{0},\boldsymbol{\alpha}+\boldsymbol{\gamma}=\mathbf{0}$. 于是

$$\boldsymbol{\beta}=\boldsymbol{\beta}+\mathbf{0}=\boldsymbol{\beta}+(\boldsymbol{\alpha}+\boldsymbol{\gamma})=(\boldsymbol{\beta}+\boldsymbol{\alpha})+\boldsymbol{\gamma}=\mathbf{0}+\boldsymbol{\gamma}=\boldsymbol{\gamma}.$$

这个性质表明:满足 $\boldsymbol{\alpha}+\boldsymbol{\beta}=\mathbf{0}$ 的元素 $\boldsymbol{\beta}$ 是由 $\boldsymbol{\alpha}$ 唯一确定的.

此外,利用负元素可以定义元素的减法.

$$\boldsymbol{\alpha}-\boldsymbol{\beta}=\boldsymbol{\alpha}+(-\boldsymbol{\beta}).$$

性质 3 $0\boldsymbol{\alpha}=\mathbf{0},k\mathbf{0}=\mathbf{0},(-1)\boldsymbol{\alpha}=-\boldsymbol{\alpha}$.

证明 先证 $0\boldsymbol{\alpha}=\mathbf{0}$(注意等式两边的“0”含义不同),由

$$\boldsymbol{\alpha}+0\boldsymbol{\alpha}=1\boldsymbol{\alpha}+0\boldsymbol{\alpha}=(1+0)\boldsymbol{\alpha}=1\boldsymbol{\alpha}=\boldsymbol{\alpha},$$

两边加上 $-\boldsymbol{\alpha}$,即得

$$0\boldsymbol{\alpha}=\mathbf{0}.$$

再证 $(-1)\boldsymbol{\alpha}=-\boldsymbol{\alpha}$. 因为

$$\boldsymbol{\alpha}+(-1)\boldsymbol{\alpha}=1\boldsymbol{\alpha}+(-1)\boldsymbol{\alpha}=[1+(-1)]\boldsymbol{\alpha}=0\boldsymbol{\alpha}=\mathbf{0},$$

由负元素的唯一性,可知

$$(-1)\boldsymbol{\alpha}=-\boldsymbol{\alpha}.$$

最后证 $k\mathbf{0}=\mathbf{0}$,有

$$k\mathbf{0}=k[\boldsymbol{\alpha}+(-1)\boldsymbol{\alpha}]=k\boldsymbol{\alpha}+(-k)\boldsymbol{\alpha}=0\boldsymbol{\alpha}=\mathbf{0}.$$

性质 4 如果 $k\boldsymbol{\alpha}=\mathbf{0}$,则 $k=0$ 或 $\boldsymbol{\alpha}=\mathbf{0}$.

证明 只要证明 $k\neq0$ 且 $\boldsymbol{\alpha}\neq\mathbf{0}$ 时,一定有 $k\boldsymbol{\alpha}\neq\mathbf{0}$. 若不然,则

$$\mathbf{0}\neq\boldsymbol{\alpha}=\left(\frac{1}{k}\cdot k\right)\boldsymbol{\alpha}=\frac{1}{k}(k\boldsymbol{\alpha})=\frac{1}{k}\mathbf{0}=\mathbf{0},$$

这是矛盾的.

三、子空间

定义 7.2 设 V 是一个线性空间,W 是 V 的一个非空子集,如果 W 关于 V 中定义的加法和数量乘法两种运算也构成一个线性空间,则 W 称为 V 的一个子空间.

定理 7.1 设 V 是实数域 $\mathbf{R}$ 上的线性空间,W 是 V 的一个非空子集,则 W 是 V 的子空间的充分必要条件是 W 对 V 中定义的线性运算(即加法和数量乘法)封闭.

推论 实数域 $\mathbf{R}$ 上的线性空间 V 的非空子集 W 是 V 的子空间的充分必要条件是对于任意的 $k,l\in\mathbf{R}$ 和 $\boldsymbol{\alpha},\boldsymbol{\beta}\in W$,恒有 $k\boldsymbol{\alpha}+l\boldsymbol{\beta}\in W$.

实数域 $\mathbf{R}$ 上全体 n 阶方阵所组成的集合记为 $M_n(\mathbf{R})$,它构成实数域 $\mathbf{R}$ 上的一个线性空间. $M_n(\mathbf{R})$ 中全体对角阵 $D_n(\mathbf{R})$ 是 $M_n(\mathbf{R})$ 的一个子空间.

7.2 基变换与坐标变换

一、线性空间的基与维数

我们已经在第 4 章中详细讨论了向量组的线性相关性、向量组的线性表示与等价等重要概念.这些概念及相关性质只涉及线性运算,因此对于一般的线性空间中的元素仍然适用.以后就可以直接引用这些概念与性质,不再一一给出证明过程.

前面已经介绍了向量空间的基与维数的概念,一般的线性空间也有类似的概念.

定义 7.3 在线性空间 V 中,如果存在 n 个元素 $\boldsymbol{\alpha}_1,\boldsymbol{\alpha}_2,\cdots,\boldsymbol{\alpha}_n$,满足:

(1) $\boldsymbol{\alpha}_1,\boldsymbol{\alpha}_2,\cdots,\boldsymbol{\alpha}_n$ 线性无关.

(2) V 中任一元素 $\boldsymbol{\alpha}$ 总可以由 $\boldsymbol{\alpha}_1,\boldsymbol{\alpha}_2,\cdots,\boldsymbol{\alpha}_n$ 线性表示.

则称 $\boldsymbol{\alpha}_1,\boldsymbol{\alpha}_2,\cdots,\boldsymbol{\alpha}_n$ 为线性空间 V 的一个基,n 是线性空间 V 的维数,记作 $\dim V=n$. 维数为 n 的线性空间称为 n 维线性空间,记作 V_n.

当一个线性空间 V 中存在任意多个线性无关的元素时,称 V 是无限维的.这里主要讨论有限维的线性空间.

例如,实数域 $\mathbf{R}$ 上全体 $n\times 1$ 矩阵所组成的集合

$$\mathbf{R}^n=\{(a_1,a_2,\cdots,a_n)^{\mathrm{T}}\mid a_i\in\mathbf{R},i=1,2,\cdots,n\}.$$

容易看出

$$\boldsymbol{\varepsilon}_1=\begin{pmatrix}1\\0\\\vdots\\0\end{pmatrix},\ \boldsymbol{\varepsilon}_2=\begin{pmatrix}0\\1\\\vdots\\0\end{pmatrix},\ \cdots,\ \boldsymbol{\varepsilon}_n=\begin{pmatrix}0\\0\\\vdots\\1\end{pmatrix}$$

是 $\mathbf{R}^n$ 的一个基,这个基称为 $\mathbf{R}^n$ 的标准基,且 $\dim\mathbf{R}^n=n$.

设 V_n 是 n 维线性空间,$\boldsymbol{\alpha}_1,\boldsymbol{\alpha}_2,\cdots,\boldsymbol{\alpha}_n$ 是 V_n 的一个基,则

(1) V_n 可表示为

$$V_n=\{\boldsymbol{\alpha}=x_1\boldsymbol{\alpha}_1+x_2\boldsymbol{\alpha}_2+\cdots+x_n\boldsymbol{\alpha}_n\mid x_1,x_2,\cdots,x_n\in\mathbf{R}\}.$$

(2) 对于任意 $\boldsymbol{\alpha}\in V_n$,因为 $\boldsymbol{\alpha}_1,\boldsymbol{\alpha}_2,\cdots,\boldsymbol{\alpha}_n$ 线性无关,而 $\boldsymbol{\alpha}_1,\boldsymbol{\alpha}_2,\cdots,\boldsymbol{\alpha}_n,\boldsymbol{\alpha}$ 线性相关,从而 $\boldsymbol{\alpha}$ 可由 $\boldsymbol{\alpha}_1,\boldsymbol{\alpha}_2,\cdots,\boldsymbol{\alpha}_n$ 线性表示,且表示法唯一.即存在唯一确定的一组数 $x_1,x_2,\cdots,x_n\in\mathbf{R}$,使得

$$\boldsymbol{\alpha}=x_1\boldsymbol{\alpha}_1+x_2\boldsymbol{\alpha}_2+\cdots+x_n\boldsymbol{\alpha}_n.$$

于是可以引入坐标的概念.

定义 7.4 设 $\boldsymbol{\alpha}_1,\boldsymbol{\alpha}_2,\cdots,\boldsymbol{\alpha}_n$ 是 n 维线性空间 V_n 的一个基,对任意的元素 $\boldsymbol{\alpha}\in V_n$,存在唯一的一组数 $x_1,x_2,\cdots,x_n$,使得

$$\boldsymbol{\alpha}=x_1\boldsymbol{\alpha}_1+x_2\boldsymbol{\alpha}_2+\cdots+x_n\boldsymbol{\alpha}_n=(\boldsymbol{\alpha}_1,\boldsymbol{\alpha}_2,\cdots,\boldsymbol{\alpha}_n)\begin{pmatrix}x_1\\x_2\\\vdots\\x_n\end{pmatrix},$$

则称$\begin{pmatrix} x_1 \\ x_2 \\ \vdots \\ x_n \end{pmatrix}$为元素$\boldsymbol{\alpha}$在$\boldsymbol{\alpha}_1,\boldsymbol{\alpha}_2,\cdots,\boldsymbol{\alpha}_n$这个基下的坐标.

例如,在线性空间$\boldsymbol{R}_4[x]$中,$1,x,x^2,x^3,x^4$是它的一个基,任一个次数不超过4的多项式

$$f(x)=a_0+a_1x+a_2x^2+a_3x^3+a_4x^4\in\boldsymbol{R}_4[x],$$

它在基$1,x,x^2,x^3,x^4$下的坐标为$\begin{pmatrix} a_0 \\ a_1 \\ a_2 \\ a_3 \\ a_4 \end{pmatrix}$. 显然$1,1+x,2x^2,x^3,x^4$也是$\boldsymbol{R}_4[x]$的一个基,且

$$f(x)=(a_0-a_1)+a_1(1+x)+\frac{a_2}{2}\cdot 2x^2+a_3x^3+a_4x^4.$$

因此,$f(x)$在基$1,1+x,2x^2,x^3,x^4$下的坐标为$\begin{pmatrix} a_0-a_1 \\ a_1 \\ \frac{a_2}{2} \\ a_3 \\ a_4 \end{pmatrix}$.

由此可见,在一个线性空间中,同一个元素在不同的基下有不同的坐标.那么,同一个元素在不同基下的坐标之间有什么关系呢?

二、基变换与坐标变换公式

设$\boldsymbol{\alpha}_1,\boldsymbol{\alpha}_2,\cdots,\boldsymbol{\alpha}_n$及$\boldsymbol{\beta}_1,\boldsymbol{\beta}_2,\cdots,\boldsymbol{\beta}_n$是$n$维线性空间$V_n$中的两个基,

$$\begin{cases} \boldsymbol{\beta}_1=a_{11}\boldsymbol{\alpha}_1+a_{21}\boldsymbol{\alpha}_2+\cdots+a_{n1}\boldsymbol{\alpha}_n, \\ \boldsymbol{\beta}_2=a_{12}\boldsymbol{\alpha}_1+a_{22}\boldsymbol{\alpha}_2+\cdots+a_{n2}\boldsymbol{\alpha}_n, \\ \cdots\cdots\cdots\cdots \\ \boldsymbol{\beta}_n=a_{1n}\boldsymbol{\alpha}_1+a_{2n}\boldsymbol{\alpha}_2+\cdots+a_{nn}\boldsymbol{\alpha}_n, \end{cases}$$

上式可记为

$$(\boldsymbol{\beta}_1,\boldsymbol{\beta}_2,\cdots,\boldsymbol{\beta}_n)=(\boldsymbol{\alpha}_1,\boldsymbol{\alpha}_2,\cdots,\boldsymbol{\alpha}_n)\begin{pmatrix} a_{11} & a_{12} & \cdots & a_{1n} \\ a_{21} & a_{22} & \cdots & a_{2n} \\ \vdots & \vdots & & \vdots \\ a_{n1} & a_{n2} & \cdots & a_{nn} \end{pmatrix},$$

简记为

$$(\boldsymbol{\beta}_1,\boldsymbol{\beta}_2,\cdots,\boldsymbol{\beta}_n)=(\boldsymbol{\alpha}_1,\boldsymbol{\alpha}_2,\cdots,\boldsymbol{\alpha}_n)\boldsymbol{P}, \tag{7.1}$$

其中 $\boldsymbol{P}=\begin{pmatrix} a_{11} & a_{12} & \cdots & a_{1n} \\ a_{21} & a_{22} & \cdots & a_{2n} \\ \vdots & \vdots & & \vdots \\ a_{n1} & a_{n2} & \cdots & a_{nn} \end{pmatrix}$ 称为由基 $\boldsymbol{\alpha}_1,\boldsymbol{\alpha}_2,\cdots,\boldsymbol{\alpha}_n$ 到基 $\boldsymbol{\beta}_1,\boldsymbol{\beta}_2,\cdots,\boldsymbol{\beta}_n$ 的过渡矩阵，$\boldsymbol{P}$ 中的每一列元素分别是基 $\boldsymbol{\beta}_1,\boldsymbol{\beta}_2,\cdots,\boldsymbol{\beta}_n$ 在基 $\boldsymbol{\alpha}_1,\boldsymbol{\alpha}_2,\cdots,\boldsymbol{\alpha}_n$ 下的坐标. 由于 $\boldsymbol{\beta}_1,\boldsymbol{\beta}_2,\cdots,\boldsymbol{\beta}_n$ 线性无关，因此过渡矩阵 $\boldsymbol{P}$ 可逆.

$$(\boldsymbol{\beta}_1,\boldsymbol{\beta}_2,\cdots,\boldsymbol{\beta}_n)=(\boldsymbol{\alpha}_1,\boldsymbol{\alpha}_2,\cdots,\boldsymbol{\alpha}_n)\boldsymbol{P}$$

称为**基变换公式**.

定理 7.2　设 $\boldsymbol{\alpha}_1,\boldsymbol{\alpha}_2,\cdots,\boldsymbol{\alpha}_n$ 及 $\boldsymbol{\beta}_1,\boldsymbol{\beta}_2,\cdots,\boldsymbol{\beta}_n$ 为 n 维线性空间 V_n 的两个基，元素 $\boldsymbol{\alpha}$ 在基 $\boldsymbol{\alpha}_1,\boldsymbol{\alpha}_2,\cdots,\boldsymbol{\alpha}_n$ 下的坐标为 $(x_1,x_2,\cdots,x_n)^{\mathrm{T}}$，在基 $\boldsymbol{\beta}_1,\boldsymbol{\beta}_2,\cdots,\boldsymbol{\beta}_n$ 下的坐标为 $(y_1,y_2,\cdots,y_n)^{\mathrm{T}}$，若两个基满足式(7.1)，则有坐标变换公式

$$\begin{pmatrix} x_1 \\ x_2 \\ \vdots \\ x_n \end{pmatrix}=\boldsymbol{P}\begin{pmatrix} y_1 \\ y_2 \\ \vdots \\ y_n \end{pmatrix} \text{或} \begin{pmatrix} y_1 \\ y_2 \\ \vdots \\ y_n \end{pmatrix}=\boldsymbol{P}^{-1}\begin{pmatrix} x_1 \\ x_2 \\ \vdots \\ x_n \end{pmatrix}. \tag{7.2}$$

证明　因为

$$(\boldsymbol{\alpha}_1,\boldsymbol{\alpha}_2,\cdots,\boldsymbol{\alpha}_n)\begin{pmatrix} x_1 \\ x_2 \\ \vdots \\ x_n \end{pmatrix}=\boldsymbol{\alpha}=(\boldsymbol{\beta}_1,\boldsymbol{\beta}_2,\cdots,\boldsymbol{\beta}_n)\begin{pmatrix} y_1 \\ y_2 \\ \vdots \\ y_n \end{pmatrix}=(\boldsymbol{\alpha}_1,\boldsymbol{\alpha}_2,\cdots,\boldsymbol{\alpha}_n)\boldsymbol{P}\begin{pmatrix} y_1 \\ y_2 \\ \vdots \\ y_n \end{pmatrix},$$

由于 $\boldsymbol{\alpha}_1,\boldsymbol{\alpha}_2,\cdots,\boldsymbol{\alpha}_n$ 线性无关，因此

$$\begin{pmatrix} x_1 \\ x_2 \\ \vdots \\ x_n \end{pmatrix}=\boldsymbol{P}\begin{pmatrix} y_1 \\ y_2 \\ \vdots \\ y_n \end{pmatrix},$$

或

$$\begin{pmatrix} y_1 \\ y_2 \\ \vdots \\ y_n \end{pmatrix}=\boldsymbol{P}^{-1}\begin{pmatrix} x_1 \\ x_2 \\ \vdots \\ x_n \end{pmatrix}.$$

利用两个基之间过渡矩阵 $\boldsymbol{P}$ 可逆这个性质，如果已知线性空间 V_n 的一个基 $\boldsymbol{\alpha}_1,\boldsymbol{\alpha}_2,\cdots,\boldsymbol{\alpha}_n$，由基变换公式就可以构造出 V_n 的另一个基 $\boldsymbol{\beta}_1,\boldsymbol{\beta}_2,\cdots,\boldsymbol{\beta}_n$，并且使已知的可逆矩阵 $\boldsymbol{P}$ 成为这两个基之间的过渡矩阵.

例 7.3　设所有二阶矩阵组成线性空间 M_2，$\boldsymbol{S}_1,\boldsymbol{S}_2$ 为它的两个基，其中

$$\boldsymbol{S}_1:\boldsymbol{E}_{11}=\begin{pmatrix} 1 & 0 \\ 0 & 0 \end{pmatrix},\boldsymbol{E}_{12}=\begin{pmatrix} 0 & 1 \\ 0 & 0 \end{pmatrix},\boldsymbol{E}_{21}=\begin{pmatrix} 0 & 0 \\ 1 & 0 \end{pmatrix},\boldsymbol{E}_{22}=\begin{pmatrix} 0 & 0 \\ 0 & 1 \end{pmatrix};$$

$$\boldsymbol{S}_2:\boldsymbol{B}_1=\begin{pmatrix} 1 & 0 \\ 0 & 0 \end{pmatrix},\boldsymbol{B}_2=\begin{pmatrix} 1 & 1 \\ 0 & 0 \end{pmatrix},\boldsymbol{B}_3=\begin{pmatrix} 1 & 1 \\ 1 & 0 \end{pmatrix},\boldsymbol{B}_4=\begin{pmatrix} 1 & 1 \\ 1 & 1 \end{pmatrix}.$$

(1) 求由基 $\boldsymbol{S}_1$ 到基 $\boldsymbol{S}_2$ 的过渡矩阵;

(2) 分别求 $\boldsymbol{A}=\begin{pmatrix} a & b \\ c & d \end{pmatrix}$ 在这两个基下的坐标;

(3) 求一个非零矩阵 $\boldsymbol{X}$,使 $\boldsymbol{X}$ 在这两个基下的坐标相同.

解 (1) 因为

$$\boldsymbol{B}_1=\boldsymbol{E}_{11},\boldsymbol{B}_2=\boldsymbol{E}_{11}+\boldsymbol{E}_{12},\ \boldsymbol{B}_3=\boldsymbol{E}_{11}+\boldsymbol{E}_{12}+\boldsymbol{E}_{21},\ \boldsymbol{B}_4=\boldsymbol{E}_{11}+\boldsymbol{E}_{12}+\boldsymbol{E}_{21}+\boldsymbol{E}_{22},$$

即

$$(\boldsymbol{B}_1,\boldsymbol{B}_2,\boldsymbol{B}_3,\boldsymbol{B}_4)=(\boldsymbol{E}_{11},\boldsymbol{E}_{12},\boldsymbol{E}_{21},\boldsymbol{E}_{22})\begin{pmatrix} 1 & 1 & 1 & 1 \\ 0 & 1 & 1 & 1 \\ 0 & 0 & 1 & 1 \\ 0 & 0 & 0 & 1 \end{pmatrix},$$

所以,由基 $\boldsymbol{S}_1$ 到基 $\boldsymbol{S}_2$ 的过渡矩阵为

$$\boldsymbol{P}=\begin{pmatrix} 1 & 1 & 1 & 1 \\ 0 & 1 & 1 & 1 \\ 0 & 0 & 1 & 1 \\ 0 & 0 & 0 & 1 \end{pmatrix}.$$

(2) 由 $\boldsymbol{A}=\begin{pmatrix} a & b \\ c & d \end{pmatrix}=a\boldsymbol{E}_{11}+b\boldsymbol{E}_{12}+c\boldsymbol{E}_{21}+d\boldsymbol{E}_{22}$

$$=(\boldsymbol{E}_{11},\boldsymbol{E}_{12},\boldsymbol{E}_{21},\boldsymbol{E}_{22})\begin{pmatrix} a \\ b \\ c \\ d \end{pmatrix}=(\boldsymbol{B}_1,\boldsymbol{B}_2,\boldsymbol{B}_3,\boldsymbol{B}_4)\boldsymbol{P}^{-1}\begin{pmatrix} a \\ b \\ c \\ d \end{pmatrix},$$

所以,$\boldsymbol{A}$ 在基 $\boldsymbol{S}_1$ 下的坐标为 $(a,b,c,d)^{\mathrm{T}}$.

在基 $\boldsymbol{S}_2$ 下的坐标为

$$\boldsymbol{P}^{-1}\begin{pmatrix} a \\ b \\ c \\ d \end{pmatrix}=\begin{pmatrix} 1 & -1 & 0 & 0 \\ 0 & 1 & -1 & 0 \\ 0 & 0 & 1 & -1 \\ 0 & 0 & 0 & 1 \end{pmatrix}\begin{pmatrix} a \\ b \\ c \\ d \end{pmatrix}=\begin{pmatrix} a-b \\ b-c \\ c-d \\ d \end{pmatrix}.$$

(3) 设 $\boldsymbol{X}=\begin{pmatrix} x_{11} & x_{12} \\ x_{21} & x_{22} \end{pmatrix}$ 在上述两个基下的坐标相同,由(2)可知

$$\begin{pmatrix} x_{11} \\ x_{12} \\ x_{21} \\ x_{22} \end{pmatrix}=\begin{pmatrix} x_{11}-x_{12} \\ x_{12}-x_{21} \\ x_{21}-x_{22} \\ x_{22} \end{pmatrix},$$

解得

$$x_{11}=c,x_{12}=x_{21}=x_{22}=0,\quad c\in\mathbf{R}.$$

故 $\boldsymbol{X}=\begin{pmatrix} c & 0 \\ 0 & 0 \end{pmatrix}$,$c\neq 0$ 为在给定的两个基下坐标相同的非零的二阶矩阵.

例 7.4　在线性空间 $\boldsymbol{R}_3[x]$ 中取两个基，

$$\boldsymbol{\alpha}_1=x^3+2x^2-x,\quad \boldsymbol{\alpha}_2=x^3-x^2+x+1,$$
$$\boldsymbol{\alpha}_3=-x^3+2x^2+x+1,\quad \boldsymbol{\alpha}_4=-x^3-2x^2+1,$$

和

$$\boldsymbol{\beta}_1=2x^3+x^2+1,\quad \boldsymbol{\beta}_2=x^2+2x+2,$$
$$\boldsymbol{\beta}_3=-2x^3+x^2+x+2,\quad \boldsymbol{\beta}_4=x^3+3x^2+x+2.$$

求 $\boldsymbol{R}_3[x]$ 中任意的多项式在这两个基下的坐标变换公式.

解　因为 $1,x,x^2,x^3$ 也是 $\boldsymbol{R}_3[x]$ 的一个基，且

$$(\boldsymbol{\alpha}_1,\boldsymbol{\alpha}_2,\boldsymbol{\alpha}_3,\boldsymbol{\alpha}_4)=(x^3,x^2,x,1)\boldsymbol{A},$$
$$(\boldsymbol{\beta}_1,\boldsymbol{\beta}_2,\boldsymbol{\beta}_3,\boldsymbol{\beta}_4)=(x^3,x^2,x,1)\boldsymbol{B},$$

其中

$$\boldsymbol{A}=\begin{pmatrix}1&1&-1&-1\\2&-1&2&-1\\-1&1&1&0\\0&1&1&1\end{pmatrix},\ \boldsymbol{B}=\begin{pmatrix}2&0&-2&1\\1&1&1&3\\0&2&1&1\\1&2&2&2\end{pmatrix}.$$

所以

$$(\boldsymbol{\beta}_1,\boldsymbol{\beta}_2,\boldsymbol{\beta}_3,\boldsymbol{\beta}_4)=(\boldsymbol{\alpha}_1,\boldsymbol{\alpha}_2,\boldsymbol{\alpha}_3,\boldsymbol{\alpha}_4)\boldsymbol{A}^{-1}\boldsymbol{B}$$

故坐标变换公式为

$$\begin{pmatrix}y_1\\y_2\\y_3\\y_4\end{pmatrix}=\boldsymbol{B}^{-1}\boldsymbol{A}\begin{pmatrix}x_1\\x_2\\x_3\\x_4\end{pmatrix}.$$

用矩阵的初等行变换求 $\boldsymbol{B}^{-1}\boldsymbol{A}$.

$$(\boldsymbol{B}\ \vdots\ \boldsymbol{A})=\left(\begin{array}{cccc:cccc}2&0&-2&1&1&1&-1&-1\\1&1&1&3&2&-1&2&-1\\0&2&1&1&-1&1&1&0\\1&2&2&2&0&1&1&1\end{array}\right)$$
$$\overset{r}{\sim}\cdots\overset{r}{\sim}\left(\begin{array}{cccc:cccc}1&0&0&0&0&1&-1&1\\0&1&0&0&-1&1&0&0\\0&0&1&0&0&0&0&1\\0&0&0&1&1&-1&1&-1\end{array}\right),$$

即得

$$\begin{pmatrix}y_1\\y_2\\y_3\\y_4\end{pmatrix}=\begin{pmatrix}0&1&-1&1\\-1&1&0&0\\0&0&0&1\\1&-1&1&-1\end{pmatrix}\begin{pmatrix}x_1\\x_2\\x_3\\x_4\end{pmatrix}.$$

7.3 线性变换

线性空间中的元素之间存在一定的联系,这种联系是通过线性空间到线性空间的变换(或映射)来实现的,为此,先介绍变换的概念.

一、线性变换的概念

定义 7.5 设有两个非空集合 U,V,如果对于 V 中任意元素 $\boldsymbol{\alpha}$,按照一定的规则,总有 U 中一个确定的元素 $\boldsymbol{\beta}$ 与之对应,那么这个对应法则就称为从集合 V 到集合 U 的变换(映射).常用大写字母来表示一个变换,如把上述变换记作 T,并记

$$\boldsymbol{\beta}=T(\boldsymbol{\alpha}).$$

称 $\boldsymbol{\beta}$ 为 $\boldsymbol{\alpha}$ 在变换 T 下的**像**,而 $\boldsymbol{\alpha}$ 为 $\boldsymbol{\beta}$ 在变换 T 下的**原像**;V 称为变换的**源集**,像的全体所构成的集合称为**像集**,记作 $T(V)$,即

$$T(V)=\{\boldsymbol{\beta}=T(\boldsymbol{\alpha})\mid\boldsymbol{\alpha}\in V\}.$$

显然 $T(V)\subset U$.

变换的概念是函数概念的推广.

定义 7.6 设 V,W 是实数域 $\mathbf{R}$ 上的两个线性空间,T 是一个从 V 到 W 的变换,如果对于任意的 $\boldsymbol{\alpha},\boldsymbol{\beta}\in V$ 和 $k\in\mathbf{R}$,变换 T 满足:

(1) $T(\boldsymbol{\alpha}+\boldsymbol{\beta})=T(\boldsymbol{\alpha})+T(\boldsymbol{\beta})$.

(2) $T(k\boldsymbol{\alpha})=kT(\boldsymbol{\alpha})$.

则称 T 为从 V 到 W 的线性变换,特别地,如果 $W=V$,则称 T 为线性空间 V 上的一个**线性变换**.

下面主要讨论线性空间 V 上的线性变换.看几个线性变换的例子.

例如,关系式

$$\begin{pmatrix}y_1\\y_2\\\vdots\\y_m\end{pmatrix}=\begin{pmatrix}a_{11}&a_{12}&\cdots&a_{1n}\\a_{21}&a_{22}&\cdots&a_{2n}\\\vdots&\vdots&&\vdots\\a_{m1}&a_{m2}&\cdots&a_{mn}\end{pmatrix}\begin{pmatrix}x_1\\x_2\\\vdots\\x_n\end{pmatrix}$$

就确定了一个从 $\mathbf{R}^n$ 到 $\mathbf{R}^m$ 的变换,而且是线性变换.

再例如,设 V 是实数域 $\mathbf{R}$ 上的一个线性空间,对任意元素 $\boldsymbol{\alpha}\in V$,定义如下 3 种变换.

(1) 恒等变换 $T(\boldsymbol{\alpha})=\boldsymbol{\alpha}$(记作 $\boldsymbol{E}$).

(2) 零变换 $T(\boldsymbol{\alpha})=\mathbf{0}$(记作 $\mathbf{0}$).

(3) 数乘变换 $T(\boldsymbol{\alpha})=k\boldsymbol{\alpha}$(记作 k).

易证,以上 3 种变换都是 V 上的线性变换.

再例如,在线性空间 $\boldsymbol{R}_n[x]$中,定义变换

$$D(f(x))=f'(x)=a_1+a_2x+\cdots+a_nx^{n-1},$$

则由导数的性质可知 D 是 $\boldsymbol{R}_n[x]$中的一个线性变换,这个变换称为**微分变换**.

注意：变换 $J(f(x))=\int_0^x f(x)\mathrm{d}x$ 不是 $\boldsymbol{R}_n[x]$ 中的线性变换，因为 $x^n\in\boldsymbol{R}_n[x]$，但 $J(x^n)=\int_0^x x^n\mathrm{d}x=\frac{1}{n+1}x^{n+1}\notin\boldsymbol{R}_n[x]$.

再例如，给定一个 n 阶实矩阵 $\mathbf{A}$，在线性空间 $\mathbf{R}^n$ 中，定义变换 T 为

$$T(\boldsymbol{\alpha})=\boldsymbol{A\alpha},\ \boldsymbol{\alpha}=(a_1,a_2,\cdots,a_n)^{\mathrm{T}}\in\mathbf{R}^n,$$

由矩阵的加法和数量乘法可以证明 T 是 $\mathbf{R}^n$ 中的一个线性变换，称为**矩阵变换**.

有兴趣的同学可逐个验证以上几个例子.

二、线性变换的性质

由定义 7.5 可以得到线性变换有以下简单性质.

性质 1　$T(\mathbf{0})=\mathbf{0}$，$T(-\boldsymbol{\alpha})=-T(\boldsymbol{\alpha})$.

这是因为

$$T(\mathbf{0})=T(0\boldsymbol{\alpha})=0T(\boldsymbol{\alpha})=\mathbf{0},$$
$$T(-\boldsymbol{\alpha})=T((-1)\boldsymbol{\alpha})=(-1)T(\boldsymbol{\alpha})=-T(\boldsymbol{\alpha}).$$

性质 2　若 $\boldsymbol{\beta}=k_1\boldsymbol{\alpha}_1+k_2\boldsymbol{\alpha}_2+\cdots+k_n\boldsymbol{\alpha}_n$，则

$$T(\boldsymbol{\beta})=k_1T(\boldsymbol{\alpha}_1)+k_2T(\boldsymbol{\alpha}_2)+\cdots+k_nT(\boldsymbol{\alpha}_n).$$

即线性变换保持元素之间的线性关系.

事实上，当 $n=2$ 时，有

$$T(k_1\boldsymbol{\alpha}_1+k_2\boldsymbol{\alpha}_2)=T(k_1\boldsymbol{\alpha}_1)+T(k_2\boldsymbol{\alpha}_2)=k_1T(\boldsymbol{\alpha}_1)+k_2T(\boldsymbol{\alpha}_2).$$

于是对 n 施行归纳法即可.

由线性相关性的定义和性质 2 直接推出：

性质 3　若 $\boldsymbol{\alpha}_1,\boldsymbol{\alpha}_2,\cdots,\boldsymbol{\alpha}_n$ 线性相关，则 $T(\boldsymbol{\alpha}_1),T(\boldsymbol{\alpha}_2),\cdots,T(\boldsymbol{\alpha}_n)$ 也线性相关.

即线性变换将线性相关的向量组变为线性相关的向量组.

注意：性质 3 的否命题是不成立的，即若 $\boldsymbol{\alpha}_1,\boldsymbol{\alpha}_2,\cdots,\boldsymbol{\alpha}_n$ 线性无关，则 $T(\boldsymbol{\alpha}_1),T(\boldsymbol{\alpha}_2),\cdots,T(\boldsymbol{\alpha}_n)$ 未必线性无关. 线性变换可以把线性无关的向量组变成线性相关的向量组，如零变换就是这样一个例子.

性质 4　线性变换 T 的像集 $T(V)$ 是一个线性空间，称为线性变换的像空间.

证明　设 $\boldsymbol{\beta}_1,\boldsymbol{\beta}_2\in T(V)$，则有 $\boldsymbol{\alpha}_1,\boldsymbol{\alpha}_2\in V$，使 $T(\boldsymbol{\alpha}_1)=\boldsymbol{\beta}_1$，$T(\boldsymbol{\alpha}_2)=\boldsymbol{\beta}_2$，从而

$$\boldsymbol{\beta}_1+\boldsymbol{\beta}_2=T(\boldsymbol{\alpha}_1)+T(\boldsymbol{\alpha}_2)=T(\boldsymbol{\alpha}_1+\boldsymbol{\alpha}_2)\in T(V),$$
$$k\boldsymbol{\beta}_1=kT(\boldsymbol{\alpha}_1)=T(k_1\boldsymbol{\alpha}_1)\in T(V),$$

由于 $T(V)\subset V$，而由上述证明它对 V 中的线性运算封闭，因此它是一个线性空间.

性质 5　使 $T(\boldsymbol{\alpha})=\mathbf{0}$ 的 $\boldsymbol{\alpha}$ 全体 $S_T=\{\boldsymbol{\alpha}\mid\boldsymbol{\alpha}\in V,T(\boldsymbol{\alpha})=\mathbf{0}\}$ 也是一个线性空间，S_T 称为线性变换 T 的核.

证明　因为 $S_T\subset V$，且若 $\boldsymbol{\alpha}_1,\boldsymbol{\alpha}_2\in S_T$，即 $T(\boldsymbol{\alpha}_1)=\mathbf{0}$，$T(\boldsymbol{\alpha}_2)=\mathbf{0}$，则

$$T(\boldsymbol{\alpha}_1+\boldsymbol{\alpha}_2)=T(\boldsymbol{\alpha}_1)+T(\boldsymbol{\alpha}_2)=\mathbf{0},$$

所以 $\boldsymbol{\alpha}_1+\boldsymbol{\alpha}_2\in S_A$.

若 $\boldsymbol{\alpha}_1 \in S_T, k \in \mathbf{R}$,则 $T(k\boldsymbol{\alpha}_1)=kT(\boldsymbol{\alpha}_1)=k\mathbf{0}=\mathbf{0}$,所以 $k\boldsymbol{\alpha}_1 \in S_T$,

以上表明 S_T 对线性运算封闭,所以 S_T 是一个线性空间.

例如,设 $\mathbf{R}^n$ 是 n 元有序数组所组成的线性空间,又设有 n 阶矩阵

$$\boldsymbol{A}=\begin{pmatrix} a_{11} & a_{12} & \cdots & a_{1n} \\ a_{21} & a_{22} & \cdots & a_{2n} \\ \vdots & \vdots & & \vdots \\ a_{n1} & a_{n2} & \cdots & a_{nn} \end{pmatrix}=(\boldsymbol{\alpha}_1,\boldsymbol{\alpha}_2,\cdots,\boldsymbol{\alpha}_n),$$

其中

$$\boldsymbol{\alpha}_i=\begin{pmatrix} a_{1i} \\ a_{2i} \\ \vdots \\ a_{ni} \end{pmatrix} \quad (i=1,2,\cdots,n).$$

定义 $\mathbf{R}^n$ 上的线性变换 T:对任意 $\boldsymbol{\alpha}=\begin{pmatrix} x_1 \\ x_2 \\ \vdots \\ x_n \end{pmatrix} \in \mathbf{R}^n$,

$$T(\boldsymbol{\alpha})=\boldsymbol{A\alpha}=x_1\boldsymbol{\alpha}_1+x_2\boldsymbol{\alpha}_2+\cdots+x_n\boldsymbol{\alpha}_n.$$

因为对任意的 $\boldsymbol{\alpha},\boldsymbol{\beta} \in \mathbf{R}^n, k \in \mathbf{R}$,有

$$T(\boldsymbol{\alpha}+\boldsymbol{\beta})=\boldsymbol{A}(\boldsymbol{\alpha}+\boldsymbol{\beta})=\boldsymbol{A\alpha}+\boldsymbol{A\beta}=T(\boldsymbol{\alpha})+T(\boldsymbol{\beta}),$$
$$T(k\boldsymbol{\alpha})=\boldsymbol{A}(k\boldsymbol{\alpha})=k\boldsymbol{A\alpha}=kT(\boldsymbol{\alpha}),$$

所以,T 是 $\mathbf{R}^n$ 上的线性变换. T 的像空间为

$$T(\mathbf{R}^n)=\{\boldsymbol{\alpha}=x_1\boldsymbol{\alpha}_1+x_2\boldsymbol{\alpha}_2+\cdots+x_n\boldsymbol{\alpha}_n \mid x_1,x_2,\cdots,x_n \in \mathbf{R}\},$$

T 的核 S_T 就是齐次线性方程组 $\boldsymbol{Ax}=\mathbf{0}$ 的解空间.

三、线性变换的运算

线性变换作为映射的特殊情形存在下面的运算.

1. 线性变换的加法

定义 7.7 设 A,B 是线性空间 V 上的两个线性变换,定义它们的和 $A+B$ 为

$$(A+B)(\boldsymbol{\alpha})=A(\boldsymbol{\alpha})+B(\boldsymbol{\alpha}) \quad (\boldsymbol{\alpha} \in V).$$

易证,线性变换的和还是线性变换. 事实上,

$$\begin{aligned}(A+B)(\boldsymbol{\alpha}+\boldsymbol{\beta}) &= A(\boldsymbol{\alpha}+\boldsymbol{\beta})+B(\boldsymbol{\alpha}+\boldsymbol{\beta}) \\ &= A(\boldsymbol{\alpha})+A(\boldsymbol{\beta})+B(\boldsymbol{\alpha})+B(\boldsymbol{\beta}) \\ &= (A+B)(\boldsymbol{\alpha})+(A+B)(\boldsymbol{\beta}),\end{aligned}$$

$$\begin{aligned}(A+B)(k\boldsymbol{\alpha}) &= A(k\boldsymbol{\alpha})+B(k\boldsymbol{\alpha}) \\ &= kA(\boldsymbol{\alpha})+kB(\boldsymbol{\alpha}) \\ &= k[A(\boldsymbol{\alpha})+B(\boldsymbol{\alpha})] \\ &= k(A+B)(\boldsymbol{\alpha}).\end{aligned}$$

线性变换的加法满足下面运算规律.

(1) **交换律** $A+B=B+A$.

(2) **结合律** $(A+B)+C=A+(B+C)$.

此外,零变换 0 有特殊的地位.对于任何变换 A,有 $A+0=A$.

2. 线性变换的数量乘法

定义 7.8 设 A 是线性空间 V 上的线性变换,k 为实数,定义它们的数量乘法 kA 为

$$(kA)(\boldsymbol{\alpha})=kA(\boldsymbol{\alpha})\ (\boldsymbol{\alpha}\in V).$$

显然,kA 仍然是线性变换.

容易证明,线性变换的数量乘法满足下面的运算规律.

(1) $(kl)A=k(lA)$.

(2) $(k+l)A=kA+lA$.

(3) $k(A+B)=kA+kB$.

(4) $1A=A,0A=0$.

特别地,称$(-1)A=-A$ 为 A 的负向量,则 $A+(-A)=0$.利用负向量可以定义线性变换的减法为

$$A-B=A+(-B).$$

3. 线性变换的乘法

定义 7.9 设 A,B 是线性空间 V 上的两个线性变换,定义它们的乘积 AB 为

$$(AB)(\boldsymbol{\alpha})=A[B(\boldsymbol{\alpha})]\ (\boldsymbol{\alpha}\in V).$$

易证,线性变换的乘积仍然是线性变换.这是因为

$$\begin{aligned}(AB)(\boldsymbol{\alpha}+\boldsymbol{\beta})&=A[B(\boldsymbol{\alpha}+\boldsymbol{\beta})]=A[B(\boldsymbol{\alpha})+B(\boldsymbol{\beta})]\\&=A[B(\boldsymbol{\alpha})]+A[B(\boldsymbol{\beta})]\\&=(AB)(\boldsymbol{\alpha})+(AB)(\boldsymbol{\beta}),\\(AB)(k\boldsymbol{\alpha})&=A[B(k\boldsymbol{\alpha})]=A[Bk(\boldsymbol{\alpha})]\\&=kA[B(\boldsymbol{\alpha})]=k(AB)(\boldsymbol{\alpha}).\end{aligned}$$

线性变换的乘法满足结合律$(AB)C=A(BC)$.

注意: 线性变换的乘法一般不满足交换律.

例如,在线性空间 $\boldsymbol{R}_4[x]$中,线性变换

$$D(f(x))=f'(x),$$

$$J(f(x))=\int_0^x f(x)\mathrm{d}x,$$

由于

$$(DJ)(f(x))=D(J(f(x)))=D(\int_0^x f(x)\mathrm{d}x)=(\int_0^x f(x)\mathrm{d}x)'=f(x),$$

$$(JD)(f(x))=J(D(f(x)))=J(f'(x))=\int_0^x f'(x)\mathrm{d}x=f(x)-f(0),$$

当 $f(0)\neq 0$ 时,

$$(DJ)(f(x))\neq(JD)(f(x)).$$

对于乘法,单位变换 E 有特殊的地位.对于任意线性变换 A,都有

$$AE = EA = A.$$

线性变换的加法与乘法满足乘法对加法的左右分配律.

(1) $A(B+C)=AB+AC$.

(2) $(B+C)A=BA+CA$.

读者可以自己证明.

4. 线性变换的逆变换

定义 7.10 设 A 是线性空间 V 的线性变换,如果有 V 的线性变换 B 存在,使

$$AB = BA = E,$$

则称线性变换 A 可逆,并称 B 是 A 的逆变换.

注意: (1) 可逆变换的逆变换是唯一的.

(2) 线性变换 A 的逆变换 A^{-1} 也是线性变换.

证明 (1) 设 B 和 C 都是 A 的逆变换,则

$$AB = BA = E,\ AC = CA = E,$$

所以

$$B = BE = B(AC) = (BA)C = EC = C.$$

我们把可逆变换的逆变换记为 A^{-1},即 $AA^{-1}=A^{-1}A=E$.

(2) 因为

$$\begin{aligned}
A^{-1}(\boldsymbol{\alpha}+\boldsymbol{\beta}) &= A^{-1}[AA^{-1}(\boldsymbol{\alpha}+\boldsymbol{\beta})] \\
&= A^{-1}[AA^{-1}(\boldsymbol{\alpha})+AA^{-1}(\boldsymbol{\beta})] \\
&= A^{-1}\{A[A^{-1}(\boldsymbol{\alpha})]+A[A^{-1}(\boldsymbol{\beta})]\} \\
&= (A^{-1}A)[(A^{-1}(\boldsymbol{\alpha}))+(A^{-1}(\boldsymbol{\beta}))] \\
&= A^{-1}(\boldsymbol{\alpha})+A^{-1}(\boldsymbol{\beta}), \\
A^{-1}(k\boldsymbol{\alpha}) &= A^{-1}[kAA^{-1}(\boldsymbol{\alpha})] \\
&= A^{-1}\{A[kA^{-1}(\boldsymbol{\alpha})]\} \\
&= (A^{-1}A)[kA^{-1}(\boldsymbol{\alpha})] \\
&= kA^{-1}(\boldsymbol{\alpha}),
\end{aligned}$$

所以 A^{-1} 是线性变换.

7.4 线性变换的矩阵表示

一般地,线性空间 V 上的线性变换是一个远比矩阵抽象得多的概念.但是,当 V 是有限维线性空间时,V 上的线性变换"几乎"就是矩阵了.一方面,当 V 取定了一个基 $\boldsymbol{\alpha}_1,\boldsymbol{\alpha}_2,\cdots,\boldsymbol{\alpha}_n$ 后,V 中的每一个元素就可以由它在这一个基下的坐标唯一确定;另一方面,V 上的每一个线性变换完全由它在一个基上的坐标唯一确定.这样,很自然地得到了线性变换与矩阵之间的联系.

一、线性变换在一个基下的矩阵

定义 7.11　设 T 是 n 维线性空间 V_n 的线性变换，在 V_n 中取定一个基 $\boldsymbol{\alpha}_1,\boldsymbol{\alpha}_2,\cdots,\boldsymbol{\alpha}_n$，如果这个基在线性变换 T 下的像(用这个基线性表示)为

$$\begin{cases} T(\boldsymbol{\alpha}_1)=a_{11}\boldsymbol{\alpha}_1+a_{21}\boldsymbol{\alpha}_2+\cdots+a_{n1}\boldsymbol{\alpha}_n, \\ T(\boldsymbol{\alpha}_2)=a_{12}\boldsymbol{\alpha}_1+a_{22}\boldsymbol{\alpha}_2+\cdots+a_{n2}\boldsymbol{\alpha}_n, \\ \cdots\cdots\cdots\cdots \\ T(\boldsymbol{\alpha}_n)=a_{1n}\boldsymbol{\alpha}_1+a_{2n}\boldsymbol{\alpha}_2+\cdots+a_{nn}\boldsymbol{\alpha}_n, \end{cases}$$

记 $(T(\boldsymbol{\alpha}_1),T(\boldsymbol{\alpha}_2),\cdots,T(\boldsymbol{\alpha}_n))=T(\boldsymbol{\alpha}_1,\boldsymbol{\alpha}_2,\cdots,\boldsymbol{\alpha}_n)$，上式可表示为

$$T(\boldsymbol{\alpha}_1,\boldsymbol{\alpha}_2,\cdots,\boldsymbol{\alpha}_n)=(\boldsymbol{\alpha}_1,\boldsymbol{\alpha}_2,\cdots,\boldsymbol{\alpha}_n)\boldsymbol{A},$$

其中

$$\boldsymbol{A}=\begin{pmatrix} a_{11} & a_{12} & \cdots & a_{1n} \\ a_{21} & a_{22} & \cdots & a_{2n} \\ \vdots & \vdots & & \vdots \\ a_{n1} & a_{n2} & \cdots & a_{nn} \end{pmatrix},$$

那么，$\boldsymbol{A}$ 就称为线性变换 T 在基 $\boldsymbol{\alpha}_1,\boldsymbol{\alpha}_2,\cdots,\boldsymbol{\alpha}_n$ 下的矩阵.

显然，矩阵 $\boldsymbol{A}$ 由基的像 $T(\boldsymbol{\alpha}_1),T(\boldsymbol{\alpha}_2),\cdots,T(\boldsymbol{\alpha}_n)$ 唯一确定.

例 7.5　求 $\mathbf{R}_5[x]$ 中的微分变换 $D\begin{pmatrix} a_1 \\ a_2 \\ a_3 \end{pmatrix}=\begin{pmatrix} a_1 \\ a_2 \\ 0 \end{pmatrix}$ 在基 $1,x,x^2,x^3,x^4,x^5$ 下的矩阵.

解　因为

$$D(1)=0=0\cdot 1+0\cdot x+0\cdot x^2+0\cdot x^3+0\cdot x^4+0\cdot x^5,$$
$$D(x)=1=1\cdot 1+0\cdot x+0\cdot x^2+0\cdot x^3+0\cdot x^4+0\cdot x^5,$$
$$D(x^2)=2x=0\cdot 1+2\cdot x+0\cdot x^2+0\cdot x^3+0\cdot x^4+0\cdot x^5,$$
$$D(x^3)=3x^2=0\cdot 1+0\cdot x+3\cdot x^2+0\cdot x^3+0\cdot x^4+0\cdot x^5,$$
$$D(x^4)=4x^3=0\cdot 1+0\cdot x+0\cdot x^2+4\cdot x^3+0\cdot x^4+0\cdot x^5,$$
$$D(x^5)=5x^4=0\cdot 1+0\cdot x+0\cdot x^2+0\cdot x^3+5\cdot x^4+0\cdot x^5,$$

所以，微分变换 D 在基 $1,x,x^2,x^3,x^4,x^5$ 下的矩阵为

$$\boldsymbol{A}=\begin{pmatrix} 0 & 1 & 0 & 0 & 0 & 0 \\ 0 & 0 & 2 & 0 & 0 & 0 \\ 0 & 0 & 0 & 3 & 0 & 0 \\ 0 & 0 & 0 & 0 & 4 & 0 \\ 0 & 0 & 0 & 0 & 0 & 5 \\ 0 & 0 & 0 & 0 & 0 & 0 \end{pmatrix}.$$

例 7.6　求 $\mathbf{R}^3$ 中的线性变换 $T(\boldsymbol{\alpha})=T\begin{pmatrix} a_1 \\ a_2 \\ a_3 \end{pmatrix}=\begin{pmatrix} a_1 \\ a_2 \\ 0 \end{pmatrix}$ 在基下的矩阵.

(1) 基 $\boldsymbol{\alpha}_1=\begin{pmatrix}1\\0\\0\end{pmatrix},\boldsymbol{\alpha}_2=\begin{pmatrix}0\\1\\0\end{pmatrix},\boldsymbol{\alpha}_3=\begin{pmatrix}0\\0\\1\end{pmatrix}$;

(2) 基 $\boldsymbol{\beta}_1=\begin{pmatrix}1\\0\\0\end{pmatrix},\boldsymbol{\beta}_2=\begin{pmatrix}1\\1\\0\end{pmatrix},\boldsymbol{\beta}_3=\begin{pmatrix}1\\1\\1\end{pmatrix}$.

解 (1) 因为

$$T(\boldsymbol{\alpha}_1)=\begin{pmatrix}1\\0\\0\end{pmatrix}=\boldsymbol{\alpha}_1+0\cdot\boldsymbol{\alpha}_2+0\cdot\boldsymbol{\alpha}_3,$$

$$T(\boldsymbol{\alpha}_2)=\begin{pmatrix}0\\1\\0\end{pmatrix}=0\cdot\boldsymbol{\alpha}_1+\boldsymbol{\alpha}_2+0\cdot\boldsymbol{\alpha}_3,$$

$$T(\boldsymbol{\alpha}_3)=\begin{pmatrix}0\\0\\0\end{pmatrix}=0\cdot\boldsymbol{\alpha}_1+0\cdot\boldsymbol{\alpha}_2+0\cdot\boldsymbol{\alpha}_3,$$

所以,在基 $\boldsymbol{\alpha}_1,\boldsymbol{\alpha}_2,\boldsymbol{\alpha}_3$ 下线性变换 T 的矩阵 $\boldsymbol{A}=\begin{pmatrix}1&0&0\\0&1&0\\0&0&0\end{pmatrix}$.

(2) 因为

$$T(\boldsymbol{\beta}_1)=\begin{pmatrix}1\\0\\0\end{pmatrix}=\boldsymbol{\beta}_1+0\cdot\boldsymbol{\beta}_2+0\cdot\boldsymbol{\beta}_3,$$

$$T(\boldsymbol{\beta}_2)=\begin{pmatrix}1\\1\\0\end{pmatrix}=0\cdot\boldsymbol{\beta}_1+\boldsymbol{\beta}_2+0\cdot\boldsymbol{\beta}_3,$$

$$T(\boldsymbol{\beta}_3)=\begin{pmatrix}1\\1\\0\end{pmatrix}=0\cdot\boldsymbol{\beta}_1+\boldsymbol{\beta}_2+0\cdot\boldsymbol{\beta}_3,$$

所以,在基 $\boldsymbol{\alpha}_1,\boldsymbol{\alpha}_2,\boldsymbol{\alpha}_3$ 下线性变换 T 的矩阵 $\boldsymbol{B}=\begin{pmatrix}1&0&0\\0&1&1\\0&0&0\end{pmatrix}$.

由上述可知,同一个线性变换在不同基下有不同的矩阵. 一般地,我们有

定理 7.3 设 $\boldsymbol{\alpha}_1,\boldsymbol{\alpha}_2,\cdots,\boldsymbol{\alpha}_n$ 和 $\boldsymbol{\beta}_1,\boldsymbol{\beta}_2,\cdots,\boldsymbol{\beta}_n$ 是线性空间 V_n 的两个不同的基,由基 $\boldsymbol{\alpha}_1,\boldsymbol{\alpha}_2,\cdots,\boldsymbol{\alpha}_n$ 到 $\boldsymbol{\beta}_1,\boldsymbol{\beta}_2,\cdots,\boldsymbol{\beta}_n$ 的过渡矩阵为 $\boldsymbol{P}$, V_n 中的线性变换 T 在这两个基下的矩阵分别为 $\boldsymbol{A}$ 和 $\boldsymbol{B}$,那么 $\boldsymbol{B}=\boldsymbol{P}^{-1}\boldsymbol{AP}$.

证明 因为

$$(\boldsymbol{\beta}_1,\boldsymbol{\beta}_2,\cdots,\boldsymbol{\beta}_n)=(\boldsymbol{\alpha}_1,\boldsymbol{\alpha}_2,\cdots,\boldsymbol{\alpha}_n)\boldsymbol{P},$$

$\boldsymbol{P}$ 可逆，从而

$$(\boldsymbol{\alpha}_1,\boldsymbol{\alpha}_2,\cdots,\boldsymbol{\alpha}_n)=(\boldsymbol{\beta}_1,\boldsymbol{\beta}_2,\cdots,\boldsymbol{\beta}_n)\boldsymbol{P}^{-1}.$$

又因为

$$T(\boldsymbol{\alpha}_1,\boldsymbol{\alpha}_2,\cdots,\boldsymbol{\alpha}_n)=(\boldsymbol{\alpha}_1,\boldsymbol{\alpha}_2,\cdots,\boldsymbol{\alpha}_n)\boldsymbol{A},$$
$$T(\boldsymbol{\beta}_1,\boldsymbol{\beta}_2,\cdots,\boldsymbol{\beta}_n)=(\boldsymbol{\beta}_1,\boldsymbol{\beta}_2,\cdots,\boldsymbol{\beta}_n)\boldsymbol{B},$$

所以

$$\begin{aligned}(\boldsymbol{\beta}_1,\boldsymbol{\beta}_2,\cdots,\boldsymbol{\beta}_n)\boldsymbol{B}&=T(\boldsymbol{\beta}_1,\boldsymbol{\beta}_2,\cdots,\boldsymbol{\beta}_n)=T[(\boldsymbol{\alpha}_1,\boldsymbol{\alpha}_2,\cdots,\boldsymbol{\alpha}_n)\boldsymbol{P}]\\&=[T(\boldsymbol{\alpha}_1,\boldsymbol{\alpha}_2,\cdots,\boldsymbol{\alpha}_n)]\boldsymbol{P}=(\boldsymbol{\alpha}_1,\boldsymbol{\alpha}_2,\cdots,\boldsymbol{\alpha}_n)\boldsymbol{A}\boldsymbol{P}\\&=(\boldsymbol{\beta}_1,\boldsymbol{\beta}_2,\cdots,\boldsymbol{\beta}_n)\boldsymbol{P}^{-1}\boldsymbol{A}\boldsymbol{P}.\end{aligned}$$

由于 $\boldsymbol{\beta}_1,\boldsymbol{\beta}_2,\cdots,\boldsymbol{\beta}_n$ 线性无关，因此

$$\boldsymbol{B}=\boldsymbol{P}^{-1}\boldsymbol{A}\boldsymbol{P}.$$

定理表明 $\boldsymbol{B}$ 与 $\boldsymbol{A}$ 相似，且两个基之间的过渡矩阵 $\boldsymbol{P}$ 就是相似变换矩阵，反之亦然.

定理 7.4　如果两矩阵 $\boldsymbol{A}$ 和 $\boldsymbol{B}$ 相似，即存在可逆矩阵 $\boldsymbol{P}$，使 $\boldsymbol{B}=\boldsymbol{P}^{-1}\boldsymbol{A}\boldsymbol{P}$，则 $\boldsymbol{A}$ 与 $\boldsymbol{B}$ 是同一线性变换 T 在不同基下的矩阵.

证明　在 n 维线性空间 V_n 中取定一个基 $\boldsymbol{\alpha}_1,\boldsymbol{\alpha}_2,\cdots,\boldsymbol{\alpha}_n$，设线性变换 T 为矩阵 $\boldsymbol{A}$ 所对应的 V_n 中的线性变换，令

$$(\boldsymbol{\beta}_1,\boldsymbol{\beta}_2,\cdots,\boldsymbol{\beta}_n)=(\boldsymbol{\alpha}_1,\boldsymbol{\alpha}_2,\cdots,\boldsymbol{\alpha}_n)\boldsymbol{P}.$$

显然 $\boldsymbol{\beta}_1,\boldsymbol{\beta}_2,\cdots,\boldsymbol{\beta}_n$ 线性无关，从而也是 V_n 的一个基，T 在这个基下的矩阵为 $\boldsymbol{P}^{-1}\boldsymbol{A}\boldsymbol{P}=\boldsymbol{B}$.

例 7.7　设 V_2 中的线性变换 T 在基 $\boldsymbol{\alpha}_1,\boldsymbol{\alpha}_2$ 下的矩阵为

$$\boldsymbol{A}=\begin{bmatrix}a_{11}&a_{12}\\a_{21}&a_{22}\end{bmatrix},$$

求 T 在基 $\boldsymbol{\alpha}_2,\boldsymbol{\alpha}_1$ 下的矩阵.

解　$(\boldsymbol{\alpha}_2,\boldsymbol{\alpha}_1)=(\boldsymbol{\alpha}_1,\boldsymbol{\alpha}_2)\begin{pmatrix}0&1\\1&0\end{pmatrix}$，即过渡矩阵 $\boldsymbol{P}=\begin{pmatrix}0&1\\1&0\end{pmatrix}$，求得 $\boldsymbol{P}^{-1}=\begin{pmatrix}0&1\\1&0\end{pmatrix}$，于是 T 在基 $\boldsymbol{\alpha}_2,\boldsymbol{\alpha}_1$ 下的矩阵为

$$\boldsymbol{B}=\boldsymbol{P}^{-1}\boldsymbol{A}\boldsymbol{P}=\begin{pmatrix}0&1\\1&0\end{pmatrix}\begin{bmatrix}a_{11}&a_{12}\\a_{21}&a_{22}\end{bmatrix}\begin{pmatrix}0&1\\1&0\end{pmatrix}=\begin{bmatrix}a_{21}&a_{22}\\a_{11}&a_{12}\end{bmatrix}\begin{pmatrix}0&1\\1&0\end{pmatrix}=\begin{bmatrix}a_{22}&a_{21}\\a_{12}&a_{11}\end{bmatrix}.$$

二、线性变换运算所对应的矩阵

定理 7.5　设 $\boldsymbol{\alpha}_1,\boldsymbol{\alpha}_2,\cdots,\boldsymbol{\alpha}_n$ 是 n 维线性空间 V_n 的一个基，在该基下，线性变换 T_1 和 T_2 的矩阵分别为 $\boldsymbol{A}$ 和 $\boldsymbol{B}$，则在基 $\boldsymbol{\alpha}_1,\boldsymbol{\alpha}_2,\cdots,\boldsymbol{\alpha}_n$ 下.

(1) 线性变换 T_1 和 T_2 的和 T_1+T_2 的矩阵为矩阵 $\boldsymbol{A}$ 和 $\boldsymbol{B}$ 的和 $\boldsymbol{A}+\boldsymbol{B}$.

(2) 线性变换 T_1 的数量乘法 kT_1 的矩阵为矩阵 $\boldsymbol{A}$ 的数量乘法 $k\boldsymbol{A}$.

(3) 线性变换 T_1 和 T_2 的乘积 $T_1\cdot T_2$ 的矩阵为矩阵 $\boldsymbol{A}$ 和 $\boldsymbol{B}$ 的乘积 $\boldsymbol{A}\boldsymbol{B}$.

(4) 若线性变换 T_1 可逆，则矩阵 $\boldsymbol{A}$ 可逆，反之亦然.

证明　因为

$$T_1(\boldsymbol{\alpha}_1,\boldsymbol{\alpha}_2,\cdots,\boldsymbol{\alpha}_n)=(\boldsymbol{\alpha}_1,\boldsymbol{\alpha}_2,\cdots,\boldsymbol{\alpha}_n)\boldsymbol{A},$$

$$T_2(\boldsymbol{\beta}_1,\boldsymbol{\beta}_2,\cdots,\boldsymbol{\beta}_n)=(\boldsymbol{\beta}_1,\boldsymbol{\beta}_2,\cdots,\boldsymbol{\beta}_n)\boldsymbol{B},$$

所以

(1) $(T_1+T_2)(\boldsymbol{\alpha}_1,\boldsymbol{\alpha}_2,\cdots,\boldsymbol{\alpha}_n)=T_1(\boldsymbol{\alpha}_1,\boldsymbol{\alpha}_2,\cdots,\boldsymbol{\alpha}_n)+T_2(\boldsymbol{\alpha}_1,\boldsymbol{\alpha}_2,\cdots,\boldsymbol{\alpha}_n)$

$$=(\boldsymbol{\alpha}_1,\boldsymbol{\alpha}_2,\cdots,\boldsymbol{\alpha}_n)\boldsymbol{A}+(\boldsymbol{\alpha}_1,\boldsymbol{\alpha}_2,\cdots,\boldsymbol{\alpha}_n)\boldsymbol{B}$$

$$=(\boldsymbol{\alpha}_1,\boldsymbol{\alpha}_2,\cdots,\boldsymbol{\alpha}_n)(\boldsymbol{A}+\boldsymbol{B}).$$

由此可知,在基 $\boldsymbol{\alpha}_1,\boldsymbol{\alpha}_2,\cdots,\boldsymbol{\alpha}_n$ 下线性变换 T_1+T_2 的矩阵为 $\boldsymbol{A}+\boldsymbol{B}$.

(2) $(kT_1)(\boldsymbol{\alpha}_1,\boldsymbol{\alpha}_2,\cdots,\boldsymbol{\alpha}_n)=k[T_1(\boldsymbol{\alpha}_1,\boldsymbol{\alpha}_2,\cdots,\boldsymbol{\alpha}_n)]$

$$=k[(\boldsymbol{\alpha}_1,\boldsymbol{\alpha}_2,\cdots,\boldsymbol{\alpha}_n)\boldsymbol{A}]$$

$$=(\boldsymbol{\alpha}_1,\boldsymbol{\alpha}_2,\cdots,\boldsymbol{\alpha}_n)(k\boldsymbol{A}).$$

由此可知,在基 $\boldsymbol{\alpha}_1,\boldsymbol{\alpha}_2,\cdots,\boldsymbol{\alpha}_n$ 下线性变换 kT_1 的矩阵为 $k\boldsymbol{A}$.

(3) $(T_1T_2)(\boldsymbol{\alpha}_1,\boldsymbol{\alpha}_2,\cdots,\boldsymbol{\alpha}_n)=T_1[T_2(\boldsymbol{\alpha}_1,\boldsymbol{\alpha}_2,\cdots,\boldsymbol{\alpha}_n)]$

$$=T_1[(\boldsymbol{\alpha}_1,\boldsymbol{\alpha}_2,\cdots,\boldsymbol{\alpha}_n)\boldsymbol{B}]$$

$$=[T_1(\boldsymbol{\alpha}_1,\boldsymbol{\alpha}_2,\cdots,\boldsymbol{\alpha}_n)]\boldsymbol{B}$$

$$=(\boldsymbol{\alpha}_1,\boldsymbol{\alpha}_2,\cdots,\boldsymbol{\alpha}_n)\boldsymbol{A}\boldsymbol{B},$$

因此,在基 $\boldsymbol{\alpha}_1,\boldsymbol{\alpha}_2,\cdots,\boldsymbol{\alpha}_n$ 下线性变换 T_1T_2 的矩阵为 $\boldsymbol{AB}$.

(4) 因为单位变换 E 对应于单位矩阵,所以可逆线性变换等式与可逆矩阵等式对应,从而可逆线性变换与可逆矩阵对应,而且逆变换与逆矩阵对应.

本章小结

本章介绍了线性空间的基本概念与运算,线性变换的基本概念、性质及线性变换的矩阵,主要内容如下.

一、线性空间

1. 线性空间的概念

满足 8 条运算规律的加法及数量乘法称为线性运算;定义了线性运算的集合称为线性空间.线性空间也称为向量空间.

2. 线性空间的性质

(1) 线性空间的零元素是唯一的.

(2) 线性空间中每个元素的负元素是唯一的.

(3) $0\boldsymbol{\alpha}=\boldsymbol{0},k\boldsymbol{0}=\boldsymbol{0},(-1)\boldsymbol{\alpha}=-\boldsymbol{\alpha}$.

(4) 如果 $k\boldsymbol{\alpha}=\boldsymbol{0}$,则 $k=0$ 或 $\boldsymbol{\alpha}=\boldsymbol{0}$.

3. 线性空间的基、维数与坐标

(1) 线性空间的基.在线性空间 V 中,如果存在 n 个元素 $\boldsymbol{\alpha}_1,\boldsymbol{\alpha}_2,\cdots,\boldsymbol{\alpha}_n$,满足

① $\boldsymbol{\alpha}_1,\boldsymbol{\alpha}_2,\cdots,\boldsymbol{\alpha}_n$ 线性无关,

② V 中任一元素 $\boldsymbol{\alpha}$ 总可以由 $\boldsymbol{\alpha}_1,\boldsymbol{\alpha}_2,\cdots,\boldsymbol{\alpha}_n$ 线性表示,

则称 $\boldsymbol{\alpha}_1,\boldsymbol{\alpha}_2,\cdots,\boldsymbol{\alpha}_n$ 为线性空间 V 的一个基,n 是线性空间 V 的维数,记为 $\dim V=n$.维数为 n 的线性空间称为 n 维线性空间,记作 V_n.

(2) 坐标.设 $\boldsymbol{\alpha}_1,\boldsymbol{\alpha}_2,\cdots,\boldsymbol{\alpha}_n$ 是 n 维线性空间 V_n 的一个基,$\boldsymbol{\alpha}$ 是 V_n 中的任一元素,如果

$$\boldsymbol{\alpha}=x_1\boldsymbol{\alpha}_1+x_2\boldsymbol{\alpha}_2+\cdots+x_n\boldsymbol{\alpha}_n,$$

$x_1, x_2, \cdots, x_n$ 这组有序数组就称为元素 $\boldsymbol{\alpha}$ 在这个基 $\boldsymbol{\alpha}_1, \boldsymbol{\alpha}_2, \cdots, \boldsymbol{\alpha}_n$ 下的坐标.

(3) 基变换公式. $(\boldsymbol{\beta}_1, \boldsymbol{\beta}_2, \cdots, \boldsymbol{\beta}_n) = (\boldsymbol{\alpha}_1, \boldsymbol{\alpha}_2, \cdots, \boldsymbol{\alpha}_n)\boldsymbol{P}$,其中

$$\boldsymbol{P} = \begin{pmatrix} a_{11} & a_{12} & \cdots & a_{1n} \\ a_{21} & a_{22} & \cdots & a_{2n} \\ \vdots & \vdots & & \vdots \\ a_{n1} & a_{n2} & \cdots & a_{nn} \end{pmatrix},$$

称为由基 $\boldsymbol{\alpha}_1, \boldsymbol{\alpha}_2, \cdots, \boldsymbol{\alpha}_n$ 到 $\boldsymbol{\beta}_1, \boldsymbol{\beta}_2, \cdots, \boldsymbol{\beta}_n$ 的过渡矩阵. $\boldsymbol{P}$ 中的每一列元素分别是基 $\boldsymbol{\beta}_1, \boldsymbol{\beta}_2, \cdots, \boldsymbol{\beta}_n$ 在基 $\boldsymbol{\alpha}_1, \boldsymbol{\alpha}_2, \cdots, \boldsymbol{\alpha}_n$ 下的坐标;由于 $\boldsymbol{\beta}_1, \boldsymbol{\beta}_2, \cdots, \boldsymbol{\beta}_n$ 线性无关,因此过渡矩阵 $\boldsymbol{P}$ 可逆.

(4) 坐标变换公式. 设 V_n 中的元素 $\boldsymbol{\alpha}$ 在基 $\boldsymbol{\alpha}_1, \boldsymbol{\alpha}_2, \cdots, \boldsymbol{\alpha}_n$ 下的坐标为 $(x_1, x_2, \cdots, x_n)^{\mathrm{T}}$,在基 $\boldsymbol{\beta}_1, \boldsymbol{\beta}_2, \cdots, \boldsymbol{\beta}_n$ 下的坐标为 $(y_1, y_2, \cdots, y_n)^{\mathrm{T}}$,若两个基满足

$$(\boldsymbol{\beta}_1, \boldsymbol{\beta}_2, \cdots, \boldsymbol{\beta}_n) = (\boldsymbol{\alpha}_1, \boldsymbol{\alpha}_2, \cdots, \boldsymbol{\alpha}_n)\boldsymbol{P},$$

则坐标变换公式为

$$\begin{pmatrix} x_1 \\ x_2 \\ \vdots \\ x_n \end{pmatrix} = \boldsymbol{P} \begin{pmatrix} y_1 \\ y_2 \\ \vdots \\ y_n \end{pmatrix} \text{或} \begin{pmatrix} y_1 \\ y_2 \\ \vdots \\ y_n \end{pmatrix} = \boldsymbol{P}^{-1} \begin{pmatrix} x_1 \\ x_2 \\ \vdots \\ x_n \end{pmatrix}.$$

二、线性变换

1. 线性变换的定义

设 V, W 是实数域 $\mathbf{R}$ 上的两个线性空间,T 是一个从 V 到 W 的变换,如果对于任意的 $\boldsymbol{\alpha}, \boldsymbol{\beta} \in V$ 和 $k \in \mathbf{R}$,变换 T 满足:

(1) $T(\boldsymbol{\alpha} + \boldsymbol{\beta}) = T(\boldsymbol{\alpha}) + T(\boldsymbol{\beta})$.

(2) $T(k\boldsymbol{\alpha}) = kT(\boldsymbol{\alpha})$.

则称 T 为从 V 到 W 的线性变换,特别地,如果 $W = V$,则称 T 为线性空间 V 上的一个线性变换.

2. 线性变换的性质

(1) $T(\mathbf{0}) = \mathbf{0}, T(-\boldsymbol{\alpha}) = -T(\boldsymbol{\alpha})$.

(2) 若 $\boldsymbol{\beta} = k_1\boldsymbol{\alpha}_1 + k_2\boldsymbol{\alpha}_2 + \cdots + k_n\boldsymbol{\alpha}_n$,则

$$T(\boldsymbol{\beta}) = k_1 T(\boldsymbol{\alpha}_1) + k_2 T(\boldsymbol{\alpha}_2) + \cdots + k_n T(\boldsymbol{\alpha}_n).$$

即线性变换保持元素之间的线性关系.

(3) 若 $\boldsymbol{\alpha}_1, \boldsymbol{\alpha}_2, \cdots, \boldsymbol{\alpha}_n$ 线性相关,则 $T(\boldsymbol{\alpha}_1), T(\boldsymbol{\alpha}_2), \cdots, T(\boldsymbol{\alpha}_n)$ 也线性相关. 即线性变换将线性相关的向量组变为线性相关的向量组.

(4) 线性变换 T 的像集 $T(V)$ 是一个线性空间,称为线性变换的像空间.

(5) 使 $T(\boldsymbol{\alpha}) = \mathbf{0}$ 的 $\boldsymbol{\alpha}$ 全体 $S_T = \{\boldsymbol{\alpha} \mid \boldsymbol{\alpha} \in V, T(\boldsymbol{\alpha}) = \mathbf{0}\}$ 也是一个线性空间,S_T 称为线性变换 T 的核.

3. 线性变换的运算

(1) 线性变换的加法. 设 A, B 是线性空间 V 上的两个线性变换,定义它们的和 $A + B$ 为

$$(A + B)(\boldsymbol{\alpha}) = A(\boldsymbol{\alpha}) + B(\boldsymbol{\alpha}) \ (\boldsymbol{\alpha} \in V).$$

(2) 线性变换的数量乘法. 设 A 是线性空间 V 上的线性变换, k 为实数, 定义它们的数量乘法 kA 为

$$(kA)(\boldsymbol{\alpha}) = kA(\boldsymbol{\alpha})\ (\boldsymbol{\alpha} \in V).$$

显然, kA 仍然是线性变换.

(3) 线性变换的乘法. 设 A, B 是线性空间 V 上的两个线性变换, 定义它们的乘积 AB 为

$$(AB)(\boldsymbol{\alpha}) = A[B(\boldsymbol{\alpha})]\ (\boldsymbol{\alpha} \in V).$$

(4) 线性变换的逆变换. 设 A 是线性空间 V 的线性变换, 如果有 V 的线性变换 B 存在, 使

$$AB = BA = E,$$

则称线性变换 A 可逆, 并称 B 是 A 的逆变换.

4. 线性变换的矩阵

(1) 线性变换在一个基下的矩阵. 设 T 是 n 维线性空间 V_n 的线性变换, 在 V_n 中取定一个基 $\boldsymbol{\alpha}_1, \boldsymbol{\alpha}_2, \cdots, \boldsymbol{\alpha}_n$, 如果这个基在线性变换 T 下的像(用这个基线性表示)为

$$\begin{cases} T(\boldsymbol{\alpha}_1) = a_{11}\boldsymbol{\alpha}_1 + a_{21}\boldsymbol{\alpha}_2 + \cdots + a_{n1}\boldsymbol{\alpha}_n, \\ T(\boldsymbol{\alpha}_2) = a_{12}\boldsymbol{\alpha}_1 + a_{22}\boldsymbol{\alpha}_2 + \cdots + a_{n2}\boldsymbol{\alpha}_n, \\ \cdots\cdots\cdots\cdots \\ T(\boldsymbol{\alpha}_n) = a_{1n}\boldsymbol{\alpha}_1 + a_{2n}\boldsymbol{\alpha}_2 + \cdots + a_{nn}\boldsymbol{\alpha}_n, \end{cases}$$

记 $(T(\boldsymbol{\alpha}_1), T(\boldsymbol{\alpha}_2), \cdots, T(\boldsymbol{\alpha}_n)) = T(\boldsymbol{\alpha}_1, \boldsymbol{\alpha}_2, \cdots, \boldsymbol{\alpha}_n)$, 上式可表示为

$$T(\boldsymbol{\alpha}_1, \boldsymbol{\alpha}_2, \cdots, \boldsymbol{\alpha}_n) = (\boldsymbol{\alpha}_1, \boldsymbol{\alpha}_2, \cdots, \boldsymbol{\alpha}_n)\boldsymbol{A},$$

其中

$$\boldsymbol{A} = \begin{pmatrix} a_{11} & a_{12} & \cdots & a_{1n} \\ a_{21} & a_{22} & \cdots & a_{2n} \\ \vdots & \vdots & & \vdots \\ a_{n1} & a_{n2} & \cdots & a_{nn} \end{pmatrix},$$

那么, $\boldsymbol{A}$ 就称为线性变换 T 在基 $\boldsymbol{\alpha}_1, \boldsymbol{\alpha}_2, \cdots, \boldsymbol{\alpha}_n$ 下的矩阵.

(2) 线性变换在不同基下的矩阵.

设 $\boldsymbol{\alpha}_1, \boldsymbol{\alpha}_2, \cdots, \boldsymbol{\alpha}_n$ 和 $\boldsymbol{\beta}_1, \boldsymbol{\beta}_2, \cdots, \boldsymbol{\beta}_n$ 是线性空间 V_n 的两个不同的基, 由基 $\boldsymbol{\alpha}_1, \boldsymbol{\alpha}_2, \cdots, \boldsymbol{\alpha}_n$ 到 $\boldsymbol{\beta}_1, \boldsymbol{\beta}_2, \cdots, \boldsymbol{\beta}_n$ 的过渡矩阵为 $\boldsymbol{P}$, V_n 中的线性变换 T 在这两个基下的矩阵分别为 $\boldsymbol{A}$ 和 $\boldsymbol{B}$, 那么 $\boldsymbol{B} = \boldsymbol{P}^{-1}\boldsymbol{A}\boldsymbol{P}$.

(3) 线性变换运算所对应的矩阵.

设 $\boldsymbol{\alpha}_1, \boldsymbol{\alpha}_2, \cdots, \boldsymbol{\alpha}_n$ 是 n 维线性空间 V_n 的一个基, 在这个基下, 线性变换 T_1 和 T_2 的矩阵分别为 $\boldsymbol{A}$ 和 $\boldsymbol{B}$, 则在基 $\boldsymbol{\alpha}_1, \boldsymbol{\alpha}_2, \cdots, \boldsymbol{\alpha}_n$ 下:

① 线性变换 T_1 和 T_2 的和 $T_1 + T_2$ 的矩阵为矩阵 $\boldsymbol{A}$ 和 $\boldsymbol{B}$ 的和 $\boldsymbol{A} + \boldsymbol{B}$;

② 线性变换 T_1 的数量乘法 kT_1 的矩阵为矩阵 $\boldsymbol{A}$ 的数量乘法 $k\boldsymbol{A}$;

③ 线性变换 T_1 和 T_2 的乘积 $T_1 \cdot T_2$ 的矩阵为矩阵 $\boldsymbol{A}$ 和 $\boldsymbol{B}$ 的乘积 $\boldsymbol{AB}$;

④ 若线性变换 T_1 可逆, 则矩阵 $\boldsymbol{A}$ 可逆, 反之亦然.

习题七

1．判断下列集合是否构成线性空间.

(1) $V_1=\{x=(x_1,x_2,\cdots,x_n)\mid x_1+x_2+\cdots+x_n=0,x_i\in\mathbf{R}\}$;

(2) $V_2=\{x=(x_1,x_2,\cdots,x_n)\mid x_1+2x_2+\cdots+nx_n=1,x_i\in\mathbf{R}\}$;

(3) $V_3=\{x=(x_1,0,\cdots,0,x_n)\mid x_1,x_n\in\mathbf{R}\}$;

(4) $V_4=\{x=(x_1,x_2,\cdots,x_n)\mid x_1^2+x_2^2+\cdots+x_n^2=1,x_i\in\mathbf{R}\}$;

(5) $V_5=\{x=(x_1,x_2,\cdots,x_n)\mid x_1\cdot x_2\cdot\cdots\cdot x_n=0,x_i\in\mathbf{R}\}$.

2．检验下列集合关于所规定的运算是否构成实数域上的线性空间.

(1) 全体上三角矩阵,关于矩阵的加法和数量乘法.

(2) 全体 n 维向量所组成的集合,关于通常的向量加法和如下定义的数量乘法

$$k\cdot\boldsymbol{\alpha}=\mathbf{0}.$$

(3) 设 $V=\{(a,b)^{\mathrm{T}}\mid a,b\in\mathbf{R}\}$,定义运算 $\forall(a_1,b_1)^{\mathrm{T}},(a_2,b_2)^{\mathrm{T}}\in V,k\in\mathbf{R}$,有 $(a_1,b_1)^{\mathrm{T}}\oplus(a_2,b_2)^{\mathrm{T}}=\left(a_1\cdot a_2,\dfrac{b_1}{b_2}\right)^{\mathrm{T}},k(a_1,b_1)^{\mathrm{T}}=(0,0)^{\mathrm{T}}$.

(4) 设 $\boldsymbol{A}$ 是 n 阶方阵,全体与 $\boldsymbol{A}$ 可交换的矩阵组成的集合,按矩阵的加法和数量乘法.

3．$\boldsymbol{R}_{2\times2}$ 表示 $\mathbf{R}$ 中全体二阶方阵按矩阵加法和数量乘法构成的线性空间,求 $\boldsymbol{R}_{2\times2}$ 的一个基和维数.

4．在 $\mathbf{R}^3$ 中,求向量 $\boldsymbol{\alpha}=(3,7,1)^{\mathrm{T}}$ 在基 $\boldsymbol{\alpha}_1=(1,3,5)^{\mathrm{T}},\boldsymbol{\alpha}_2=(6,3,2)^{\mathrm{T}},\boldsymbol{\alpha}_3=(3,1,0)^{\mathrm{T}}$ 下的坐标.

5．在 $\mathbf{R}^4$ 中,求向量 $\boldsymbol{\alpha}$ 在基 $\boldsymbol{\alpha}_1,\boldsymbol{\alpha}_2,\boldsymbol{\alpha}_3,\boldsymbol{\alpha}_4$ 下的坐标,其中

(1) $\boldsymbol{\alpha}_1=\begin{pmatrix}1\\1\\1\\1\end{pmatrix},\boldsymbol{\alpha}_2=\begin{pmatrix}1\\1\\-1\\-1\end{pmatrix},\boldsymbol{\alpha}_3=\begin{pmatrix}1\\-1\\1\\-1\end{pmatrix},\boldsymbol{\alpha}_4=\begin{pmatrix}1\\-1\\-1\\1\end{pmatrix},\boldsymbol{\alpha}=\begin{pmatrix}1\\2\\1\\1\end{pmatrix}$;

(2) $\boldsymbol{\alpha}_1=\begin{pmatrix}1\\1\\0\\1\end{pmatrix},\boldsymbol{\alpha}_2=\begin{pmatrix}2\\1\\3\\1\end{pmatrix},\boldsymbol{\alpha}_3=\begin{pmatrix}1\\1\\0\\0\end{pmatrix},\boldsymbol{\alpha}_4=\begin{pmatrix}0\\1\\-1\\-1\end{pmatrix},\boldsymbol{\alpha}=\begin{pmatrix}0\\0\\0\\1\end{pmatrix}$.

6．在 $\mathbf{R}^4$ 中,求由基 $\boldsymbol{\alpha}_1=\begin{pmatrix}1\\2\\-1\\0\end{pmatrix},\boldsymbol{\alpha}_2=\begin{pmatrix}1\\-1\\1\\1\end{pmatrix},\boldsymbol{\alpha}_3=\begin{pmatrix}-1\\2\\1\\1\end{pmatrix},\boldsymbol{\alpha}_4=\begin{pmatrix}-1\\-1\\0\\1\end{pmatrix}$ 到基 $\boldsymbol{\beta}_1=\begin{pmatrix}2\\1\\0\\1\end{pmatrix}$, $\boldsymbol{\beta}_2=\begin{pmatrix}0\\1\\2\\2\end{pmatrix},\boldsymbol{\beta}_3=\begin{pmatrix}-2\\1\\1\\2\end{pmatrix},\boldsymbol{\beta}_4=\begin{pmatrix}1\\3\\1\\2\end{pmatrix}$ 的过渡矩阵,并求向量 $\boldsymbol{\alpha}=\begin{pmatrix}1\\0\\0\\0\end{pmatrix}$ 在基 $\boldsymbol{\alpha}_1,\boldsymbol{\alpha}_2,\boldsymbol{\alpha}_3,\boldsymbol{\alpha}_4$ 下的坐标.

7．在 $\mathbf{R}^3$ 中给出两个基 $\boldsymbol{\varepsilon}_1=(1,0,0)^{\mathrm{T}},\boldsymbol{\varepsilon}_2=(0,1,0)^{\mathrm{T}},\boldsymbol{\varepsilon}_3=(0,0,1)^{\mathrm{T}}$;$\boldsymbol{\alpha}_1=(1,0,0)^{\mathrm{T}}$,

$\boldsymbol{\alpha}_2=(1,1,0)^{\mathrm{T}},\boldsymbol{\alpha}_3=(1,1,1)^{\mathrm{T}}$.

(1) 求由基 $\boldsymbol{\varepsilon}_1,\boldsymbol{\varepsilon}_2,\boldsymbol{\varepsilon}_3$ 到基 $\boldsymbol{\alpha}_1,\boldsymbol{\alpha}_2,\boldsymbol{\alpha}_3$ 的过渡矩阵;

(2) 求由基 $\boldsymbol{\alpha}_1,\boldsymbol{\alpha}_2,\boldsymbol{\alpha}_3$ 到基 $\boldsymbol{\varepsilon}_1,\boldsymbol{\varepsilon}_2,\boldsymbol{\varepsilon}_3$ 的过渡矩阵.

8. 在 $\mathbf{R}^3$ 中取两个基

$$\boldsymbol{\alpha}_1=(1,2,1)^{\mathrm{T}},\ \boldsymbol{\alpha}_2=(2,3,3)^{\mathrm{T}},\ \boldsymbol{\alpha}_3=(3,7,1)^{\mathrm{T}};$$
$$\boldsymbol{\beta}_1=(3,1,4)^{\mathrm{T}},\ \boldsymbol{\beta}_2=(5,2,1)^{\mathrm{T}},\ \boldsymbol{\beta}_3=(1,1,-6)^{\mathrm{T}},$$

试求坐标变换公式.

9. 在 $\mathbf{R}^3$ 中,判断下列变换是否是线性变换:

(1) $T_1:\mathbf{R}^3\to\mathbf{R}^3,\forall\boldsymbol{\alpha}=(a_1,a_2,a_3)^{\mathrm{T}}\in\mathbf{R}^3,T_1(\boldsymbol{\alpha})=(a_1,0,0)^{\mathrm{T}}$;

(2) $T_1:\mathbf{R}^3\to\mathbf{R}^3,\forall\boldsymbol{\alpha}=(a_1,a_2,a_3)^{\mathrm{T}}\in\mathbf{R}^3,T_1(\boldsymbol{\alpha})=(1,0,0)^{\mathrm{T}}$.

10. 在 $\mathbf{R}^3$ 中,定义线性变换 T 为

$$T(\boldsymbol{\alpha}_1)=\begin{pmatrix}-5\\0\\3\end{pmatrix},\ T(\boldsymbol{\alpha}_2)=\begin{pmatrix}0\\-1\\6\end{pmatrix},\ T(\boldsymbol{\alpha}_3)=\begin{pmatrix}-5\\-1\\9\end{pmatrix},$$

其中

$$\boldsymbol{\alpha}_1=\begin{pmatrix}-1\\0\\2\end{pmatrix},\ \boldsymbol{\alpha}_2=\begin{pmatrix}0\\1\\1\end{pmatrix},\ \boldsymbol{\alpha}_3=\begin{pmatrix}3\\-1\\0\end{pmatrix}.$$

(1) 求 T 在标准基 $\boldsymbol{e}_1,\boldsymbol{e}_2,\boldsymbol{e}_3$ 下的矩阵;

(2) 求 T 在标准基 $\boldsymbol{\alpha}_1,\boldsymbol{\alpha}_2,\boldsymbol{\alpha}_3$ 下的矩阵.

11. 在 $\mathbf{R}^3$ 中,线性变换 T 在基 $\boldsymbol{\alpha}_1=\begin{pmatrix}-1\\1\\1\end{pmatrix},\boldsymbol{\alpha}_2=\begin{pmatrix}1\\0\\-1\end{pmatrix},\boldsymbol{\alpha}_3=\begin{pmatrix}0\\1\\1\end{pmatrix}$ 下的矩阵为 $\begin{pmatrix}1&0&1\\1&1&0\\-1&2&1\end{pmatrix}$,求 $\boldsymbol{T}$ 在标准基 $\boldsymbol{e}_1,\boldsymbol{e}_2,\boldsymbol{e}_3$ 下的矩阵.

12. 设 T 为 $\mathbf{R}^3$ 上的线性变换,$\forall(x,y,z)^{\mathrm{T}}\in\mathbf{R}^3,T[(x,y,z)^{\mathrm{T}}]=(x-y,y+z,z-x)^{\mathrm{T}}$. 求 T 在基 $\boldsymbol{\alpha}_1=(1,0,0)^{\mathrm{T}},\boldsymbol{\alpha}_2=(1,1,0)^{\mathrm{T}},\boldsymbol{\alpha}_3=(1,1,1)^{\mathrm{T}}$ 下的矩阵.

13. 设线性变换 T 在基 $\boldsymbol{\alpha}_1,\boldsymbol{\alpha}_2,\boldsymbol{\alpha}_3$ 下的矩阵为 $\boldsymbol{A}=\begin{pmatrix}1&2&3\\4&5&6\\7&8&9\end{pmatrix}$,求 T 在基 $\boldsymbol{\alpha}_1+\boldsymbol{\alpha}_2,\boldsymbol{\alpha}_2,\boldsymbol{\alpha}_3$ 下的矩阵.

14. 已知线性变换 T 在基 $\boldsymbol{\alpha}_1=(-1,1,1)^{\mathrm{T}},\boldsymbol{\alpha}_2=(1,0,-1)^{\mathrm{T}},\boldsymbol{\alpha}_3=(0,1,1)^{\mathrm{T}}$ 下的矩阵 $\boldsymbol{A}=\begin{pmatrix}1&0&1\\1&1&0\\-1&2&1\end{pmatrix}$,求 $\boldsymbol{A}$ 在基 $\boldsymbol{\beta}_1=(1,0,0)^{\mathrm{T}},\boldsymbol{\beta}_2=(0,1,0)^{\mathrm{T}},\boldsymbol{\beta}_3=(0,0,1)^{\mathrm{T}}$ 下的矩阵.

15. 设 T 为 $\mathbf{R}^3$ 中的线性变换,$\boldsymbol{\alpha}_1=(1,0,0)^{\mathrm{T}},\boldsymbol{\alpha}_2=(1,1,0)^{\mathrm{T}},\boldsymbol{\alpha}_3=(1,1,1)^{\mathrm{T}}$ 为 $\mathbf{R}^3$ 的一个基,T 将 $\boldsymbol{\alpha}_1,\boldsymbol{\alpha}_2,\boldsymbol{\alpha}_3$ 分别变为 $(1,0,1)^{\mathrm{T}},(-1,0,2)^{\mathrm{T}},(1,1,2)^{\mathrm{T}}$,求 T 在基 $\boldsymbol{\alpha}_1,\boldsymbol{\alpha}_2,\boldsymbol{\alpha}_3$ 下的矩阵及在标准基 $\boldsymbol{\varepsilon}_1=(1,0,0)^{\mathrm{T}},\boldsymbol{\varepsilon}_2=(0,1,0)^{\mathrm{T}},\boldsymbol{\varepsilon}_3=(0,0,1)^{\mathrm{T}}$ 下的矩阵.

同步测试题七

一、选择题

1. 按照通常的运算，下列集合中构成 $\mathbf{R}$ 上的线性空间的是(　　).

A. 全体正数　　B. 全体复数　　C. 全体负数　　D. 全体自然数

2. 设 V 是 $\mathbf{R}$ 上的线性空间，则 V 中零元素的个数为(　　).

A. 多个　　B. 两个　　C. 一个　　D. 不确定

3. 在线性空间 $\mathbf{R}^3$ 中，$\forall \boldsymbol{\alpha}=(x_1,x_2,x_3)^{\mathrm{T}}\in\mathbf{R}^3$，下列变换是线性变换的是(　　).

A. $T_1(\boldsymbol{\alpha})=(2x_1-x_3,x_2+x_3,x_1+x_3)^{\mathrm{T}}$

B. $T_2(\boldsymbol{\alpha})=(\sin x_1,0,0)^{\mathrm{T}}$

C. $T_3(\boldsymbol{\alpha})=(x_1^2,x_2^2,x_3^2)^{\mathrm{T}}$

D. $T_4(\boldsymbol{\alpha})=(\sin x_1,\cos x_2,1)^{\mathrm{T}}$

4. 设 V 是 $\mathbf{R}$ 上的三维线性空间，$\boldsymbol{\alpha}_1,\boldsymbol{\alpha}_2,\boldsymbol{\alpha}_3$ 是 V 上的一个基，向量 $\boldsymbol{\alpha}$ 在基 $\boldsymbol{\alpha}_1,\boldsymbol{\alpha}_2,\boldsymbol{\alpha}_3$ 下的坐标为 $(x_1,x_2,x_3)^{\mathrm{T}}$，则 $\boldsymbol{\alpha}$ 在基 $\boldsymbol{\alpha}_1+\boldsymbol{\alpha}_2,\boldsymbol{\alpha}_2,\boldsymbol{\alpha}_3$ 下的坐标为(　　).

A. $(x_1+x_2,x_2,x_3)^{\mathrm{T}}$　　B. $(x_1,x_1+x_2,x_3)^{\mathrm{T}}$

C. $(x_1,x_2-x_1,x_3)^{\mathrm{T}}$　　D. $(x_1-x_2,x_2,x_3)^{\mathrm{T}}$

5. 设线性变换 T 在基 $\boldsymbol{\alpha}_1,\boldsymbol{\alpha}_2,\cdots,\boldsymbol{\alpha}_n$ 下的矩阵为 $\boldsymbol{A}$，$|\boldsymbol{A}|=5$，且线性变换 T 在基 $\boldsymbol{\alpha}_n,\boldsymbol{\alpha}_{n-1},\cdots,\boldsymbol{\alpha}_1$ 下的矩阵为 $\boldsymbol{B}$，则 $|\boldsymbol{B}|=$(　　).

A. 不能确定　　B. 5　　C. $\dfrac{1}{5}$　　D. 5^n

二、填空题

1. 在 n 维线性空间 V_n 中，$\boldsymbol{\alpha}_1,\boldsymbol{\alpha}_2,\cdots,\boldsymbol{\alpha}_m$ 为 V_n 中的线性无关组，$\boldsymbol{\beta}_1,\boldsymbol{\beta}_2,\cdots,\boldsymbol{\beta}_n$ 为 V_n 的一个基，则 m 与 n 的关系为__________.

2. 在线性空间 $\mathbf{R}^3$ 中，元素 $\boldsymbol{\alpha}=(1,1,1)^{\mathrm{T}}$ 在基 $\boldsymbol{\alpha}_1=(1,0,0)^{\mathrm{T}}$，$\boldsymbol{\alpha}_2=(1,1,0)^{\mathrm{T}}$，$\boldsymbol{\alpha}_3=(1,1,1)^{\mathrm{T}}$ 下的坐标为__________.

3. 若 T_1,T_2 是线性空间 V 上的线性变换，$\boldsymbol{A},\boldsymbol{B}$ 为 T_1,T_2 在基 $\boldsymbol{\alpha}_1,\boldsymbol{\alpha}_2,\cdots,\boldsymbol{\alpha}_n$ 下的矩阵，则 T_1+T_2 在基 $\boldsymbol{\alpha}_1,\boldsymbol{\alpha}_2,\cdots,\boldsymbol{\alpha}_n$ 下的矩阵为__________.

4. 设线性变换 T 在基 $\boldsymbol{\alpha}_1,\boldsymbol{\alpha}_2,\cdots,\boldsymbol{\alpha}_n$ 下的矩阵为 $\boldsymbol{A}$，向量 $\boldsymbol{\alpha}$ 与 $T(\boldsymbol{\alpha})$ 在基 $\boldsymbol{\alpha}_1,\boldsymbol{\alpha}_2,\cdots,\boldsymbol{\alpha}_n$ 下的坐标为 $\boldsymbol{x}=(x_1,x_2,\cdots,x_n)^{\mathrm{T}}$ 及 $\boldsymbol{y}=(y_1,y_2,\cdots,y_n)^{\mathrm{T}}$，则 $\boldsymbol{y}=$__________.

5. 设 T 为 n 维线性空间 V_n 上的线性变换，T 在某个基下的矩阵为 $\boldsymbol{A}$，且 $R(\boldsymbol{A})=r$，$W=\{\boldsymbol{\alpha}\mid\boldsymbol{\alpha}\in V,\boldsymbol{A}\boldsymbol{\alpha}=\boldsymbol{0}\}$，则 W 的维数为__________.

三、计算题

1. 设 $\boldsymbol{\alpha}_1,\boldsymbol{\alpha}_2,\boldsymbol{\alpha}_3$ 是三维线性空间 V 中的一个基，又 V 中向量 $\boldsymbol{\alpha}$ 在这个基下的坐标为 $(x_1,x_2,x_3)^{\mathrm{T}}$，求

(1) $\boldsymbol{\alpha}$ 在基 $\boldsymbol{\alpha}_3,\boldsymbol{\alpha}_1,\boldsymbol{\alpha}_2$ 下的坐标；

(2) $\boldsymbol{\alpha}$ 在基 $\boldsymbol{\alpha}_1+\boldsymbol{\alpha}_2,\boldsymbol{\alpha}_2+\boldsymbol{\alpha}_3,\boldsymbol{\alpha}_3$ 下的坐标.

2. 已知 $\mathbf{R}^3$ 中的两个基 $\boldsymbol{\alpha}_1=\begin{pmatrix}1\\1\\1\end{pmatrix},\boldsymbol{\alpha}_2=\begin{pmatrix}1\\0\\-1\end{pmatrix},\boldsymbol{\alpha}_3=\begin{pmatrix}1\\0\\1\end{pmatrix}$ 和 $\boldsymbol{\beta}_1=\begin{pmatrix}1\\2\\1\end{pmatrix},\boldsymbol{\beta}_2=\begin{pmatrix}2\\3\\4\end{pmatrix},\boldsymbol{\beta}_3=\begin{pmatrix}3\\4\\3\end{pmatrix}$,求由基 $\boldsymbol{\alpha}_1,\boldsymbol{\alpha}_2,\boldsymbol{\alpha}_3$ 到基 $\boldsymbol{\beta}_1,\boldsymbol{\beta}_2,\boldsymbol{\beta}_3$ 的过渡矩阵.

3. 已知四维线性空间的一个基 $\boldsymbol{\alpha}_1=\begin{pmatrix}1\\0\\1\\0\end{pmatrix},\boldsymbol{\alpha}_2=\begin{pmatrix}1\\1\\0\\0\end{pmatrix},\boldsymbol{\alpha}_3=\begin{pmatrix}1\\1\\1\\0\end{pmatrix},\boldsymbol{\alpha}_4=\begin{pmatrix}0\\0\\0\\1\end{pmatrix}$,求向量 $\boldsymbol{\beta}=\begin{pmatrix}5\\6\\7\\8\end{pmatrix}$在这个基下的坐标.

4. 设 V_3 是实数域上的三维线性空间,$\boldsymbol{\alpha}_1,\boldsymbol{\alpha}_2,\boldsymbol{\alpha}_3$ 为 V_3 上的一个基,T 为 V_3 上的线性变换,且 $T(\boldsymbol{\alpha}_1)=\boldsymbol{\alpha}_1+\boldsymbol{\alpha}_2+\boldsymbol{\alpha}_3$,$T(\boldsymbol{\alpha}_2)=\boldsymbol{\alpha}_1+2\boldsymbol{\alpha}_2$,$T(\boldsymbol{\alpha}_3)=\boldsymbol{\alpha}_1$. 求 T 在基 $\boldsymbol{\alpha}_3,\boldsymbol{\alpha}_2,\boldsymbol{\alpha}_1$ 下的矩阵.

5. 已知线性变换 T 在基 $\boldsymbol{\alpha}_1=(1,1,0)^{\mathrm{T}},\boldsymbol{\alpha}_2=(1,2,0)^{\mathrm{T}},\boldsymbol{\alpha}_3=(0,2,-1)^{\mathrm{T}}$ 下的矩阵 $\boldsymbol{A}=\begin{pmatrix}2&0&3\\0&-2&-1\\1&-1&4\end{pmatrix}$,而 $\boldsymbol{\alpha}$ 在基 $\boldsymbol{\beta}_1=(1,2,3)^{\mathrm{T}},\boldsymbol{\beta}_2=(1,3,5)^{\mathrm{T}},\boldsymbol{\beta}_3=(0,2,1)^{\mathrm{T}}$ 下的坐标为 $(1,-2,1)^{\mathrm{T}}$,求 $T(\boldsymbol{\alpha})$在基 $\boldsymbol{\beta}_1,\boldsymbol{\beta}_2,\boldsymbol{\beta}_3$ 下的坐标.

四、证明题

1. 证明:$1,x-1,(x-1)^2$ 是 $\mathbf{R}_3[x]$的一个基,并求向量 $1+2x+3x^2$ 在该基下的坐标.

2. 设 n 阶矩阵的全体在矩阵的线性运算下所构成的线性空间为 M_n. 取定可逆矩阵 $\boldsymbol{P}\in M_n$,对于任意的 $\boldsymbol{A}\in M_n$,施行相似变换 $T(\boldsymbol{A})=\boldsymbol{P}^{-1}\boldsymbol{A}\boldsymbol{P}$. 证明矩阵的相似变换 T 是 M_n 上的一个线性变换.

习题及同步测试题参考答案

习　题　一

1. (1) $\sin\alpha\cos\beta-\cos\alpha\sin\beta$;　　(2) 0;

(3) $(b-a)(c-a)(c-b)$;　　(4) $-2(x^3+y^3)$.

2. (1) 偶排列;　　(2) 奇排列;

(3) 当 $n=4k,4k+1$ 时, $13\cdots(2n-1)24\cdots(2n)$ 为偶排列;

当 $n=4k+2,4k+3$ 时, $13\cdots(2n-1)24\cdots(2n)$ 为奇排列;

(4) k 为偶数时, $(2k)1(2k-1)2(2k-2)3\cdots(k+1)k$ 为偶排列;

k 为奇数时, $(2k)1(2k-1)2(2k-2)3\cdots(k+1)k$ 为奇排列.

3. (1) $i=8,j=3$;　　(2) $i=6,j=8$.

4. $\tau(i_n i_{n-1}\cdots i_1)=C_n^2-k$.

5. (1) -25;　　(2) 0;

(3) 48;　　(4) -17;

(5) $(a+b+c)^3$;　　(6) $4abcdef$;

(7) 8;　　(8) x^2y^2;

(9) $abd(c-b)(d-b)(d-c)(c^2-a^2)$;　　(10) $1-a+a^2-a^3+a^4-a^5$.

6. (1) $-2\times(n-2)!$;　　(2) $x^n+(-1)^{n+1}y^n$;

(3) $b^{n-1}\left(b+\sum\limits_{i=1}^{n}a_i\right)$;　　(4) $a_1a_2\cdots a_n\left(1+\sum\limits_{i=1}^{n}\dfrac{1}{a_i}\right)$;

(5) $x^n+a_1x^{n-1}+\cdots+a_{n-1}x+a_n$;

(6) $2^n+2^{n-1}\times5+\cdots+2^2\times5^{n-2}+2\times5^{n-1}+5^n$;

(7) $(-1)^{n+1}x^{n-2}$;　　(8) $(-1)^{n-1}\cdot(n-1)$.

7. 证明　(1) 依定义

$$D_1=\sum(-1)^{\tau(p_1p_2\cdots p_n)}a_{1p_1}a_{2p_2}\cdots a_{np_n},$$

$$\begin{aligned}D_2&=\sum(-1)^{\tau(p_1p_2\cdots p_n)}(a_{1p_1}b^{1-p_1})(a_{2p_2}b^{2-p_2})\cdots(a_{np_n}b^{n-p_n})\\&=\sum(-1)^{\tau(p_1p_2\cdots p_n)}a_{1p_1}a_{2p_2}\cdots a_{np_n}b^{(1+2+\cdots+n)-(p_1+p_2+\cdots+p_n)},\end{aligned}$$

因为 $1+2+\cdots+n=p_1+p_2+\cdots+p_n$, 所以

$$D_2=\sum(-1)^{\tau(p_1p_2\cdots p_n)}a_{1p_1}a_{2p_2}\cdots a_{np_n}=D_1.$$

(2) 左式 $=\dfrac{1}{abcd}\begin{vmatrix}abcd & a^2 & a^3 & a^4\\ abcd & b^2 & b^3 & b^4\\ abcd & c^2 & c^3 & c^4\\ abcd & d^2 & d^3 & d^4\end{vmatrix}=\begin{vmatrix}1 & a^2 & a^3 & a^4\\ 1 & b^2 & b^3 & b^4\\ 1 & c^2 & c^3 & c^4\\ 1 & d^2 & d^3 & d^4\end{vmatrix}=$ 右式.

(3) ① 当 $n=1,2$ 时命题显然成立；

② 假设对阶数小于 n 时命题成立，那么对 D_n 按第 n 列展开，有

$$D_n = 1\cdot(-1)^{n-1+n}\begin{vmatrix} \cos\theta & 1 & & & \\ 1 & 2\cos\theta & 1 & & \\ & 1 & \ddots & \ddots & \\ & & & \ddots & 1 \\ & & & & 1 \end{vmatrix} + 2\cos\theta\cdot D_{n-1}$$

$$= -D_{n-2} + 2\cos\theta D_{n-1} = 2\cos\theta\cos(n-1)\theta - \cos(n-2)\theta$$

$$= \cos n\theta + \cos(n-2)\theta - \cos(n-2)\theta = \cos n\theta.$$

(4) $$D_n = \begin{vmatrix} \alpha & \alpha\beta & 0 & \cdots & 0 & 0 & 0 \\ 1 & \alpha+\beta & \alpha\beta & \cdots & 0 & 0 & 0 \\ 0 & 1 & \alpha+\beta & \cdots & 0 & 0 & 0 \\ \vdots & \vdots & \vdots & & \vdots & \vdots & \vdots \\ 0 & 0 & 0 & \cdots & 1 & \alpha+\beta & \alpha\beta \\ 0 & 0 & 0 & \cdots & 0 & 1 & \alpha+\beta \end{vmatrix}$$

$$+\begin{vmatrix} \beta & \alpha\beta & 0 & \cdots & 0 & 0 & 0 \\ 0 & \alpha+\beta & \alpha\beta & \cdots & 0 & 0 & 0 \\ 0 & 1 & \alpha+\beta & \cdots & 0 & 0 & 0 \\ \vdots & \vdots & \vdots & & \vdots & \vdots & \vdots \\ 0 & 0 & 0 & \cdots & 1 & \alpha+\beta & \alpha\beta \\ 0 & 0 & 0 & \cdots & 0 & 1 & \alpha+\beta \end{vmatrix} = \alpha^n + \beta D_{n-1}.$$

同理 $D_n=\beta^n+\alpha D_{n-1}$. 解得 $D_n=\dfrac{\alpha^{n+1}-\beta^{n+1}}{\alpha-\beta}$.

8. (1) 10368；　(2) $(a+b+c)(b-a)(c-a)(c-b)$；

(3) $\prod\limits_{k=1}^{n} k!$；　(4) $(-1)^{\frac{n(n+1)}{2}}\prod\limits_{k=1}^{n} k!$.

9. (提示：利用范德蒙行列式) $x=a_i, i=1,2,\cdots,n-1$.

10. $a=\dfrac{21}{2}$.

11. (1) $A_{41}+A_{42}+A_{43}=-9$；　(2) $A_{44}+A_{45}=18$.

12. (1) $x_1=2, x_2=-3, x_3=-2$；　(2) $x_1=1, x_2=-1, x_3=-1, x_4=1$.

13. $f(x)=2x^2-4x+3$.

14. $x_1=0, x_2=1, x_3=2, \cdots, x_{n-1}=n-2$.

15. $\lambda=1$.

16. $\mu=0$ 或 $\lambda=1$.

同步测试题一

一、选择题

1. D.　**2.** C.　**3.** B.　**4.** D.　**5.** D.

二、填空题

1. $\frac{n(n-1)}{2}$. **2.** 1. **3.** -4. **4.** $\frac{a}{b}$. **5.** -3.

三、计算题

1. 解 $D=\begin{vmatrix} 2 & 1 & 1 & 1 & 1 \\ -1 & 2 & 0 & 0 & 0 \\ -1 & 0 & 3 & 0 & 0 \\ -1 & 0 & 0 & 4 & 0 \\ -1 & 0 & 0 & 0 & 5 \end{vmatrix}=\begin{vmatrix} 2+\frac{1}{2}+\frac{1}{3}+\frac{1}{4}+\frac{1}{5} & 1 & 1 & 1 & 1 \\ 0 & 2 & 0 & 0 & 0 \\ 0 & 0 & 3 & 0 & 0 \\ 0 & 0 & 0 & 4 & 0 \\ 0 & 0 & 0 & 0 & 5 \end{vmatrix}$

$$=\left(2+\frac{1}{2}+\frac{1}{3}+\frac{1}{4}+\frac{1}{5}\right)\times 2\times 3\times 4\times 5=384.$$

2. 解 $D_n=\begin{vmatrix} -2 & 0 & 0 & \cdots & 0 \\ 0 & -1 & 0 & \cdots & 0 \\ 3 & 3 & 3 & \cdots & 3 \\ \vdots & \vdots & \vdots & & \vdots \\ 0 & 0 & 0 & \cdots & n-3 \end{vmatrix}=\begin{vmatrix} -2 & 0 & 0 & \cdots & 0 \\ 0 & -1 & 0 & \cdots & 0 \\ 0 & 0 & 3 & \cdots & 0 \\ \vdots & \vdots & \vdots & & \vdots \\ 0 & 0 & 0 & \cdots & n-3 \end{vmatrix}=6(n-3)!.$

3. 解 $A_{11}+A_{12}+\cdots+A_{1n}=\begin{vmatrix} 1 & 1 & 1 & \cdots & 1 \\ 1 & 2 & 0 & \cdots & 0 \\ 1 & 0 & 3 & \cdots & 0 \\ \vdots & \vdots & \vdots & & \vdots \\ 1 & 0 & 0 & \cdots & n \end{vmatrix}$

$$=\begin{vmatrix} 1-\frac{1}{2}-\cdots-\frac{1}{n} & 1 & 1 & \cdots & 1 \\ 0 & 2 & 0 & \cdots & 0 \\ 0 & 0 & 3 & \cdots & 0 \\ \vdots & \vdots & \vdots & & \vdots \\ 0 & 0 & 0 & \cdots & n \end{vmatrix}=\left(1-\sum_{k=2}^{n}\frac{1}{k}\right)n!.$$

4. 解 因为系数行列式 $D=\begin{vmatrix} 1 & 1 & \lambda \\ -1 & \lambda & 1 \\ 1 & -1 & 2 \end{vmatrix}=(\lambda+1)(4-\lambda)$，所以当 $D\neq 0$，即 $\lambda\neq -1$ 且 $\lambda\neq 4$ 时，方程组有唯一解.

5. 解 因为 $D=\begin{vmatrix} 1 & 1 & \cdots & 1 & 1 \\ 1 & 1 & \cdots & 2 & 1 \\ \vdots & \vdots & & \vdots & \vdots \\ 1 & n-1 & \cdots & 1 & 1 \\ n & 1 & \cdots & 1 & 1 \end{vmatrix}$，

$$D_1=D_2=\cdots=D_{n-1}=0, D_n=\begin{vmatrix}1&1&\cdots&1&2\\1&1&\cdots&2&2\\\vdots&\vdots&&\vdots&\vdots\\1&n-1&\cdots&1&2\\n&1&\cdots&1&2\end{vmatrix}=2D,$$

所以 $x_1=x_2=\cdots=x_{n-1}=0, x_n=2$.

四、证明题

1. 证明 设 $x_1,x_2,\cdots,x_{n+1}$ 为 $f(x)$ 的互不相等的根,则

$$\begin{cases}a_0+a_1x_1+\cdots+a_nx_1^n=0,\\a_0+a_1x_2+\cdots+a_nx_2^n=0,\\\cdots\cdots\cdots\cdots\\a_0+a_1x_{n+1}+\cdots+a_nx_{n+1}^n=0.\end{cases}$$

因为 $D=\begin{vmatrix}1&x_1&x_1^2&\cdots&x_1^n\\1&x_2&x_2^2&\cdots&x_2^n\\1&x_3&x_3^2&\cdots&x_3^n\\\vdots&\vdots&\vdots&&\vdots\\1&x_{n+1}&x_{n+1}^2&\cdots&x_{n+1}^n\end{vmatrix}=\prod\limits_{1\leqslant i<j\leqslant n+1}(x_j-x_i)\neq 0$, 所以

$$a_0=a_1=\cdots=a_n=0, \text{即 } f(x)=0.$$

2. 证明 $D=\begin{vmatrix}a^2+\frac{1}{a^2}&a&\frac{1}{a}&1\\b^2+\frac{1}{b^2}&b&\frac{1}{b}&1\\c^2+\frac{1}{c^2}&c&\frac{1}{c}&1\\d^2+\frac{1}{d^2}&d&\frac{1}{d}&1\end{vmatrix}=\begin{vmatrix}a^2&a&\frac{1}{a}&1\\b^2&b&\frac{1}{b}&1\\c^2&c&\frac{1}{c}&1\\d^2&d&\frac{1}{d}&1\end{vmatrix}+\begin{vmatrix}\frac{1}{a^2}&a&\frac{1}{a}&1\\\frac{1}{b^2}&b&\frac{1}{b}&1\\\frac{1}{c^2}&c&\frac{1}{c}&1\\\frac{1}{d^2}&d&\frac{1}{d}&1\end{vmatrix}$

$$=abcd\begin{vmatrix}a&1&\frac{1}{a^2}&\frac{1}{a}\\b&1&\frac{1}{b^2}&\frac{1}{b}\\c&1&\frac{1}{c^2}&\frac{1}{c}\\d&1&\frac{1}{d^2}&\frac{1}{d}\end{vmatrix}+(-1)^3\begin{vmatrix}a&1&\frac{1}{a^2}&\frac{1}{a}\\b&1&\frac{1}{b^2}&\frac{1}{b}\\c&1&\frac{1}{c^2}&\frac{1}{c}\\d&1&\frac{1}{d^2}&\frac{1}{d}\end{vmatrix}=0.$$

习 题 二

1. $\begin{pmatrix}9&-4\\-8&-15\\-8&-19\end{pmatrix}$.

2. $\begin{pmatrix}0&1\\2&0\\0&2\end{pmatrix}$.

3. $\begin{pmatrix} 6 & 20 \\ -7 & -5 \\ 8 & -6 \end{pmatrix}$.　　**4.** $\begin{pmatrix} 1 & -5 \\ 0 & -3 \\ 0 & -11 \end{pmatrix}$.

5. (1) $a_1b_1+a_2b_2+a_3b_3$;　　(2) $\begin{pmatrix} a_1b_1 & a_1b_2 & a_1b_3 \\ a_2b_1 & a_2b_2 & a_2b_3 \\ a_3b_1 & a_3b_2 & a_3b_3 \end{pmatrix}$;

(3) $a_{11}x_1y_1+a_{21}x_2y_1+a_{31}x_3y_1+a_{12}x_1y_2+a_{22}x_2y_2+a_{32}x_3y_2+a_{13}x_1y_3+a_{23}x_2y_3+a_{33}x_3y_3$;

(4) $\begin{pmatrix} a_1b_3 & 0 & 0 \\ 0 & a_2b_2 & 0 \\ 0 & 0 & a_3b_1 \end{pmatrix}$.

6. (1) $\begin{pmatrix} 1 & n \\ 0 & 1 \end{pmatrix}$;　　(2) $\begin{pmatrix} \cos n\theta & -\sin n\theta \\ \sin n\theta & \cos n\theta \end{pmatrix}$;

(3) 当 n 为偶数时，$\boldsymbol{A}^n=(\boldsymbol{A}^2)^{\frac{n}{2}}=(2^2\boldsymbol{E})^{\frac{n}{2}}=2^n\boldsymbol{E}$;

当 n 为奇数时，$\boldsymbol{A}^n=\boldsymbol{A}^{n-1}\boldsymbol{A}=(2^{n-1}\boldsymbol{E})\boldsymbol{A}=2^{n-1}\boldsymbol{A}$.

(4) $\begin{pmatrix} \lambda^n & n\lambda^{n-1} & \frac{n(n-1)}{2}\lambda^{n-2} \\ 0 & \lambda^n & n\lambda^{n-1} \\ 0 & 0 & \lambda^n \end{pmatrix}$.

7. 证明　*充分性*：当 $\boldsymbol{B}^2=\boldsymbol{E}$ 时，

$$\boldsymbol{A}^2=\left[\frac{1}{2}(\boldsymbol{B}+\boldsymbol{E})\right]^2=\frac{1}{4}(\boldsymbol{B}+\boldsymbol{E})^2=\frac{1}{4}(\boldsymbol{B}^2+2\boldsymbol{B}+\boldsymbol{E})$$
$$=\frac{1}{4}(\boldsymbol{E}+2\boldsymbol{B}+\boldsymbol{E})=\frac{1}{4}(2\boldsymbol{E}+2\boldsymbol{B})=\frac{1}{2}(\boldsymbol{E}+\boldsymbol{B})=\boldsymbol{A}.$$

必要性：当 $\boldsymbol{A}^2=\boldsymbol{A}$ 时，

$$\boldsymbol{A}^2=\left[\frac{1}{2}(\boldsymbol{B}+\boldsymbol{E})\right]^2=\frac{1}{4}(\boldsymbol{B}+\boldsymbol{E})^2=\frac{1}{4}(\boldsymbol{B}^2+2\boldsymbol{B}+\boldsymbol{E}).$$

又

$$\boldsymbol{A}=\frac{1}{2}(\boldsymbol{B}+\boldsymbol{E}),$$

所以

$$\frac{1}{4}(\boldsymbol{B}^2+2\boldsymbol{B}+\boldsymbol{E})=\frac{1}{2}(\boldsymbol{B}+\boldsymbol{E}),$$

即

$$\boldsymbol{B}^2+2\boldsymbol{B}+\boldsymbol{E}=2\boldsymbol{B}+2\boldsymbol{E},$$

即

$$\boldsymbol{B}^2=\boldsymbol{E}.$$

8. (1) $a=1,b=1$;

(2) $a=-1+2\sqrt{2},b=-1-2\sqrt{2}$ 或 $a=-1-2\sqrt{2},b=-1+2\sqrt{2}$.

9. 证明　因为 $\boldsymbol{A}=(a_{ij})$ 是 n 阶对称阵，且 $\boldsymbol{A}^2=(c_{ij})$，则

$$a_{ij}=a_{ji},c_{ij}=0\ (i,j=1,2,\cdots,n).$$

于是,对任意的 $i(1\leqslant i\leqslant n)$,都有 $\sum\limits_{k=1}^{n}a_{ik}^2=\sum\limits_{k=1}^{n}a_{ik}a_{ki}=c_{ii}=0$,但 a_{ik} 均为实数,所以

$$a_{i1}=a_{i2}=\cdots=a_{in}=0\ (i=1,2,\cdots,n),$$

即 $\boldsymbol{A}=\boldsymbol{O}$.

10. 证明 因为 $\boldsymbol{A}^{\mathrm{T}}=\boldsymbol{A}$,则

$$(\boldsymbol{B}^{\mathrm{T}}\boldsymbol{A}\boldsymbol{B})^{\mathrm{T}}=\boldsymbol{B}^{\mathrm{T}}(\boldsymbol{B}^{\mathrm{T}}\boldsymbol{A})^{\mathrm{T}}=\boldsymbol{B}^{\mathrm{T}}\boldsymbol{A}^{\mathrm{T}}\boldsymbol{B}=\boldsymbol{B}^{\mathrm{T}}\boldsymbol{A}\boldsymbol{B},$$

所以 $\boldsymbol{B}^{\mathrm{T}}\boldsymbol{A}\boldsymbol{B}$ 也是对称矩阵.

11. 证明 因为 $\boldsymbol{A}^{\mathrm{T}}=\boldsymbol{A},\boldsymbol{B}^{\mathrm{T}}=\boldsymbol{B}$.

充分性:若 $\boldsymbol{AB}=\boldsymbol{BA}\Rightarrow\boldsymbol{AB}=\boldsymbol{B}^{\mathrm{T}}\boldsymbol{A}^{\mathrm{T}}\Rightarrow\boldsymbol{AB}=(\boldsymbol{AB})^{\mathrm{T}}$,即 $\boldsymbol{AB}$ 是对称矩阵.

必要性:若 $(\boldsymbol{AB})^{\mathrm{T}}=\boldsymbol{AB}\Rightarrow\boldsymbol{B}^{\mathrm{T}}\boldsymbol{A}^{\mathrm{T}}=\boldsymbol{AB}\Rightarrow\boldsymbol{BA}=\boldsymbol{AB}$.

12. (1) $\begin{pmatrix}d & -b\\ -c & a\end{pmatrix}$; (2) $\begin{pmatrix}-\frac{1}{2} & -\frac{3}{2} & -\frac{5}{2}\\ \frac{1}{2} & \frac{1}{2} & \frac{1}{2}\\ 0 & 1 & 1\end{pmatrix}$;

(3) $\begin{pmatrix}1 & -1 & 0 & 0\\ 0 & 1 & -1 & 0\\ 0 & 0 & 1 & -1\\ 0 & 0 & 0 & 1\end{pmatrix}$; (4) $\begin{pmatrix}0 & 0 & 0 & 1\\ 1 & 0 & 0 & 0\\ 0 & 1 & 0 & 0\\ 0 & 0 & 1 & 0\end{pmatrix}$.

13. $\begin{pmatrix}\frac{1}{2} & \frac{1}{2}\\ 2 & 1\end{pmatrix}$.

14. $\begin{pmatrix}\frac{1}{10} & 0 & 0\\ \frac{1}{5} & \frac{1}{5} & 0\\ \frac{3}{10} & \frac{2}{5} & \frac{1}{2}\end{pmatrix}$.

15. (1) $\frac{1}{3}$; (2) 9; (3) 81; (4) $-\frac{1}{3}$; (5) 81^4.

16. (1) $(-1)^{n-1}\frac{5^n}{6}$; (2) $-3\times2^{2n-1}$.

17. 1.

18. -1.

19. $\begin{pmatrix}\frac{1}{2} & \frac{\sqrt{3}}{2}\\ -\frac{\sqrt{3}}{2} & \frac{1}{2}\end{pmatrix}$.

20. (1) $\boldsymbol{X}=\begin{pmatrix}2 & 0\\ 1 & 1\\ -\frac{1}{2} & \frac{1}{2}\end{pmatrix}$; (2) $\boldsymbol{X}=\frac{1}{6}\begin{pmatrix}-2 & 2 & 8\\ 4 & 2 & 2\\ 4 & 5 & 8\end{pmatrix}$;

(3) $\boldsymbol{A}=2\boldsymbol{E},\boldsymbol{B}=\frac{1}{2}\boldsymbol{E}$; (4) $\boldsymbol{B}=\begin{pmatrix}2&&\\&-4&\\&&2\end{pmatrix}$.

21. 证明 因为

$$\boldsymbol{E}+\boldsymbol{BA}=\boldsymbol{A}^{-1}\boldsymbol{A}+\boldsymbol{EBA}=\boldsymbol{A}^{-1}\boldsymbol{A}+\boldsymbol{A}^{-1}\boldsymbol{ABA}=\boldsymbol{A}^{-1}(\boldsymbol{E}+\boldsymbol{AB})\boldsymbol{A},$$

而 $\boldsymbol{A},\boldsymbol{A}+\boldsymbol{AB}$ 可逆，所以 $\boldsymbol{E}+\boldsymbol{BA}$ 可逆.

22. 证明 因为

$$\boldsymbol{A}^{-1}+\boldsymbol{B}^{-1}=\boldsymbol{A}^{-1}\boldsymbol{E}+\boldsymbol{EB}^{-1}=\boldsymbol{A}^{-1}\boldsymbol{BB}^{-1}+\boldsymbol{A}^{-1}\boldsymbol{AB}^{-1}=\boldsymbol{A}^{-1}(\boldsymbol{A}+\boldsymbol{B})\boldsymbol{B}^{-1},$$

而 $\boldsymbol{A},\boldsymbol{B},\boldsymbol{A}+\boldsymbol{B}$ 可逆，所以 $\boldsymbol{A}^{-1}+\boldsymbol{B}^{-1}$ 是可逆矩阵，且

$$(\boldsymbol{A}^{-1}+\boldsymbol{B}^{-1})^{-1}=[\boldsymbol{A}^{-1}(\boldsymbol{A}+\boldsymbol{B})\boldsymbol{B}^{-1}]^{-1}=\boldsymbol{B}(\boldsymbol{A}+\boldsymbol{B})^{-1}\boldsymbol{A}.$$

23. 证明 因为

$$\boldsymbol{HH}^{\mathrm{T}}=\left(\frac{1}{2},0,\cdots,0,\frac{1}{2}\right)\begin{pmatrix}\frac{1}{2}\\0\\\vdots\\0\\\frac{1}{2}\end{pmatrix}=\frac{1}{4}+\frac{1}{4}=\frac{1}{2},$$

所以

$$\begin{aligned}\boldsymbol{AB}&=(\boldsymbol{E}-\boldsymbol{H}^{\mathrm{T}}\boldsymbol{H})(\boldsymbol{E}+2\boldsymbol{H}^{\mathrm{T}}\boldsymbol{H})=\boldsymbol{E}+2\boldsymbol{H}^{\mathrm{T}}\boldsymbol{H}-\boldsymbol{H}^{\mathrm{T}}\boldsymbol{H}-2(\boldsymbol{H}^{\mathrm{T}}\boldsymbol{H})(\boldsymbol{H}^{\mathrm{T}}\boldsymbol{H})\\&=\boldsymbol{E}+\boldsymbol{H}^{\mathrm{T}}\boldsymbol{H}-2\boldsymbol{H}^{\mathrm{T}}(\boldsymbol{HH}^{\mathrm{T}})\boldsymbol{H}=\boldsymbol{E}+\boldsymbol{H}^{\mathrm{T}}\boldsymbol{H}-2\times\frac{1}{2}\boldsymbol{H}^{\mathrm{T}}\boldsymbol{H}=\boldsymbol{E}.\end{aligned}$$

故 $\boldsymbol{A}^{-1}=\boldsymbol{B}$.

24. 证明 因为 $(\boldsymbol{E}-\boldsymbol{A})(\boldsymbol{E}+\boldsymbol{A}+\boldsymbol{A}^2+\boldsymbol{A}^3+\cdots+\boldsymbol{A}^{k-1})=\boldsymbol{E}-\boldsymbol{A}^k$，而

$$\boldsymbol{A}^k=\boldsymbol{O},$$

所以

$$(\boldsymbol{E}-\boldsymbol{A})(\boldsymbol{E}+\boldsymbol{A}+\boldsymbol{A}^2+\boldsymbol{A}^3+\cdots+\boldsymbol{A}^{k-1})=\boldsymbol{E}.$$

故 $\boldsymbol{E}-\boldsymbol{A}$ 可逆，且

$$(\boldsymbol{E}-\boldsymbol{A})^{-1}=\boldsymbol{E}+\boldsymbol{A}+\boldsymbol{A}^2+\cdots+\boldsymbol{A}^{k-1}.$$

25. 证明 由 $\boldsymbol{A}^3+\boldsymbol{A}^2-\boldsymbol{A}-\boldsymbol{E}=\boldsymbol{O}$，得

$$(\boldsymbol{A}-\boldsymbol{E})(\boldsymbol{A}^2+2\boldsymbol{A}+\boldsymbol{E})=\boldsymbol{O}.$$

因为 $|\boldsymbol{A}-\boldsymbol{E}|\neq 0$，知 $\boldsymbol{A}-\boldsymbol{E}$ 可逆，于是

$$\boldsymbol{A}^2+2\boldsymbol{A}+\boldsymbol{E}=\boldsymbol{O},$$

即

$$\boldsymbol{A}[-(\boldsymbol{A}+2\boldsymbol{E})]=\boldsymbol{E}.$$

由推论知 $\boldsymbol{A}$ 可逆，且 $\boldsymbol{A}^{-1}=-(\boldsymbol{A}+2\boldsymbol{E})$.

26. 证明 在等式 $\boldsymbol{AA}^*=|\boldsymbol{A}|\boldsymbol{E}$ 两边取行列式，得

$$|\boldsymbol{A}|\cdot|\boldsymbol{A}^*|=|\boldsymbol{A}|^n.$$

于是

若$|\boldsymbol{A}|\neq 0$,则由此式得$|\boldsymbol{A}^*|=|\boldsymbol{A}|^{n-1}$;

若$|\boldsymbol{A}|=0$,则必有$|\boldsymbol{A}^*|=0$.

(若$|\boldsymbol{A}^*|\neq 0$,则$\boldsymbol{A}^*$可逆,于是$\boldsymbol{A}=\boldsymbol{A}\boldsymbol{A}^*(\boldsymbol{A}^*)^{-1}=|\boldsymbol{A}|\boldsymbol{E}\cdot(\boldsymbol{A}^*)^{-1}=\boldsymbol{O}$. 由$\boldsymbol{A}^*$的定义知,$\boldsymbol{A}^*=\boldsymbol{O}$,从而$|\boldsymbol{A}^*|=0$. 这与$|\boldsymbol{A}^*|\neq 0$矛盾,故当$|\boldsymbol{A}|=0$时,也有$|\boldsymbol{A}^*|=0$)

即此时也有$|\boldsymbol{A}^*|=|\boldsymbol{A}|^{n-1}$.

27. 证明 (1) 因为

$$\begin{aligned}[\boldsymbol{E}+f(\boldsymbol{A})]\cdot\left[\frac{1}{2}(\boldsymbol{E}+\boldsymbol{A})\right]&=\frac{1}{2}[\boldsymbol{E}+(\boldsymbol{E}-\boldsymbol{A})(\boldsymbol{E}+\boldsymbol{A})^{-1}](\boldsymbol{E}+\boldsymbol{A})\\&=\frac{1}{2}(\boldsymbol{E}+\boldsymbol{A}+\boldsymbol{E}-\boldsymbol{A})=\boldsymbol{E},\end{aligned}$$

故

$$[\boldsymbol{E}+f(\boldsymbol{A})]^{-1}=\frac{1}{2}(\boldsymbol{E}+\boldsymbol{A}).$$

(2) $$\begin{aligned}f[f(\boldsymbol{A})]&=[\boldsymbol{E}-f(\boldsymbol{A})][\boldsymbol{E}+f(\boldsymbol{A})]^{-1}=[\boldsymbol{E}-f(\boldsymbol{A})]\cdot\frac{1}{2}(\boldsymbol{E}+\boldsymbol{A})\\&=\frac{1}{2}[\boldsymbol{E}-(\boldsymbol{E}-\boldsymbol{A})(\boldsymbol{E}+\boldsymbol{A})^{-1}](\boldsymbol{E}+\boldsymbol{A})\\&=\frac{1}{2}[(\boldsymbol{E}+\boldsymbol{A})-(\boldsymbol{E}-\boldsymbol{A})]=\boldsymbol{A}.\end{aligned}$$

28. $\begin{pmatrix}4&4&4\\4&4&4\\4&4&4\end{pmatrix}$.

29. $\begin{pmatrix}1&0&3&2\\-1&2&0&1\\-2&4&1&1\\1&3&3&4\end{pmatrix}$.

30. (1) $\begin{pmatrix}1&\frac{1}{2}&0&0\\0&-\frac{1}{2}&0&0\\0&0&2&-\frac{5}{2}\\0&0&-1&\frac{3}{2}\end{pmatrix}$;

(2) $\begin{pmatrix}0&0&\cdots&0&\frac{1}{n}&0&0\\1&0&\cdots&0&0&0&0\\0&\frac{1}{2}&\cdots&0&0&0&0\\\vdots&\vdots&&\vdots&\vdots&\vdots&\vdots\\0&0&\cdots&\frac{1}{n-1}&0&0&0\\0&0&\cdots&0&0&3&-1\\0&0&\cdots&0&0&-5&2\end{pmatrix}$.

31. 证明 因为$\boldsymbol{A}$与$\boldsymbol{B}$都可逆,所以$\boldsymbol{A}^{-1}$与$\boldsymbol{B}^{-1}$都存在. 又因为

$$\begin{pmatrix}\boldsymbol{A}&\boldsymbol{O}\\\boldsymbol{O}&\boldsymbol{B}\end{pmatrix}\begin{pmatrix}\boldsymbol{A}^{-1}&\boldsymbol{O}\\\boldsymbol{O}&\boldsymbol{B}^{-1}\end{pmatrix}=\begin{pmatrix}\boldsymbol{E}&\boldsymbol{O}\\\boldsymbol{O}&\boldsymbol{E}\end{pmatrix}=\boldsymbol{E},$$

$$\begin{pmatrix}\boldsymbol{O}&\boldsymbol{A}\\\boldsymbol{B}&\boldsymbol{O}\end{pmatrix}\begin{pmatrix}\boldsymbol{O}&\boldsymbol{B}^{-1}\\\boldsymbol{A}^{-1}&\boldsymbol{O}\end{pmatrix}=\begin{pmatrix}\boldsymbol{E}&\boldsymbol{O}\\\boldsymbol{O}&\boldsymbol{E}\end{pmatrix}=\boldsymbol{E},$$

由矩阵可逆定义知,$\begin{pmatrix}\boldsymbol{A}&\boldsymbol{O}\\\boldsymbol{O}&\boldsymbol{B}\end{pmatrix}$与$\begin{pmatrix}\boldsymbol{O}&\boldsymbol{A}\\\boldsymbol{B}&\boldsymbol{O}\end{pmatrix}$都可逆,且有

$$\begin{bmatrix} A & O \\ O & B \end{bmatrix}^{-1} = \begin{pmatrix} A^{-1} & O \\ O & B^{-1} \end{pmatrix}, \quad \begin{bmatrix} O & A \\ B & O \end{bmatrix}^{-1} = \begin{pmatrix} O & B^{-1} \\ A^{-1} & O \end{pmatrix}.$$

32. (1) $P_1^{-1} = \begin{pmatrix} A^{-1} & -A^{-1}CB^{-1} \\ O & B^{-1} \end{pmatrix}$； (2) $P_2^{-1} = \begin{pmatrix} A^{-1} & O \\ -B^{-1}CA^{-1} & B^{-1} \end{pmatrix}$；

(3) $P_3^{-1} = \begin{pmatrix} O & B^{-1} \\ A^{-1} & -A^{-1}CB^{-1} \end{pmatrix}$； (4) $P_4^{-1} = \begin{pmatrix} -B^{-1}CA^{-1} & B^{-1} \\ A^{-1} & O \end{pmatrix}$.

33. (1) $\begin{bmatrix} 1 & 0 & 0 & 5 \\ 0 & 0 & 1 & -3 \\ 0 & 0 & 0 & 0 \end{bmatrix}$； (2) $\begin{bmatrix} 1 & 0 & \frac{1}{2} \\ 0 & 1 & -\frac{3}{2} \\ 0 & 0 & 0 \\ 0 & 0 & 0 \end{bmatrix}$；

(3) $\begin{bmatrix} 1 & 0 & 2 & 0 \\ 0 & 1 & 0 & 0 \\ 0 & 0 & 0 & 1 \\ 0 & 0 & 0 & 0 \end{bmatrix}$； (4) $\begin{bmatrix} 1 & 0 & 0 & 0 \\ 0 & 1 & 0 & 0 \\ 0 & 0 & 1 & 0 \\ 0 & 0 & 0 & 1 \end{bmatrix}$.

34. (1) $\begin{bmatrix} 2 & -\frac{11}{5} & \frac{4}{5} \\ 0 & \frac{1}{5} & \frac{1}{5} \\ 1 & -\frac{7}{5} & \frac{3}{5} \end{bmatrix}$； (2) $\begin{bmatrix} 1 & 1 & -2 & -4 \\ 0 & 1 & 0 & -1 \\ -1 & -1 & 3 & 6 \\ 2 & 1 & -6 & -10 \end{bmatrix}$.

35. $\begin{bmatrix} 0 & 1 & -1 \\ -1 & 0 & 1 \\ 1 & -1 & 0 \end{bmatrix}$. **36.** $\begin{bmatrix} -2 & 0 & 1 \\ 0 & -1 & 0 \\ 0 & 0 & -2 \end{bmatrix}$.

37. $\begin{bmatrix} 0 & 0 & 1 & 0 \\ 0 & \frac{1}{2} & 0 & 0 \\ 1 & 0 & 0 & 0 \\ 0 & 0 & -c & 1 \end{bmatrix}$.

38. $A = \begin{bmatrix} 1 & 0 & 0 \\ 2 & 1 & 0 \\ 0 & 0 & 1 \end{bmatrix} \begin{bmatrix} 1 & 0 & 0 \\ 0 & 0 & 1 \\ 0 & 1 & 0 \end{bmatrix} \begin{bmatrix} 1 & 0 & 0 \\ 0 & -1 & 0 \\ 0 & 0 & 1 \end{bmatrix} \begin{bmatrix} 1 & 0 & 0 \\ 0 & 1 & 0 \\ 0 & 0 & -1 \end{bmatrix}$.

同步测试题二

一、选择题

1. B. **2.** D. **3.** C. **4.** C. **5.** D.

二、填空题

1. -3. 2. $\begin{pmatrix}6&0&0\\0&3&0\\0&0&2\end{pmatrix}$. 3. $\dfrac{2^n}{a}$. 4. $\boldsymbol{A}^{-1}\boldsymbol{C}\boldsymbol{B}^{-1}$. 5. 81.

三、计算题

1. 解 由 $\boldsymbol{AX}+\boldsymbol{E}=\boldsymbol{A}^2+\boldsymbol{X}$,得

$$(\boldsymbol{A}-\boldsymbol{E})\boldsymbol{X}=\boldsymbol{A}^2-\boldsymbol{E}=(\boldsymbol{A}-\boldsymbol{E})(\boldsymbol{A}+\boldsymbol{E}).$$

又 $\boldsymbol{A}-\boldsymbol{E}=\begin{pmatrix}0&0&1\\0&1&0\\-1&0&0\end{pmatrix}$可逆,因此

$$\boldsymbol{X}=(\boldsymbol{A}-\boldsymbol{E})^{-1}(\boldsymbol{A}-\boldsymbol{E})(\boldsymbol{A}+\boldsymbol{E})=\boldsymbol{A}+\boldsymbol{E}=\begin{pmatrix}2&0&1\\0&3&0\\-1&0&2\end{pmatrix}.$$

2. 解 将矩阵分块为 $\boldsymbol{A}=\left(\begin{array}{cc:ccc}3&8&0&0&0\\2&5&0&0&0\\ \hdashline 0&0&1&2&3\\0&0&4&5&8\\0&0&3&4&6\end{array}\right)=\begin{pmatrix}\boldsymbol{A}_1&\boldsymbol{O}\\\boldsymbol{O}&\boldsymbol{A}_2\end{pmatrix}$,其中

$$\boldsymbol{A}_1=\begin{pmatrix}3&8\\2&5\end{pmatrix},\ \boldsymbol{A}_2=\begin{pmatrix}1&2&3\\4&5&8\\3&4&6\end{pmatrix}.$$

所以

$$|\boldsymbol{A}|=|\boldsymbol{A}_1|\cdot|\boldsymbol{A}_2|=\begin{vmatrix}3&8\\2&5\end{vmatrix}\cdot\begin{vmatrix}1&2&3\\4&5&8\\3&4&6\end{vmatrix}=-1\times1=-1.$$

又因为

$$\boldsymbol{A}_1^{-1}=\begin{pmatrix}-5&8\\2&-3\end{pmatrix},\ \boldsymbol{A}_2^{-1}=\begin{pmatrix}-2&0&1\\0&-3&4\\1&2&-3\end{pmatrix},$$

故

$$\boldsymbol{A}^{-1}=\begin{pmatrix}-5&8&0&0&0\\2&-3&0&0&0\\0&0&-2&0&1\\0&0&0&-3&4\\0&0&1&2&-3\end{pmatrix}.$$

3. $\boldsymbol{A}=\boldsymbol{A}^3(\boldsymbol{A}^2)^{-1}=\begin{pmatrix}1&-1&1\\1&0&1\\-1&1&2\end{pmatrix}$.

4. 解 由

$$(A^{-1} \vdots E)=\left(\begin{array}{ccc|ccc}1&1&1&1&0&0\\1&2&1&0&1&0\\1&1&3&0&0&1\end{array}\right)\overset{r_2-r_1}{\underset{r_3-r_1}{\sim}}\left(\begin{array}{ccc|ccc}1&1&1&1&0&0\\0&1&0&-1&1&0\\0&0&2&-1&0&1\end{array}\right)$$

$$\overset{r_1-r_2}{\underset{r_3\times\frac{1}{2}}{\sim}}\left(\begin{array}{ccc|ccc}1&0&1&2&-1&0\\0&1&0&-1&1&0\\0&0&1&-\frac{1}{2}&0&\frac{1}{2}\end{array}\right)\overset{r_1-r_3}{\sim}\left(\begin{array}{ccc|ccc}1&0&0&\frac{5}{2}&-1&-\frac{1}{2}\\0&1&0&-1&1&0\\0&0&1&-\frac{1}{2}&0&\frac{1}{2}\end{array}\right)$$

可知

$$A=(A^{-1})^{-1}=\begin{pmatrix}\frac{5}{2}&-1&-\frac{1}{2}\\-1&1&0\\-\frac{1}{2}&0&\frac{1}{2}\end{pmatrix}.$$

因此

$$(A^*)^{-1}=|A^{-1}|A=2\begin{pmatrix}\frac{5}{2}&-1&-\frac{1}{2}\\-1&1&0\\-\frac{1}{2}&0&\frac{1}{2}\end{pmatrix}=\begin{pmatrix}5&-2&-1\\-2&2&0\\-1&0&1\end{pmatrix}.$$

5. $\varphi(A)=\begin{pmatrix}2^9&-2^9\\2^{10}&-2^{10}\end{pmatrix}$.

四、证明题

1. 证明 设 $A=\begin{pmatrix}a_{11}&a_{12}&\cdots&a_{1n}\\a_{21}&a_{22}&\cdots&a_{2n}\\\vdots&\vdots&&\vdots\\a_{n1}&a_{n2}&\cdots&a_{nn}\end{pmatrix}$,由已知条件

$$\begin{pmatrix}a_{11}&a_{12}&\cdots&a_{1n}\\a_{21}&a_{22}&\cdots&a_{2n}\\\vdots&\vdots&&\vdots\\a_{n1}&a_{n2}&\cdots&a_{nn}\end{pmatrix}\begin{pmatrix}1\\1\\\vdots\\1\end{pmatrix}=\begin{pmatrix}C\\C\\\vdots\\C\end{pmatrix}=C\begin{pmatrix}1\\1\\\vdots\\1\end{pmatrix}.$$

又因为 A 可逆,两边左乘 A^{-1},得

$$\begin{pmatrix}1\\1\\\vdots\\1\end{pmatrix}=C\begin{pmatrix}a_{11}&a_{12}&\cdots&a_{1n}\\a_{21}&a_{22}&\cdots&a_{2n}\\\vdots&\vdots&&\vdots\\a_{n1}&a_{n2}&\cdots&a_{nn}\end{pmatrix}^{-1}\begin{pmatrix}1\\1\\\vdots\\1\end{pmatrix},$$

所以

$$\begin{pmatrix}a_{11}&a_{12}&\cdots&a_{1n}\\a_{21}&a_{22}&\cdots&a_{2n}\\\vdots&\vdots&&\vdots\\a_{n1}&a_{n2}&\cdots&a_{nn}\end{pmatrix}^{-1}\begin{pmatrix}1\\1\\\vdots\\1\end{pmatrix}=\frac{1}{C}\begin{pmatrix}1\\1\\\vdots\\1\end{pmatrix},$$

即$\boldsymbol{A}^{-1}$的每行元素之和均为$\frac{1}{C}$.

2. 证明 因为

$$\begin{aligned}
&(\boldsymbol{A}+\boldsymbol{B})[\boldsymbol{A}^{-1}-\boldsymbol{A}^{-1}(\boldsymbol{A}^{-1}+\boldsymbol{B}^{-1})^{-1}\boldsymbol{A}^{-1}]\\
&=(\boldsymbol{A}+\boldsymbol{B})\boldsymbol{A}^{-1}-(\boldsymbol{A}+\boldsymbol{B})[\boldsymbol{A}(\boldsymbol{A}^{-1}+\boldsymbol{B}^{-1})\boldsymbol{A}]^{-1}\\
&=(\boldsymbol{A}+\boldsymbol{B})\boldsymbol{A}^{-1}-(\boldsymbol{A}+\boldsymbol{B})(\boldsymbol{A}\boldsymbol{A}^{-1}\boldsymbol{A}+\boldsymbol{A}\boldsymbol{B}^{-1}\boldsymbol{A})^{-1}\\
&=(\boldsymbol{A}+\boldsymbol{B})\boldsymbol{A}^{-1}-(\boldsymbol{A}+\boldsymbol{B})(\boldsymbol{A}\boldsymbol{B}^{-1}\boldsymbol{B}+\boldsymbol{A}\boldsymbol{B}^{-1}\boldsymbol{A})^{-1}\\
&=(\boldsymbol{A}+\boldsymbol{B})\boldsymbol{A}^{-1}-(\boldsymbol{A}+\boldsymbol{B})[\boldsymbol{A}\boldsymbol{B}^{-1}(\boldsymbol{B}+\boldsymbol{A})]^{-1}\\
&=(\boldsymbol{A}+\boldsymbol{B})\boldsymbol{A}^{-1}-(\boldsymbol{A}+\boldsymbol{B})(\boldsymbol{A}+\boldsymbol{B})^{-1}\boldsymbol{B}\boldsymbol{A}^{-1}=\boldsymbol{E},
\end{aligned}$$

所以

$$(\boldsymbol{A}+\boldsymbol{B})^{-1}=\boldsymbol{A}^{-1}-\boldsymbol{A}^{-1}(\boldsymbol{A}^{-1}+\boldsymbol{B}^{-1})^{-1}\boldsymbol{A}^{-1}.$$

习 题 三

1. (1) $R(\boldsymbol{A})=2$; (2) $R(\boldsymbol{A})=2$;

(3) $R(\boldsymbol{A})=2$;

(4) 当$a\neq b, a+(n-1)b\neq 0$时,$R(\boldsymbol{A})=n$;当$a\neq b, a+(n-1)b=0$时,$R(\boldsymbol{A})=n-1$;当$a=b\neq 0$时,$R(\boldsymbol{A})=1$;当$a=b=0$时,$R(\boldsymbol{A})=0$.

2. $R(\boldsymbol{A})=3$.

选取矩阵$\boldsymbol{A}$的第1,2,3列构成矩阵$\boldsymbol{B}$

$$\boldsymbol{B}=\begin{pmatrix}1&3&0\\-1&0&3\\2&7&1\\4&4&2\end{pmatrix}\overset{r}{\sim}\begin{pmatrix}1&3&0\\0&1&1\\0&0&5\\0&0&0\end{pmatrix},$$

因为$R(\boldsymbol{B})=3$,所以$\boldsymbol{B}$中必含3阶非零子式,选取第1,2,4行构成的3阶子式

$$\begin{vmatrix}1&3&0\\-1&0&3\\4&4&2\end{vmatrix}=30\neq 0$$

即为所求的最高阶非零子式.

3. $k=3$. **4.** $\lambda=3$.

5. (1) 当$k=1$时,$R(\boldsymbol{A})=1$; (2) 当$k=-2$时,$R(\boldsymbol{A})=2$;

(3) 当$k\neq 1$且$k\neq -2$时,$R(\boldsymbol{A})=3$.

6. $R(\boldsymbol{AB})=2$.

7. 证明 因为$(\boldsymbol{A}+\boldsymbol{E})+(\boldsymbol{E}-\boldsymbol{A})=2\boldsymbol{E}$,由秩的性质6,有

$$R(\boldsymbol{A}+\boldsymbol{E})+R(\boldsymbol{E}-\boldsymbol{A})\geqslant R(2\boldsymbol{E})=n,$$

而$R(\boldsymbol{A}-\boldsymbol{E})=R(\boldsymbol{E}-\boldsymbol{A})$,所以

$$R(\boldsymbol{A}+\boldsymbol{E})+R(\boldsymbol{A}-\boldsymbol{E})\geqslant n.$$

8. 证明 因为$f(0)=0$,所以$a_0=0$,则

$$f(\boldsymbol{A})=a_1\boldsymbol{A}+a_2\boldsymbol{A}^2+\cdots+a_n\boldsymbol{A}^n=\boldsymbol{A}(a_1\boldsymbol{E}+a_2\boldsymbol{A}+\cdots+a_n\boldsymbol{A}^{n-1})=\boldsymbol{AB},$$

由秩的性质 7,有

$$R(f(\boldsymbol{A}))=R(\boldsymbol{AB})\leqslant\min\{R(\boldsymbol{A}),R(\boldsymbol{B})\}\leqslant R(\boldsymbol{A}).$$

9. 证明 因为 $\boldsymbol{A}$ 是 $m\times n$ 矩阵,$\boldsymbol{B}$ 是 $n\times m$ 矩阵,所以 $\boldsymbol{AB}$ 是 m 阶矩阵. 由秩的定义,知

$$R(\boldsymbol{A})\leqslant n,\quad R(\boldsymbol{B})\leqslant n.$$

又因为

$$R(\boldsymbol{AB})\leqslant\min\{R(\boldsymbol{A}),R(\boldsymbol{B})\}\leqslant n<m,$$

所以

$$|\boldsymbol{AB}|=0.$$

10. 证明 由 $\boldsymbol{AB}=\boldsymbol{B}$,得 $(\boldsymbol{A}-\boldsymbol{E})\boldsymbol{B}=\boldsymbol{O}$,于是

$$R(\boldsymbol{A}-\boldsymbol{E})+R(\boldsymbol{B})\leqslant n,$$

即

$$R(\boldsymbol{A}-\boldsymbol{E})\leqslant 0.$$

又 $R(\boldsymbol{A}-\boldsymbol{E})\geqslant 0$,所以

$$R(\boldsymbol{A}-\boldsymbol{E})=0,$$

即

$$\boldsymbol{A}=\boldsymbol{E}.$$

11. (1) $\boldsymbol{x}=\begin{pmatrix}x_1\\x_2\\x_3\\x_4\\x_5\end{pmatrix}=c_1\begin{pmatrix}-1\\1\\1\\0\\0\end{pmatrix}+c_2\begin{pmatrix}6\\-\frac{5}{2}\\0\\3\\1\end{pmatrix}\ (c_1,c_2\in\mathbf{R}).$

(2) $\boldsymbol{x}=\begin{pmatrix}x_1\\x_2\\x_3\\x_4\end{pmatrix}=c_1\begin{pmatrix}2\\1\\0\\0\end{pmatrix}+c_2\begin{pmatrix}\frac{2}{7}\\0\\-\frac{5}{7}\\1\end{pmatrix}\ (c_1,c_2\in\mathbf{R}).$

(3) $\boldsymbol{x}=(0,0,0,0)^{\mathrm{T}}.$

(4) $\boldsymbol{x}=\begin{pmatrix}x_1\\x_2\\x_3\\x_4\end{pmatrix}=c_1\begin{pmatrix}2\\-2\\1\\0\end{pmatrix}+c_2\begin{pmatrix}\frac{5}{3}\\-\frac{4}{3}\\0\\1\end{pmatrix}\ (c_1,c_2\in\mathbf{R}).$

12. (1) $\boldsymbol{x}=\begin{pmatrix}x_1\\x_2\\x_3\\x_4\end{pmatrix}=c_1\begin{pmatrix}1\\-2\\0\\0\end{pmatrix}+c_2\begin{pmatrix}1\\0\\2\\0\end{pmatrix}+\begin{pmatrix}\frac{1}{2}\\0\\0\\0\end{pmatrix}\ (c_1,c_2\in\mathbf{R}).$

(2) 方程组无解.

13. 证明 由于

$$\bar{\boldsymbol{A}}=\left(\begin{array}{ccccc:c}1&-1&0&0&0&a_1\\0&1&-1&0&0&a_2\\0&0&1&-1&0&a_3\\0&0&0&1&-1&a_4\\-1&0&0&0&1&a_5\end{array}\right)\sim\left(\begin{array}{ccccc:c}1&-1&0&0&0&a_1\\0&1&-1&0&0&a_2\\0&0&1&-1&0&a_3\\0&0&0&1&-1&a_4\\0&0&0&0&0&\sum\limits_{i=1}^{n}a_i\end{array}\right),$$

故方程组有解的充分必要条件为 $R(\boldsymbol{A})=R(\bar{\boldsymbol{A}})$,即 $\sum\limits_{i=1}^{5}a_i=0$. 此时,

$$\bar{\boldsymbol{A}}\sim\left(\begin{array}{ccccc:c}1&-1&0&0&0&a_1\\0&1&-1&0&0&a_2\\0&0&1&-1&0&a_3\\0&0&0&1&-1&a_4\\0&0&0&0&0&0\end{array}\right)\sim\left(\begin{array}{ccccc:c}1&0&0&0&-1&a_1+a_2+a_3+a_4\\0&1&0&0&-1&a_2+a_3+a_4\\0&0&1&0&-1&a_3+a_4\\0&0&0&1&-1&a_4\\0&0&0&0&0&0\end{array}\right).$$

因此方程组的通解为

$$\boldsymbol{x}=\begin{pmatrix}x_1\\x_2\\x_3\\x_4\\x_5\end{pmatrix}=c\begin{pmatrix}1\\1\\1\\1\\1\end{pmatrix}+\begin{pmatrix}a_1+a_2+a_3+a_4\\a_2+a_3+a_4\\a_3+a_4\\a_4\\0\end{pmatrix}\ (c\in\mathbf{R}).$$

14. $\lambda=-1$ 或 $\lambda=2$ 时,方程组有非零解.

(1) 当 $\lambda=-1$ 时,通解为 $\boldsymbol{x}=\begin{pmatrix}x_1\\x_2\\x_3\end{pmatrix}=c\begin{pmatrix}-\frac{1}{3}\\-\frac{1}{3}\\1\end{pmatrix}\ (c\in\mathbf{R})$.

(2) 当 $\lambda=2$ 时,通解为 $\boldsymbol{x}=\begin{pmatrix}x_1\\x_2\\x_3\end{pmatrix}=c_1\begin{pmatrix}1\\1\\0\end{pmatrix}+c_2\begin{pmatrix}-1\\0\\1\end{pmatrix}\ (c_1,c_2\in\mathbf{R})$.

15. (1) 当 $\lambda\neq-2$ 且 $\lambda\neq1$ 时,原方程组无解.

(2) 当 $\lambda=-2$ 时,方程组有无穷多个解,通解为 $\boldsymbol{x}=\begin{pmatrix}x_1\\x_2\\x_3\end{pmatrix}=c\begin{pmatrix}1\\1\\1\end{pmatrix}+\begin{pmatrix}2\\2\\0\end{pmatrix}\ (c\in\mathbf{R})$.

当 $\lambda=1$ 时,方程组有无穷多个解,通解为 $\boldsymbol{x}=\begin{pmatrix}x_1\\x_2\\x_3\end{pmatrix}=c\begin{pmatrix}1\\1\\1\end{pmatrix}+\begin{pmatrix}1\\0\\0\end{pmatrix}\ (c\in\mathbf{R})$.

(3) 此方程组不可能有唯一解.

16. 可取 $\boldsymbol{A}=\begin{pmatrix}1&-1&0&0\\0&2&-3&0\\0&0&1&0\\0&0&0&0\end{pmatrix}$.

17. 证明 因为 $\boldsymbol{AX}=\boldsymbol{AY}$,即 $\boldsymbol{A}(\boldsymbol{X}-\boldsymbol{Y})=\boldsymbol{O}$. 又 $R(\boldsymbol{A})=n$,则矩阵方程 $\boldsymbol{AZ}=\boldsymbol{O}$ 只有零解,因此 $\boldsymbol{X}-\boldsymbol{Y}=\boldsymbol{O}$,即 $\boldsymbol{X}=\boldsymbol{Y}$.

18. 证明 设 $\boldsymbol{A}$ 是 $m\times n$ 矩阵,$\boldsymbol{x}$ 为 n 维列向量. 下面通过证明方程组 $\boldsymbol{Ax}=\boldsymbol{O}$ 与 $\boldsymbol{A}^{\mathrm{T}}\boldsymbol{Ax}=\boldsymbol{O}$ 同解来证明这个结论.

若 $\boldsymbol{x}$ 满足 $\boldsymbol{Ax}=\boldsymbol{O}$,则两边左乘 $\boldsymbol{A}^{\mathrm{T}}$ 得 $\boldsymbol{A}^{\mathrm{T}}(\boldsymbol{Ax})=\boldsymbol{O}$,即$(\boldsymbol{A}^{\mathrm{T}}\boldsymbol{A})\boldsymbol{x}=\boldsymbol{O}$;

若 $\boldsymbol{x}$ 满足 $\boldsymbol{A}^{\mathrm{T}}\boldsymbol{Ax}=\boldsymbol{O}$,则两边左乘 $\boldsymbol{x}^{\mathrm{T}}$ 得 $\boldsymbol{x}^{\mathrm{T}}(\boldsymbol{A}^{\mathrm{T}}\boldsymbol{Ax})=\boldsymbol{O}$,即$(\boldsymbol{Ax})^{\mathrm{T}}(\boldsymbol{Ax})=\boldsymbol{O}$,也即 $\|\boldsymbol{Ax}\|=0$,由向量范数的非负性,推知必有 $\boldsymbol{Ax}=\boldsymbol{O}$ 成立.

所以方程组 $\boldsymbol{Ax}=\boldsymbol{O}$ 与 $\boldsymbol{A}^{\mathrm{T}}\boldsymbol{Ax}=\boldsymbol{O}$ 同解,故$R(\boldsymbol{A}^{\mathrm{T}}\boldsymbol{A})=R(\boldsymbol{A})$.

同步测试题三

一、选择题

1. B. **2.** C. **3.** D. **4.** B. **5.** A.

二、填空题

1. -2. **2.** n. **3.** 2. **4.** $\frac{7}{4}$. **5.** -2.

三、计算题

1. 解 因为 $\boldsymbol{A}=\begin{pmatrix}1&1&2&-2\\1&3&-x&-2x\\1&-1&6&0\end{pmatrix}\sim\begin{pmatrix}1&1&2&-2\\0&2&-x-2&-2x+2\\0&-2&4&2\end{pmatrix}$

$$\sim\begin{pmatrix}1&1&2&-2\\0&2&-x-2&-2x+2\\0&0&-x+2&-2(x-2)\end{pmatrix},$$

由于 $R(\boldsymbol{A})=2$,所以 $x=2$.

2. 解 因为 $\boldsymbol{A}=\begin{pmatrix}1&1&2&2&1\\0&2&1&5&-1\\1&1&0&4&-1\\2&0&3&-1&3\end{pmatrix}\sim\begin{pmatrix}1&1&2&2&1\\0&2&1&5&-1\\0&0&-2&2&-2\\0&0&0&0&0\end{pmatrix}$,所以 $R(\boldsymbol{A})=3$.

$$\boldsymbol{B}=\begin{vmatrix}1&1&2\\0&2&1\\1&1&0\end{vmatrix}=\begin{vmatrix}0&0&2\\0&2&1\\1&1&0\end{vmatrix}=2\begin{vmatrix}0&2\\1&1\end{vmatrix}=-4\neq0$$ 为最高阶非零子式.

3. 解 因为 $R(\boldsymbol{A}^*)=1$,所以由 $\boldsymbol{A}^*$ 与 $\boldsymbol{A}$ 的秩之间的关系知 $R(\boldsymbol{A})=4-1=3$,于是

$$|\boldsymbol{A}|=0,$$

而

$$\begin{vmatrix} k & 1 & 1 & 1 \\ 1 & k & 1 & 1 \\ 1 & 1 & k & 1 \\ 1 & 1 & 1 & k \end{vmatrix} = (k+3)(k-1)^3,$$

所以

$$k=-3 \text{ 或 } k=1.$$

但 $k=1$ 时,$R(\boldsymbol{A})=1$,故 $k=-3$.

4. 解 将系数矩阵 $\boldsymbol{A}$ 化为行最简形

$$\boldsymbol{A}=\begin{pmatrix} 1 & 2 & 1 & -1 \\ 3 & 6 & -1 & -3 \\ 5 & 10 & 1 & -5 \end{pmatrix} \sim \begin{pmatrix} 1 & 2 & 0 & -1 \\ 0 & 0 & 1 & 0 \\ 0 & 0 & 0 & 0 \end{pmatrix},$$

所以 $R(\boldsymbol{A})=2<4$,方程组有非零解,非零解为

$$\boldsymbol{x}=\begin{pmatrix} x_1 \\ x_2 \\ x_3 \\ x_4 \end{pmatrix}=c_1\begin{pmatrix} -2 \\ 1 \\ 0 \\ 0 \end{pmatrix}+c_2\begin{pmatrix} 1 \\ 0 \\ 0 \\ 1 \end{pmatrix} \quad (c_1,c_2\in\mathbf{R}).$$

5. 解 用初等行变换,化增广矩阵 $\bar{\boldsymbol{A}}$ 为

$$\bar{\boldsymbol{A}}=\left(\begin{array}{cccc:c} 1 & 1 & 1 & 1 & 0 \\ 0 & 1 & 2 & 2 & 1 \\ 0 & -1 & a-3 & -2 & b \\ 3 & 2 & 1 & a & -1 \end{array}\right) \sim \left(\begin{array}{cccc:c} 1 & 0 & -1 & -1 & -1 \\ 0 & 1 & 2 & 2 & 1 \\ 0 & 0 & a-1 & 0 & b+1 \\ 0 & 0 & 0 & a-1 & 0 \end{array}\right).$$

(1) $a\neq 1$ 时,$R(\boldsymbol{A})=R(\bar{\boldsymbol{A}})=4$,方程组有唯一解;

(2) $a=1$ 时,$\bar{\boldsymbol{A}}\sim\left(\begin{array}{cccc:c} 1 & 0 & -1 & -1 & -1 \\ 0 & 1 & 2 & 2 & 1 \\ 0 & 0 & 0 & 0 & b+1 \\ 0 & 0 & 0 & 0 & 0 \end{array}\right)$.

① $b\neq -1$ 时,$R(\boldsymbol{A})<R(\bar{\boldsymbol{A}})$,方程组无解;

② $b=-1$ 时,$R(\boldsymbol{A})=R(\bar{\boldsymbol{A}})=2<4$,方程组有无穷多解,此时

$$\bar{\boldsymbol{A}}\sim\left(\begin{array}{cccc:c} 1 & 0 & -1 & -1 & -1 \\ 0 & 1 & 2 & 2 & 1 \\ 0 & 0 & 0 & 0 & 0 \\ 0 & 0 & 0 & 0 & 0 \end{array}\right),$$

其通解为

$$\boldsymbol{x}=\begin{pmatrix} x_1 \\ x_2 \\ x_3 \\ x_4 \end{pmatrix}=c_1\begin{pmatrix} 1 \\ -2 \\ 1 \\ 0 \end{pmatrix}+c_2\begin{pmatrix} 1 \\ -2 \\ 0 \\ 1 \end{pmatrix}+\begin{pmatrix} -1 \\ 1 \\ 0 \\ 0 \end{pmatrix} \quad (c_1,c_2\in\mathbf{R}).$$

四、证明题

证明 (1) 因为 $\boldsymbol{A}^2=\boldsymbol{E}$,所以 $(\boldsymbol{A}+\boldsymbol{E})(\boldsymbol{A}-\boldsymbol{E})=\boldsymbol{O}$,由矩阵秩的性质,得

$$R(\boldsymbol{A}+\boldsymbol{E})+R(\boldsymbol{A}-\boldsymbol{E})\leqslant n.$$

另一方面,由矩阵秩的性质又可得

$$\begin{aligned}R(\boldsymbol{A}+\boldsymbol{E})+R(\boldsymbol{A}-\boldsymbol{E})&=R(\boldsymbol{A}+\boldsymbol{E})+R(\boldsymbol{E}-\boldsymbol{A})\\&\geqslant R(\boldsymbol{A}+\boldsymbol{E}+\boldsymbol{E}-\boldsymbol{A})=R(2\boldsymbol{E})=n,\end{aligned}$$

故

$$R(\boldsymbol{A}+\boldsymbol{E})+R(\boldsymbol{A}-\boldsymbol{E})=n.$$

(2) 因为 $\boldsymbol{A}^2=\boldsymbol{A}$,所以 $\boldsymbol{A}(\boldsymbol{A}-\boldsymbol{E})=\boldsymbol{O}$,由矩阵秩的性质,得

$$R(\boldsymbol{A})+R(\boldsymbol{A}-\boldsymbol{E})\leqslant n.$$

另一方面,由矩阵秩的性质又可得

$$\begin{aligned}R(\boldsymbol{A})+R(\boldsymbol{A}-\boldsymbol{E})&=R(\boldsymbol{A})+R(\boldsymbol{E}-\boldsymbol{A})\\&\geqslant R(\boldsymbol{A}+\boldsymbol{E}-\boldsymbol{A})=R(\boldsymbol{E})=n,\end{aligned}$$

故

$$R(\boldsymbol{A})+R(\boldsymbol{A}-\boldsymbol{E})=n.$$

习 题 四

1. (1) $(-4,-3,15)^{\mathrm{T}}$; (2) $(22,-11,5)^{\mathrm{T}}$.

2. $\boldsymbol{x}=\left(-\dfrac{3}{2},-3,-6,-\dfrac{9}{2}\right)^{\mathrm{T}}$.

3. (1) 向量 $\boldsymbol{\beta}$ 不能由 $\boldsymbol{\alpha}_1,\boldsymbol{\alpha}_2,\boldsymbol{\alpha}_3$ 线性表示.

(2) 向量 $\boldsymbol{\beta}$ 能由 $\boldsymbol{\alpha}_1,\boldsymbol{\alpha}_2,\boldsymbol{\alpha}_3$ 线性表示,且 $\boldsymbol{\beta}=-\boldsymbol{\alpha}_1+\boldsymbol{\alpha}_2+\boldsymbol{\alpha}_3$.

4. (1) 线性相关; (2) 线性无关; (3) 线性相关.

5. 证明 设有 x_1,x_2,x_3,使

$$x_1\boldsymbol{\beta}_1+x_2\boldsymbol{\beta}_2+x_3\boldsymbol{\beta}_3=\boldsymbol{0},$$

即

$$x_1(\boldsymbol{\alpha}_1+\boldsymbol{\alpha}_2)+x_2(\boldsymbol{\alpha}_2+\boldsymbol{\alpha}_3)+x_3(\boldsymbol{\alpha}_3+\boldsymbol{\alpha}_1)=\boldsymbol{0},$$

即

$$(x_1+x_3)\boldsymbol{\alpha}_1+(x_1+x_2)\boldsymbol{\alpha}_2+(x_2+x_3)\boldsymbol{\alpha}_3=\boldsymbol{0}.$$

因 $\boldsymbol{\alpha}_1,\boldsymbol{\alpha}_2,\boldsymbol{\alpha}_3$ 线性无关,故有

$$\begin{cases}x_1+x_3=0,\\x_1+x_2=0,\\x_2+x_3=0.\end{cases}$$

解得 $x_1=x_2=x_3=0$,所以向量组 $\boldsymbol{\beta}_1,\boldsymbol{\beta}_2,\boldsymbol{\beta}_3$ 线性无关.

(本题还有其他证法,请读者思考).

6. (1) 当 $\lambda\neq0$ 且 $\lambda\neq1$ 且 $\lambda\neq-1$ 时,$\boldsymbol{\beta}$ 可由 $\boldsymbol{\alpha}_1,\boldsymbol{\alpha}_2,\boldsymbol{\alpha}_3$ 线性表示,且表达式唯一.

(2) 当 $\lambda=1$ 时,$\boldsymbol{\beta}$ 能由 $\boldsymbol{\alpha}_1,\boldsymbol{\alpha}_2,\boldsymbol{\alpha}_3$ 线性表示,且表达式不唯一.

(3) 当 $\lambda=-1$ 或 $\lambda=0$ 时,$\boldsymbol{\beta}$ 不能由 $\boldsymbol{\alpha}_1,\boldsymbol{\alpha}_2,\boldsymbol{\alpha}_3$ 线性表示.

7. 证明 记 $\boldsymbol{A}=(\boldsymbol{\alpha}_1,\boldsymbol{\alpha}_2)$, $\boldsymbol{B}=(\boldsymbol{\beta}_1,\boldsymbol{\beta}_2,\boldsymbol{\beta}_3)$. 要证向量组 $\boldsymbol{\alpha}_1,\boldsymbol{\alpha}_2$ 与向量组 $\boldsymbol{\beta}_1,\boldsymbol{\beta}_2,\boldsymbol{\beta}_3$ 等价，只需证明 $R(\boldsymbol{A})=R(\boldsymbol{B})=R(\boldsymbol{A}\vdots\boldsymbol{B})$.

由

$$(\boldsymbol{\alpha}_1,\boldsymbol{\alpha}_2,\boldsymbol{\beta}_1,\boldsymbol{\beta}_2,\boldsymbol{\beta}_3)=\left(\begin{array}{cc:ccc}1&1&0&2&2\\1&0&1&-1&0\\0&1&-1&3&2\\0&1&-1&3&2\end{array}\right)\sim\left(\begin{array}{cc:ccc}1&1&0&2&2\\0&-1&1&-3&-2\\0&1&-1&3&2\\0&1&-1&3&2\end{array}\right)$$

$$\sim\left(\begin{array}{cc:ccc}1&1&0&2&2\\0&-1&1&-3&-2\\0&0&0&0&0\\0&0&0&0&0\end{array}\right),$$

知 $R(\boldsymbol{A})=R(\boldsymbol{A},\boldsymbol{B})=2$.

又因 $R(\boldsymbol{B})\leqslant R(\boldsymbol{A},\boldsymbol{B})=2$，而 $\boldsymbol{B}$ 中 $\begin{vmatrix}0&2\\1&-1\end{vmatrix}=-2\neq0$，所以 $R(\boldsymbol{B})\geqslant2$，故 $R(\boldsymbol{A})=R(\boldsymbol{B})=R(\boldsymbol{A}\vdots\boldsymbol{B})=2$.

综上，向量组 $\boldsymbol{\alpha}_1,\boldsymbol{\alpha}_2$ 与向量组 $\boldsymbol{\beta}_1,\boldsymbol{\beta}_2,\boldsymbol{\beta}_3$ 等价.

8. 线性无关.

9. $a=5$ 时，向量组线性相关；$a\neq5$ 时，向量组线性无关.

10. 证明 依题意，

$$(\boldsymbol{\beta}_1,\boldsymbol{\beta}_2,\cdots,\boldsymbol{\beta}_r)=(\boldsymbol{\alpha}_1,\boldsymbol{\alpha}_2,\cdots,\boldsymbol{\alpha}_r)\begin{pmatrix}1&1&\cdots&1\\0&1&\cdots&1\\\vdots&\vdots&&\vdots\\0&0&\cdots&1\end{pmatrix},$$

因为 $\begin{vmatrix}1&1&\cdots&1\\0&1&\cdots&1\\\vdots&\vdots&&\vdots\\0&0&\cdots&1\end{vmatrix}=1\neq0$，所以

$$R(\boldsymbol{\beta}_1,\boldsymbol{\beta}_2,\cdots,\boldsymbol{\beta}_r)=R(\boldsymbol{\alpha}_1,\boldsymbol{\alpha}_2,\cdots,\boldsymbol{\alpha}_r)=r,$$

即向量组 $\boldsymbol{\beta}_1,\boldsymbol{\beta}_2,\cdots,\boldsymbol{\beta}_r$ 线性无关.

11. 线性相关.

12. (1) $R(\boldsymbol{A})=3$，$\boldsymbol{\alpha}_1,\boldsymbol{\alpha}_2,\boldsymbol{\alpha}_4$ 为最大无关组.

(2) $R(\boldsymbol{A})=3$，$\boldsymbol{\alpha}_1,\boldsymbol{\alpha}_2,\boldsymbol{\alpha}_3$ 为最大无关组.

13. (1) $R(\boldsymbol{\alpha}_1,\boldsymbol{\alpha}_2,\boldsymbol{\alpha}_3,\boldsymbol{\alpha}_4)=2$.

(2) 可取 $\boldsymbol{\alpha}_1,\boldsymbol{\alpha}_2$ 为最大无关组，则 $\boldsymbol{\alpha}_3=13\boldsymbol{\alpha}_1-5\boldsymbol{\alpha}_2$，$\boldsymbol{\alpha}_4=-9\boldsymbol{\alpha}_1+4\boldsymbol{\alpha}_2$.

14. 证明 因为向量组 $\boldsymbol{\varepsilon}_1,\boldsymbol{\varepsilon}_2,\cdots,\boldsymbol{\varepsilon}_n$ 可由向量组 $\boldsymbol{\alpha}_1,\boldsymbol{\alpha}_2,\cdots,\boldsymbol{\alpha}_n$ 线性表示，所以

$$R(\boldsymbol{\alpha}_1,\cdots,\boldsymbol{\alpha}_n)=R(\boldsymbol{\alpha}_1,\cdots,\boldsymbol{\alpha}_n,\boldsymbol{\varepsilon}_1,\cdots,\boldsymbol{\varepsilon}_n).$$

又因

$$R(\boldsymbol{\alpha}_1,\cdots,\boldsymbol{\alpha}_n,\boldsymbol{\varepsilon}_1,\cdots,\boldsymbol{\varepsilon}_n)\geqslant R(\boldsymbol{\varepsilon}_1,\cdots,\boldsymbol{\varepsilon}_n)=n,$$

而矩阵$(\boldsymbol{\alpha}_1,\cdots,\boldsymbol{\alpha}_n,\boldsymbol{\varepsilon}_1,\cdots,\boldsymbol{\varepsilon}_n)$只含有 n 行，所以$R(\boldsymbol{\alpha}_1,\cdots,\boldsymbol{\alpha}_n,\boldsymbol{\varepsilon}_1,\cdots,\boldsymbol{\varepsilon}_n)\leqslant n$，故

$$R(\boldsymbol{\alpha}_1,\cdots,\boldsymbol{\alpha}_n)=R(\boldsymbol{\alpha}_1,\cdots,\boldsymbol{\alpha}_n,\boldsymbol{\varepsilon}_1,\cdots,\boldsymbol{\varepsilon}_n)=n,$$

因此向量组 $\boldsymbol{\alpha}_1,\boldsymbol{\alpha}_2,\cdots,\boldsymbol{\alpha}_n$ 线性无关.

15. $\boldsymbol{\beta}$ 在基 $\boldsymbol{\alpha}_1,\boldsymbol{\alpha}_2,\boldsymbol{\alpha}_3$ 下的坐标为 $\boldsymbol{x}=\begin{pmatrix}14\\-11\\9\end{pmatrix}$.

16. $\boldsymbol{\alpha}_1,\boldsymbol{\alpha}_2$ 为 V 的一个基，且 $\dim V=2$.

17. $\boldsymbol{\alpha}_1,\boldsymbol{\alpha}_2,\boldsymbol{\alpha}_3$ 为 $\mathbf{R}^3$ 空间的一个基，且 $\boldsymbol{\beta}_1,\boldsymbol{\beta}_2$ 在 $\boldsymbol{\alpha}_1,\boldsymbol{\alpha}_2,\boldsymbol{\alpha}_3$ 下的坐标为

$$\frac{2}{3},-\frac{2}{3},-1\text{ 和 }\frac{4}{3},1,\frac{2}{3}.$$

18. (1) 过渡矩阵 $\boldsymbol{P}=\begin{pmatrix}1&-4&-2&1\\-2&10&5&-2\\0&0&4&-4\\0&0&-10&11\end{pmatrix}$. (2) $\boldsymbol{x}=\begin{pmatrix}-7\\19\\4\\-10\end{pmatrix}$.

19. (1) $\boldsymbol{\xi}_1=\begin{pmatrix}0\\1\\0\\4\end{pmatrix},\boldsymbol{\xi}_2=\begin{pmatrix}-4\\0\\1\\-3\end{pmatrix}$. (2) $\boldsymbol{\xi}_1=\begin{pmatrix}1\\7\\0\\19\end{pmatrix},\boldsymbol{\xi}_2=\begin{pmatrix}0\\0\\1\\2\end{pmatrix}$.

20. 一特解为 $\boldsymbol{\eta}=\begin{pmatrix}1\\1\\0\\1\end{pmatrix}$，对应齐次方程组的基础解系为 $\boldsymbol{\xi}=\begin{pmatrix}-3\\-1\\1\\0\end{pmatrix}$.

21. $\boldsymbol{x}=\frac{1}{2}(\boldsymbol{\eta}_1+\boldsymbol{\eta}_2)+c\left[\frac{1}{5}(2\boldsymbol{\eta}_1+3\boldsymbol{\eta}_2)-\frac{1}{2}(\boldsymbol{\eta}_1+\boldsymbol{\eta}_2)\right]=\begin{pmatrix}\frac{1}{2}\\\frac{3}{2}\\0\end{pmatrix}+c\begin{pmatrix}-\frac{1}{10}\\-\frac{1}{2}\\\frac{1}{5}\end{pmatrix}$.

22. 证明 只要证明 $\boldsymbol{\eta}_1-\boldsymbol{\eta}_0,\boldsymbol{\eta}_2-\boldsymbol{\eta}_0,\cdots,\boldsymbol{\eta}_{n-r}-\boldsymbol{\eta}_0$ 线性无关即可.

设存在 $k_1,k_2,\cdots,k_{n-r}$，使得

$$k_1(\boldsymbol{\eta}_1-\boldsymbol{\eta}_0)+k_2(\boldsymbol{\eta}_2-\boldsymbol{\eta}_0)+\cdots+k_{n-r}(\boldsymbol{\eta}_{n-r}-\boldsymbol{\eta}_0)=\boldsymbol{0},$$

即

$$k_1\boldsymbol{\eta}_1+k_2\boldsymbol{\eta}_2+\cdots+k_{n-r}\boldsymbol{\eta}_{n-r}-(k_1+k_2+\cdots+k_{n-r})\boldsymbol{\eta}_0=\boldsymbol{0},$$

由于 $\boldsymbol{\eta}_1,\boldsymbol{\eta}_2,\cdots,\boldsymbol{\eta}_{n-r},\boldsymbol{\eta}_0$ 线性无关，则

$$\begin{cases}k_1=0,\\k_2=0,\\\cdots\cdots\cdots\cdots\\k_{n-r}=0,\\-(k_1+k_2+\cdots+k_{n-r})=0.\end{cases}$$

解得 $k_1=k_2=\cdots=k_{n-r}=0$,故 $\boldsymbol{\eta}_1-\boldsymbol{\eta}_0,\boldsymbol{\eta}_2-\boldsymbol{\eta}_0,\cdots,\boldsymbol{\eta}_{n-r}-\boldsymbol{\eta}_0$ 线性无关.

23. $\boldsymbol{x}=c\begin{pmatrix}1\\-2\\1\\0\end{pmatrix}+\begin{pmatrix}1\\1\\1\\1\end{pmatrix}\ (c\in\mathbf{R})$.

24. $\boldsymbol{\varepsilon}_1=\dfrac{\boldsymbol{\beta}_1}{\|\boldsymbol{\beta}_1\|}=\dfrac{1}{\sqrt{2}}\begin{pmatrix}0\\1\\1\end{pmatrix}$, $\boldsymbol{\varepsilon}_2=\dfrac{\boldsymbol{\beta}_2}{\|\boldsymbol{\beta}_2\|}=\dfrac{1}{\sqrt{6}}\begin{pmatrix}2\\-1\\1\end{pmatrix}$, $\boldsymbol{\varepsilon}_3=\dfrac{\boldsymbol{\beta}_3}{\|\boldsymbol{\beta}_3\|}=\dfrac{1}{\sqrt{3}}\begin{pmatrix}1\\1\\-1\end{pmatrix}$.

25. $a=b=d=-\dfrac{6}{7},c=-\dfrac{3}{7}$.

26. 证明 因为 $\boldsymbol{H}^{\mathrm{T}}=(\boldsymbol{E}-2\boldsymbol{X}\boldsymbol{X}^{\mathrm{T}})^{\mathrm{T}}=\boldsymbol{E}^{\mathrm{T}}-2(\boldsymbol{X}\boldsymbol{X}^{\mathrm{T}})^{\mathrm{T}}=\boldsymbol{E}-2\boldsymbol{X}\boldsymbol{X}^{\mathrm{T}}=\boldsymbol{H}$,即 $\boldsymbol{H}$ 是对称矩阵.而

$$\begin{aligned}\boldsymbol{H}^{\mathrm{T}}\boldsymbol{H}&=(\boldsymbol{E}-2\boldsymbol{X}\boldsymbol{X}^{\mathrm{T}})(\boldsymbol{E}-2\boldsymbol{X}\boldsymbol{X}^{\mathrm{T}})=\boldsymbol{E}-4\boldsymbol{X}\boldsymbol{X}^{\mathrm{T}}+4\boldsymbol{X}\boldsymbol{X}^{\mathrm{T}}\boldsymbol{X}\boldsymbol{X}^{\mathrm{T}}\\&=\boldsymbol{E}-4\boldsymbol{X}\boldsymbol{X}^{\mathrm{T}}+4\boldsymbol{X}(\boldsymbol{X}^{\mathrm{T}}\boldsymbol{X})\boldsymbol{X}^{\mathrm{T}}=\boldsymbol{E}-4\boldsymbol{X}\boldsymbol{X}^{\mathrm{T}}+4\boldsymbol{X}\boldsymbol{X}^{\mathrm{T}}=\boldsymbol{E},\end{aligned}$$

所以 $\boldsymbol{H}$ 是正交阵.

同步测试题四

一、选择题

1. C. **2.** C. **3.** B. **4.** D. **5.** A.

二、填空题

1. $abc\neq0$. **2.** 3. **3.** $\begin{pmatrix}2&3\\-1&-2\end{pmatrix}$. **4.** $c\begin{pmatrix}1\\1\\\vdots\\1\end{pmatrix}$. **5.** -2.

三、计算题

1. 解 由于

$$\boldsymbol{A}=\begin{pmatrix}2&3&1\\2&-1&1\\7&2&3\\-1&4&1\end{pmatrix}\overset{r}{\sim}\cdots\overset{r}{\sim}\begin{pmatrix}-1&4&1\\0&1&0\\0&0&1\\0&0&0\end{pmatrix},$$

于是 $R(\boldsymbol{A})=3$,故 $\boldsymbol{\alpha}_1,\boldsymbol{\alpha}_2,\boldsymbol{\alpha}_3$ 线性无关.

2. 解 因为 $\boldsymbol{A}=\begin{pmatrix}1&1&1&4&-3\\1&-1&3&-2&-1\\2&1&3&5&-5\\3&1&5&6&-7\end{pmatrix}\overset{r}{\sim}\cdots\overset{r}{\sim}\begin{pmatrix}1&0&2&1&-2\\0&1&-1&3&-1\\0&0&0&0&0\\0&0&0&0&0\end{pmatrix}$

$=(\boldsymbol{\beta}_1,\boldsymbol{\beta}_2,\boldsymbol{\beta}_3,\boldsymbol{\beta}_4,\boldsymbol{\beta}_5)$,

所以 $R(\boldsymbol{A})=2$,$\boldsymbol{\alpha}_1,\boldsymbol{\alpha}_2$ 为向量组 $\boldsymbol{\alpha}_1,\boldsymbol{\alpha}_2,\boldsymbol{\alpha}_3,\boldsymbol{\alpha}_4,\boldsymbol{\alpha}_5$ 的一个最大无关组.

由于 $\boldsymbol{\beta}_3=2\boldsymbol{\beta}_1-\boldsymbol{\beta}_2,\boldsymbol{\beta}_4=\boldsymbol{\beta}_1+3\boldsymbol{\beta}_2,\boldsymbol{\beta}_5=-2\boldsymbol{\beta}_1-\boldsymbol{\beta}_2$,故

$$\boldsymbol{\alpha}_3 = 2\boldsymbol{\alpha}_1 - \boldsymbol{\alpha}_2, \boldsymbol{\alpha}_4 = \boldsymbol{\alpha}_1 + 3\boldsymbol{\alpha}_2, \boldsymbol{\alpha}_5 = -2\boldsymbol{\alpha}_1 - \boldsymbol{\alpha}_2.$$

3. 解 将系数矩阵 $\boldsymbol{A}$ 通过初等行变换化为行最简形

$$\boldsymbol{A} = \begin{pmatrix} 1 & 2 & 4 & -3 \\ 3 & 5 & 6 & -4 \\ 4 & 5 & -2 & 3 \\ 3 & 8 & 24 & -19 \end{pmatrix} \sim \begin{pmatrix} 1 & 0 & -8 & 7 \\ 0 & 1 & 6 & -5 \\ 0 & 0 & 0 & 0 \\ 0 & 0 & 0 & 0 \end{pmatrix},$$

因为 $R(\boldsymbol{A})=2<4$,所以方程组有无穷多解,其同解方程组为

$$\begin{cases} x_1 = 8x_3 - 7x_4, \\ x_2 = -6x_3 + 5x_4. \end{cases}$$

分别令 $\begin{pmatrix} x_3 \\ x_4 \end{pmatrix} = \begin{pmatrix} 1 \\ 0 \end{pmatrix}, \begin{pmatrix} 0 \\ 1 \end{pmatrix}$,代入同解方程组得 $\begin{pmatrix} x_1 \\ x_2 \end{pmatrix} = \begin{pmatrix} 8 \\ -6 \end{pmatrix}, \begin{pmatrix} -7 \\ 5 \end{pmatrix}$,因此基础解系为

$$\boldsymbol{\xi}_1 = (8,-6,1,0)^{\mathrm{T}},\ \boldsymbol{\xi}_2 = (-7,5,0,1)^{\mathrm{T}}.$$

故方程组的通解为

$$\boldsymbol{x} = \begin{pmatrix} x_1 \\ x_2 \\ x_3 \\ x_4 \end{pmatrix} = c_1 \begin{pmatrix} 8 \\ -6 \\ 1 \\ 0 \end{pmatrix} + c_2 \begin{pmatrix} -7 \\ 5 \\ 0 \\ 1 \end{pmatrix} \quad (c_1, c_2 \in \mathbf{R}).$$

4. 解 因为 $\boldsymbol{A} = \begin{pmatrix} 1 & 1 & 2 \\ 2 & 2 & 4 \\ 3 & 3 & 6 \end{pmatrix} \sim \begin{pmatrix} 1 & 1 & 2 \\ 0 & 0 & 0 \\ 0 & 0 & 0 \end{pmatrix}$,所以 $\boldsymbol{Ax}=\boldsymbol{0}$ 的基础解系为

$$\boldsymbol{\xi}_1 = \begin{pmatrix} -1 \\ 1 \\ 0 \end{pmatrix},\ \boldsymbol{\xi}_2 = \begin{pmatrix} -2 \\ 0 \\ 1 \end{pmatrix}.$$

取 $\boldsymbol{B} = \begin{pmatrix} -1 & -2 & 0 \\ 1 & 0 & 0 \\ 0 & 1 & 0 \end{pmatrix} \neq \boldsymbol{O}$,满足 $\boldsymbol{AB}=\boldsymbol{O}$.

5. 解 因为 $R(\boldsymbol{A})=3$,所以 $\boldsymbol{\xi} = \frac{1}{2}(\boldsymbol{\alpha}_1 + \boldsymbol{\alpha}_2) - \frac{1}{2}(\boldsymbol{\alpha}_2 + \boldsymbol{\alpha}_3) = \left(0, \frac{1}{2}, -\frac{1}{2}, -\frac{1}{2}\right)^{\mathrm{T}}$ 为 $\boldsymbol{Ax}=\boldsymbol{0}$ 的基础解系.

又因为 $\boldsymbol{\eta} = \left(\frac{1}{2}, \frac{1}{2}, 0, 1\right)^{\mathrm{T}}$ 为 $\boldsymbol{Ax}=\boldsymbol{b}$ 的一个特解,所以 $\boldsymbol{Ax}=\boldsymbol{b}$ 的通解为

$$\begin{pmatrix} x_1 \\ x_2 \\ x_3 \\ x_4 \end{pmatrix} = c \begin{pmatrix} 0 \\ \frac{1}{2} \\ -\frac{1}{2} \\ -\frac{1}{2} \end{pmatrix} + \begin{pmatrix} \frac{1}{2} \\ \frac{1}{2} \\ 0 \\ 1 \end{pmatrix} \quad (c \in \mathbf{R}).$$

四、证明题

1. 证明 因为 $\boldsymbol{\beta}$ 可由向量组 $\boldsymbol{\alpha}_1, \boldsymbol{\alpha}_2, \cdots, \boldsymbol{\alpha}_m$ 线性表示,所以存在数组 $k_1, k_2, \cdots, k_m$,使得

$$\boldsymbol{\beta} = k_1\boldsymbol{\alpha}_1 + k_2\boldsymbol{\alpha}_2 + \cdots + k_m\boldsymbol{\alpha}_m.$$

如果 $k_m=0$,则

$$\boldsymbol{\beta} = k_1\boldsymbol{\alpha}_1 + k_2\boldsymbol{\alpha}_2 + \cdots + k_{m-1}\boldsymbol{\alpha}_{m-1},$$

即 $\boldsymbol{\beta}$ 能由向量组 $\boldsymbol{\alpha}_1,\boldsymbol{\alpha}_2,\cdots,\boldsymbol{\alpha}_{m-1}$ 线性表示,这与已知条件相矛盾,故 $k_m\neq 0$,于是有

$$\boldsymbol{\alpha}_m = \left(-\frac{k_1}{k_m}\right)\boldsymbol{\alpha}_1 + \left(-\frac{k_2}{k_m}\right)\boldsymbol{\alpha}_2 + \cdots + \left(-\frac{k_{m-1}}{k_m}\right)\boldsymbol{\alpha}_{m-1} + \frac{1}{k_m}\boldsymbol{\beta},$$

即 $\boldsymbol{\alpha}_m$ 可由 $\boldsymbol{\alpha}_1,\boldsymbol{\alpha}_2,\cdots,\boldsymbol{\alpha}_{m-1},\boldsymbol{\beta}$ 线性表示.

2. 证明 因为 $R(\boldsymbol{\alpha}_1,\boldsymbol{\alpha}_2,\boldsymbol{\alpha}_3)=R(\boldsymbol{\alpha}_1,\boldsymbol{\alpha}_2,\boldsymbol{\alpha}_3,\boldsymbol{\alpha}_4)=3$,所以 $\boldsymbol{\alpha}_1,\boldsymbol{\alpha}_2,\boldsymbol{\alpha}_3$ 线性无关,$\boldsymbol{\alpha}_1,\boldsymbol{\alpha}_2,\boldsymbol{\alpha}_3,\boldsymbol{\alpha}_4$ 线性相关,从而 $\boldsymbol{\alpha}_4$ 可由 $\boldsymbol{\alpha}_1,\boldsymbol{\alpha}_2,\boldsymbol{\alpha}_3$ 线性表示.

设 $\boldsymbol{\alpha}_4=k_1\boldsymbol{\alpha}_1+k_2\boldsymbol{\alpha}_2+k_3\boldsymbol{\alpha}_3$,则

$$\boldsymbol{\alpha}_5 - \boldsymbol{\alpha}_4 = \boldsymbol{\alpha}_5 - (k_1\boldsymbol{\alpha}_1 + k_2\boldsymbol{\alpha}_2 + k_3\boldsymbol{\alpha}_3),$$

即

$$\boldsymbol{\alpha}_5 = \boldsymbol{\alpha}_5 - \boldsymbol{\alpha}_4 + (k_1\boldsymbol{\alpha}_1 + k_2\boldsymbol{\alpha}_2 + k_3\boldsymbol{\alpha}_3),$$

于是向量组 $\boldsymbol{\alpha}_1,\boldsymbol{\alpha}_2,\boldsymbol{\alpha}_3,\boldsymbol{\alpha}_5-\boldsymbol{\alpha}_4$ 与向量组 $\boldsymbol{\alpha}_1,\boldsymbol{\alpha}_2,\boldsymbol{\alpha}_3,\boldsymbol{\alpha}_5$ 等价,因此有

$$R(\boldsymbol{\alpha}_1,\boldsymbol{\alpha}_2,\boldsymbol{\alpha}_3,\boldsymbol{\alpha}_5-\boldsymbol{\alpha}_4) = R(\boldsymbol{\alpha}_1,\boldsymbol{\alpha}_2,\boldsymbol{\alpha}_3,\boldsymbol{\alpha}_5) = 4.$$

习 题 五

1. (1) 特征值为 $\lambda_1=-1,\lambda_2=4$.

$\lambda_1=-1$ 的全部特征向量为 $c_1\begin{pmatrix}-1\\1\end{pmatrix}(c_1\neq 0)$;

$\lambda_2=4$ 的全部特征向量为 $c_2\begin{pmatrix}\frac{2}{3}\\1\end{pmatrix}(c_2\neq 0)$.

(2) 特征值为 $\lambda_1=-1,\lambda_2=\lambda_3=2$.

$\lambda_1=-1$ 的全部特征向量为 $c_1\begin{pmatrix}1\\0\\1\end{pmatrix}(c_1\neq 0)$;

$\lambda_2=\lambda_3=2$ 的全部特征向量为 $c_2\begin{pmatrix}0\\1\\-1\end{pmatrix}+c_3\begin{pmatrix}1\\0\\4\end{pmatrix}(c_2c_3\neq 0)$.

(3) 特征值 $\lambda_1=-3,\lambda_2=\lambda_3=\lambda_4=1$.

$\lambda_1=-3$ 的全部特征向量为 $c_1\begin{pmatrix}1\\-1\\-1\\1\end{pmatrix}(c_1\neq 0)$;

$\lambda_2=\lambda_3=\lambda_4=1$ 的全部特征向量为 $c_2\begin{pmatrix}1\\1\\0\\0\end{pmatrix}+c_3\begin{pmatrix}1\\0\\1\\0\end{pmatrix}+c_4\begin{pmatrix}-1\\0\\0\\1\end{pmatrix}(c_2c_3c_4\neq 0)$.

(4) 特征值为 $\lambda_1=\lambda_2=\lambda_3=-1$.

$\lambda_1=\lambda_2=\lambda_3=-1$ 的全部特征向量为 $c\begin{pmatrix}1\\1\\-1\end{pmatrix}(c\neq 0)$.

2. 证明 设 $\boldsymbol{A}\boldsymbol{x}=\lambda\boldsymbol{x}(\boldsymbol{x}\neq\boldsymbol{0})$,则

$$(\boldsymbol{A}+a\boldsymbol{E})\boldsymbol{x}=\boldsymbol{A}\boldsymbol{x}+a\boldsymbol{E}\boldsymbol{x}=\lambda\boldsymbol{x}+a\boldsymbol{x}=(\lambda+a)\boldsymbol{x}.$$

3. (1) $\boldsymbol{A}$ 的特征值为 $-5,1,1$; (2) $\boldsymbol{E}+\boldsymbol{A}^{-1}$ 的特征值为 $\frac{4}{5},2,2$.

4. 证明 (1) 设 λ 是 $\boldsymbol{A}$ 的特征值,$\boldsymbol{x}$ 是 $\boldsymbol{A}$ 的属于 λ 的特征向量,则

$$\boldsymbol{A}\boldsymbol{x}=\lambda\boldsymbol{x},$$

于是

$$\boldsymbol{A}^2\boldsymbol{x}=\boldsymbol{A}(\boldsymbol{A}\boldsymbol{x})=\boldsymbol{A}(\lambda\boldsymbol{x})=\lambda(\boldsymbol{A}\boldsymbol{x})=\lambda^2\boldsymbol{x}.$$

而 $\boldsymbol{A}^2\boldsymbol{x}=\boldsymbol{A}\boldsymbol{x}=\lambda\boldsymbol{x}$,因此,$\lambda^2\boldsymbol{x}=\lambda\boldsymbol{x}$,即

$$(\lambda^2-\lambda)\boldsymbol{x}=\boldsymbol{0},$$

但 $\boldsymbol{x}\neq\boldsymbol{0}$,故 $\lambda^2-\lambda=0,\lambda(\lambda-1)=0$,所以 $\lambda=1$ 或 $\lambda=0$.

(2) 令 $\varphi(\boldsymbol{A})=\boldsymbol{A}+2\boldsymbol{E}$,则 $\varphi(\lambda)=\lambda+2$.

由(1)知,$\boldsymbol{A}$ 的特征值只有 1 或 0,所以 $\varphi(\boldsymbol{A})$的特征值为 2 或 3,于是 $|\varphi(\boldsymbol{A})|\neq 0$,即 $\boldsymbol{A}+2\boldsymbol{E}$ 为满秩矩阵.

5. 证明 依题设,有 $\boldsymbol{A}\boldsymbol{x}_1=\lambda_1\boldsymbol{x}_1,\boldsymbol{A}\boldsymbol{x}_2=\lambda_2\boldsymbol{x}_2$,故

$$\boldsymbol{A}(\boldsymbol{x}_1+\boldsymbol{x}_2)=\lambda_1\boldsymbol{x}_1+\lambda_2\boldsymbol{x}_2.$$

用反证法,假设 $\boldsymbol{x}_1+\boldsymbol{x}_2$ 是 $\boldsymbol{A}$ 的特征向量,则应存在数 λ,使

$$\boldsymbol{A}(\boldsymbol{x}_1+\boldsymbol{x}_2)=\lambda(\boldsymbol{x}_1+\boldsymbol{x}_2),$$

于是

$$\lambda(\boldsymbol{x}_1+\boldsymbol{x}_2)=\lambda_1\boldsymbol{x}_1+\lambda_2\boldsymbol{x}_2,$$

即

$$(\lambda-\lambda_1)\boldsymbol{x}_1+(\lambda-\lambda_2)\boldsymbol{x}_2=\boldsymbol{0},$$

因为 $\boldsymbol{x}_1,\boldsymbol{x}_2$ 线性无关,则 $\lambda-\lambda_1=\lambda-\lambda_2=0$,即 $\lambda_1=\lambda_2$,这与题设矛盾!

因此 $\boldsymbol{x}_1+\boldsymbol{x}_2$ 不是 $\boldsymbol{A}$ 的特征向量.

6. $\boldsymbol{A}^*$ 的特征值为 $\frac{|\boldsymbol{A}|}{\lambda_i}$,对应的特征向量为 $\boldsymbol{x}_i(i=1,2,\cdots,n)$.

7. $k=-2$ 或 $k=1$.

8. (1) $\boldsymbol{A}$ 能对角化. $\boldsymbol{P}=\begin{pmatrix}-1&0\\1&1\end{pmatrix}$. (2) $\boldsymbol{B}$ 能对角化. $\boldsymbol{P}=\begin{pmatrix}2&-1&0\\1&0&1\\0&1&1\end{pmatrix}$.

(3) $\boldsymbol{C}$ 不能对角化.

9. $x=-1$.

10. $k=0,\boldsymbol{P}=\begin{pmatrix}-1&1&1\\2&0&0\\0&2&1\end{pmatrix},\boldsymbol{\Lambda}=\begin{pmatrix}-1&&\\&-1&\\&&1\end{pmatrix}$.

11. 证明 因为 $|\boldsymbol{A}| \neq 0$，所以 $\boldsymbol{A}$ 可逆，从而

$$\boldsymbol{AB}=\boldsymbol{ABE}=\boldsymbol{ABAA}^{-1}=\boldsymbol{A}(\boldsymbol{BA})\boldsymbol{A}^{-1}=(\boldsymbol{A}^{-1})^{-1}(\boldsymbol{BA})\boldsymbol{A}^{-1}.$$

故 $\boldsymbol{AB}$ 与 $\boldsymbol{BA}$ 相似.

12. $\boldsymbol{A}=\frac{1}{3}\begin{pmatrix}-1&0&2\\0&1&2\\2&2&0\end{pmatrix}$.　　**13.** 126.

14. (1) $\boldsymbol{P}=\begin{pmatrix}0&1&0\\-\frac{1}{\sqrt{2}}&0&\frac{1}{\sqrt{2}}\\\frac{1}{\sqrt{2}}&0&\frac{1}{\sqrt{2}}\end{pmatrix}$，$\boldsymbol{\Lambda}=\begin{pmatrix}1&&\\&2&\\&&5\end{pmatrix}$.

(2) $\boldsymbol{P}=\begin{pmatrix}\frac{1}{\sqrt{3}}&-\frac{1}{\sqrt{2}}&-\frac{1}{\sqrt{6}}\\\frac{1}{\sqrt{3}}&\frac{1}{\sqrt{2}}&-\frac{1}{\sqrt{6}}\\\frac{1}{\sqrt{3}}&0&\frac{2}{\sqrt{6}}\end{pmatrix}$，$\boldsymbol{\Lambda}=\begin{pmatrix}0&&\\&3&\\&&3\end{pmatrix}$.

15. $x=4$，$y=5$. $\boldsymbol{P}=\begin{pmatrix}\frac{1}{\sqrt{5}}&\frac{4}{3\sqrt{5}}&\frac{2}{3}\\-\frac{2}{\sqrt{5}}&\frac{2}{3\sqrt{5}}&\frac{1}{3}\\0&-\frac{5}{3\sqrt{5}}&\frac{2}{3}\end{pmatrix}$.

16. $\begin{pmatrix}0&-2^9\\-2^9&2^9\end{pmatrix}$.

同步测试题五

一、选择题

1. D.　**2.** C.　**3.** A.　**4.** C.　**5.** C.

二、填空题

1. 0.　**2.** $\frac{3}{4}$.　**3.** 24.　**4.** $\left(\frac{|\boldsymbol{A}|}{\lambda}\right)^2+1$.　**5.** $\lambda=0$ 或 $\lambda=1$.

三、计算题

1. 解 因为 $|\boldsymbol{A}-\lambda\boldsymbol{E}|=\begin{vmatrix}1-\lambda&2&2\\2&1-\lambda&2\\2&2&1-\lambda\end{vmatrix}=-(\lambda+1)^2(\lambda-5)$，

所以 $\boldsymbol{A}$ 的特征值为 $\lambda_1=\lambda_2=-1$，$\lambda_3=5$.

对于 $\lambda_1=\lambda_2=-1$，解方程组 $(\boldsymbol{A}+\boldsymbol{E})\boldsymbol{x}=\boldsymbol{0}$. 由

$$\boldsymbol{A}+\boldsymbol{E}=\begin{pmatrix}2&2&2\\2&2&2\\2&2&2\end{pmatrix}\sim\begin{pmatrix}1&1&1\\0&0&0\\0&0&0\end{pmatrix},$$

得基础解系 $\boldsymbol{\xi}_1=\begin{pmatrix}-1\\0\\1\end{pmatrix},\boldsymbol{\xi}_2=\begin{pmatrix}-1\\1\\0\end{pmatrix}$,

所以 $c_1\boldsymbol{\xi}_1+c_2\boldsymbol{\xi}_2(c_1c_2\neq0)$是对应 $\lambda_1=\lambda_2=-1$ 的全部特征向量.

对于 $\lambda_3=5$,解方程组$(\boldsymbol{A}-5\boldsymbol{E})\boldsymbol{x}=\boldsymbol{0}$. 由

$$\boldsymbol{A}-5\boldsymbol{E}=\begin{pmatrix}-4&2&2\\2&-4&2\\2&2&-4\end{pmatrix}\sim\begin{pmatrix}1&0&-1\\0&1&-1\\0&0&0\end{pmatrix},$$

得基础解系 $\boldsymbol{\xi}_3=\begin{pmatrix}1\\1\\1\end{pmatrix}$.

所以 $c_3\boldsymbol{\xi}_3(c_3\neq0)$是对应 $\lambda_3=5$ 的全部特征向量.

2. 解 由 $|\boldsymbol{A}-\lambda\boldsymbol{E}|=\begin{vmatrix}1-\lambda&1&\cdots&1\\1&1-\lambda&\cdots&1\\\vdots&\vdots&&\vdots\\1&1&\cdots&1-\lambda\end{vmatrix}=\begin{vmatrix}n-\lambda&n-\lambda&\cdots&n-\lambda\\1&1-\lambda&\cdots&1\\\vdots&\vdots&&\vdots\\1&1&\cdots&1-\lambda\end{vmatrix}$

$$=(n-\lambda)\begin{vmatrix}1&1&\cdots&1\\1&1-\lambda&\cdots&1\\\vdots&\vdots&&\vdots\\1&1&\cdots&1-\lambda\end{vmatrix}=(n-\lambda)\begin{vmatrix}1&1&\cdots&1\\0&-\lambda&\cdots&0\\\vdots&\vdots&&\vdots\\0&0&\cdots&-\lambda\end{vmatrix}$$

$$=(n-\lambda)(-\lambda)^{n-1}=0,$$

解得 $\lambda_1=n,\lambda_2=\lambda_3=\cdots=\lambda_n=0$.

3. 解 (1) 设 $\boldsymbol{\xi}$ 所对应的特征值为λ,则有 $\boldsymbol{A\xi}=\lambda\boldsymbol{\xi}$,即

$$\begin{pmatrix}2&-1&2\\5&a&3\\-1&b&-2\end{pmatrix}\begin{pmatrix}1\\1\\-1\end{pmatrix}=\lambda\begin{pmatrix}1\\1\\-1\end{pmatrix},$$

$$\begin{pmatrix}2-\lambda&-1&2\\5&a-\lambda&3\\-1&b&-2-\lambda\end{pmatrix}\begin{pmatrix}1\\1\\-1\end{pmatrix}=0,$$

所以$\begin{cases}(2-\lambda)-1-2=0,\\5+(a-\lambda)-3=0,\\-1+b+(2+\lambda)=0.\end{cases}$ 解得 $\lambda=-1,a=-3,b=0$.

(2) 由(1)知 $\boldsymbol{A}=\begin{pmatrix}2&-1&2\\5&-3&3\\-1&0&-2\end{pmatrix}$,从而

$$|\boldsymbol{A}-\lambda\boldsymbol{E}|=\begin{vmatrix}2-\lambda & -1 & 2\\ 5 & -3-\lambda & 2\\ -1 & 0 & -2-\lambda\end{vmatrix}=-(\lambda+1)^3,$$

矩阵 $\boldsymbol{A}$ 的特征值为 $\lambda_1=\lambda_2=\lambda_3=-1$.

由于 $R(\boldsymbol{A}+\boldsymbol{E})=2$,因此方程组 $(\boldsymbol{A}+\boldsymbol{E})\boldsymbol{x}=\boldsymbol{0}$ 的基础解系含 1 个向量,故矩阵 $\boldsymbol{A}$ 不能对角化.

4. 解 矩阵 $\boldsymbol{A}$ 的特征多项式为

$$|\boldsymbol{A}-\lambda\boldsymbol{E}|=\begin{vmatrix}1-\lambda & -1 & 1\\ 2 & 4-\lambda & -2\\ -3 & -3 & a-\lambda\end{vmatrix}=(\lambda-2)[\lambda^2-(a+3)\lambda+3(a-1)].$$

由于矩阵 $\boldsymbol{A}$ 与 $\boldsymbol{B}$ 相似,故 $\boldsymbol{A}$ 与 $\boldsymbol{B}$ 的特征值相同:$\lambda_1=\lambda_2=2,\lambda_3=b$,故 $\lambda=2$ 应满足方程

$$\lambda^2-(a+3)+3(a-1)=0.$$

把 $\lambda=2$ 代入上式,得 $a=5$.

由 $\lambda^2-8\lambda+12=0$ 得 $b=\lambda_3=6$.

对于 $\lambda=2$,由齐次线性方程组 $(\boldsymbol{A}-2\boldsymbol{E})\boldsymbol{x}=\boldsymbol{0}$,得基础解系为

$$\boldsymbol{\xi}_1=\begin{pmatrix}-1\\-1\\0\end{pmatrix},\ \boldsymbol{\xi}_2=\begin{pmatrix}1\\0\\-1\end{pmatrix}.$$

对于 $\lambda=6$,由齐次线性方程组 $(\boldsymbol{A}-6\boldsymbol{E})\boldsymbol{x}=\boldsymbol{0}$,得基础解系为

$$\boldsymbol{\xi}_3=\begin{pmatrix}1\\-2\\3\end{pmatrix}.$$

令 $\boldsymbol{P}=(\boldsymbol{\xi}_1,\boldsymbol{\xi}_2,\boldsymbol{\xi}_3)=\begin{pmatrix}1 & 1 & 1\\ -1 & 0 & -2\\ 0 & 1 & 3\end{pmatrix}$,则有 $\boldsymbol{P}^{-1}\boldsymbol{A}\boldsymbol{P}=\boldsymbol{B}$.

5. 解 因为

$$|\boldsymbol{A}-\lambda\boldsymbol{E}|=\begin{vmatrix}a-\lambda & 1 & 1\\ 1 & a-\lambda & -1\\ 1 & -1 & a-\lambda\end{vmatrix}=-(\lambda-a-1)^2(\lambda-a+2),$$

所以矩阵 $\boldsymbol{A}$ 的特征值为 $\lambda_1=\lambda_2=a+1,\lambda_3=a-2$.

对于 $\lambda_1=\lambda_2=a+1$,解齐次线性方程组 $[\boldsymbol{A}-(a+1)\boldsymbol{E}]\boldsymbol{x}=\boldsymbol{0}$,得基础解系为

$$\boldsymbol{\xi}_1=\begin{pmatrix}1\\1\\0\end{pmatrix},\ \boldsymbol{\xi}_2=\begin{pmatrix}1\\0\\1\end{pmatrix}.$$

对于 $\lambda_3=a-2$,解齐次线性方程组 $[\boldsymbol{A}-(a-2)\boldsymbol{E}]\boldsymbol{x}=\boldsymbol{0}$,得基础解系为

$$\boldsymbol{\xi}_3=\begin{pmatrix}-1\\1\\1\end{pmatrix}.$$

令 $\boldsymbol{P}=(\boldsymbol{\xi}_1,\boldsymbol{\xi}_2,\boldsymbol{\xi}_3)=\begin{pmatrix}1&1&-1\\1&0&1\\0&1&1\end{pmatrix}$,则

$$\boldsymbol{P}^{-1}\boldsymbol{A}\boldsymbol{P}=\boldsymbol{\Lambda}=\begin{pmatrix}a+1&&\\&a+1&\\&&a-2\end{pmatrix},$$

因此

$$|\boldsymbol{A}-\boldsymbol{E}|=|\boldsymbol{P}\boldsymbol{\Lambda}\boldsymbol{P}^{-1}-\boldsymbol{P}\boldsymbol{\Lambda}\boldsymbol{P}^{-1}|=|\boldsymbol{P}||\boldsymbol{\Lambda}-\boldsymbol{E}||\boldsymbol{P}^{-1}|=\begin{vmatrix}a&0&0\\0&a&0\\0&0&a-3\end{vmatrix}=a^2(a-3).$$

四、证明题

1. 证明 设 λ 是 $\boldsymbol{A}$ 的任意一个特征值,且属于 λ 的特征向量为 $\boldsymbol{x}$,则

$$\boldsymbol{A}\boldsymbol{x}=\lambda\boldsymbol{x}.$$

由 $\boldsymbol{A}^2-3\boldsymbol{A}+2\boldsymbol{E}=\boldsymbol{O}$,得

$$(\boldsymbol{A}^2-3\boldsymbol{A}+2\boldsymbol{E})\boldsymbol{x}=\boldsymbol{A}^2\boldsymbol{x}-3\boldsymbol{A}\boldsymbol{x}+2\boldsymbol{x}=\lambda^2\boldsymbol{x}-3\lambda\boldsymbol{x}+2\boldsymbol{x}=(\lambda^2-3\lambda+2)\boldsymbol{x}=0\boldsymbol{x}.$$

因为 $\boldsymbol{x}\neq\boldsymbol{0}$,所以

$$\lambda^2-3\lambda+2=0,$$

解得 $\lambda=1$ 或 $\lambda=2$.

2. 证明 因为矩阵 $\boldsymbol{A}$ 与 $\boldsymbol{B}$ 相似,则存在可逆矩阵 $\boldsymbol{P}$,使得 $\boldsymbol{B}=\boldsymbol{P}^{-1}\boldsymbol{A}\boldsymbol{P}$,所以

$$\boldsymbol{B}^2=\boldsymbol{P}^{-1}\boldsymbol{A}\boldsymbol{P}\boldsymbol{P}^{-1}\boldsymbol{A}\boldsymbol{P}=\boldsymbol{P}^{-1}\boldsymbol{A}^2\boldsymbol{P}.$$

又因为 $\boldsymbol{A}^2=\boldsymbol{E}$,所以

$$\boldsymbol{B}^2=\boldsymbol{P}^{-1}\boldsymbol{A}^2\boldsymbol{P}=\boldsymbol{P}^{-1}\boldsymbol{E}\boldsymbol{P}=\boldsymbol{E}.$$

习 题 六

1. (1) $\begin{pmatrix}4&-3\\-3&-7\end{pmatrix}$. (2) $\begin{pmatrix}1&-2&0\\-2&2&1\\0&1&-3\end{pmatrix}$.

(3) $\begin{pmatrix}0&\frac{1}{2}&0&0\\\frac{1}{2}&0&\frac{1}{2}&0\\0&\frac{1}{2}&0&\frac{1}{2}\\0&0&\frac{1}{2}&0\end{pmatrix}$. (4) $\begin{pmatrix}1&\frac{5}{2}&6\\\frac{5}{2}&4&7\\6&7&5\end{pmatrix}$.

2. (1) $f=x_2^2+2x_1x_3$.

(2) $f=x_1^2+2x_2^2+3x_3^2+2x_4^2+2x_1x_2+4x_1x_3+6x_2x_3$.

3. (1) $f=-2y_1^2+y_2^2+4y_3^2$;$\boldsymbol{P}=\begin{pmatrix}\frac{1}{3} & -\frac{2}{3} & \frac{2}{3}\\ \frac{2}{3} & -\frac{1}{3} & -\frac{2}{3}\\ \frac{2}{3} & \frac{2}{3} & \frac{1}{3}\end{pmatrix}$.

(2) $f=-y_1^2-y_2^2+y_3^2+y_4^2$;$\boldsymbol{P}=\frac{1}{\sqrt{2}}\begin{pmatrix}-1 & 0 & 1 & 0\\ 1 & 0 & 1 & 0\\ 0 & 1 & 0 & -1\\ 0 & 1 & 0 & 1\end{pmatrix}$.

(3) $f=7y_1^2+7y_2^2-2y_3^2$;$\boldsymbol{P}=\begin{pmatrix}\frac{1}{\sqrt{2}} & \frac{1}{3\sqrt{2}} & -\frac{2}{3}\\ \frac{1}{\sqrt{2}} & -\frac{1}{3\sqrt{2}} & \frac{2}{3}\\ 0 & -\frac{4}{3\sqrt{2}} & -\frac{1}{3}\end{pmatrix}$.

(4) $f=5y_1^2+5y_2^2-4y_3^2$;$\boldsymbol{P}=\begin{pmatrix}\frac{1}{\sqrt{2}} & -\frac{1}{\sqrt{3}} & \frac{2}{3}\\ 0 & \frac{1}{\sqrt{3}} & \frac{1}{3}\\ -\frac{1}{\sqrt{2}} & -\frac{1}{\sqrt{3}} & \frac{2}{3}\end{pmatrix}$.

4. (1) $f=y_1^2+4y_2^2-9y_3^2$;$\boldsymbol{x}=\begin{pmatrix}1 & -1 & \frac{5}{2}\\ 0 & 1 & -\frac{1}{2}\\ 0 & 0 & 1\end{pmatrix}\boldsymbol{y}$.

(2) $f=z_1^2-z_2^2+8z_3^2$;$\boldsymbol{x}=\begin{pmatrix}1 & 1 & 2\\ 1 & -1 & -2\\ 0 & 0 & 1\end{pmatrix}\boldsymbol{z}$.

5. (1) f 不是正定二次型,f 为不定型; (2) f 为负定二次型.

6. $-\frac{4}{5}<t<0$.

7. 证明 因为 $\boldsymbol{A},\boldsymbol{B}$ 都是正定矩阵,所以 $\forall\, \boldsymbol{x}\neq 0$,有

$$\boldsymbol{x}^{\mathrm{T}}\boldsymbol{A}\boldsymbol{x}>0,\ \boldsymbol{x}^{\mathrm{T}}\boldsymbol{B}\boldsymbol{x}>0,$$

从而

$$\boldsymbol{x}^{\mathrm{T}}(\boldsymbol{A}+\boldsymbol{B})\boldsymbol{x}=\boldsymbol{x}^{\mathrm{T}}\boldsymbol{A}\boldsymbol{x}+\boldsymbol{x}^{\mathrm{T}}\boldsymbol{B}\boldsymbol{x}>0,$$

即 $\boldsymbol{A}+\boldsymbol{B}$ 是正定矩阵.

8. $k>7$.

9. $\begin{pmatrix} -\frac{2}{\sqrt{5}} & \frac{2}{3\sqrt{5}} & -\frac{1}{3} \\ \frac{1}{\sqrt{5}} & \frac{4}{3\sqrt{5}} & -\frac{2}{3} \\ 0 & \frac{5}{3\sqrt{5}} & \frac{2}{3} \end{pmatrix}$.

10. 证明 $\forall \boldsymbol{x}\neq\boldsymbol{0}, f=\boldsymbol{x}^{\mathrm{T}}\boldsymbol{A}\boldsymbol{x}=\boldsymbol{x}^{\mathrm{T}}\boldsymbol{U}^{\mathrm{T}}\boldsymbol{U}\boldsymbol{x}=(\boldsymbol{U}\boldsymbol{x})^{\mathrm{T}}(\boldsymbol{U}\boldsymbol{x})=\|\boldsymbol{U}\boldsymbol{x}\|^2$. 因为 $\boldsymbol{U}$ 可逆，且 $\boldsymbol{x}\neq\boldsymbol{0}$，所以向量 $\boldsymbol{U}\boldsymbol{x}\neq\boldsymbol{0}$，故 $\|\boldsymbol{U}\boldsymbol{x}\|>0$，即 f 正定.

11. $c=3$；特征值为 $\lambda=0,\lambda=4,\lambda=9$.

12. 证明 因为 $\boldsymbol{A}$ 为正定矩阵，不妨设 $\boldsymbol{A}$ 的特征值分别为 $\lambda_1,\lambda_2,\cdots,\lambda_n$，且 $\lambda_i>0(i=1,2,\cdots,n)$，则 $\boldsymbol{A}+\boldsymbol{E}$ 的特征值分别为 $\lambda_1+1,\lambda_2+1,\cdots,\lambda_n+1$，且有 $\lambda_i+1>1(i=1,2,\cdots,n)$，从而有

$$|\boldsymbol{A}+\boldsymbol{E}|=(\lambda_1+1)(\lambda_2+1)\cdots(\lambda_n+1)>1.$$

13. 证明 由 $\boldsymbol{A}\boldsymbol{A}^*=\boldsymbol{A}^*\boldsymbol{A}=|\boldsymbol{A}|\boldsymbol{E}$ 知 $\boldsymbol{A}^*=|\boldsymbol{A}|\boldsymbol{A}^{-1}$. 因为 $\boldsymbol{A}$ 正定，故有 $|\boldsymbol{A}|>0$，且对任何 $\boldsymbol{y}\neq 0$，恒有 $\boldsymbol{y}^{\mathrm{T}}\boldsymbol{A}\boldsymbol{y}>0$，于是

$$\begin{aligned}\boldsymbol{x}^{\mathrm{T}}\boldsymbol{A}^*\boldsymbol{x}&=\boldsymbol{x}^{\mathrm{T}}|\boldsymbol{A}|\boldsymbol{A}^{-1}\boldsymbol{x}=|\boldsymbol{A}|\boldsymbol{x}^{\mathrm{T}}\boldsymbol{A}^{-1}\boldsymbol{x}=|\boldsymbol{A}|\boldsymbol{x}^{\mathrm{T}}\boldsymbol{A}^{-1}\boldsymbol{A}\boldsymbol{A}^{-1}\boldsymbol{x}\\&=|\boldsymbol{A}|(\boldsymbol{A}^{-1}\boldsymbol{x})^{\mathrm{T}}\boldsymbol{A}(\boldsymbol{A}^{-1}\boldsymbol{x}).\end{aligned}$$

因为 $\boldsymbol{A}$ 可逆，当 $\boldsymbol{x}\neq\boldsymbol{0}$ 时，$\boldsymbol{y}=\boldsymbol{A}^{-1}\boldsymbol{x}\neq\boldsymbol{0}$，从而有对任何 $\boldsymbol{x}\neq\boldsymbol{0}$，

$$\boldsymbol{x}^{\mathrm{T}}\boldsymbol{A}^*\boldsymbol{x}=|\boldsymbol{A}|\boldsymbol{y}^{\mathrm{T}}\boldsymbol{A}\boldsymbol{y}>0,$$

所以 $\boldsymbol{A}^*$ 为正定矩阵.

同步测试题六

一、选择题

1. A. **2.** B. **3.** D. **4.** C. **5.** D.

二、填空题

1. $\begin{pmatrix} 1 & 2 & 0 \\ 2 & 2 & 1 \\ 0 & 1 & 3 \end{pmatrix}$. **2.** 3. **3.** $-\sqrt{2}<t<\sqrt{2}$. **4.** 2. **5.** $-y_1^2+2y_2^2$.

三、计算题

1. 解
$$\begin{aligned}f&=x_1^2-4x_1(x_2-x_3)+4(x_2-x_3)^2+2x_2^2+2x_3^2-4x_2x_3\\&=(x_1-2x_2+2x_3)^2+2(x_2^2+x_3^2-2x_2x_3)\\&=(x_1-2x_2+2x_3)^2+2(x_2-x_3)^2.\end{aligned}$$

令 $\begin{cases} x_1-2x_2+2x_3=y_1, \\ x_2-x_3=y_2, \\ x_3=y_3, \end{cases}$ 则 $\begin{cases} x_1=y_1+2y_2, \\ x_2=y_2-y_3, \\ x_3=y_3, \end{cases}$ 且 $f=y_1^2+2y_2^2$.

2. 解 二次型 f 的矩阵为 $\boldsymbol{A}=\begin{pmatrix} 5 & -2 & 0 \\ -2 & 6 & -2 \\ 0 & -2 & 4 \end{pmatrix}$，因为

$$a_{11}=5>0,\begin{vmatrix}a_{11} & a_{12}\\ a_{21} & a_{22}\end{vmatrix}=\begin{vmatrix}5 & -2\\ -2 & 6\end{vmatrix}=26>0,$$

$$\begin{vmatrix}a_{11} & a_{12} & a_{13}\\ a_{21} & a_{22} & a_{23}\\ a_{31} & a_{32} & a_{33}\end{vmatrix}=\begin{vmatrix}5 & -2 & 0\\ -2 & 6 & -2\\ 0 & -2 & 4\end{vmatrix}=84>0,$$

所以 $\boldsymbol{A}$ 是正定矩阵,从而 f 是正定二次型.

3. 解 二次型 f 的矩阵为 $\boldsymbol{A}=\begin{pmatrix}2 & 0 & 0\\ 0 & 3 & a\\ 0 & a & 3\end{pmatrix}$. 设所求正交矩阵为 $\boldsymbol{P}$,则有

$$\boldsymbol{P}^{-1}\begin{pmatrix}2 & 0 & 0\\ 0 & 3 & a\\ 0 & a & 3\end{pmatrix}\boldsymbol{P}=\begin{pmatrix}1 & & \\ & 2 & \\ & & 5\end{pmatrix}.$$

因此

$$\begin{vmatrix}2 & 0 & 0\\ 0 & 3 & a\\ 0 & a & 3\end{vmatrix}=\begin{vmatrix}1 & & \\ & 2 & \\ & & 5\end{vmatrix},$$

即

$$2(3^2-a^2)=10,$$

解得 $a=2$($a=-2$ 舍去).

对于 $\lambda=1$,解方程组 $(\boldsymbol{A}-\boldsymbol{E})\boldsymbol{x}=\boldsymbol{0}$,由

$$\boldsymbol{A}-\boldsymbol{E}=\begin{pmatrix}1 & 0 & 0\\ 0 & 2 & 2\\ 0 & 2 & 2\end{pmatrix}\sim\begin{pmatrix}1 & 0 & 0\\ 0 & 1 & 1\\ 0 & 0 & 0\end{pmatrix},$$

得基础解系 $\boldsymbol{\xi}_1=\begin{pmatrix}0\\ 1\\ -1\end{pmatrix}$.

对于 $\lambda=2$,解方程组 $(\boldsymbol{A}-2\boldsymbol{E})\boldsymbol{x}=\boldsymbol{0}$,由

$$\boldsymbol{A}-2\boldsymbol{E}=\begin{pmatrix}0 & 0 & 0\\ 0 & 1 & 2\\ 0 & 2 & 1\end{pmatrix}\sim\begin{pmatrix}0 & 1 & 0\\ 0 & 0 & 1\\ 0 & 0 & 0\end{pmatrix},$$

得基础解系 $\boldsymbol{\xi}_2=\begin{pmatrix}1\\ 0\\ 0\end{pmatrix}$.

对于 $\lambda=5$,解方程组 $(\boldsymbol{A}-5\boldsymbol{E})\boldsymbol{x}=\boldsymbol{0}$,由

$$\boldsymbol{A}-5\boldsymbol{E}=\begin{pmatrix}-3 & 0 & 0\\ 0 & -2 & 2\\ 0 & 2 & -2\end{pmatrix}\sim\begin{pmatrix}1 & 0 & 0\\ 0 & 1 & -1\\ 0 & 0 & 0\end{pmatrix},$$

得基础解系 $\boldsymbol{\xi}_3=\begin{pmatrix}0\\1\\1\end{pmatrix}$.

因为属于不同特征值的特征向量相互正交，故 $\boldsymbol{\xi}_1,\boldsymbol{\xi}_2,\boldsymbol{\xi}_3$ 为正交向量组，单位化，得

$$\boldsymbol{p}_1=\frac{1}{\sqrt{2}}\begin{pmatrix}0\\1\\-1\end{pmatrix},\ \boldsymbol{p}_2=\begin{pmatrix}1\\0\\0\end{pmatrix},\ \boldsymbol{p}_3=\frac{1}{\sqrt{2}}\begin{pmatrix}0\\1\\1\end{pmatrix}.$$

因此所求的正交矩阵为 $\boldsymbol{P}=\begin{pmatrix}0 & 1 & 0\\ \frac{1}{\sqrt{2}} & 0 & \frac{1}{\sqrt{2}}\\ -\frac{1}{\sqrt{2}} & 0 & \frac{1}{\sqrt{2}}\end{pmatrix}$.

4. 解 (1) 设 λ 为矩阵 $\boldsymbol{A}$ 的任一特征值，对应特征向量为 $\boldsymbol{x}(\boldsymbol{x}\neq 0)$，则 $\boldsymbol{A}\boldsymbol{x}=\lambda\boldsymbol{x}$，代入已知等式 $\boldsymbol{A}^2+2\boldsymbol{A}=\boldsymbol{O}$，得

$$(\boldsymbol{A}^2+2\boldsymbol{A})\boldsymbol{x}=(\lambda^2+2\lambda)\boldsymbol{x}=\boldsymbol{0}.$$

因为 $\boldsymbol{x}\neq\boldsymbol{0}$，所以 $\lambda^2+2\lambda=0$，解得 $\lambda_1=0,\lambda_2=-2$.

又因为 $R(\boldsymbol{A})=2$，所以 $\boldsymbol{A}$ 的全部特征值为 $\lambda_1=0,\lambda_2=\lambda_3=-2$.

(2) 矩阵 $\boldsymbol{A}+k\boldsymbol{E}$ 仍为实对称矩阵. 由(1)可知，因为矩阵 $\boldsymbol{A}+k\boldsymbol{E}$ 的全部特征向量为 k，$k-2$，所以

$$\begin{cases}k>0,\\k-2>0,\end{cases}$$

即 $k>2$ 时，矩阵 $\boldsymbol{A}+k\boldsymbol{E}$ 为正定矩阵.

5. 解 因为 $\boldsymbol{A}=\begin{pmatrix}a & 0 & b\\0 & 2 & 0\\b & 0 & -2\end{pmatrix}$，由已知得

$$|\boldsymbol{A}|=\begin{vmatrix}a & 0 & b\\0 & 2 & 0\\b & 0 & -2\end{vmatrix}=-12,$$

$$a+2-2=1.$$

解得 $a=1,b=2(b=-2$ 舍去).

四、证明题

1. 证明 因为

$$\boldsymbol{B}^{\mathrm{T}}=(\lambda\boldsymbol{E}+\boldsymbol{A}^{\mathrm{T}}\boldsymbol{A})^{\mathrm{T}}=(\lambda\boldsymbol{E})^{\mathrm{T}}+(\boldsymbol{A}^{\mathrm{T}}\boldsymbol{A})^{\mathrm{T}}=\lambda\boldsymbol{E}+\boldsymbol{A}^{\mathrm{T}}(\boldsymbol{A}^{\mathrm{T}})^{\mathrm{T}}=\lambda\boldsymbol{E}+\boldsymbol{A}^{\mathrm{T}}\boldsymbol{A}=\boldsymbol{B},$$

所以矩阵 $\boldsymbol{B}$ 为 n 阶对称阵.

又因为对 $\forall\,\boldsymbol{x}\neq\boldsymbol{0}$，显然有 $\boldsymbol{x}^{\mathrm{T}}\boldsymbol{x}>0$，$(\boldsymbol{A}\boldsymbol{x})^{\mathrm{T}}(\boldsymbol{A}\boldsymbol{x})\geqslant 0$，从而

$$\boldsymbol{x}^{\mathrm{T}}\boldsymbol{B}\boldsymbol{x}=\boldsymbol{x}^{\mathrm{T}}(\lambda\boldsymbol{E}+\boldsymbol{A}^{\mathrm{T}}\boldsymbol{A})\boldsymbol{x}=\lambda\boldsymbol{x}^{\mathrm{T}}\boldsymbol{x}+\boldsymbol{x}^{\mathrm{T}}\boldsymbol{A}^{\mathrm{T}}\boldsymbol{A}\boldsymbol{x}=\lambda\boldsymbol{x}^{\mathrm{T}}\boldsymbol{x}+(\boldsymbol{A}\boldsymbol{x})^{\mathrm{T}}(\boldsymbol{A}\boldsymbol{x})>0,$$

所以矩阵 $\boldsymbol{B}$ 为正定矩阵.

2. 证明 设 λ 为矩阵 $\boldsymbol{A}$ 的任一特征值，对应特征向量为 $\boldsymbol{x}(\boldsymbol{x}\neq\boldsymbol{0})$，则 $\boldsymbol{A}\boldsymbol{x}=\lambda\boldsymbol{x}$，代入已知

等式 $\boldsymbol{A}^3-3\boldsymbol{A}^2+5\boldsymbol{A}-3\boldsymbol{E}=\boldsymbol{O}$,得

$$(\boldsymbol{A}^3-3\boldsymbol{A}^2+5\boldsymbol{A}-3\boldsymbol{E})\boldsymbol{x}=(\lambda^3-3\lambda^2+5\lambda-3)\boldsymbol{x}=\boldsymbol{0}.$$

因为 $\boldsymbol{x}\neq\boldsymbol{0}$,所以 $\lambda^3-3\lambda^2+5\lambda-3=0$,解得 $\lambda=1,\lambda=1\pm\sqrt{2}\mathrm{i}$.

又因为 $\boldsymbol{A}$ 为实对称矩阵,其特征值为实数,故只有 $\lambda=1>0$,所以矩阵 $\boldsymbol{A}$ 为正定矩阵.

习 题 七

1. (1) 是; (2) 否; (3) 是; (4) 否; (5) 否.

2. (1) 是; (2) 否;

(3) 否. 事实上,$(2,1)^{\mathrm{T}}\in V$,$(1,0)^{\mathrm{T}}\in V$,由上述运算可知:$(2,1)^{\mathrm{T}}\oplus(1,0)^{\mathrm{T}}=\left(2,\dfrac{1}{0}\right)^{\mathrm{T}}$ 无意义,说明 V 中对所定义的加法不封闭. 即 V 不能构成线性空间.

(4) 是. 事实上,设 $V=\{\boldsymbol{B}\mid\boldsymbol{AB}=\boldsymbol{BA}\}$,由于 $\boldsymbol{E}\in V$,故 V 非空. $\forall\,\boldsymbol{B}_1,\boldsymbol{B}_2\in V$,即 $\boldsymbol{AB}_1=\boldsymbol{B}_1\boldsymbol{A},\boldsymbol{AB}_2=\boldsymbol{B}_2\boldsymbol{A}$,则

$$\boldsymbol{A}(\boldsymbol{B}_1+\boldsymbol{B}_2)=\boldsymbol{AB}_1+\boldsymbol{AB}_2=\boldsymbol{B}_1\boldsymbol{A}+\boldsymbol{B}_2\boldsymbol{A}=(\boldsymbol{B}_1+\boldsymbol{B}_2)\boldsymbol{A},$$

即

$$\boldsymbol{B}_1+\boldsymbol{B}_2\in V.$$

又 $k\in\mathbf{R}$,$\boldsymbol{A}(k\boldsymbol{B}_1)=k\boldsymbol{AB}_1=k\boldsymbol{B}_1\boldsymbol{A}=(k\boldsymbol{B}_1)\boldsymbol{A}$,即 $k\boldsymbol{B}_1\in V$.

显然,V 中的元素按照矩阵的加法及数量乘法满足 8 条运算规律,从而 V 是线性空间.

3. $\left\{\begin{pmatrix}1&0\\0&0\end{pmatrix},\begin{pmatrix}1&0\\1&0\end{pmatrix},\begin{pmatrix}1&1\\1&0\end{pmatrix},\begin{pmatrix}0&0\\0&1\end{pmatrix}\right\}$ 为 $\boldsymbol{R}_{2\times2}$ 的一个基,$\boldsymbol{R}_{2\times2}$ 的维数为 4.

4. $\begin{pmatrix}33\\-82\\154\end{pmatrix}$.　　**5.** (1) $\begin{pmatrix}\frac{5}{4}\\\frac{1}{4}\\-\frac{1}{4}\\-\frac{1}{4}\end{pmatrix}$; (2) $\begin{pmatrix}1\\0\\-1\\0\end{pmatrix}$.

6. $\boldsymbol{A}=\begin{pmatrix}1&0&0&1\\1&1&0&1\\0&1&1&1\\0&0&1&0\end{pmatrix}$,$\boldsymbol{\alpha}$ 在基 $\boldsymbol{\alpha}_1,\boldsymbol{\alpha}_2,\boldsymbol{\alpha}_3,\boldsymbol{\alpha}_4$ 下的坐标为 $\begin{pmatrix}\frac{3}{13}\\\frac{5}{13}\\-\frac{2}{13}\\-\frac{3}{13}\end{pmatrix}$.

7. (1) 由基 $\boldsymbol{\varepsilon}_1,\boldsymbol{\varepsilon}_2,\boldsymbol{\varepsilon}_3$ 到基 $\boldsymbol{\alpha}_1,\boldsymbol{\alpha}_2,\boldsymbol{\alpha}_3$ 的过渡矩阵为 $\boldsymbol{A}=\begin{pmatrix}1&1&1\\0&1&1\\0&0&1\end{pmatrix}$;

(2) 由基 $\boldsymbol{\alpha}_1,\boldsymbol{\alpha}_2,\boldsymbol{\alpha}_3$ 到基 $\boldsymbol{\varepsilon}_1,\boldsymbol{\varepsilon}_2,\boldsymbol{\varepsilon}_3$ 的过渡矩阵为 $\boldsymbol{A}=\begin{pmatrix}1&-1&0\\0&1&-1\\0&0&1\end{pmatrix}$.

8. 设 $\boldsymbol{\alpha}$ 在 $\boldsymbol{\alpha}_1,\boldsymbol{\alpha}_2,\boldsymbol{\alpha}_3$ 下的坐标为 $(x_1,x_2,x_3)^{\mathrm{T}}$，在 $\boldsymbol{\beta}_1,\boldsymbol{\beta}_2,\boldsymbol{\beta}_3$ 下的坐标为 $(y_1,y_2,y_3)^{\mathrm{T}}$，有

$$\begin{pmatrix}y_1\\y_2\\y_3\end{pmatrix}=\begin{pmatrix}13&19&\frac{181}{4}\\-9&13&-\frac{63}{2}\\7&10&\frac{99}{4}\end{pmatrix}\begin{pmatrix}x_1\\x_2\\x_3\end{pmatrix}.$$

9. (1) 是； (2) 否.

10. (1) T 在标准基 $\boldsymbol{e}_1,\boldsymbol{e}_2,\boldsymbol{e}_3$ 下的矩阵为 $\frac{1}{7}\begin{pmatrix}-5&20&-20\\-4&-5&-2\\27&18&24\end{pmatrix}$；

(2) T 在标准基 $\boldsymbol{\alpha}_1,\boldsymbol{\alpha}_2,\boldsymbol{\alpha}_3$ 下的矩阵为 $\begin{pmatrix}2&3&5\\-1&0&-1\\-1&1&0\end{pmatrix}$.

11. T 在标准基 $\boldsymbol{e}_1,\boldsymbol{e}_2,\boldsymbol{e}_3$ 下的矩阵为 $\begin{pmatrix}-1&1&-2\\2&2&0\\3&0&2\end{pmatrix}$.

12. T 在基 $\boldsymbol{\alpha}_1,\boldsymbol{\alpha}_2,\boldsymbol{\alpha}_3$ 下的矩阵为 $\boldsymbol{A}=\begin{pmatrix}1&-1&-2\\1&2&2\\-1&-1&0\end{pmatrix}$.

13. T 在基 $\boldsymbol{\alpha}_1+\boldsymbol{\alpha}_2,\boldsymbol{\alpha}_2,\boldsymbol{\alpha}_3$ 下的矩阵为 $\begin{pmatrix}3&2&3\\6&3&3\\15&8&9\end{pmatrix}$.

14. T 在基 $\boldsymbol{\beta}_1,\boldsymbol{\beta}_2,\boldsymbol{\beta}_3$ 下的矩阵为 $\begin{pmatrix}-1&1&-2\\2&2&0\\3&0&2\end{pmatrix}$.

15. T 在基 $\boldsymbol{\alpha}_1,\boldsymbol{\alpha}_2,\boldsymbol{\alpha}_3$ 下的矩阵为 $\boldsymbol{A}=\begin{pmatrix}1&-1&0\\-1&-2&-1\\1&2&2\end{pmatrix}$.

T 在基 $\boldsymbol{\varepsilon}_1,\boldsymbol{\varepsilon}_2,\boldsymbol{\varepsilon}_3$ 下的矩阵为 $\begin{pmatrix}1&-2&2\\0&0&1\\1&1&0\end{pmatrix}$.

同步测试题七

一、选择题

1. B. **2.** C. **3.** A. **4.** C. **5.** B.

二、填空题

1. $m\leqslant n$. **2.** $(0,0,1)^{\mathrm{T}}$. **3.** $\boldsymbol{A}+\boldsymbol{B}$. **4.** $\boldsymbol{Ax}$. **5.** $n-r$.

三、计算题

1. 解 (1) 由于

$$\boldsymbol{\alpha}=x_1\boldsymbol{\alpha}_1+x_2\boldsymbol{\alpha}_2+x_3\boldsymbol{\alpha}_3=x_3\boldsymbol{\alpha}_3+x_1\boldsymbol{\alpha}_1+x_2\boldsymbol{\alpha}_2,$$

因此 $\boldsymbol{\alpha}$ 在基 $\boldsymbol{\alpha}_3,\boldsymbol{\alpha}_1,\boldsymbol{\alpha}_2$ 下的坐标为 $(x_3,x_1,x_2)^{\mathrm{T}}$.

(2) 设 $\boldsymbol{\alpha}$ 在基 $\boldsymbol{\alpha}_1+\boldsymbol{\alpha}_2,\boldsymbol{\alpha}_2+\boldsymbol{\alpha}_3,\boldsymbol{\alpha}_3$ 下的坐标为 $(y_1,y_2,y_3)^{\mathrm{T}}$,则

$$\begin{aligned}\boldsymbol{\alpha}&=y_1(\boldsymbol{\alpha}_1+\boldsymbol{\alpha}_2)+y_2(\boldsymbol{\alpha}_2+\boldsymbol{\alpha}_3)+y_3\boldsymbol{\alpha}_3\\&=y_1\boldsymbol{\alpha}_1+(y_1+y_2)\boldsymbol{\alpha}_2+(y_2+y_3)\boldsymbol{\alpha}_3,\end{aligned}$$

从而

$$x_1=y_1,\ x_2=y_1+y_2,\ x_3=y_2+y_3.$$

解得

$$y_1=x_1,\ y_2=x_2-x_1,\ y_3=x_1+x_3-x_2.$$

所以 $\boldsymbol{\alpha}$ 在基 $\boldsymbol{\alpha}_1+\boldsymbol{\alpha}_2,\boldsymbol{\alpha}_2+\boldsymbol{\alpha}_3,\boldsymbol{\alpha}_3$ 下的坐标为 $(x_1,x_2-x_1,x_1+x_3-x_2)^{\mathrm{T}}$.

2. 解 设过渡矩阵为 $\boldsymbol{P}$,则

$$(\boldsymbol{\beta}_1,\boldsymbol{\beta}_2,\boldsymbol{\beta}_3)=(\boldsymbol{\alpha}_1,\boldsymbol{\alpha}_2,\boldsymbol{\alpha}_3)\boldsymbol{P}.$$

由于

$$(\boldsymbol{\beta}_1,\boldsymbol{\beta}_2,\boldsymbol{\beta}_3)=(\boldsymbol{\varepsilon}_1,\boldsymbol{\varepsilon}_2,\boldsymbol{\varepsilon}_3)\boldsymbol{B},\ \boldsymbol{B}=\begin{pmatrix}1&2&3\\2&3&4\\1&4&3\end{pmatrix},$$

$$(\boldsymbol{\alpha}_1,\boldsymbol{\alpha}_2,\boldsymbol{\alpha}_3)=(\boldsymbol{\varepsilon}_1,\boldsymbol{\varepsilon}_2,\boldsymbol{\varepsilon}_3)\boldsymbol{A},\ \boldsymbol{A}=\begin{pmatrix}1&1&1\\1&0&0\\1&-1&1\end{pmatrix},$$

所以

$$(\boldsymbol{\beta}_1,\boldsymbol{\beta}_2,\boldsymbol{\beta}_3)=(\boldsymbol{\alpha}_1,\boldsymbol{\alpha}_2,\boldsymbol{\alpha}_3)\boldsymbol{A}^{-1}\boldsymbol{B}.$$

故

$$\boldsymbol{P}=\boldsymbol{A}^{-1}\boldsymbol{B}=\begin{pmatrix}1&1&1\\1&0&0\\1&-1&1\end{pmatrix}^{-1}\begin{pmatrix}1&2&3\\2&3&4\\1&4&3\end{pmatrix}=\begin{pmatrix}2&3&4\\0&-1&0\\-1&0&-1\end{pmatrix}.$$

3. 解 利用初等变换法. 因为

$$(\boldsymbol{\alpha}_1,\boldsymbol{\alpha}_2,\boldsymbol{\alpha}_3,\boldsymbol{\alpha}_4,\boldsymbol{\beta})=\begin{pmatrix}1&1&1&0&5\\0&1&1&0&6\\1&0&1&0&7\\0&0&0&1&8\end{pmatrix}\sim\begin{pmatrix}1&0&0&0&-1\\0&1&0&0&-2\\0&0&1&0&8\\0&0&0&1&8\end{pmatrix},$$

所以 $\boldsymbol{\beta}=-\boldsymbol{\alpha}_1-\boldsymbol{\alpha}_2+8\boldsymbol{\alpha}_3+8\boldsymbol{\alpha}_4$,即 $\boldsymbol{\beta}$ 在基 $\boldsymbol{\alpha}_1,\boldsymbol{\alpha}_2,\boldsymbol{\alpha}_3,\boldsymbol{\alpha}_4$ 下的坐标为 $(-1,-2,8,8)^{\mathrm{T}}$.

4. 解 $T(\boldsymbol{\alpha}_3,\boldsymbol{\alpha}_2,\boldsymbol{\alpha}_1)=(\boldsymbol{\alpha}_1,\boldsymbol{\alpha}_1+2\boldsymbol{\alpha}_2,\boldsymbol{\alpha}_1+\boldsymbol{\alpha}_2+\boldsymbol{\alpha}_3)=(\boldsymbol{\alpha}_3,\boldsymbol{\alpha}_2,\boldsymbol{\alpha}_1)\begin{pmatrix}0&0&1\\0&2&1\\1&1&1\end{pmatrix}$,故 T 在基

$\boldsymbol{\alpha}_3,\boldsymbol{\alpha}_2,\boldsymbol{\alpha}_1$ 下的矩阵为 $\boldsymbol{A}=\begin{pmatrix}0&0&1\\0&2&1\\1&1&1\end{pmatrix}$.

5. 解 依题意

$$\boldsymbol{\alpha}=(\boldsymbol{\beta}_1,\boldsymbol{\beta}_2,\boldsymbol{\beta}_3)\begin{pmatrix}1\\-2\\1\end{pmatrix}.$$

设 T 在 $\beta_1,\boldsymbol{\beta}_2,\boldsymbol{\beta}_3$ 下的矩阵为 $\boldsymbol{B}$,从 $\boldsymbol{\alpha}_1,\boldsymbol{\alpha}_2,\boldsymbol{\alpha}_3$ 到 $\boldsymbol{\beta}_1,\boldsymbol{\beta}_2,\boldsymbol{\beta}_3$ 的过渡矩阵为 $\boldsymbol{P}$,则

$$T(\boldsymbol{\beta}_1,\boldsymbol{\beta}_2,\boldsymbol{\beta}_3)=(\boldsymbol{\beta}_1,\boldsymbol{\beta}_2,\boldsymbol{\beta}_3)\boldsymbol{B},$$
$$(\boldsymbol{\beta}_1,\boldsymbol{\beta}_2,\boldsymbol{\beta}_3)=(\boldsymbol{\alpha}_1,\boldsymbol{\alpha}_2,\boldsymbol{\alpha}_3)\boldsymbol{P},$$

所以 $\boldsymbol{P}=\begin{pmatrix}1&1&0\\1&2&2\\0&0&-1\end{pmatrix}^{-1}\begin{pmatrix}1&1&0\\2&3&2\\3&5&1\end{pmatrix}=\begin{pmatrix}-6&-11&-4\\7&12&4\\-3&-5&-1\end{pmatrix}$.

$$T(\boldsymbol{\alpha})=T(\boldsymbol{\beta}_1,\boldsymbol{\beta}_2,\boldsymbol{\beta}_3)\begin{pmatrix}1\\-2\\1\end{pmatrix}=(\boldsymbol{\beta}_1,\boldsymbol{\beta}_2,\boldsymbol{\beta}_3)\boldsymbol{B}\begin{pmatrix}1\\-2\\1\end{pmatrix}$$
$$=(\boldsymbol{\beta}_1,\boldsymbol{\beta}_2,\boldsymbol{\beta}_3)\boldsymbol{P}^{-1}\boldsymbol{A}\boldsymbol{P}\begin{pmatrix}1\\-2\\1\end{pmatrix}=(\boldsymbol{\beta}_1,\boldsymbol{\beta}_2,\boldsymbol{\beta}_3)\begin{pmatrix}237\frac{1}{3}\\-175\frac{1}{3}\\115\frac{2}{3}\end{pmatrix}.$$

四、证明题

1. 证明 由于若

$$\boldsymbol{k}_1+\boldsymbol{k}_2(x-1)+\boldsymbol{k}_3(x-1)^2=\boldsymbol{0},$$

则 $\boldsymbol{k}_1=\boldsymbol{0},\boldsymbol{k}_2=\boldsymbol{0},\boldsymbol{k}_3=\boldsymbol{0}$. 从而这 3 个向量是线性无关的,故 $1,x-1,(x-1)^2$ 是 $\mathbf{R}_3[x]$的一个基.

记 $f(x)=1+2x+3x^2$,则

$$f(1)=6;\ f'(x)=2+6x,f'(1)=8;\ f''(x)=6,f''(1)=6.$$

从而

$$f(x)=f(1)+f'(1)(x-1)+\frac{f''(1)}{2!}(x-1)^2=6+8(x-1)+3(x-1)^2,$$

故 $1+2x+3x^2$ 在基 $1,x-1,(x-1)^2$ 下的坐标为$(6,8,3)^{\mathrm{T}}$.

2. 证明 因为 $\forall\,\mathbf{A},\boldsymbol{B}\in M_n,k\in\mathbf{R}$,有

$$T(\boldsymbol{A}+\boldsymbol{B})=\boldsymbol{P}^{-1}(\boldsymbol{A}+\boldsymbol{B})\boldsymbol{P}=\boldsymbol{P}^{-1}\boldsymbol{A}\boldsymbol{P}+\boldsymbol{P}^{-1}\boldsymbol{B}\boldsymbol{P}=T(\boldsymbol{A})+T(\boldsymbol{B}),$$
$$T(k\boldsymbol{A})=\boldsymbol{P}^{-1}(k\boldsymbol{A})\boldsymbol{P}=k\boldsymbol{P}^{-1}\boldsymbol{A}\boldsymbol{P}=kT(\boldsymbol{A}),$$

所以相似变换 T 是 M_n 上的一个线性变换.

参考文献

[1] 张禾瑞,郝炳新. 高等代数[M]. 4 版. 北京：高等教育出版社,1999.

[2] 陈维新. 线性代数简明教程[M]. 2 版. 北京：科学出版社,2018.

[3] 刘剑平. 线性代数[M]. 3 版. 上海：华东理工大学出版社,2018.

[4] 刘剑平,曹宵临,施劲松. 线性代数精析与精练[M]. 上海：华东理工大学出版社,2004.

[5] 刘剑平. 线性代数习题全解与考研辅导[M]. 上海：华东理工大学出版社,2010.

[6] 谢国瑞. 线性代数及应用[M]. 北京：高等教育出版社,1999.

[7] 同济大学数学系. 工程数学：线性代数[M]. 6 版. 北京：高等教育出版社,2014.

[8] 上海交通大学数学系. 线性代数[M]. 3 版. 上海：上海交通大学出版社,2014.

[9] 吴传生. 经济数学：线性代数[M]. 3 版. 北京：高等教育出版社,2015.

[10] 卢刚. 线性代数[M]. 3 版. 北京：高等教育出版社,2009.

[11] 李乃华,安建业,罗蕴玲,等. 线性代数及其应用[M]. 2 版. 北京：高等教育出版社,2016.

[12] 胡金德,王飞燕. 线性代数辅导[M]. 3 版. 北京：清华大学出版社,2003.

[13] 俞正光,鲁自群,林润亮. 线性代数与几何：下[M]. 2 版. 北京：清华大学出版社,2015.

[14] 陈文灯. 线性代数复习指导：思路、方法与技巧[M]. 2 版. 北京：清华大学出版社,2011.

[15] 胡显佑. 线性代数(第二版)习题解答[M]. 北京：高等教育出版社,2013.

[16] 卢刚. 线性代数中的典型例题分析与习题[M]. 3 版. 北京：高等教育出版社,2015.

[17] STRANG G. 线性代数及其应用[M]. 侯自新,郑仲三,张延伦,译. 天津：南开大学出版社,1990.

[18] RORRES C, ANTON H. Applications of Linear Algebra[M]. 3rd ed. Hoboken: John Wiley & Sons, 1984.

[19] STEPHEN W. Mathematica: A System for Doing Mathematics by Computer[M]. 2nd ed. Boston: Addison-Wesley Publishing Company, 1992.